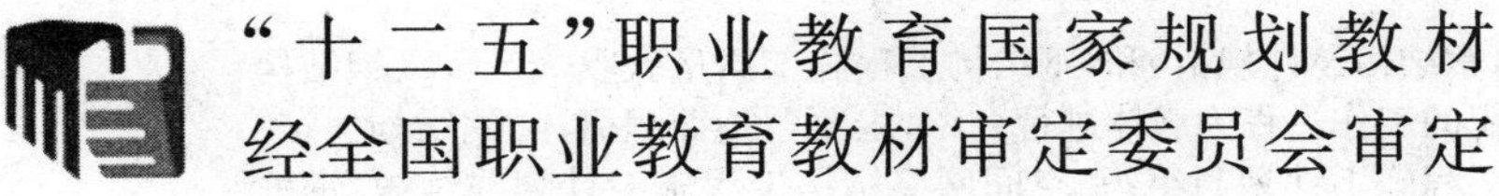
"十二五"职业教育国家规划教材
经全国职业教育教材审定委员会审定

钢结构工程施工计划与组织

陈年和　主编

中国铁道出版社

2016年·北京

内 容 简 介

本书主要依据《钢结构设计规范》和《钢结构工程施工质量验收规范》，以钢结构工程施工计划与组织的工作过程为载体进行介绍，主要包括课程概述、钢结构连接、轻钢门式刚架结构工程施工计划与组织、空间网格结构工程施工计划与组织、钢框架结构工程施工计划与组织五个学习单元。

本书是土建施工类教育培训衔接沟通创新系列配套专业课程教材之一，适用建筑工程技术和市政工程技术专业工作过程导向模式课程教学，也适用分科模式课程的实训教学。

图书在版编目(CIP)数据

钢结构工程施工计划与组织/陈年和主编.—北京：中国铁道出版社，2016.7

"十二五"职业教育国家规划教材

ISBN 978-7-113-21487-6

Ⅰ.①钢… Ⅱ.①陈… Ⅲ.①钢结构—工程施工 Ⅳ.①TU758.11

中国版本图书馆 CIP 数据核字(2016)第 030593 号

书 名：钢结构工程施工计划与组织
作 者：陈年和 主编

责任编辑：邱金帅 **编辑部电话：**010-51873347 **电子信箱：**shuai827@126.com
封面设计：王镜夷
责任校对：焦桂荣
责任印制：陆 宁 高春晓

出版发行：中国铁道出版社(100054，北京市西城区右安门西街 8 号)
网 址：http://www.tdpress.com
印 刷：三河市宏盛印务有限公司
版 次：2016 年 7 月第 1 版 2016 年 7 月第 1 次印刷
开 本：787 mm×1 092 mm 1/16 印张：14.5 插页：18 字数：364 千
书 号：ISBN 978-7-113-21487-6
定 价：38.00 元(内含附图)

QIAN YAN

前言

《钢结构工程施工计划与组织》是土建施工类教育培训衔接沟通创新系列配套专业课程教材之一，适用于建筑工程技术和市政工程技术专业工作过程导向模式课程教学，也适用于分科模式课程的实训教学。

本教材主要依据《钢结构设计规范》和《钢结构工程施工质量验收规范》，以钢结构工程施工计划与组织的工作过程为载体，介绍钢结构工程施工的计划与组织方式和内容，按照钢结构施工管理过程进行编写，构建了适应"工学结合、教学做合一"的课程内容体系。

本书较全面系统地介绍了钢结构基本知识和各种常见钢结构类型的施工管理内容，主要培养学生钢结构工程施工计划与组织的工作技能。本书主要包括课程概述、钢结构连接、轻钢门式刚架结构工程施工计划与组织、空间网格结构工程施工计划与组织、钢框架结构工程施工计划与组织五个学习单元，每个学习单元按照施工图会审与深化→施工方案与计划的编制→施工组织与协调的工作过程组织知识内容和工程案例，使内容贴近项目、贴近生产、贴近技术、贴近工艺，对于学生和现场技术人员钢结构工程施工管理技能的培养和职业素养的养成有重要作用。

本书第一、第二单元课程概述由江苏建筑职业技术学院陈年和老师编写，本书第三、第四单元由江苏建筑职业技术学院孙韬老师编写，本书第五单元由江苏建筑职业技术学院刘菁菁老师编写。

《钢结构工程施工计划与组织》是高职建筑工程技术专业和高职市政工程技术专业的必修课，它对应中职建筑工程施工专业的《钢结构工程施工计划与组织》，形成同类专业的中高职衔接。同时，这个课程的设置也是对接职业岗位证书培训的需要。

由于编者水平所限，书中难免有错误或不当之处，敬请同行和读者批评指正。

编　者

2016 年 6 月

MU LU

目录

1 课程概述

钢结构因其自身的轻质高强、工业化生产、造型丰富、材料环保和工期较短等特点，在当今工程中被广泛应用。本课程将着重介绍钢结构工程施工计划与组织的相关知识，为此先了解一下钢结构常见体系的组成、材料和钢结构工程施工的相关内容。

1.1 钢结构常见结构体系及组成

钢结构的结构体系丰富多样，目前，应用最多、最常见的结构体系主要包括应用在厂房和仓储建筑中的轻钢门式刚架结构（图 1-1），应用在机场、展览馆等大跨和大空间建筑中的空间网格结构（图 1-2），以及应用在高层和超高层建筑中的钢框架结构（图 1-3）。本书将围绕这三种结构体系进行相关内容的介绍，本节将首先介绍三种结构体系的构造组成。

(a) 单跨厂房

(b) 多跨厂房

图 1-1 轻钢门式刚架结构

(a) 网架结构

(b) 网壳结构

(c) 管桁架结构

图 1-2 空间网格结构

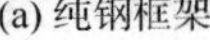
(a) 纯钢框架

(b) 钢–混凝土组合框架

图 1-3　钢框架结构

1.1.1　轻钢门式刚架结构体系组成

轻钢门式刚架结构厂房由轻钢结构骨架、围护结构檩条、彩色压型钢板或复合夹芯板墙屋面及其他配套设施（门窗、采光带、通风口等）等部分组成。轻钢门式刚架结构厂房的结构形式可根据用户的具体工艺要求，除门式刚架结构形式外，还可选择单跨、多跨等高或多跨不等高排架结构等。

轻钢门式刚架的结构体系包括以下组成部分：

(1)主结构：横向刚架（包括中部和端部刚架）、楼面梁、托梁、支撑体系等；

(2)次结构：屋面檩条和墙面檩条等；

(3)围护结构：屋面板和墙板；

(4)辅助结构：楼梯、平台、扶栏等；

(5)基础。

轻钢门式刚架结构厂房的组成如图 1-4 所示。

平面门式刚架和支撑体系再加上托梁、楼面梁等组成了轻钢门式刚架的主要受力骨架，即主结构体系。屋面檩条和墙面檩条既是围护材料的支承结构，又为主结构梁柱提供了部分侧向支撑作用，构成了轻钢门式刚架的次结构。屋面板和墙面板起整个结构的围护和封闭作用，由于蒙皮效应事实上也增加了轻钢门式刚架的整体刚度。

外部荷载直接作用在围护结构上。其中，竖向和横向荷载通过次结构传递到主结构的横向门式刚架上，依靠门式刚架的自身强度和刚度抵抗外部作用。纵向风荷载通过屋面和墙面支撑传递到基础上。

1.1.2　空间网格结构体系组成

空间网格结构体系常见的结构类型主要有桁架结构和网架结构。

桁架结构是指由杆件在端部相互连接而组成的格子式结构，目前最常见的桁架类型为管桁架结构，管桁架即是指结构中的杆件均为圆管或矩形管杆件。单榀管桁架由上弦杆、下弦杆和腹杆组成。管桁架结构一般由主桁架、次桁架、系杆和支座共同组成，如图 1-5 和图 1-6 所示。

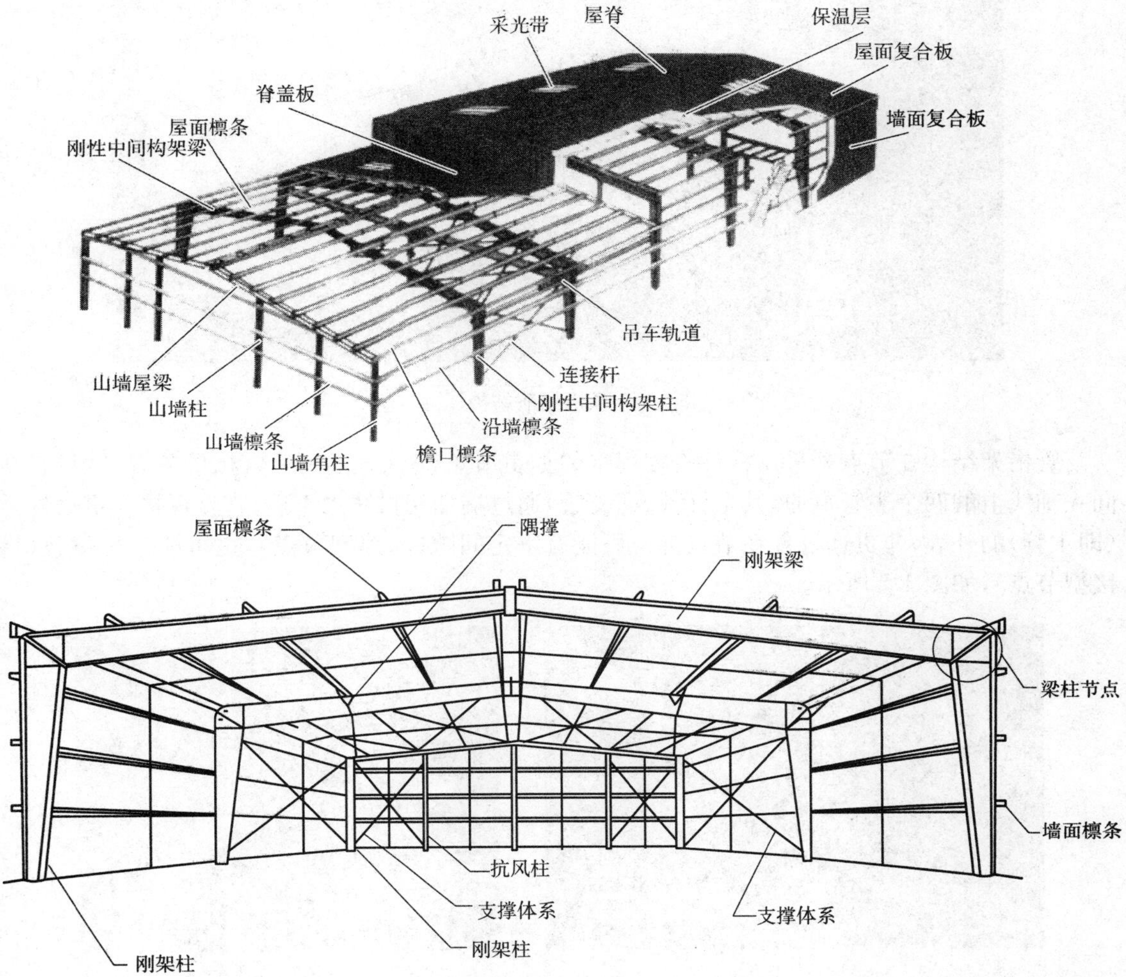

采光带
屋脊
保温层
屋面复合板
脊盖板
墙面复合板
屋面檩条
刚性中间构架梁
吊车轨道
连接杆
刚性中间构架柱
山墙屋梁
山墙柱
沿墙檩条
山墙檩条
山墙角柱
檐口檩条

屋面檩条
隅撑
刚架梁
梁柱节点
墙面檩条
抗风柱
支撑体系
支撑体系
刚架柱
刚架柱

图 1-4　轻钢门式刚架结构厂房的组成

图 1-5　单榀管桁架结构组成

图 1-6 某机场航站楼屋盖

管桁架结构在节点处采用杆件直接焊接的相贯节点(或称管节点)。相贯节点处,只有在同一轴线上的两个主管贯通,其余杆件(即支管)通过端部相贯线加工后,直接焊接在贯通杆件(即主管)的外表,非贯通杆件在节点部位可能有一定间隙(间隙型节点),也可能部分重叠(搭接型节点),如图 1-7 所示。

(a) 间隙型节点

(b) 搭接型节点

图 1-7 管桁架杆件相贯节点形式

网架结构可以看作是平面桁架的横向拓展,也可以看作是平板的格构化。网架结构是由很多杆件通过节点,按照一定规律组成的空间杆系结构。网架结构根据外形可分为平板网架和曲面网架。通常情况下,平板网架称为网架,曲面网架称为网壳,如图 1-8 所示。网架和网壳结构是由许多规则的几何体组合而成,这些几何体就是网架结构的基本单元,常用的有三角锥和四角锥等。

网架和网壳的杆件一般采用普通型钢和薄壁型钢,有条件时应尽量采用薄壁管形截面。其尺寸应满足下列要求:普通型钢一般不宜采用小于∟45 mm×3 mm 或∟56 mm×36 mm×3 mm 的角钢;薄壁型钢厚度不应小于 2 mm。

网架和网壳的杆件节点分为焊接钢板节点、焊接空心球节点和螺栓球节点。

焊接钢板节点一般由十字节点板和盖板组成。十字节点板由两块带企口的钢板对插焊接而成,也可由 3 块焊成,如图 1-9 所示。焊接钢板节点多用于双向网架和四角锥体组成的网架,焊接钢板节点常用的结构形式如图 1-10 所示。

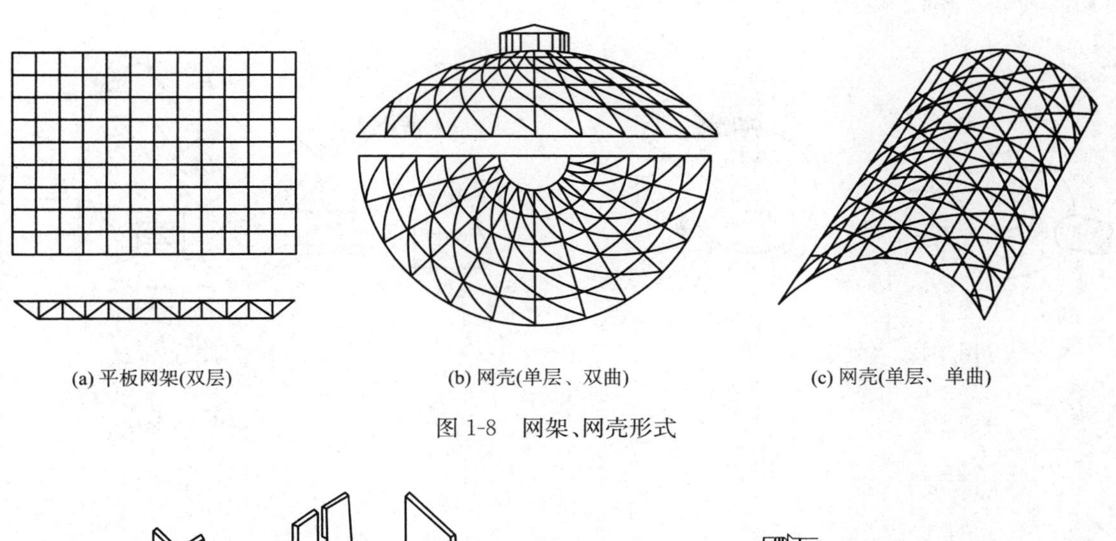

(a) 平板网架(双层)　　(b) 网壳(单层、双曲)　　(c) 网壳(单层、单曲)

图 1-8　网架、网壳形式

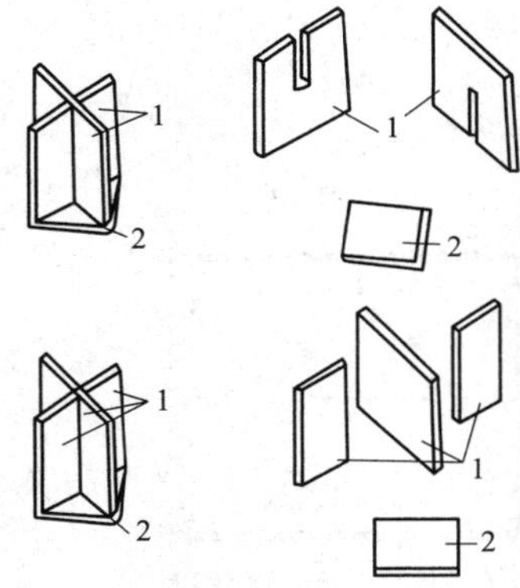

图 1-9　焊接钢板节点

1—十字节点板；2—盖板

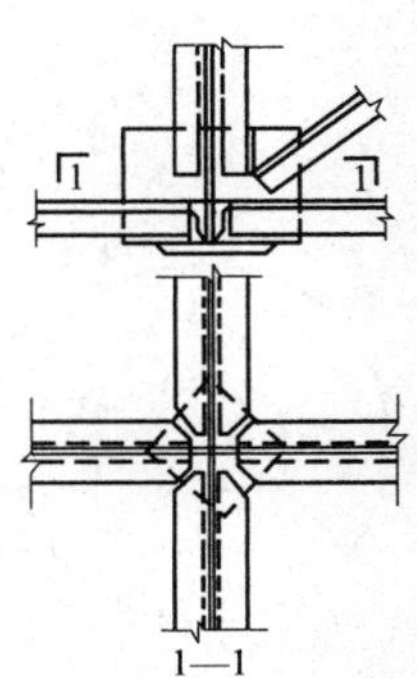

图 1-10　双向网架的节点构造

焊接空心球节点中，空心球是由两个压制的半球焊接而成，分为加肋和不加肋两种，如图 1-11 所示，适用于钢管杆件的连接。当空心球的外径大于 300 mm 时，且杆件内力较大需要提高承载能力时，可在球内加肋，当空心球的外径大于等于 500 mm 时，应在球内加肋，肋板必须设在轴力最大杆件的轴线平面内，且其厚度不应小于球壁厚。球节点与杆件相连接时，两杆件在球面上的净距离不得小于 10 mm，如图 1-12 所示。

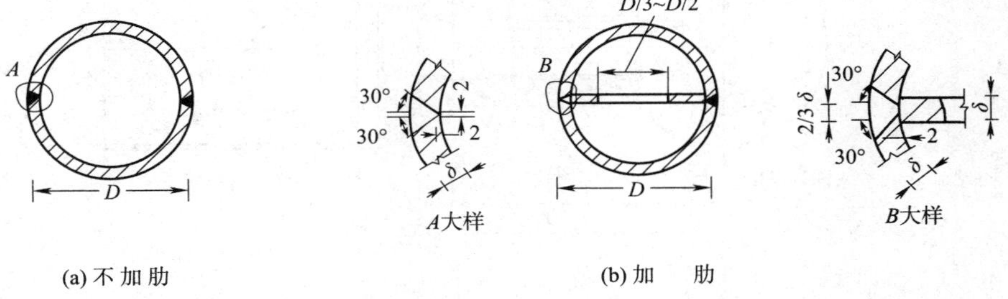

(a) 不加肋　　(b) 加　肋

图 1-11　空心球剖面

螺栓球节点系通过螺栓将管形截面的杆件和钢球连接起来的节点，一般由螺栓、钢球、销子、套管和锥头或封板等零件组成，如图 1-13 和图 1-14 所示。

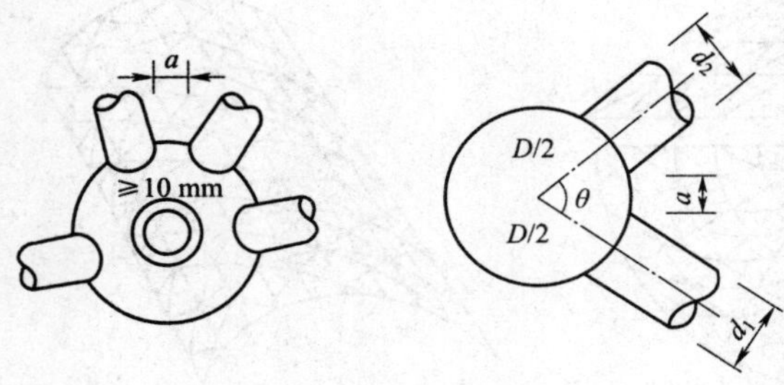

图 1-12　空心球节点示意

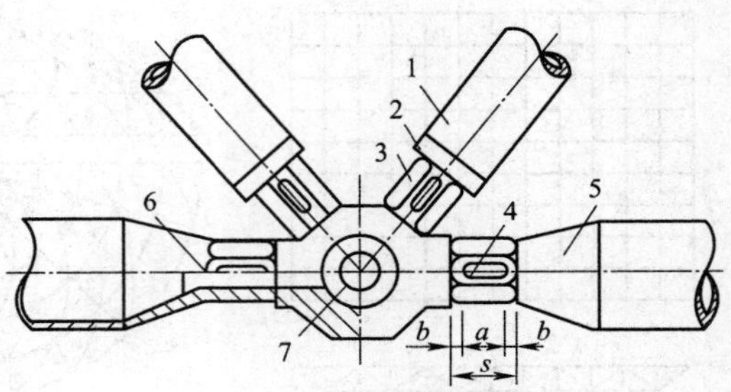

图 1-13　螺栓球节点示意

1—钢管；2—封板；3—套管；4—销子；5—锥头；6—螺栓；7—钢球

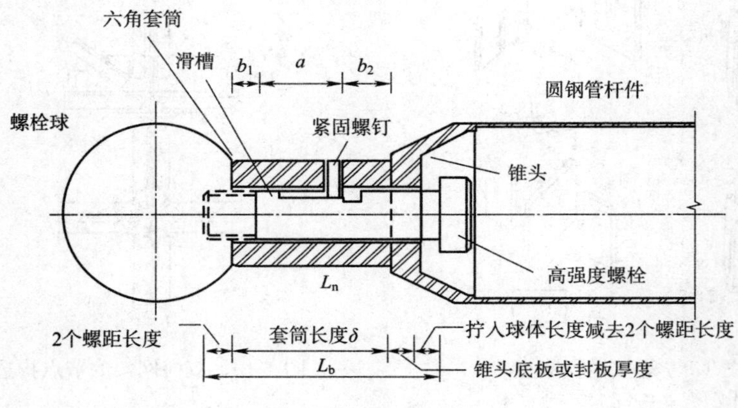

(a) 未拧紧的状态

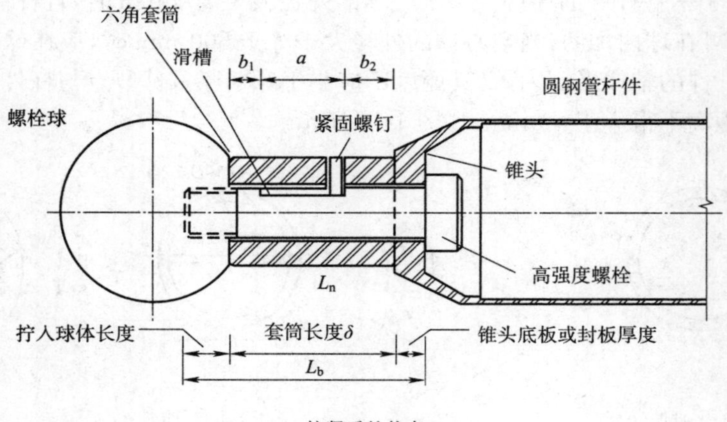

(b) 拧紧后的状态

图　1-14

(c) 加工好的锥头

图 1-14　高强度螺栓与螺栓球和圆钢管杆件的连接

1.1.3　钢框架结构体系组成

钢框架结构体系是指沿房屋的纵向和横向用钢梁和钢柱组成的框架结构来作为承重和抵抗侧力的结构体系。随着层数及高度的增加，除承受较大的竖向荷载外，抗侧力（风荷载、地震作用等）要求也成为多高层框架的主要特点，其基本结构体系一般可分为三种：纯框架体系、框架-支撑体系（图 1-15）和钢-混凝土组合结构体系。

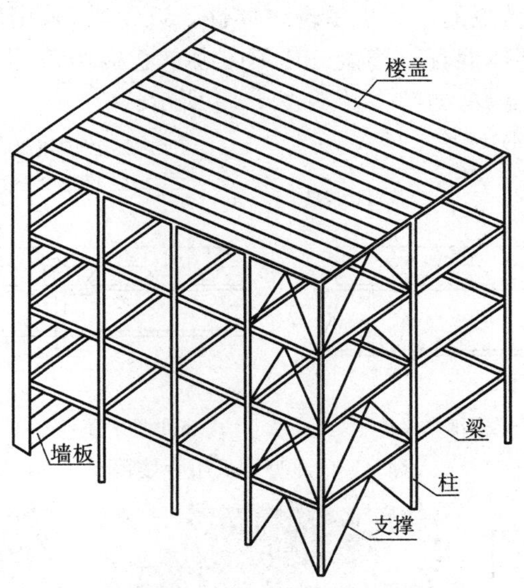

图 1-15　框架-支撑体系

钢框架结构体系基本结构组成包括框架柱、框架梁、楼板、墙板、支撑体系、基础以及之间的连接节点。

钢柱常用截面形式有 H 型钢柱、焊接箱型或方钢管截面柱、钢管及钢管混凝土柱和十字柱，如图1-16 所示。

对于柱距较小的钢框架结构，其钢梁一般采用 H 型钢，其强轴平行于水平面设置。对于柱距特别大的钢框架结构，其钢梁一般采用焊接箱型截面，其强轴平行于水平面设置。

(a) 焊接箱型截面柱

(b) 埋入混凝土的焊接箱型截面柱

(c) 钢管混凝土柱

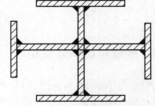

(d) 十字柱

图 1-16　各种钢框架柱

在钢框架结构建筑中楼板的形式也呈现多样性。近年来，采用较多的楼板形式主要有压型钢板混凝土楼盖、现浇整体混凝土楼盖、SP 预应力空心板楼盖、混凝土叠合板楼盖、自承式钢筋桁架压型钢板组合楼盖等，如图 1-17～图 1-19 所示。

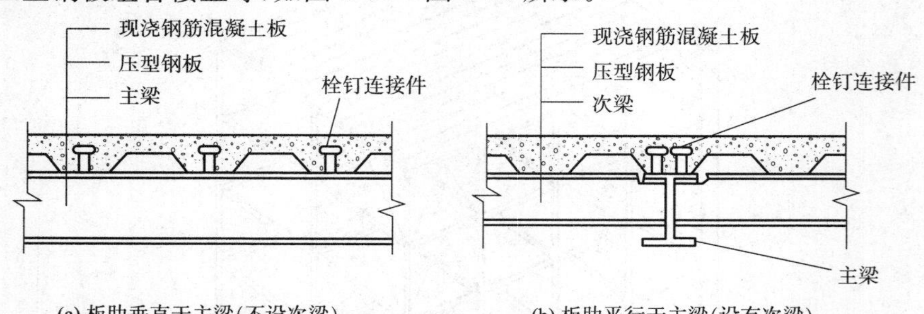

(a) 板肋垂直于主梁(不设次梁)　　(b) 板肋平行于主梁(设有次梁)

图 1-17　压型钢板组合楼盖

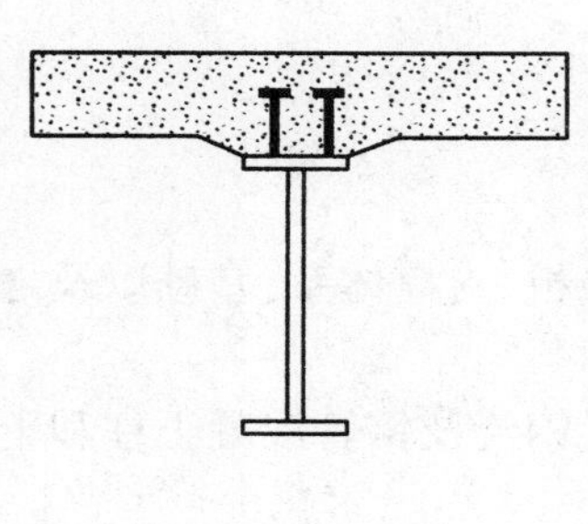
(a) 断　面

(b) 楼板配筋

(c) 下部支设模板

图 1-18　现浇整体混凝土楼盖

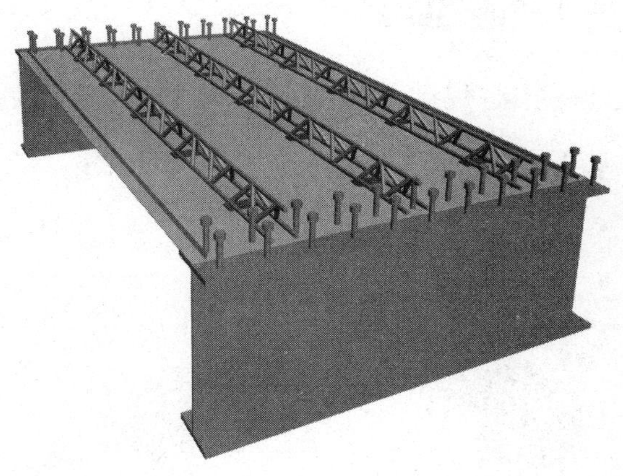

(a) 钢筋绑扎前

(b) 钢筋绑扎后

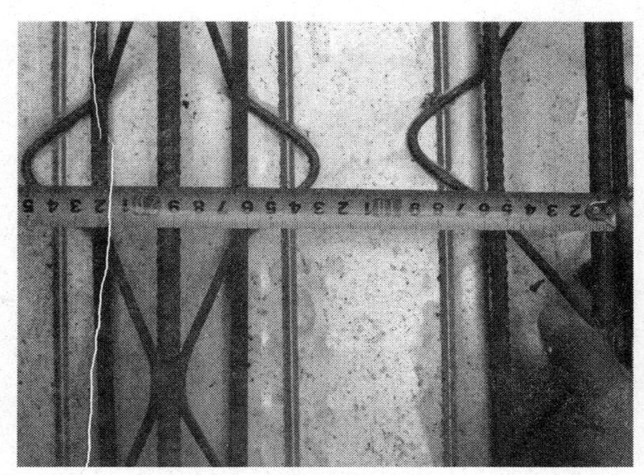

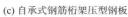

(c) 自承式钢筋桁架压型钢板

(d) 栓钉与钢梁的栓焊连接

图 1-19　自承式钢筋桁架压型钢板组合楼面

钢框架结构节点形式包括梁-柱节点、梁-梁节点、柱-柱节点、柱脚节点以及支撑节点等。

梁柱刚接节点有短梁刚接（螺栓连接梁）、短梁刚接（焊接连接梁）、短梁刚接（栓焊混接梁）等常见节点形式，如图 1-20 所示。

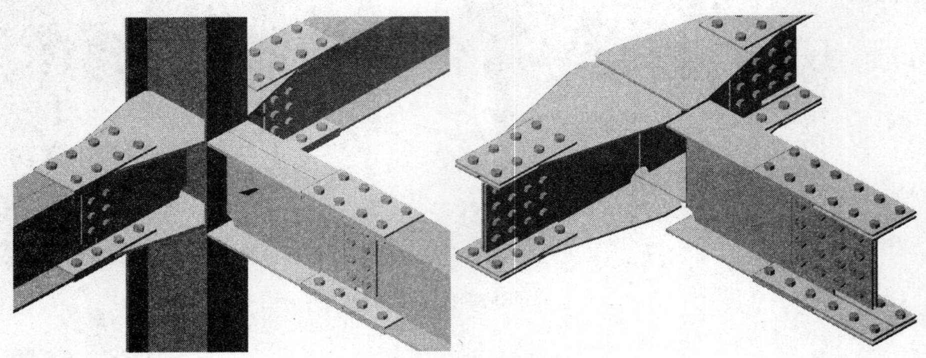

(a) 短梁刚接(螺栓连接梁)

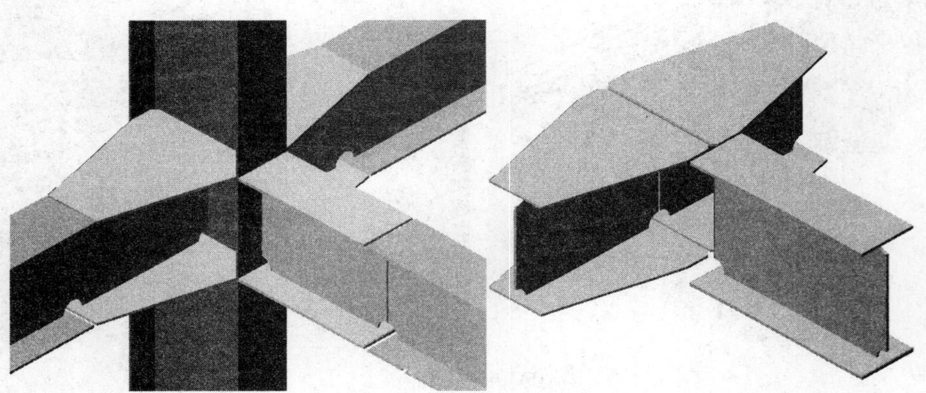

(b) 短梁刚接(焊接连接梁)

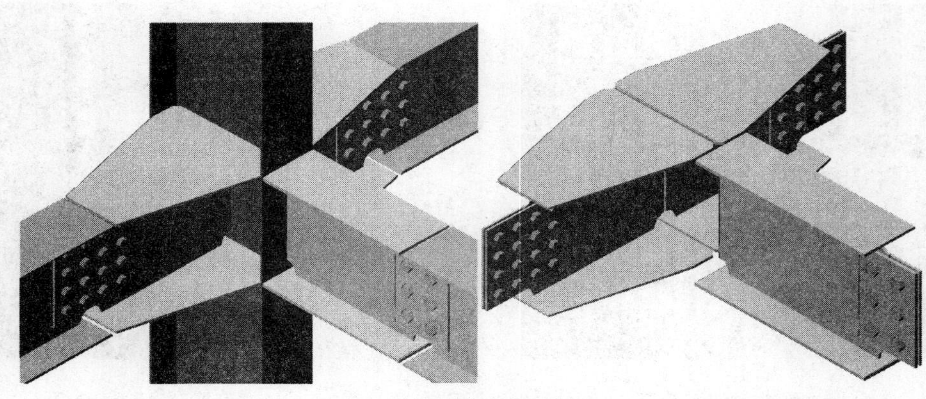

(c) 短梁刚接(栓焊混接梁)

图 1-20　型钢梁柱刚接节点形式

钢框架中梁-梁节点通常把型钢主次梁设计成铰接节点，型钢主次梁铰接节点形式如图1-21所示。

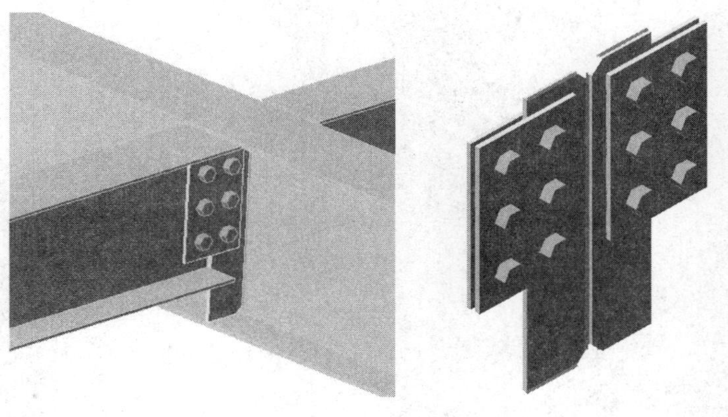

(a) 主次梁铰接节点形式1(主次梁不等高)

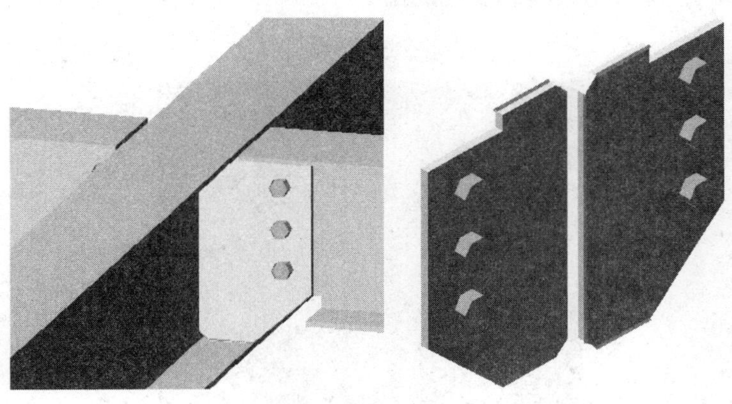

(b) 主次梁铰接节点形式2(主次梁不等高)

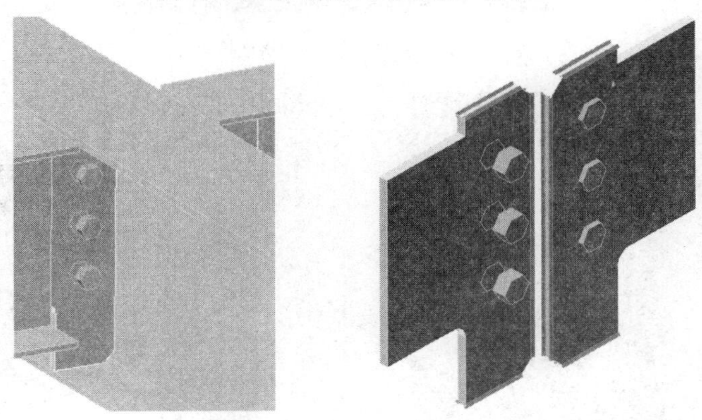

(c) 主次梁铰接节点形式3(主次梁不等高)

图 1-21 主次梁铰接节点形式

为进行柱子的接长，钢框架结构还需要有柱-柱节点，柱-柱节点有螺栓连接和焊接两种形式，钢管柱一般采用焊接连接，如图1-22所示。

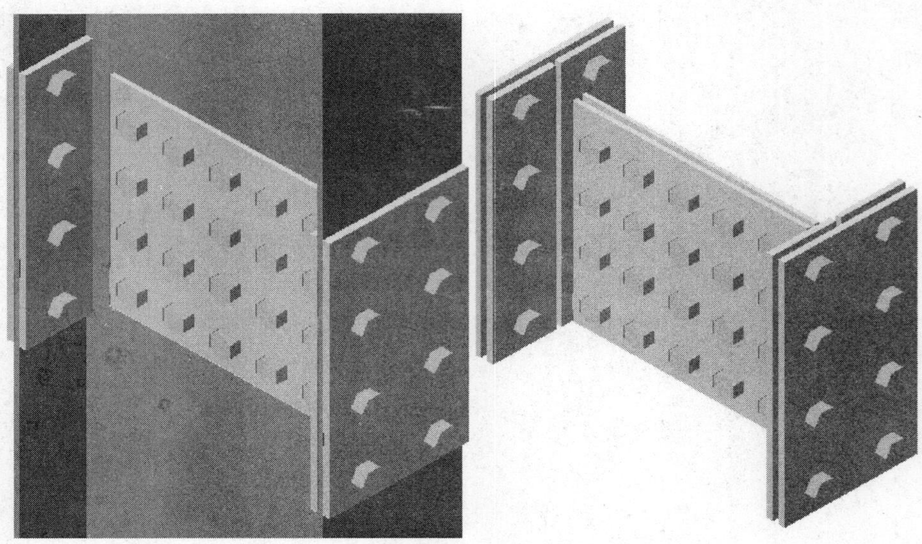

(a) H型钢截面柱的螺栓连接

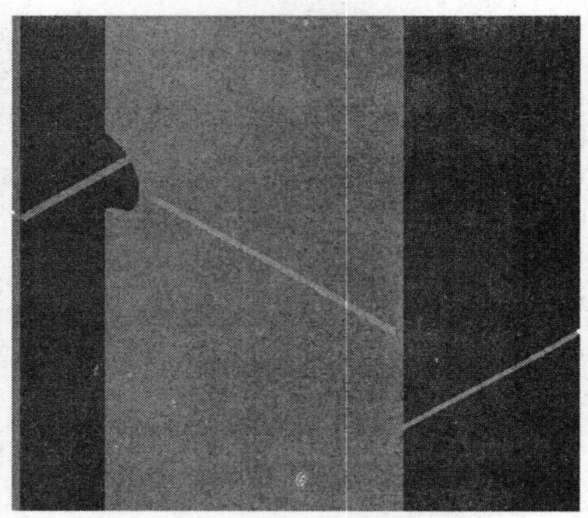

(b) H型钢柱的焊接连接

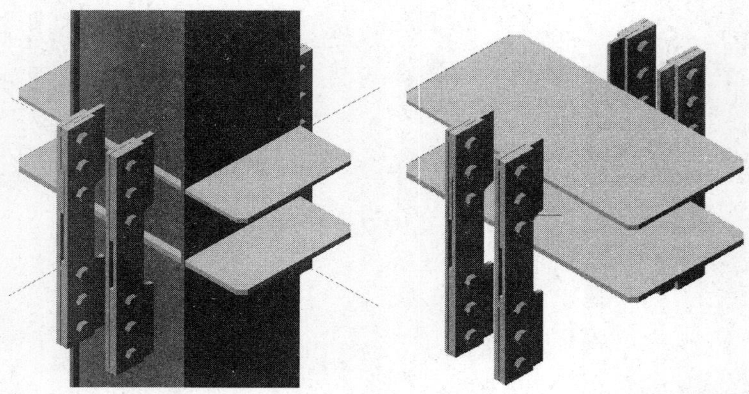

(c) 箱型截面柱的螺栓连接

图　1-22

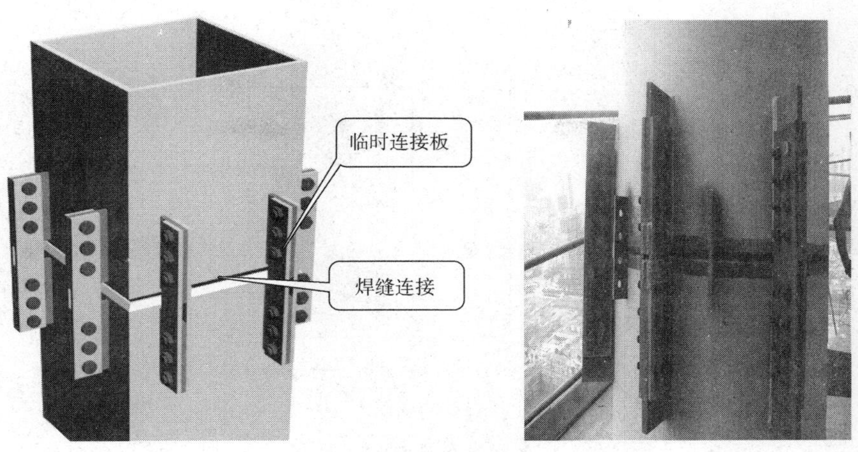

(d) 箱型截面柱的焊接连接

图 1-22 柱-柱节点连接示意

钢框架柱脚节点通常设计为刚性柱脚，不同的型钢将采用不同的柱脚节点，如图 1-23～图 1-25 所示。

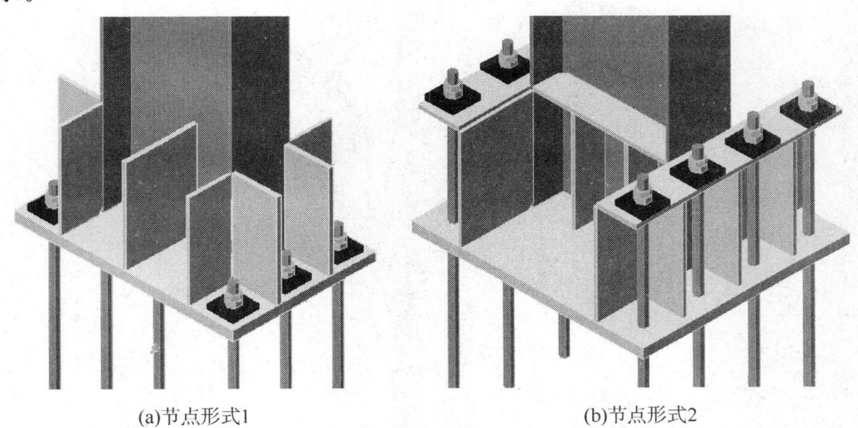

(a)节点形式1　　(b)节点形式2

图 1-23 H 型钢刚接柱脚节点形式

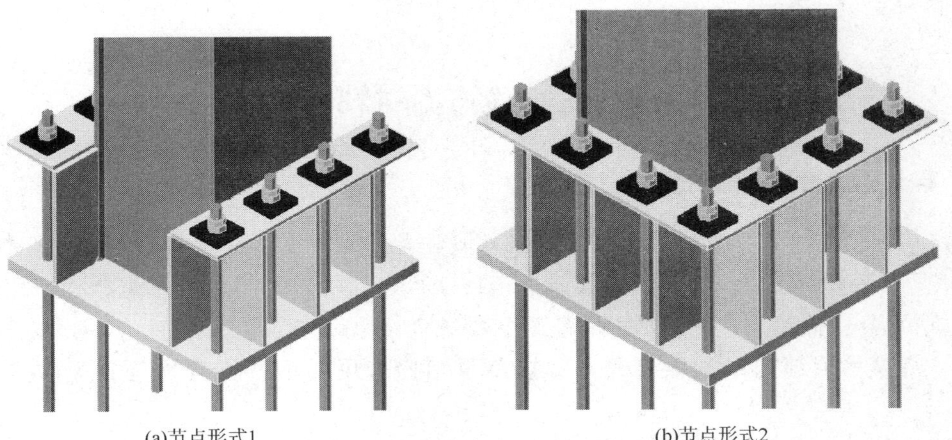

(a)节点形式1　　(b)节点形式2

图 1-24 焊接箱型截面柱脚刚接节点形式

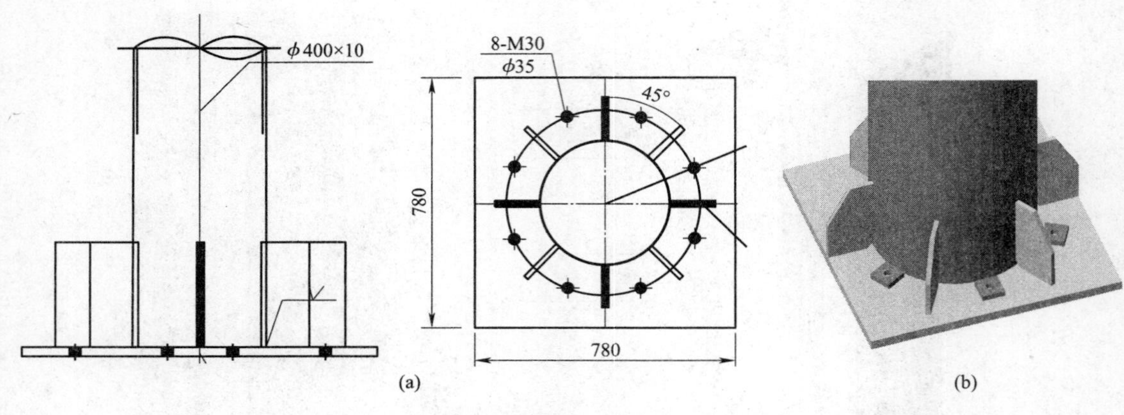

图 1-25　钢管截面柱柱脚节点形式(单位:mm)

在带支撑的钢框架结构中,支撑往往与在梁柱节点位置处设置的连接板进行连接,如图 1-26 所示。

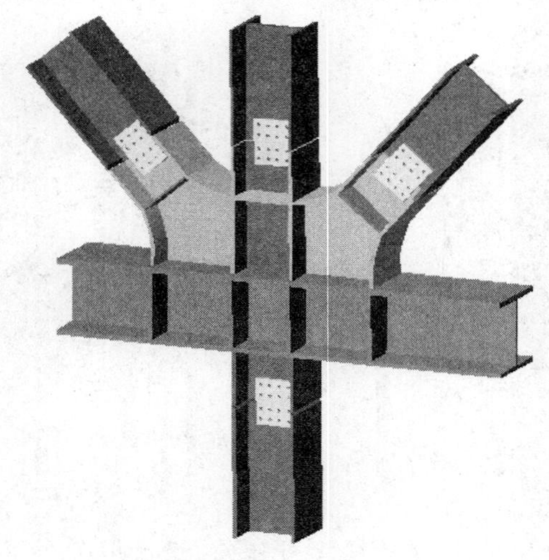

图 1-26　钢框架中支撑节点

1.2　钢结构材料

1.2.1　钢结构对材料性能的要求

钢结构在使用过程中常常需要在不同的环境和条件下承受各种荷载,所以对钢材的材料性能提出了明确要求。我国《钢结构设计规范》(GB 50017—2003)规定:承重结构采用的钢材应具有抗拉强度、伸长率、屈服强度和硫、磷含量的合格保障,对焊接结构尚应具有碳含量的合格保证。焊接承重结构以及重要的非焊接承重结构采用的钢材还应具有冷弯试验的合格保证。

钢结构的种类繁多,性能要求差别很大,适用于承重结构的钢只有少数的几种,如:碳素钢中的 Q235,低合金钢中的 Q345、Q390、Q420 等牌号的钢材。

钢材的力学性能通常指钢材受力时，所提供的强度、伸长率、冷弯性能和冲击韧性等。这些性能指标是钢结构设计的重要依据，它们主要由试验来测定，如拉弯试验、冷弯试验和冲击试验等。

1. 钢材的强度

钢材的主要强度指标和多项性能指标就是通过单向拉伸试验获得的。试验一般是在标准条件进行，即采用符合国家标准规定形式和尺寸的标准试件，在室温 20 ℃左右，按规定的加载速度在拉力试验机上进行。

低碳钢和低合金钢(含碳量和低碳钢相同)一次拉伸时的应力—应变曲线，简化得到的光滑曲线如图 1-27 所示。

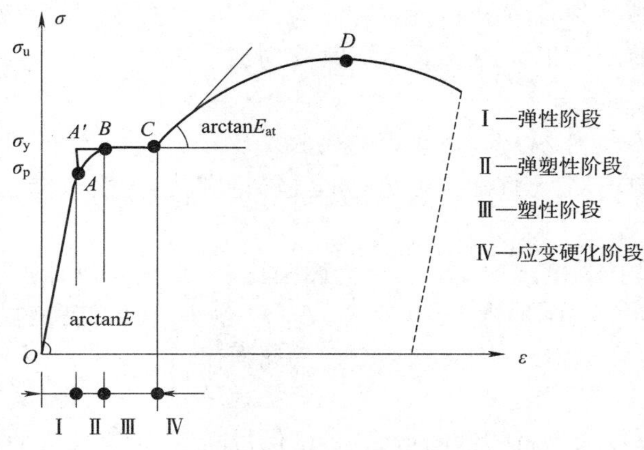

图 1-27　钢材一次拉伸应力—应变曲线

比例极限 σ_p 是应力—应变图中直线段的最大应力值。严格地说，比 σ_p 略高处还有弹性极限，但弹性极限与 σ_p 极其接近，所以通常略去弹性极限的点，把 σ_p 看作是弹性极限。这样，应力不超过 σ_p 时，应力与应变成正比关系，即符合虎克定律，且卸载后变形完全恢复。这一阶段是图 1-27 中的弹性阶段 OA。

材料的比例极限与焊接构件整体试验所得的比例极限往往有差别，这是因构件中残余应力的影响所致。构件应力超过比例极限后，变形模量 E_t 逐渐下降，对构件刚度有不利影响。

屈服点 σ_y 是应变 ε 在 σ_p 之后不再与应力成正比，而是渐渐加大，应力—应变间成曲线关系，一直到屈服点。这一阶段是图 1-27 中的弹塑性阶段段 AB。

图 1-27 中 B 点的应力为屈服点 σ_y，在此之后应力保持不变而应变持续发展，形成水平线段即屈服平台 BC。这一阶段是塑性流动阶段。

应力超过 σ_p 以后，任一点的变形中都将包括有弹性变形和塑性变形两部分，其中的塑性变形在卸载后不再恢复，故称残余变形或永久变形。

实际上，由于加载速度及试件状况等试验条件的不同，屈服开始时总是形成曲线的上下波动，波动最高点称为上屈服点，最低点称为下屈服点。下屈服点的数值对试验条件不敏感，并形成稳定的水平线，所以计算时以下屈服点作为材料抗力的标准(用符号 f_y 表示)。

屈服点是建筑钢材的一个重要力学特性，其意义在于以下两个方面：

(1)作为结构计算中材料强度标准，或材料抗力标准。

(2)形成理想弹塑性体模型，为发展钢结构计算理论提供基础。

低碳钢和低合金钢有明显的屈服点和屈服平台，而热处理钢材(如 σ_y 高达 690 N/mm^2 的美国 A514 钢)可以有较好的塑性性质但没有明显的屈服点和屈服平台，应力-应变曲线形成一条连续曲线。对于没有明显屈服点的钢材，规定永久变形为 $\varepsilon=0.2\%$时的应力作为屈服点，有时用 $\sigma_{0.2}$表示。为了区别起见，把这种名义屈服点称作屈服强度，如图 1-28 所示。

钢材的拉伸试验所得的屈服点 f_y、抗拉强度 f_u 和伸长率 δ 是钢结构设计中对钢材力学性能要求的三项重要指标。

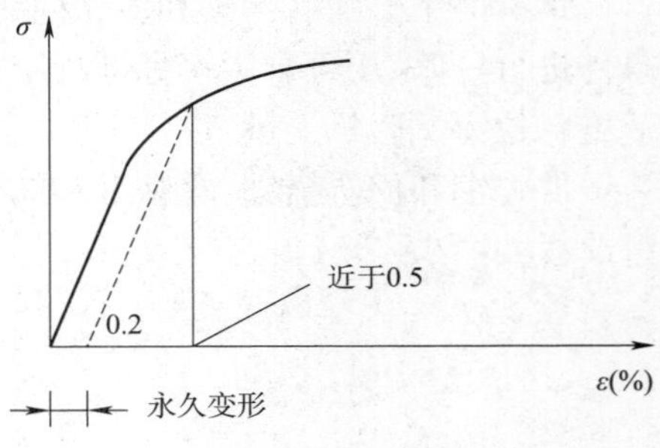

图 1-28　名义屈服点

钢结构设计中常把屈服点 f_y 定位构件应力可以得到的限值，即把钢材达到屈服强度 f_u 作为承载能力极限状态的标志。这是因为当 $\sigma \geqslant f_y$ 时，钢材暂时失去了继续承载的能力并伴随产生很大的不适于继续受力或使用的变形。

钢材的抗拉强度 f_u 是钢材抗破坏能力的极限。抗拉强度 f_u 是钢材塑性变形很大且即将破坏时的强度，此时已无安全储备，只能作为衡量钢材强度的一个指标。

钢材的屈服点与抗拉强度之比 f_y/f_u 称为屈强比，它是表明设计强度储备的一项重要指标，f_y/f_u 愈大，强度储备愈小，不够安全；反之，f_y/f_u 愈小，强度储备愈大，结构愈安全，但强度利用率低且不经济。因此，设计中要选用合适的屈强比。

2. 钢材的塑性

钢材的伸长率 δ 是反映钢材塑性的指标，是试件拉断后，标距长度的伸长量与原标距长度的百分比。伸长率愈大，则塑性越好；需要指出，试件标距长度与试件截面直径之比，对伸长率有较大的影响，试件标距长度与试件截面直径之比越大，伸长率就越小。标准试件的该项比值一般为 5。

3. 钢材的冷弯性能

钢材的冷弯性能是衡量钢材在常温下弯曲加工产生塑性变形时引起裂纹的抵抗能力的一项指标，钢材的冷弯性能由冷弯试验确定。试验时，根据钢材牌号和板厚，按国家相关标准规定的弯心直径，在试验机上把试件弯曲 180°，如图 1-29 所示，以试件侧面不出现裂纹和分层为合格，冷弯试验不仅能检验材料承受规定的弯曲变形能力的大小，还能显示其内部的冶金缺陷，因此是判断钢材塑性变形能力和冶金质量的综合指标。焊接承重结构以及重要的非焊接承重结构采用的钢材还应具有冷弯试验的合格保证。

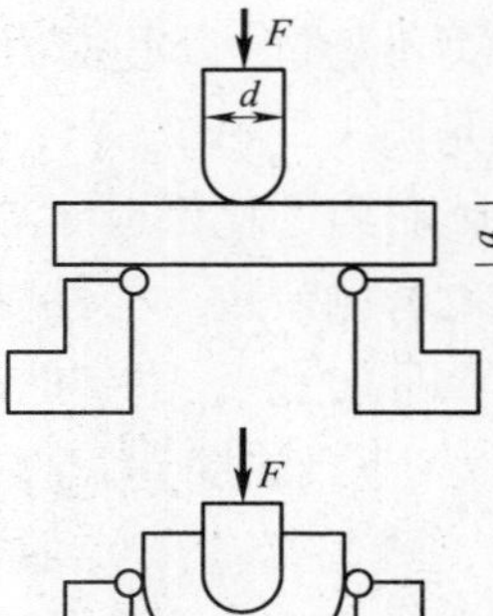

图 1-29　冷弯试验

4. 钢材的冲击韧性

钢材的冲击韧性是衡量钢材在冲击荷载作用下，抵抗脆性断裂能力的一项力学指标。冲击韧性也叫做缺口韧性，是评定带有缺口的钢材在冲击荷载作用下抵抗脆性破坏能力的指标。钢材的冲击韧性通常采用在材料试验机上对标准试件进行冲击荷载试验来测定。常用的标准试件形式有梅氏 U 型缺口(Mesnaqer U-notch)和夏比 V 型缺口(Charp V-notch)两种。U 型缺口试件的冲击韧性用冲击荷载下试件断裂所吸收或消耗的冲击功除以横截面面积的量值表达。V 型缺口试件的冲击韧性用试件断裂时所吸收的功 C_{kv}或 A_{kv}来表示，其单位为 J。由于 V 型缺口试件对冲击尤为敏感，更能反映结构类裂纹性缺陷的影响，我国规定钢材的冲击韧性按 V 型缺口试件冲击功 C_{kv} 或 A_{kv} 表示，试验如图 1-30 所示。

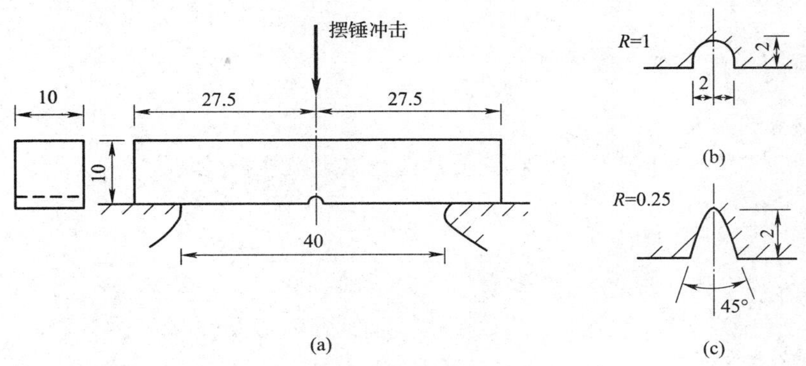

图 1-30　冲击试验(单位：mm)

钢材的冲击韧性与钢材的质量、缺口形状、加载速度、厚度、温度有关，其中温度的影响最大。试验表明，钢材的冲击韧性值随温度的降低而降低，但不同牌号和质量等级的钢材降低规律又有很大的不同。因此，在寒冷地区承受动力荷载作用的重要承重结构，应根据工作温度和所用钢材牌号，对钢材提出相应温度下的冲击韧性指标要求，以防脆性破坏的发生。

5. 钢材的焊接性能

钢材的焊接性能是指在一定的焊接工艺条件下，获得性能良好的焊接接头。焊接过程中要求焊缝及焊缝附近金属不产生热裂纹或冷却收缩裂纹；在使用过程中焊缝处的冲击韧性和热影响区内塑性良好。我国钢结构设计规范中除了 Q235A 不能作为焊接构件外，其他的几种牌号的钢材均具有良好的焊接性能。在高强度低合金钢中低合金元素大多对可焊性有不利的影响，我国的行业标准《建筑钢结构焊接技术规程》(JGJ—2002)推荐使用碳当量来衡量低合金钢的可焊性，其计算公式如下：

$$C_E = C + \frac{Mn}{6} + \frac{Cr + Mo + V}{5} + \frac{Ni + Cu}{5} \tag{1-1}$$

式中，C、Mn、Cr、Mo、V、Ni、Cu 分别为碳、锰、铬、钼、钒、镍和铜的百分含量。当 C_E 不超过 0.38%时，钢材的可焊性很好，可以不采取措施直接施焊；当 C_E 在 0.38%～0.45%范围内时，钢材呈现淬硬倾向，施焊时要控制焊接工艺、采用预热措施并使热影响区缓慢冷却，以免发生淬硬开裂；当 C_E 大于 0.45%时，钢材的淬硬倾向更加明显，需严格控制焊接工艺和预热温度才能获得合格的焊缝。

钢材焊接性能的优劣除了与钢材的碳当量有直接关系外，还与母材的厚度、焊接的方法、焊接工艺参数以及结构形式等条件有关。

6. 钢材的破坏形式

钢材有两种性质完全不同的破坏形式，即塑性破坏和脆性破坏。钢结构所用的钢材在正常使用条件下，虽然有较高的塑性和韧性，但在某些条件下，仍然存在发生脆性破坏的可能性。

塑性破坏也称延性破坏，其特征是构件应力达到抗拉极限强度后，构件产生明显的变形并断裂。破坏后的端口呈纤维状，色泽发暗。由于塑性破坏前总有较大的塑性变形发生，且变形持续时间较长，容易被发现和抢修加固，因此不至于发生严重后果。

脆性破坏在破坏前无明显塑性变形，或根本就没有塑性变形，而突然发生断裂。破坏后的断口平直，呈有光泽的晶粒状。由于破坏前没有任何预兆，破坏速度又极快，无法及时察觉和采取补救措施，具有较大的危险性，因此在钢结构的设计、施工和使用过程中，要特别注意这种破坏的发生。

1.2.2　影响钢材性能的主要因素

1. 化学成分的影响

钢是以铁和碳为主要成分的合金，碳及其他元素虽然所占的比重不大，但对钢材性能却有重要的影响。

(1)碳(C)

碳是钢中各种重要元素之一，在碳素结构钢中则是铁以外的最主要元素。碳是形成钢材强度的主要成分，随着含碳量的提高，钢的强度逐渐增高，而塑性和韧性下降，冷弯性能、焊接性能和抗锈蚀性能等也变差。按碳的含量区分，小于 0.25%的为低碳钢，大于 0.25%而小于 0.6%的为中碳钢，大于 0.6%的为高碳钢。钢结构的用钢含碳量一般不大于 0.22%，对于焊接结构，为了获得良好的可焊性，以不大于 0.2%为好。所以，建筑钢结构用的钢材基本上都是低碳钢。

(2)硫(S)

硫是有害元素，属于杂质，能产生易于熔化的硫化铁，当热加工及焊接温度达到 800 ℃～1 000 ℃时，硫化铁会熔化使钢材变脆，可能出现裂纹，这种现象称为钢材的“热脆”。此外，硫还会降低钢材的冲击韧性、疲劳强度、抗锈蚀性能和焊接性能等。因此，对硫的含量必须严格控制，一般不得超过 0.045%～0.05%，随着钢材牌号和质量等级的提高，含硫量的限值由 0.05%下降到 0.025%，近年来发展的厚度方向性能钢板(抗层状撕裂钢板)含硫量更要求控制在 0.01%以下。

(3)磷(P)

磷可以提高钢的强度和抗锈蚀性能，但却严重降低了钢的塑性、韧性、冷弯性能和焊接性能，特别是在温度较低时促使钢材变脆，称为钢材的“冷脆”。因此，磷的含量也要严格控制，随着钢材牌号和质量等级的提高，含磷量的限值由 0.045%依次降为 0.025%。但是当采用特殊的冶炼工艺时，磷也可以作为一种合金元素来制造含磷的低合金钢，此时的磷含量可以达到 0.12%～0.13%。

(4)锰(Mn)

锰是有益的元素，它能显著提高钢材的强度，同时又不过多的降低塑性和冲击韧性。锰有脱氧作用，是弱脱氧剂，可以消除硫对钢的热脆影响，改善钢的冷脆倾向。但是锰可以使钢材的可焊性降低，因此也要控制。我国的低合金钢中锰的含量一般为 0.1%～1.7%。

(5)硅(Si)

硅也是有益元素，有更强的脱氧作用，是强氧化剂，常与锰共同除氧。适量的硅可以细化晶粒，提高钢的强度，而对塑性、韧性、冷弯性能和焊接性能没有显著的不良影响。硅在镇静钢中的含量一般为 0.12%～0.30%，在低合金钢中为 0.2%～0.55%。但过量的硅也会对焊接性能和抗锈蚀性能不利。

(6)钒(V)、铌(Nb)、钛(Ti)

钒、铌、钛等元素在钢中形成微细碳化物，加入适量能起细化晶粒和弥散强化的作用，从而提高钢材的强度和韧性，又可保持良好的塑性。我国的低合金钢中都含有这三种元素，作为锰以外的合金。

(7)铝(Al)、铬(Cr)、镍(Ni)

铝是强氧化剂,用铝进行补充脱氧,不仅进一步减少钢中的有害氧化物而且能细化晶粒,提高钢的强度和低温韧性。铬和镍是提高钢材强度的合金元素,用于Q390及以上牌号的钢材中,但其含量也应受到限制,以免影响钢材的其他性能。

(8)氧(O)、氮(N)

氧和氮为有害元素,在金属熔化状态下可以从空气中进入。氧能使钢热脆,其作用比硫剧烈,氮能使钢冷脆,与磷相似。故其含量必须严格控制。钢在浇注过程中,应根据需要进行不同程度的脱氧处理。碳素结构钢的氧含量不应大于0.008%。但氮有时却作为合金元素存在于钢中,桥梁用钢15锰钒氮(15MnVN)就是如此,氮的含量控制在0.010%~0.020%。

2. 成材过程中的影响

(1)冶炼

我国目前结构用钢主要是用平炉和氧化转炉冶炼而成的,侧吹转炉钢质量较差,不宜作为承重结构用钢。目前,侧吹转炉炼钢已基本被淘汰,在建筑钢结构中,主要使用氧气顶吹转炉生产的钢材。氧气顶吹转炉具有投资少、生产率高、原料适应性强等特点,已成为主流炼钢方法。

(2)浇铸(注)

把熔炼好的钢水浇铸成钢锭或钢坯有两种方法,一种是浇入铸模做成钢锭,另一种是浇入连续浇铸机做成钢坯。前者是传统的方法,所得钢锭需要经过初轧才成为钢坯;后者是近年来迅速发展的新技术,浇铸和脱氧同时进行。铸锭过程中因脱氧程度不同,最终成为镇静钢、半镇静钢、沸腾钢。镇静钢因浇铸时加入强脱氧剂,如硅,有时还加铝或钛,因而氧气杂质少且晶粒较细,偏析、夹层、裂纹等缺陷不严重,所以钢材性能比沸腾钢好,但传统的浇铸方法因存在缩孔而成材率较低。连续浇铸可以产出镇静钢而没有缩孔,并且化学成分分布比较均匀,只有轻微的偏析现象,因此,这种浇铸技术既能提高产量又能降低成本。

钢在冶炼和浇铸过程中不可避免地产生冶金缺陷。常见的冶金缺陷有偏析、非金属杂质、气孔及裂纹等。偏析是指金属结晶后化学成分分布不均匀;非金属杂质是指钢中含有硫化物等杂质;气孔是指浇铸时有FeO与C作用所产生的CO气体不能充分逸出而滞留在钢锭内形成的微小空洞。这些缺陷都将影响钢的力学性能。

(3)轧制

钢材的轧制能使金属的晶粒变细,也能使气泡、裂纹等焊合,因而改善了钢材的力学性能。薄板因轧制的次数多,其强度比厚板略高、浇铸时的非金属夹杂物在轧制后能造成钢材的分层,所以分层是钢材(尤其是厚板)的一种缺陷。设计时应尽量避免拉力垂直于板面的情况,以防止层间撕裂。

(4)热处理

一般钢材以热轧状态交货,某些高强度钢材则在轧制后经热处理才出厂。热处理的目的在于取得高强度的同时能够保持良好的塑性和韧性。

3. 残余应力的影响

热轧型钢冷却过程中,在截面突变处如尖角、边缘及薄细部位,率先冷却,其他部位渐次冷却,先冷却部位约束阻止后冷却部位的自由收缩,产生复杂的热轧残余应力分布。不同形状和尺寸规格的型钢残余应力分布不同。

钢材经过气割或焊接后,由于不均匀的加热和冷却,也将引起残余应力。

残余应力是一种自相平衡的应力,退火处理后可部分乃至全部消除。结构受荷后,残余应力与荷载作用下的应力相叠加,将使构件某些部位提前屈服,降低构件的刚度和稳定性,降低抵抗冲击断裂和抗疲劳破坏的能力。

4. 应力集中的影响

由于钢结构的钢材存在孔洞、槽口、凹角、裂纹、厚度变化、形状变化及内部缺陷等构造缺陷,此时截面中的应力分布不再保持均匀,同时主应力线在绕过孔口等缺陷时发生弯转,不仅在孔口边缘处会产生沿力作用方向的应力高峰,同时会在孔口附近产生垂直于力的作用方向的横向应力,甚至会产生三向拉应力,同时厚度越厚的钢板,在其缺口中心部位的三向拉应力也越大,这是因为在轴向拉力作用下,缺口中心沿板厚方向的收缩变形受到较大的限制,形成所谓平面应变状态所致。

应力集中现象还可能由内应力产生。内应力的特点是力系在钢材内自相平衡,而与外力无关,其在浇注、轧制和焊接加工过程中,因不同部位钢材的冷却速度不同,或因不均匀加热和冷却而产生。其中焊接残余应力的量值往往很高,在焊缝附近的残余拉应力常达到屈服点,而且在焊缝交叉处经常出现双向、甚至三向残余拉应力场,使钢材局部变脆。当外力引起的应力与内应力处于不利组合时,会引发脆性破坏。

因此,在进行钢结构设计时,应尽量使构件和连接节点的形状及构造合理,防止截面的突然改变。在进行钢结构的焊接构造设计和施工时,应尽量减少焊接残余应力。

5. 钢材的冷作硬化和时效

钢材的硬化有三种情况:时效硬化、冷作硬化(或应变硬化)和应变时效硬化。

在高温时溶于铁中的少量氮和碳,随着时间的增长逐渐由固溶体中析出,生成氮化物和碳化物,分散存在铁素体晶粒的滑动界面上,对晶粒的塑性滑移起到遏制作用,从而使钢材的强度提高,塑性和韧性下降,这种现象称为时效硬化(也称老化)。产生时效硬化的过程一般较长,但在振动荷载、反复荷载及温度变化等情况下,会加速发展。

在冷加工(或一次加载)使钢材产生较大的塑性变形的情况下,卸荷后再重新加载,钢材的屈服点提高,塑性和韧性降低的现象[图 1-31(a)]称为冷作硬化。

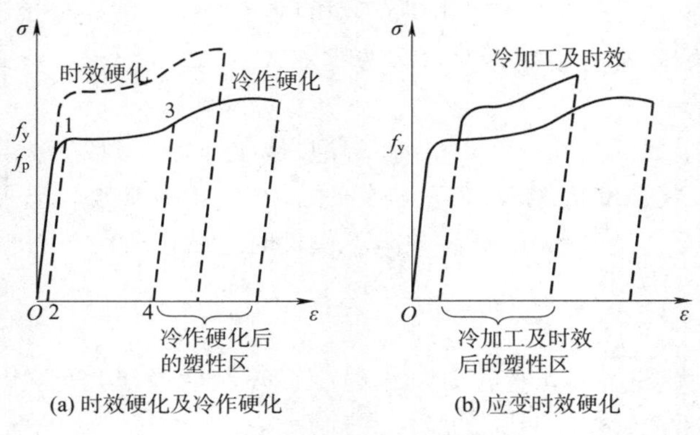

图 1-31　硬化对钢材性能的影响

在钢材产生一定数量的塑性变形后,铁素体晶体中的固溶氮和碳将更容易析出,从而使已经冷作硬化的钢材又发生时效硬化现象[图 1-31(b)],称为应变时效硬化。这种硬化在高温作用下会快速发展,人工时效就是据此提出来的,方法是:先使钢材产生 10%左右的塑性变形,卸载后再加热至 250 ℃,保温一小时后在空气中冷却。用人工时效后的钢材进行冲击韧性试验,可以判断钢材的应变时效硬化倾向,确保结构具有足够的抗脆性破坏能力。

对于比较重要的钢结构，要尽量避免局部冷作硬化现象的发生。如钢材的剪切和冲孔，会使切口和孔壁发生分离式的塑性破坏，在剪断的边缘和冲出的孔壁处产生严重的冷作硬化，甚至出现微细的裂纹，促使钢材局部变脆。此时，可将剪切处刨边；冲孔用较小的冲头，冲完后再行扩钻或完全改为钻孔的办法来除掉硬化部分或根本不发生硬化。

6. 温度的影响

钢材的性能受温度的影响十分明显，图 1-32 给出了低碳钢在不同正温下的单调拉伸试验结果。由图中可以看出，在 150 ℃以内，钢材的强度、弹性模量和塑性均与常温相近，变化不大。但在 250 ℃左右，抗拉强度有局部性提高，伸长率和断面收缩率均降至最低，出现了“蓝脆”现象（钢材表面氧化膜呈蓝色）。显然钢材的热加工应避开这一温度区段。在 300 ℃以后，强度和弹性模量均开始显著下降，塑性显著上升，达到 600 ℃时，强度几乎为零，塑性急剧上升，钢材处于热塑性状态。

由上述可以看出，钢材具有一定的抗热性能，但不耐火，一旦钢结构的温度达到 600 ℃及以上时，会在瞬间因热塑而倒塌。因此受高温作用的钢结构，应根据不同情况采取防护措施：当结构可能受到炽热熔化金属的侵害时，应采用砖或耐热材料做成的隔热层加以保护；当结构表面长期受辐射热达 150 ℃以上或在短时间内可能受到火焰作用时，应采取有效的防护措施（如加隔热层或水套等）。防火是钢结构设计中应考虑的一个重要问题，通常按国家有关防火的规范或标准，根据建筑物的防火等级对不同构件所要求的耐火极限进行设计，选择合适的防火保护层（包括防火涂料等的种类、涂层或防火层的厚度及质量要求等）。

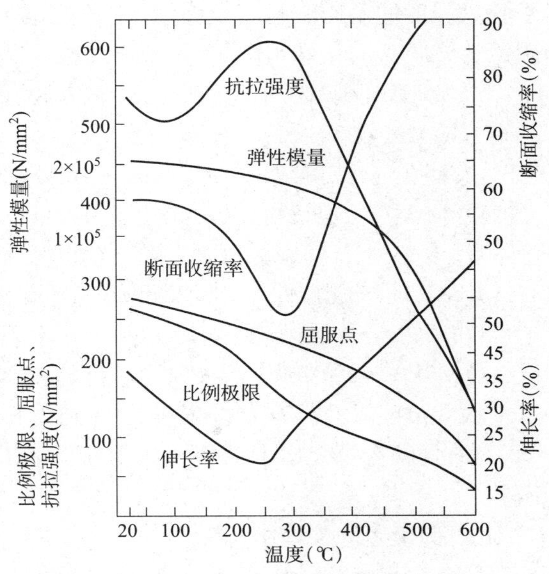

图 1-32 低碳钢在高温下的性能

当温度低于常温时，随着温度的降低，钢材的强度提高，而塑性和韧性降低，逐渐变脆，称为钢材的低温冷脆。钢材的冲击韧性对温度十分敏感，为了工程实用，根据大量的使用经验和试验资料的统计分析，我国有关标准对不同牌号和等级的钢材，规定了在不同温度下的冲击韧性指标，例如对 Q235 钢，除 A 级不要求外，其他各级钢均取 $C_v=27$ J；对低合金高强度钢，除 A 级不要求外，E 级钢采用 $C_v=27$ J，其他各级钢均取 $C_v=34$ J。只要钢材在规定的温度下满足这些指标，那么就可按有关规定，根据结构所处的工作温度，选择相应的钢材作为防脆断措施。

7. 钢材的疲劳

钢材在连续反复的动力荷载作用下，裂纹生成、扩展以致脆性断裂的现象称为钢材的疲劳或疲劳破坏。疲劳破坏时，截面上的应力低于钢材的抗拉强度甚至低于屈服强度，破坏前没有征兆，呈脆性断裂特征。钢材在规定作用下的重复次数和作用变化幅度下所能承受的最大动态应力称为疲劳强度。疲劳强度的主要因素是应力集中，试验表明：截面几何形状突变处最严重，其次是作用的应力幅和应力循环次数 n，一般与钢材的静力强度无关。

1.2.3 钢结构用钢材的分类及钢材的选用

1. 建筑用钢结构的分类

钢结构用的钢材主要有两个种类，即碳素结构钢和低合金高强度结构钢。后者因含有锰、钒等合金元素而具有较高的强度。此外处在腐蚀介质中的结构，则采用高耐候性结构钢，这种钢因铜、磷、铬、镍等合金元素而具有较高的抗锈能力。

(1)碳素结构钢

碳素结构钢的牌号(简称钢号)有 Q195、Q215、Q235、Q255 及 Q275。其中 Q215 包含有 Q215A、Q215B；Q235 包含有 Q235A、Q235B、Q235C、Q235D；Q255 包含有 Q255A、Q255B。

碳素结构钢的钢号由代表屈服点的字母 Q，屈服点数值(单位为 N/mm^2)、质量等级符号(如 A、B、C、D)、脱氧方法符号(如 F、b)等四个部分组成。前文已经提及到，在浇铸过程中由于脱氧程度的不同钢材有镇静钢、半镇静钢与沸腾钢之分，以符号 Z、b、F 来表示。此外还有用铝补充脱氧的特殊镇静钢，用 TZ 表示。按国家标准规定，符号 Z、TZ 在表示牌号时予以省略。以 Q235 钢来说，A、B 两级的脱氧方法可以是 Z、b、F，C 级的只能为 Z，D 级的只能为 TZ。其钢号的表示法和代表的意义如下：

Q235A——屈服强度为 235 N/mm^2，A 级，镇静钢；

Q235Ab——屈服强度为 235 N/mm^2，A 级，半镇静钢；

Q235AF——屈服强度为 235 N/mm^2，A 级，沸腾钢；

Q235B——屈服强度为 235 N/mm^2，B 级，镇静钢；

Q235C——屈服强度为 235 N/mm^2，C 级，镇静钢；

Q235D——屈服强度为 235 N/mm^2，D 级，特殊镇静钢。

从 Q195 到 Q275，是按强度由低到高排列的。Q195、Q215 的强度比较低，而 Q255 及 Q275 的含碳量都超出了低碳钢的范围，所以建筑结构在碳素结构钢中主要应用 Q235 这一钢号。

(2)低合金高强度结构钢

低合金高强度结构钢是在钢的冶炼过程中添加少量的几种合金元素(含碳量均不大于 0.02%，合金元素总量不大于 0.05%)，使钢的强度明显提高，故称低合金高强度结构钢。国家标准《低合金高强度结构钢》(GB/T 1591—1994)规定，低合金高强度结构钢分为 Q295、Q345、Q390、Q420、Q460 五种，其符号的含义与碳素结构钢牌号的含义相同。其中 Q345、Q390、Q420 是钢结构设计规范中规定采用的钢种，这三种钢都包含有 A、B、C、D、E 五个质量等级，和碳素钢一样，不同质量等级是按对冲击韧性(夏比 V 型缺口试验)的要求来区分的。低合金高强度结构钢的 A、B 级属于镇静钢，C、D、E 级属于特殊镇静钢。

(3)优质碳素结构钢

优质碳素结构钢以不热处理或热处理(退火、正火或高温回火)状态交货，用作压力加工用钢和切削加工用钢。由于价格较高，钢结构中使用较少，仅用经热处理的优质碳素结构钢冷拔高强度钢丝或制作高强螺栓、自攻螺钉等。

2. 钢材的选择

选择钢材的目的是要做到结构安全可靠，同时用材经济合理。为此，在选择钢材时应考虑下列各因素：

(1)结构或构件的重要性；

(2)荷载性质(静载或动载)；

(3)连接方法(焊接、铆接或螺栓连接)；

(4)工作条件(温度及腐蚀介质)。

对于重要结构、直接承受动载的结构、处于低温条件下的结构及焊接结构，应选用质量较高的钢材。

Q235A 钢的保证项目中，碳含量、冷弯试验合格和冲击韧性值并未作为必要的保证条件，所以只宜用于不直接承受动力作用的结构中。当用于焊接结构时，其质量证明书中应注明碳含量不超过 0.2%。对于需要验算疲劳的焊接结构，应采用具有常温冲击韧性合格保证的 B 级钢。当这类结构冬季处于温度较低的环境时，若工作温度在 0 ℃和－20 ℃之间，Q235 和 Q345 应选用具有 0 ℃冲击韧性合格的 C 级钢，Q390 和 Q420 则应选用－20 ℃冲击韧性合格的 D 级钢。若工作温度≤－20 ℃，则钢材的质量级别还要提高一级，Q235 和 Q345 选用 D 级钢而 Q390 和 Q420 选用 E 级钢。非焊接的构件发生脆性断裂的危险性比焊接结构小些，对材质的要求可比焊接结构适当放宽，但需要验算疲劳的构件仍应选用有常温冲击韧性保证的 B 级钢。当工作温度等于或低于－20 ℃时，Q235 和 Q345 应选用 C 级钢，Q390 和 Q420 则应选用 D 级钢。

当选用 Q235A、Q235B 级钢时，还需要选定钢材的脱氧方法。在采用钢模浇铸的年代，镇静钢的价格高于沸腾钢，凡是沸腾钢能够胜任的场合就不用镇静钢。目前大量采用连续浇铸，镇静钢价格高的问题不再存在。因此，可以在一般情况下都用镇静钢。而由于沸腾钢的性能不如镇静钢，GB 50017 规范对它的应用提出一些限制，包括不能用于需要验算疲劳的焊接结构、处于低温的焊接结构和需要验算疲劳并且处于低温的非焊接结构。

连接所用钢材，如焊条、自动或半自动焊的焊丝及螺栓的钢材应与主体金属的强度相适应。

3. 型钢的规格

钢结构构件一般宜直接选用型钢，这样可减少制造工作量，降低造价。型钢尺寸不够合适或构件很大时则用钢板制作。构件间或直接连接，或附以连接钢板进行连接。所以，钢结构中的元件是型钢及钢板，型钢有热轧及冷成型两种(图 1-33 及图 1-34)。

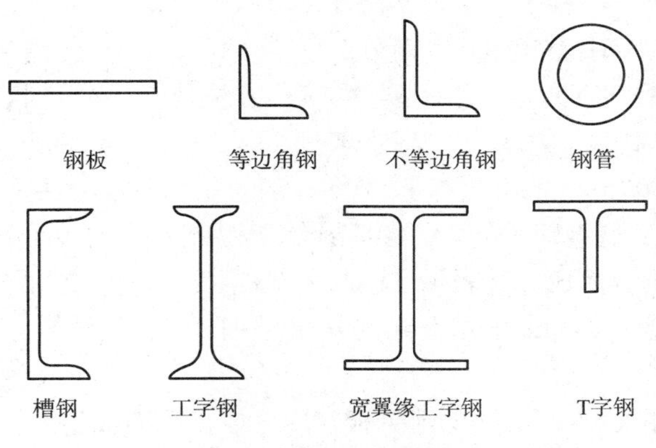

图 1-33　热轧型材截面

(1)热轧钢板

热轧钢板分厚板及薄板两种，厚板的厚度为 4.5～60 mm，薄板厚度为 0.35～4 mm。前

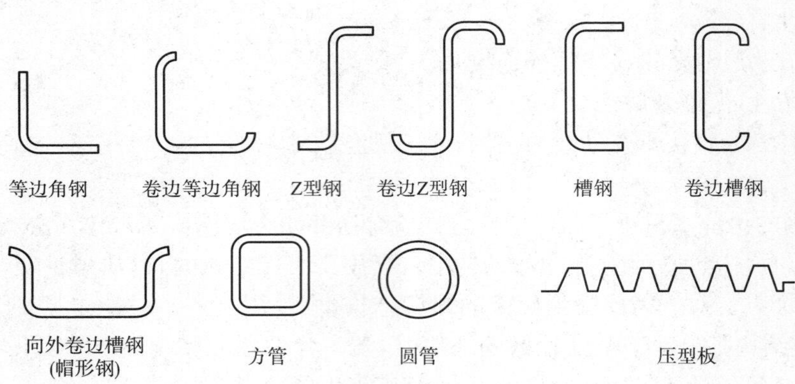

图 1-34 冷弯型钢的截面形式

者广泛用来组成焊接构件和连接钢板，后者是冷弯薄壁型钢的原料。在图纸中钢板用"厚×宽×长(单位为毫米)"前面附加钢板横断面的方法表示，如：－12×800×2 100 等。

(2)热轧型钢

角钢：有等边和不等边两种。等边角钢(也叫等肢角钢)以边宽和厚度表示，如∟100×10 为肢宽 100 mm、厚 10 mm 的等边角钢。不等边角钢(也叫不等肢角钢)则以两边宽度和厚度表示，如∟100×80×8 等。我国目前生产的等边角钢，其肢宽为 20～200 mm，不等边角钢的肢宽为 25 mm×16 mm～200 mm×125 mm。

槽钢：我国槽钢有两种尺寸系列，即热轧普通槽钢(GB 708—65)与热轧轻型槽钢。前者的表示法如[30a，指槽钢外廓高度为 30 cm 且腹板厚度为最薄的一种；后者的表示法如[25Q，表示外廓高度为 25 cm，Q 是汉语拼音"轻"的拼音字首。同样号数时，轻型者由于腹板薄及翼缘宽而薄，因而截面积小但回转半径大，能节约钢材减少自重。不过轻型系列的实际产品较少。

工字钢：与槽钢相同，也分成上述的两个尺寸系列，普通型和轻型。与槽钢一样，工字钢外轮廓高度的厘米数即为型号，普通型当型号较大时腹板厚度分 a、b 及 c 三种。轻型的由于壁厚薄故不再按厚度划分。两种工字钢表示法如 I 32c，I 32Q 等。

H 型钢和剖分 T 型钢：热轧 H 型钢分为三类，宽翼缘 H 型钢(HW)、中翼缘 H 型钢(HM)和窄翼缘 H 型钢(HN)。H 型钢型号的表示方法是先用符号 HW、HM 和 HN 表示 H 型钢的类别，后面加"高度(毫米)×宽度(毫米)"，例如 HW300×300，即为截面高度为 300 mm、翼缘宽度为 300 mm 的宽翼缘 H 型钢。剖分 T 型钢也分为三类，即宽翼缘剖分 T 型钢(TW)、中翼缘剖分 T 型钢(TM)和窄翼缘剖分 T 型钢(TN)。剖分 T 型钢系由对应的 H 型钢沿腹板中部对等剖分而成。其表示方法与 H 型钢类同，如 TN225×200 即表示截面高度为 225 mm、翼缘宽度为 200 mm 的窄翼缘剖分 T 型钢。

(3)冷弯薄壁型钢

冷弯薄壁型钢是用 2～6 mm 厚的薄钢板经冷弯或模压而成型的。在国外，冷弯型钢所用钢板的厚度有加大范围的趋势，如美国可用到 1 英寸(25.4 mm)厚。

(4)压型钢板

压型钢板是由热轧薄钢板经冷压或冷轧成型，具有较大的宽度及曲折外形，从而增加了惯性矩和刚度，是近年来开始使用的薄壁型材，所用钢板厚度为 0.4～2 mm，用作轻型屋面等构件。

1.3　钢结构施工简介

在了解了钢结构常见结构体系的构造组成后，要进行钢结构工程的计划与组织，还需要了解钢结构施工的一些基本知识。

1.3.1　钢结构施工的特点

建筑钢结构的施工就是在施工现场将主体结构构件进行安装，形成稳定的空间结构体系。因此，它的施工特点主要体现在以下几个方面。

(1)现场加工工作少，构件质量有保障。因为钢结构工程的结构构件绝大多数都是在加工厂预先制作好的，现场只需要直接安装或简单拼装后再安装，因此施工现场不需要大量的构件制作，从而可以保障构件本身的产品质量。

(2)构件较大，对吊装机具要求高。钢结构构件的拼装连接处质量较差，为提高整体结构的质量，往往减少构件的拼装连接位置，这便导致构件尺寸增大。在一些大型钢结构建筑中，经常会出现单个构件重量达几吨甚至几十吨，长度(或高度)达几十米的情况。再加之钢结构建筑空间大，起重高度大，因此，钢结构施工往往需要大吨位的吊装机具，而且还要有一定的行走装置。例如：某钢结构工程，单节钢柱的吊重达到 43.7 t，为实现结构的吊装需要，工程配置了多台 1 100 t·m 的行走式塔吊，如图 1-35 所示。

(a) 单节箱型钢柱

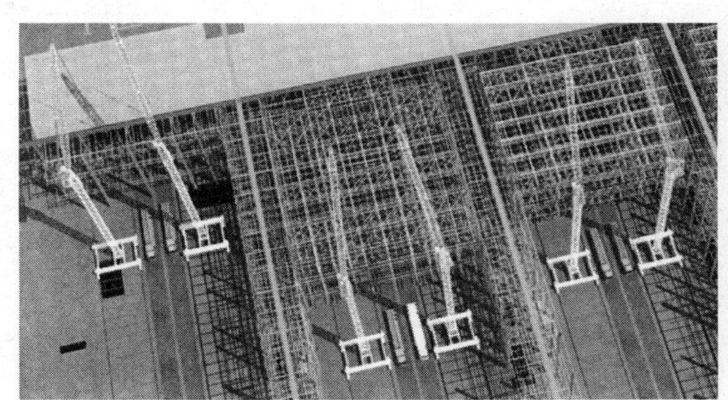

(b) 1 100 t·m行走式塔吊

图 1-35　大吨位钢构件的吊装

(3)施工方案多样，选择要有依据。钢结构工程的安装，就是把一个个预先制作好的构件进行拼装，因此拼装方案可以有很多种，在进行选择时一定要遵循的基本原则就是要使安装过程中的结构体系稳定。在具体方案选择时，为满足这一基本原则，必须要进行相应的结构计算，作为选择依据。如图 1-36 所示，为某工程的施工过程的计算分析图。

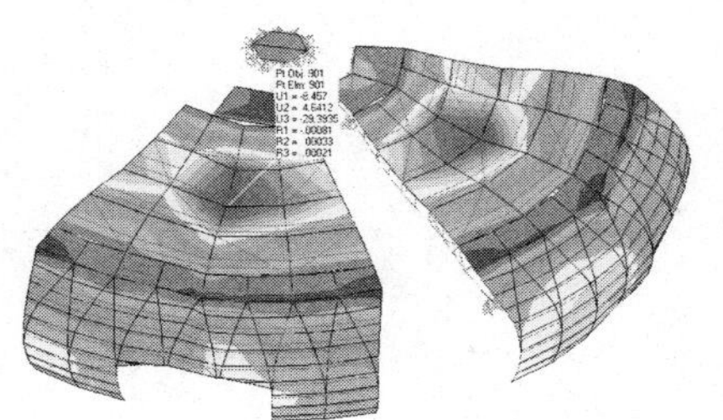

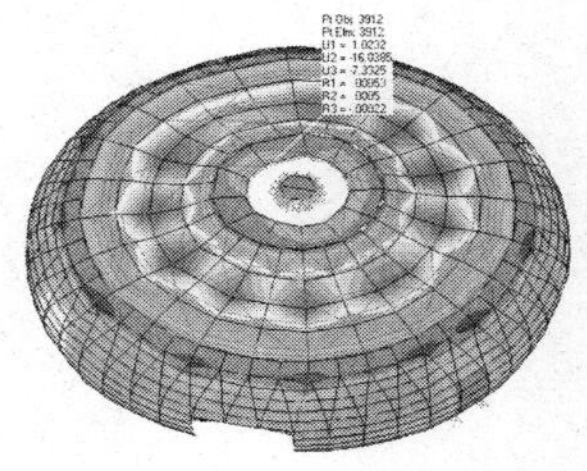

图 1-36　某钢结构工程施工过程计算分析

(4)需要的工人较少，工期较短。由于钢结构施工的工业化程度较高，现场不需要进行构件的制作，因此施工现场不需要大量的工人，而且施工工期较相同体量的土建工程要短的多。

(5)容易实现绿色施工。绿色施工是指工程建设中，在保证质量、安全等基本要求的前提下，通过科学管理和技术进步，最大限度地节约资源并减少对环境负面影响的施工活动，实现节能、节地、节水、节材和环境保护。钢结构施工无论是结构材料还是临时材料，都是可循环利用的钢材，施工现场用水量小，施工过程的噪音、粉尘污染都比土建工程要少，因此钢结构工程施工更容易实现绿色施工。

1.3.2　钢结构工程施工的基本流程

钢结构的结构类型具有多样性，每一种结构类型又有多种施工方案可选，但是钢结构工程的施工流程是基本一致的。钢结构工程施工的基本流程如图 1-37 所示。

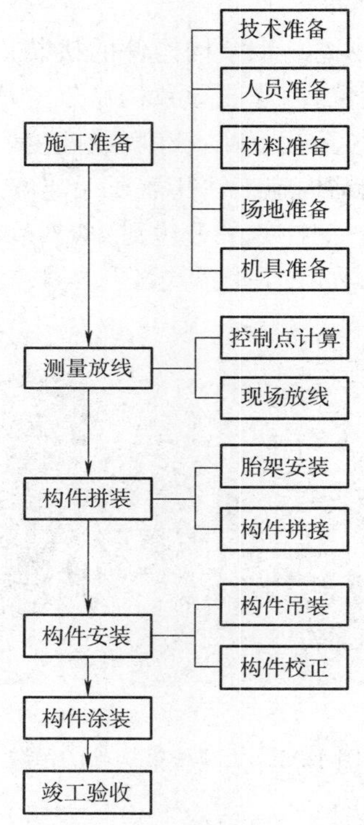

图 1-37　钢结构施工的基本流程

2　钢结构的连接

本章旨在让大家熟悉钢结构连接的主要方式、特性、构造；会进行简单钢结构连接的设计；熟悉各种常见钢结构节点的构造知识。

2.1　钢结构连接方法

钢结构通常是由钢板、型钢通过组合连接成为基本构件，再通过安装连接成为整体结构骨架。连接往往是传力的关键部位，连接构造不合理，将使结构的计算简图与真实情况相差很远；连接强度不足，将使连接破坏，导致整个结构迅速破坏。因此，连接在钢结构中占有很重要的地位，连接设计是钢结构设计的重要环节。

钢结构中所用的连接方法有焊缝连接、铆钉连接和螺栓连接，如图 2-1 所示。最早出现的连接方法是螺栓连接，目前则以焊缝连接为主，高强度螺栓连接近年来发展迅速，使用愈来愈多，而铆钉连接已很少采用。

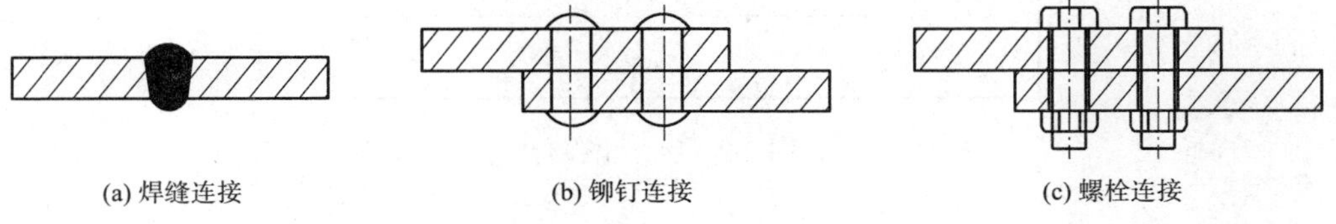

(a) 焊缝连接　(b) 铆钉连接　(c) 螺栓连接

图 2-1　钢结构的连接方法

焊缝连接是现代钢结构最主要的连接方式，它的优点是任何形状的结构都可用焊缝连接，构造简单。焊缝连接一般不需拼接材料，省钢省工，而且能实现自动化操作，生产效率较高。目前土木工程中焊接结构占绝对优势。但是，焊缝质量易受材料、操作的影响，因此对钢材性能要求较高。高强度钢更要有严格的焊接程序，焊缝质量要通过多种途径的检验来保证。

铆钉连接需要先在构件上开孔，孔比钉直径大 1 mm，加热至 900 ℃～1 000 ℃，并用铆钉枪打铆。连接刚度大，传力可靠，韧性和塑性较好，质量易于检查，对经常受动力荷载作用，荷载较大和跨度较大的结构，可采用铆接结构。但是，由于铆钉连接施工技术要求高，劳动强度大，施工条件恶劣，施工速度慢，已逐步被高强度螺栓所取代。

螺栓连接分普通螺栓连接和高强度螺栓连接。其中普通螺栓分 C 级螺栓和 A、B 级螺栓三种：C 级螺栓俗称粗制螺栓，直径与孔径相差 1.5～3.0 mm，便于安装，但螺杆与钢板孔壁不够紧密，螺栓不宜受剪；A、B 级螺栓俗称精制螺栓，其栓杆与栓孔的加工都有严格要求，受力性能较 C 级螺栓为好，但费用较高。

高强度螺栓按传力方式可以划分为高强度螺栓摩擦型连接、高强度螺栓承压型连接两种，均用强度较高的钢材制作。安装时通过特制的扳手，以较大的扭矩上紧螺帽，使螺杆产生很大的预应力，预应力把被连接的部件夹紧，使部件的接触面间产生很大的摩擦力，外力可通过摩擦力来传递。当仅考虑以部件接触面间的摩擦力传递外力时称为高强度螺栓摩擦型连接；而同时考虑依靠螺杆和螺孔之间的承压来传递外力时称为高强度螺栓承压型连接。

除上述常用连接外，在薄壁轻钢结构中还经常采用射钉、自攻螺钉和焊钉等连接方式。

2.2 焊缝的连接

2.2.1 钢结构焊接方法

钢结构的焊接方法最常用的有三种，电弧焊、电阻焊和气焊。

1. 电弧焊

电弧焊是利用通电后焊条和焊件之间产生的强大电弧提供热源，熔化焊条，滴落在焊件上被电弧吹成的小凹槽熔池中，并与焊件熔化部分结成焊缝，将两焊件连接成一整体。电弧焊的焊缝质量比较可靠，是最常用的一种焊接方法。

电弧焊分为手工电弧焊(图 2-2)和自动或半自动埋弧焊(图 2-3)。

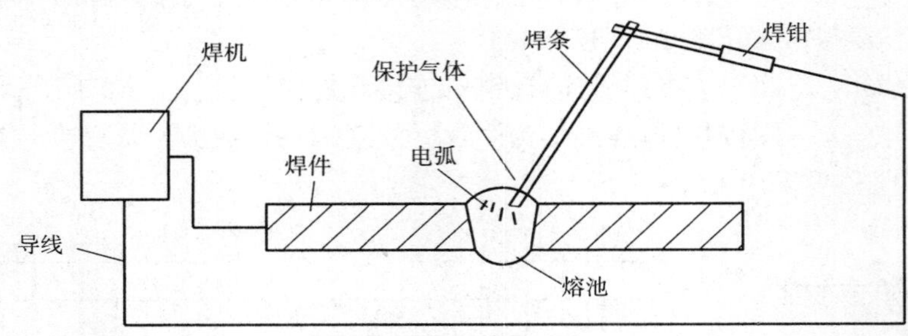

图 2-2 手工电弧焊

手工电弧焊在通电后，在涂有焊药的焊条与焊件之间产生电弧。电弧的温度可高达 3 000 ℃左右。在高温作用下，电弧周围的金属变成液态，形成熔池。同时，焊条中的焊丝熔化，滴入熔池，与焊件的熔融金属相互结合，冷却后即形成焊缝。焊药则随焊条熔化而形成熔渣覆盖在焊缝上，同时产生一种气体，隔离空气与熔化的液体金属，使它不与外界空气接触，保护焊缝不受空气中有害气体影响。

手工电弧焊焊条应与焊件的金属强度相适应。一般对 Q235 的钢焊件宜用 E43 型焊条(E4300～E4328)；对 Q345 的钢焊件宜用 E50 型焊条(E5000～E5518)；对 Q390 和 Q420 的钢焊件宜用 E55 型焊条(E5500～E5518)。焊条型号中，字母 E 表示焊条，前两位数字为熔敷金属的最小抗拉强度(单位 kgf/mm^2)，第三、四数字表示适用焊接位置、电流以及药皮类型等。当不同钢种的钢材连接时，宜用与低强度钢材相适应的焊条。

自动或半自动埋弧焊采用没有涂层的焊丝，插入从漏斗中流出的覆盖在被焊金属上面的焊剂中，通电后由于电弧作用熔化焊剂，熔化后的焊剂浮在熔化金属表面保护熔化金属，使之不与外界空气接触。焊接进行时，焊接设备或焊体自行移动，焊剂不断由漏斗漏下，绕在转盘上的焊丝也不断自动熔化和下降进行焊接。焊剂应与焊丝配套：对 Q235 的钢焊件，可采用 H08、H08A、H08MnA 等焊丝配合高锰、高硅型焊剂；对 Q345 和 Q390 钢焊件，可采用 H08A、H08E 焊丝配合高锰型焊剂，也可采用 H08Mn、H08MnA 焊丝配合中锰型焊剂或高锰

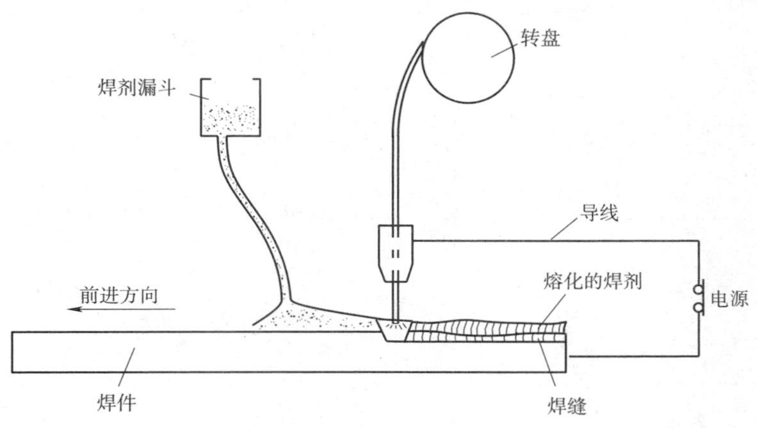

(a) 自动埋弧焊原理

(b) 自动埋弧焊实物

图 2-3 自动埋弧焊

型焊剂，或采用 H10Mn2 配合无锰型或低锰型焊剂。自动焊的焊缝质量均匀，塑性好，冲击韧性高，抗腐蚀性强。半自动焊除人工操作前进外，其余与自动焊相同。

自动或半自动埋弧焊所用焊丝和焊剂还应与主体金属强度相适应，即要求焊缝与主体金属等强度。

2. 电阻焊

电阻焊利用电流通过焊件接触点表面产生的热量来熔化金属，再通过压力使其焊合。薄壁型钢的焊接常采用电阻焊(图 2-4)。电阻焊适用于板叠厚度不超过 12 mm 的焊接。

3. 气焊

气焊是利用乙炔在氧气中燃烧而形成的火焰来熔化焊条，形成焊缝(图 2-5)。气焊用于薄钢板或小型结构中。

2.2.2 焊缝连接形式及其图示方法

1. 焊缝连接形式

焊缝连接形式按被连接钢材的相互位置可以分为对接、搭接、T 形连接和角部连接四种，如图 2-6 所示。

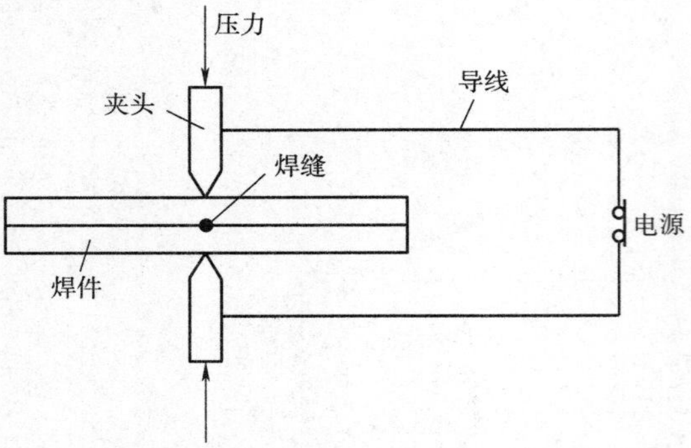

图 2-4　电 阻 焊

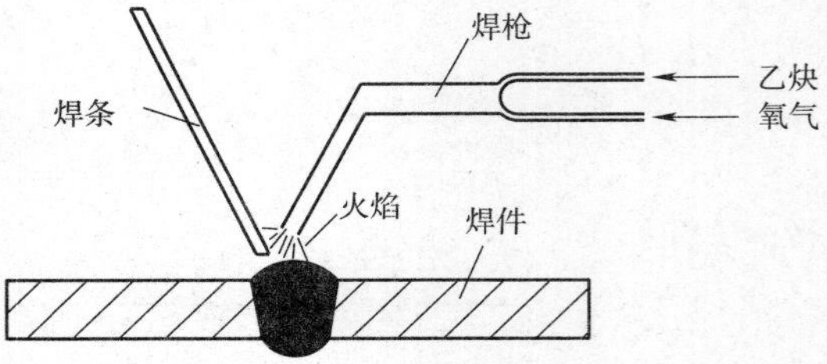

图 2-5　气　焊

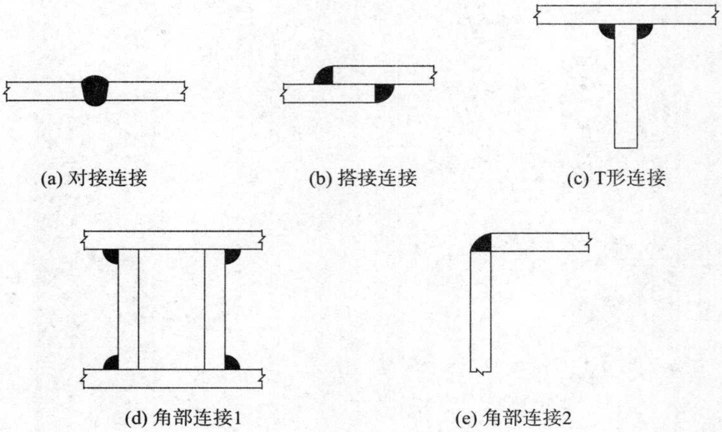

(a) 对接连接　(b) 搭接连接　(c) T形连接

(d) 角部连接1　(e) 角部连接2

图 2-6　焊缝连接的形式

焊缝连接按构造可分为对接焊缝和角焊缝两种基本形式。

对接焊缝一般焊透全厚度，但有时也可不焊透全厚度(图 2-7)。对接焊缝按所受力的方向可分为正对接焊缝[图 2-8(a)]和斜对接焊缝[图 2-8(b)]。角焊缝[图 2-8(c)]可分为正面角焊缝、侧面角焊缝和斜焊缝。

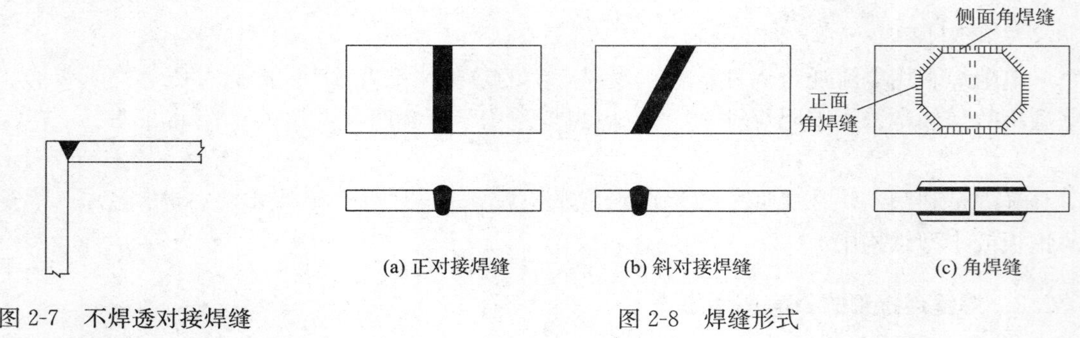

(a) 正对接焊缝　(b) 斜对接焊缝　(c) 角焊缝

图 2-7　不焊透对接焊缝

图 2-8　焊缝形式

焊缝沿长度方向的布置分为连续角焊缝和间断角焊缝两种(图 2-9)。连续角焊缝的受力性能良好，为主要的角焊缝形式。间断角焊缝容易引起应力集中现象，重要结构应避免采用，但可用于一些次要的构件或次要的焊接连接中。间断角焊缝之间净距用 l 表示，一般在受压构件中应满足 $l \leqslant 15t$；在受拉构件中 $l \leqslant 30t$，t 为较薄焊件的厚度。

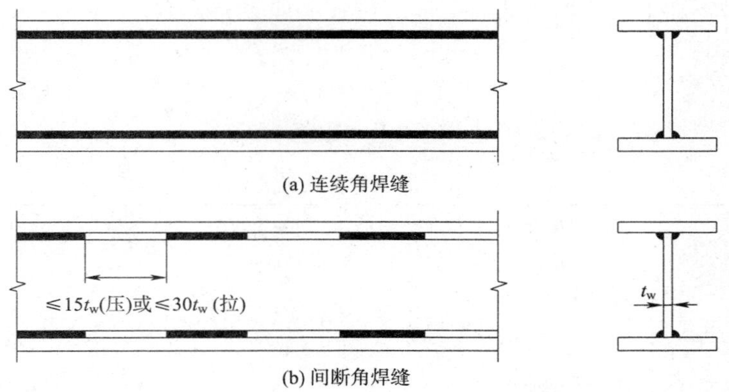

图 2-9 连续角焊缝和间断角焊缝示意

焊缝按施焊位置分为平焊、横焊、仰焊及立焊等，如图 2-10 所示。

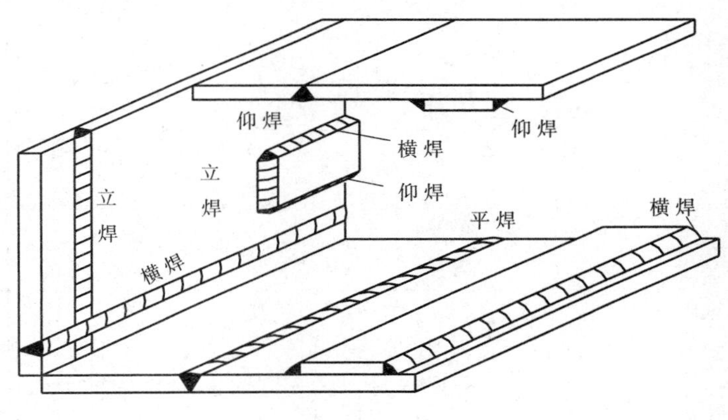

图 2-10 焊缝施焊位置

平焊焊接的工作最方便，质量也最好，应尽量采用。立焊和横焊的质量及生产效率比平焊差一些。仰焊的操作条件最差，焊缝质量不易保证，因此应尽量避免采用。有时因构造需要，在一条焊缝中有俯焊、仰焊和立焊(或横焊)，称为全方位焊接。

焊缝的焊接位置是由连接构造决定的，在设计焊接结构时要尽量采用便于俯焊的焊接构造。要避免焊缝立体交叉和在一处集中大量焊缝，同时焊缝的布置应尽量对称于构件形心。

2. 焊缝的图示方法

在钢结构的施工图上应用焊缝符号标注焊缝形式、尺寸和辅助要求。焊缝符号应按国家标准《建筑结构制图标准》和《焊缝符号表示法》的规定。施工图纸上标注的焊缝符号主要由基本符号和引出线组成，必要时还可以加上辅助符号、补充符号和焊缝尺寸符号。基本符号表示焊缝横截面的基本形式，如"⊿"表示单面角焊缝，"‖"表示 I 形坡口的对接焊缝；"V"表示 V 形坡口的对接焊缝等。辅助符号表示对焊缝的辅助要求，如"●"表示熔透角焊缝，"▶"表示现场安装焊缝等。补充符号用于补充说明焊缝的某些特征，如"▭"表示焊缝背面底部有垫板等。引出线用带箭头的指引线(简称箭头线)和两条基准线(一条实线，另一条为虚线)两部分组成。

基准线的虚线可以画在基准线实线的上侧或下侧。基本符号相对于基准线的位置，若焊缝在接头的非箭头侧，则将基本符号标注在基准线侧，而与符号标注位置的上、下无关；若为双面对称焊缝，基准线可不加虚线。箭头线相对焊缝位置一般无特殊要求，对有坡口的焊缝，箭头应指向带坡口的一侧。

焊缝的标注方法必须按《焊缝符号表示法》中的规定标注，表 2-1 给出了部分常用焊缝标注方法。另外，对焊接钢结构的焊缝也做了如下规定。

表 2-1　焊缝符号表示方法

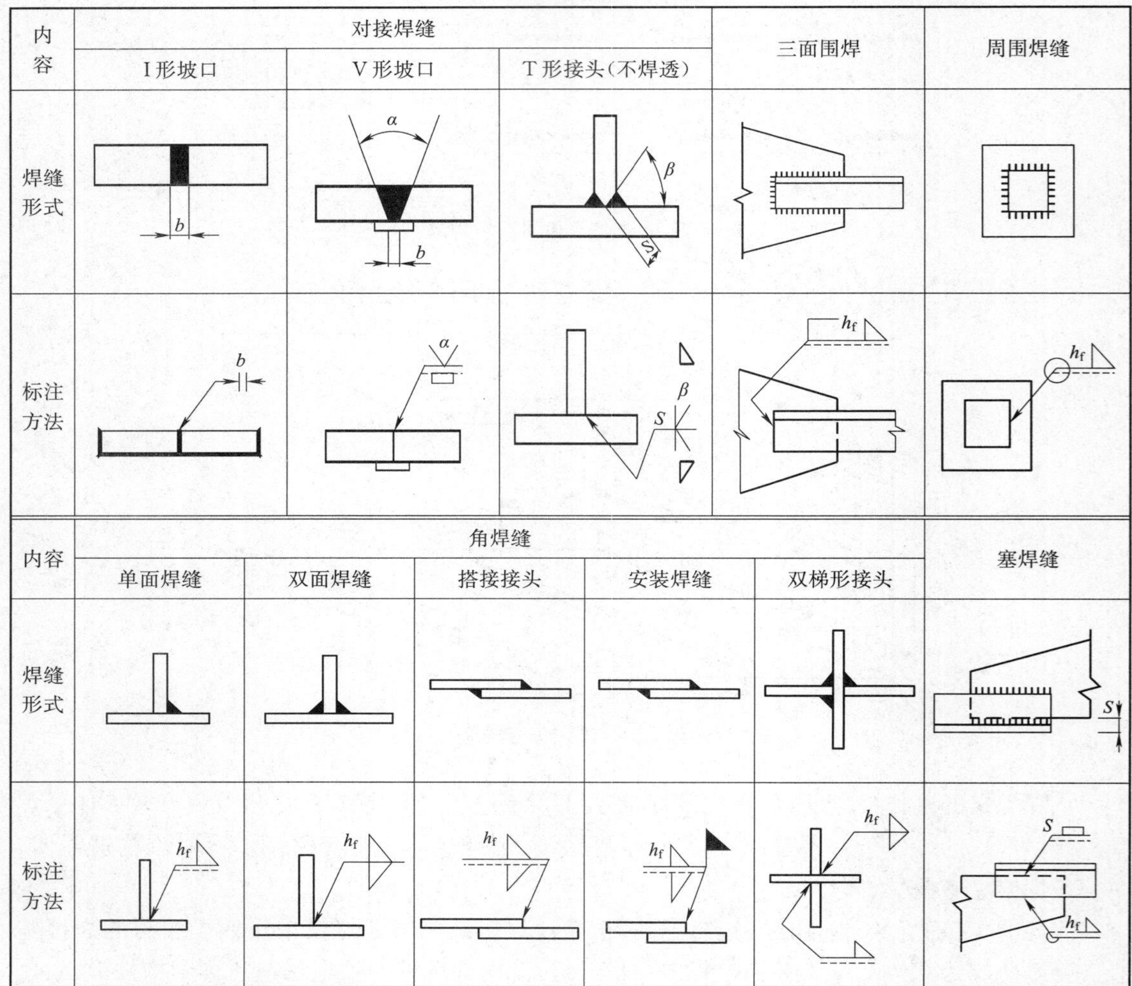

内容	对接焊缝			三面围焊	周围焊缝
	I 形坡口	V 形坡口	T 形接头（不焊透）		
焊缝形式	b	α, b	β, S		
标注方法	b	α	β, S	h_f	h_f

内容	角焊缝					塞焊缝
	单面焊缝	双面焊缝	搭接接头	安装焊缝	双梯形接头	
焊缝形式						S
标注方法	h_f	h_f	h_f	h_f	h_f	S, h_f

(1)单面焊缝的标注，当箭头指在焊缝所在一面时，应将基本符号和尺寸标注在横线的上方。当箭头指在焊缝所在的另一面时，应将基本符号和尺寸标注在横线的下方，如图 2-11 所示。

(2)双面焊缝的标注，应在横线的上下方都标注符号和尺寸。当两面尺寸相同时，只需在横线上方标注尺寸，如图 2-12 所示。

(3)三个和三个以上的焊件相互焊接的焊缝，不得作为双面焊缝标注，其符号和尺寸应分别标注，如图 2-13 所示。

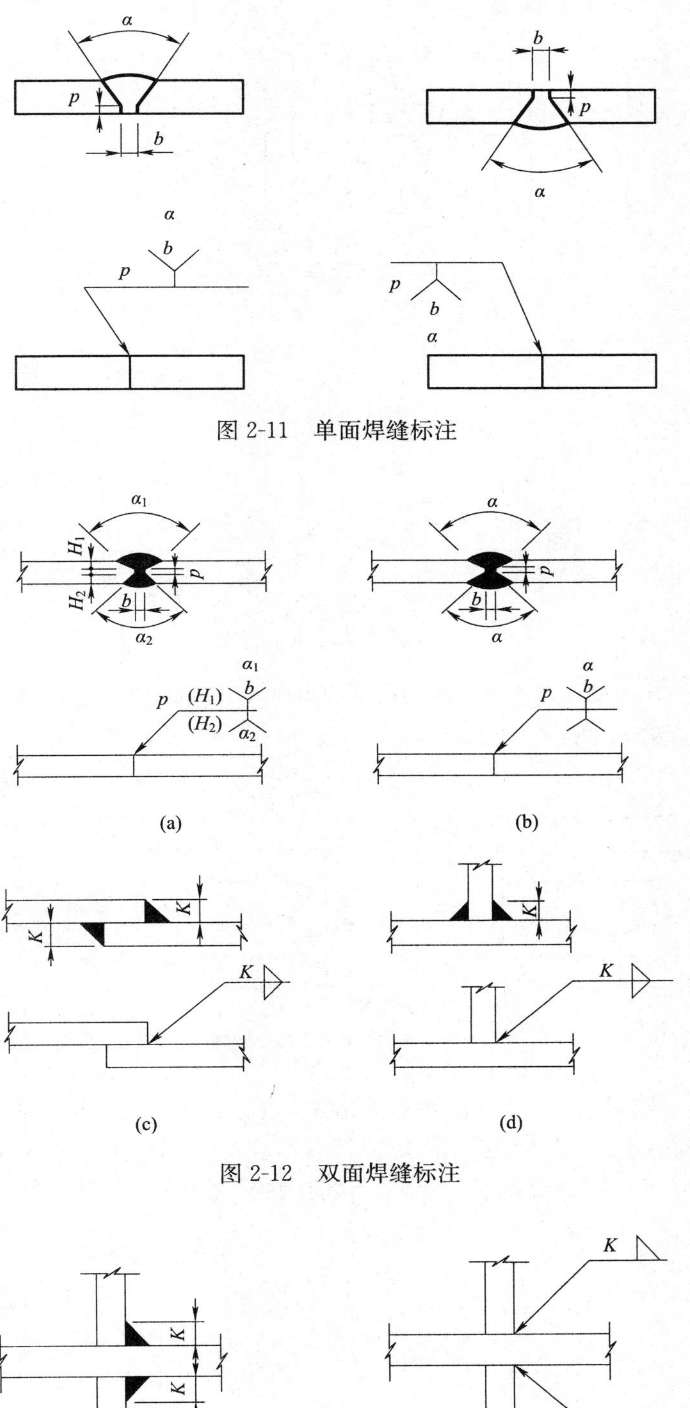

图 2-11　单面焊缝标注

图 2-12　双面焊缝标注

图 2-13　三个以上焊件的焊缝标注

(4)相互焊接的两个焊件中，当只有一个焊件带坡口时(如单边 V 形)，箭头必须指向带坡口的焊件，如图 2-14 所示。相互焊接的两个焊件，当为单面带双边不对称坡口焊缝时，箭头必须指向较大坡口焊件，如图 2-15 所示。

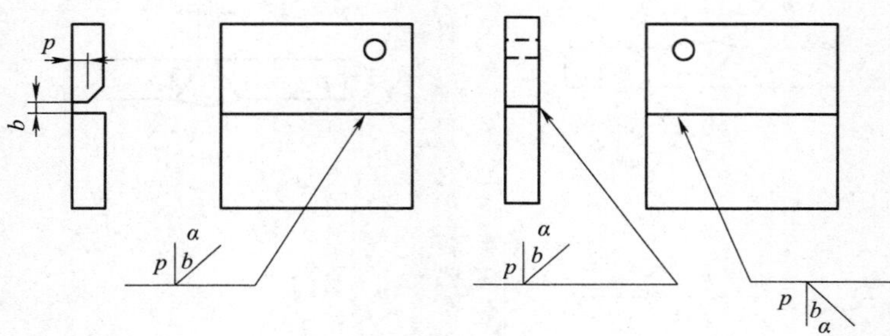

图 2-14 引出线箭头指向带坡口焊件

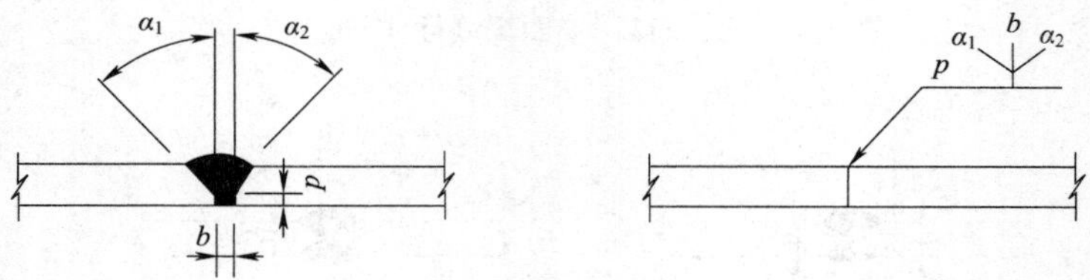

图 2-15 引出线箭头指向较大坡口焊件

(5)当焊缝分布不规则时，在标注焊缝代号的同时，宜在焊缝处加粗线（表示可见焊缝）或栅线（表示不可见焊缝），如图 2-16 所示。

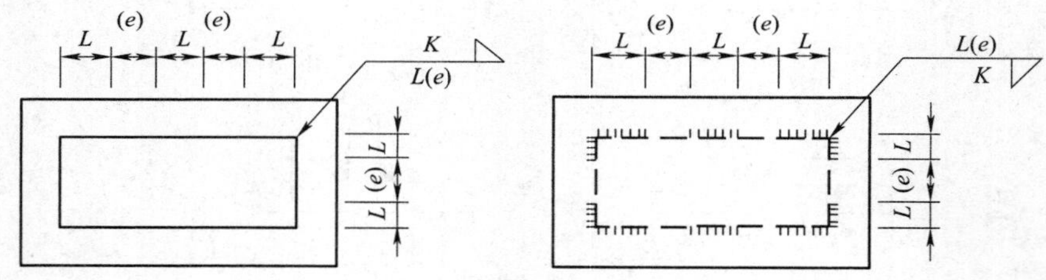

图 2-16 用粗线或栅线表示焊缝

(6)相同焊缝符号的表示方法：在同一图形上，当焊缝形式、剖面尺寸和辅助要求均相同时，可只选择一处标注代号，并加注“相同焊缝符号”；在同一图形上，当有数种相同焊缝时，可将焊缝分类编号标注，在同一类焊缝中选择一处标注代号，分类编号采用 A、B、C……，如图 2-17 所示。

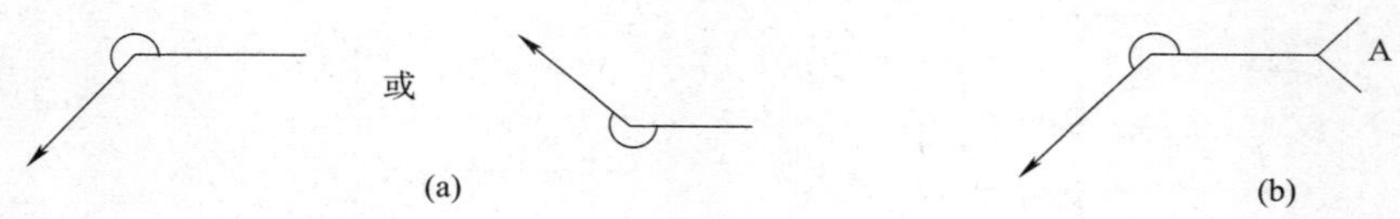

图 2-17 相同焊缝的标注

(7)图形中较长的角焊缝（如焊接实腹梁的翼缘焊缝），可不用引线标注，而直接在角焊缝旁标出焊缝高度 K 值，如图 2-18 所示。

(8)熔透焊缝符号应按图 2-19(a)标注，局部焊缝应按图 2-19(b)标注。

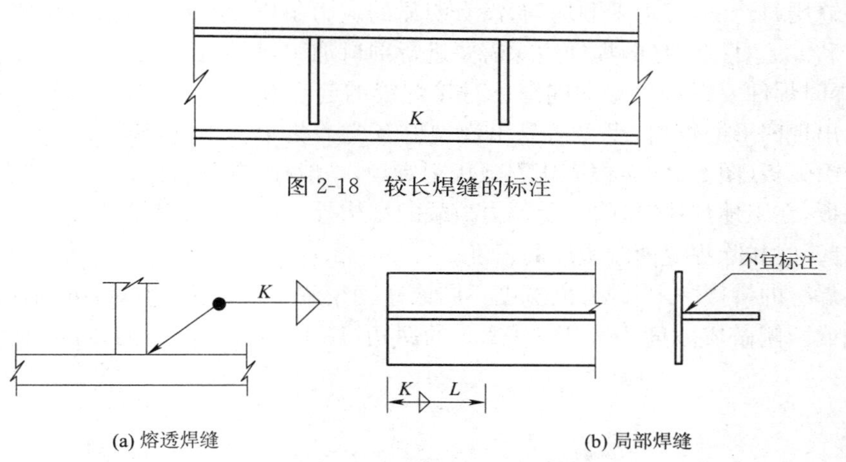

图 2-18 较长焊缝的标注

图 2-19 熔透焊缝和局部焊缝的标注

2.2.3 对接焊缝的构造和计算

1. 对接焊缝的构造

对接焊缝的焊件常需做成坡口，故又叫坡口焊缝。坡口形式与焊件的厚度有关。当焊件厚度很小（手工焊 6 mm，自动埋弧焊 10 mm）时，可用直边缝（即 I 形焊缝）。对于一般厚度的焊件可采用具有斜坡口的单边 V 形或 V 形焊缝。斜坡口和根部间隙 c 共同组成一个焊条能够运转的施焊空间，使焊缝易于焊透；钝边 p 有托住熔化金属的作用。对于较厚的焊件（$t>$ 20 mm），则采用 U 形、K 形和 X 形坡口，如图 2-20 所示。

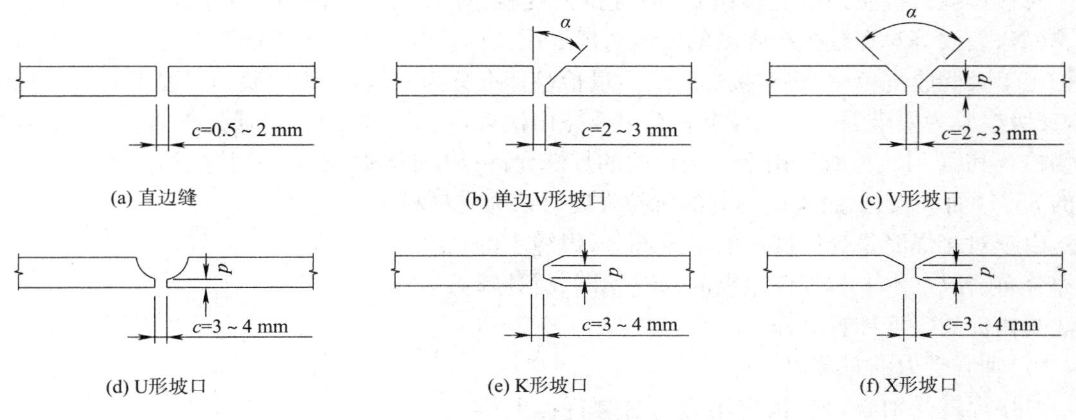

图 2-20 对接焊缝的坡口形式

其中 V 形焊缝和 U 形焊缝为单面施焊，但在焊缝根部还需补焊。对于没有条件补焊时，要事先在根部加垫板（图 2-21）。当焊件可随意翻转施焊时，使用 K 形焊缝和 X 形焊缝较好。

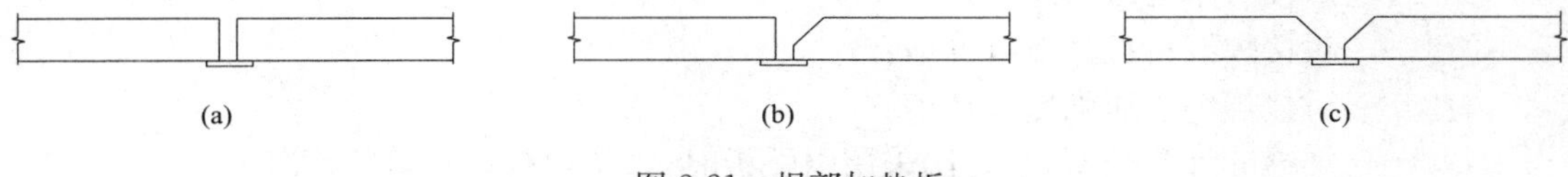

图 2-21 根部加垫板

对接焊缝用料经济，传力平顺均匀，没有明显的应力集中，承受动力荷载作用时采用对接焊缝最为有利。但对接焊缝的焊件边缘需要进行剖口加工，焊件长度必须精确，施焊时焊件要保持一定的间隙。对接焊缝的起点和终点，常因不能熔透而出现凹形的焊口，受力后易出现裂缝及应力集中。为此，施焊时常采用引弧板(图 2-22)。但采用引弧板很麻烦，一般在工厂焊接时可采用引弧板，在工地焊接时，除了受动力荷载的结构外，一般不用引弧板，而是在计算时扣除焊缝两端板厚的长度。

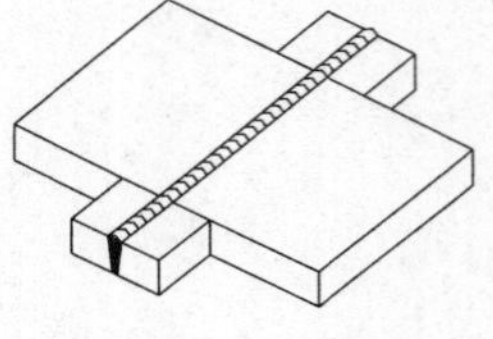

图 2-22　引弧板

在对接焊缝的拼接中，当焊件的宽度不同或厚度相差 4 mm 以上时，应分别在宽度或厚度方向从一侧或两侧做成坡度不大于 1∶2.5 的斜角(图 2-23)，以使截面过渡和缓，减小应力集中。

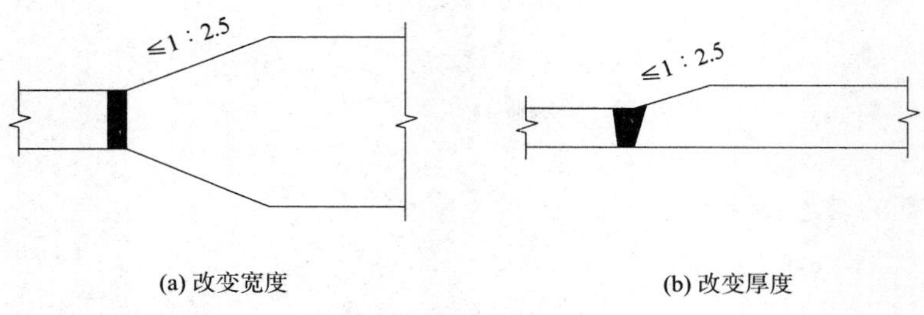

图 2-23　钢板拼接

2. 对接焊缝的计算

对接焊缝的强度与所用钢材的牌号、焊条型号及焊缝质量的检验标准等因素有关。

由于对接焊缝形成了被连接构件截面的一部分，一般希望焊缝的强度不低于母材的强度。对于对接焊缝的抗压强度能够做到，但抗拉强度就不一定能够做到，因为焊缝中的缺陷如气泡、夹渣、裂纹等对焊缝抗拉强度的影响随焊缝质量检验标准的要求不同而有所不同。我国钢结构施工及验收规范中，将对接焊缝的质量检验标准分为三级：三级检验为只要求通过外观检查，二级检验为要求通过外观检查和超声波探伤检查，一级检验为要求通过外观检查、超声波探伤检查和 X 射线检查。由于三级检验的焊缝允许存在的缺陷较多，故其抗拉强度为母材强度的 85%，而一级、二级检验焊缝的抗拉强度可认为与母材强度相等。

由于对接焊缝是焊接截面的组成部分，焊缝中的应力分布情况基本上与焊件原来的情况相同，故计算方法与构件的强度计算一样。

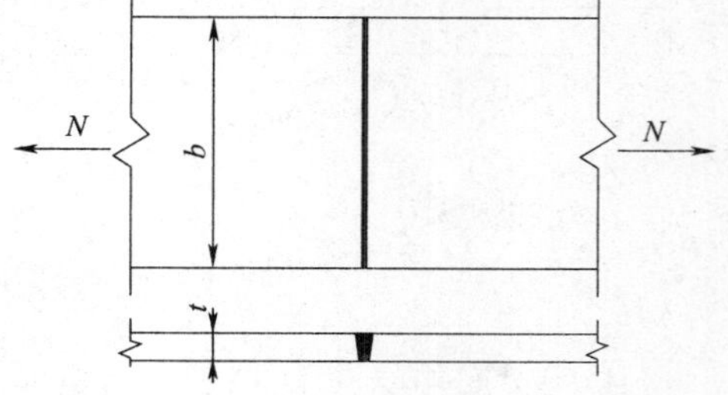

图 2-24　轴心受力的对接焊缝连接

(1)轴心受力的对接焊缝计算

对接焊缝受轴心力是指作用力通过焊件截面形心，且垂直焊缝长度方向(图 2-24)，其计算公式为

$$\sigma=N/(l_{w}t_{min})\leqslant f_{t}^{w}\text{或 } f_{c}^{w} \tag{2-1}$$

式中　t_{min}——对接连接中连接件较小的厚度，在 T 形接头中为腹板厚度；

f_{t}^{w}——对接焊缝抗拉强度设计值；

f_{c}^{w}——对接焊缝抗压强度设计值；

l_{w}——焊缝的计算长度，当无法采用引弧板时，每条焊缝取实际长度减去 $2t_{min}$，若加引弧板则焊缝的计算长度即为板宽。

(2)斜向受力的对接焊缝计算

对接焊缝受斜向力是指作用力通过焊缝重心，且与焊缝长度方向呈 θ 夹角，其计算公式为

$$\sigma = N\sin\theta/(l_w t) \tag{2-2}$$

$$\tau = N\cos\theta/(l_w t) \tag{2-3}$$

式中 θ——焊缝长度方向与作用力方向间的夹角；

l_w——斜向焊缝计算长度，即

$$l_w = b/\sin\theta - 2t \quad （无引弧板）$$

$$l_w = b/\sin\theta \quad （有引弧板）$$

b——焊件的宽度。

由于一、二级检验的焊缝与母材强度相等，故只有三级检验的焊缝才需按式(2-1)进行抗拉强度验算。如果用直缝不能满足强度需要时，可采用图 2-25 的斜对接焊缝。计算证明：焊缝与作用力间的夹角 θ 满足 $\tan\theta \leqslant 1.5$ 时，斜焊缝的强度不低于母材强度，可不再进行验算。

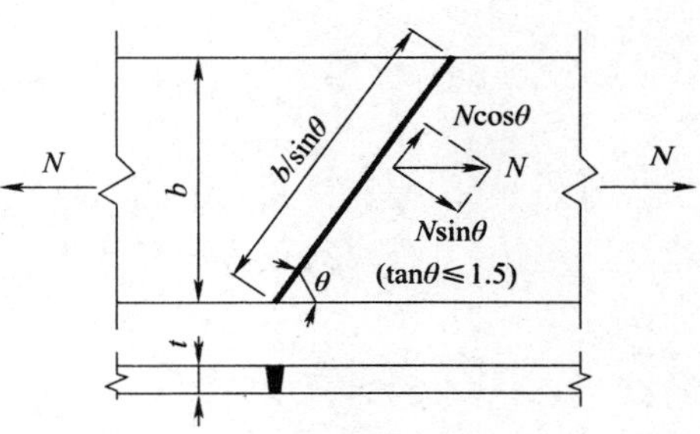

图 2-25 斜向受力的对接焊缝

【例 2-1】试验算图 2-24 和图 2-25 所示钢板对接焊缝的强度。图中 $b=540$ mm，$t=22$ mm，轴心力的设计值为 $N=2\ 150$ kN。钢材为 Q235B，手工焊，焊条为 E43 型，三级检验标准的焊缝，施焊时加引弧板。

【解】

直接连接其计算长度 $l_w=540$ mm。焊缝正应力为

$$\sigma = \frac{N}{l_w t} = \frac{2\ 150 \times 10^3}{540 \times 22} = 181\ \text{N/mm}^2 > f_t^w = 175\ \text{N/mm}^2$$

不满足要求，改用斜对接焊缝，取截割斜度为 1.5 : 1，即 $\theta=56°$，焊缝长度 $l_w = \frac{b}{\sin\theta} = \frac{540}{\sin 56°} = 650$ mm。

故此时焊缝的正应力为

$$\sigma = \frac{N\sin\theta}{l_w t} = \frac{2\ 150 \times 10^3 \times \sin 56°}{650 \times 22} = 125\ \text{N/mm}^2 < f_t^w = 175\ \text{N/mm}^2$$

剪应力为

$$\tau = \frac{N\cos\theta}{l_w t} = \frac{2\ 150 \times 10^3 \times \cos 56°}{650 \times 22} = 84\ \text{N/mm}^2 < f_v^w = 120\ \text{N/mm}^2$$

这就说明当 $\tan\theta \leqslant 1.5$ 时，焊缝强度能够保证，可不必计算。

(3)弯矩和剪力共同作用的对接焊缝计算

弯矩作用下焊缝产生正应力，剪力作用下焊缝产生剪应力，其应力分布如图 2-26 所示，弯矩作用下焊缝截面上 A 点正应力最大，其计算公式为

$$\sigma_{max} = M/W_w \leqslant f_t^w \tag{2-4}$$

式中 W_w——焊缝计算截面的截面模量。

剪力作用下焊缝截面上 C 点剪应力最大，其计算公式为

$$\tau_{max} = VS_{max}/(I_w t_w) \leqslant f_v^w \tag{2-5}$$

式中 S_{max}——焊缝截面计算剪应力处以上部分对中和轴的面积矩；

I_w——焊缝截面惯性矩。

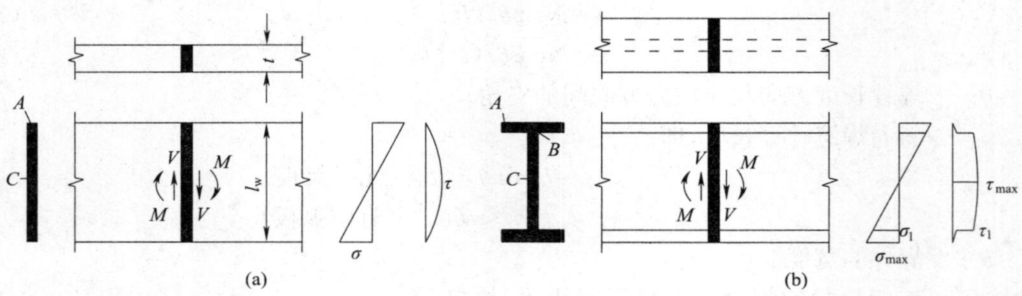

图 2-26 弯矩和剪力共同作用下的对接焊缝

图 2-26(b)是工字形截面梁的接头，采用对接焊缝，除应分别验算最大正应力和剪应力外，对于同时受有较大正应力和较大剪应力处，例如腹板与翼缘的交接点（B 点），还应按下式验算折算应力

$$\sigma_f=\sqrt{\sigma_1^2+3\tau_1^2}\leqslant 1.1 f_t^w \tag{2-6}$$

式中 σ_1——腹板与翼缘交接处焊缝正应力；

τ_1——腹板与翼缘交接处焊缝剪应力；

1.1——考虑到最大折算应力只在局部出现，而将强度设计值适当提高的系数。

(4)轴心力、弯矩和剪力共同作用下的对接焊缝计算（图 2-27）

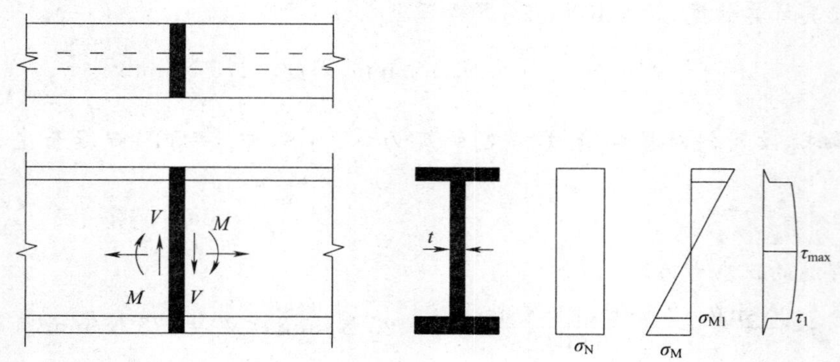

图 2-27 轴力、弯矩和剪力共同作用下的对接焊缝

轴力和弯矩作用下对焊缝产生正应力，剪力作用下产生剪应力，其计算公式为

$$\sigma_{max}=\sigma_N+\sigma_M=\frac{N}{A_w}+\frac{M}{W_w}\leqslant f_t^w \tag{2-7}$$

$$\tau_{max}=VS_{max}/(I_w t_w)\leqslant f_v^w \tag{2-8}$$

式中 A_w——焊缝计算面积。

对于工字型、箱型截面，还要计算腹板与翼缘交界处的折算应力，其公式为

$$\sigma_f=\sqrt{(\sigma_N+\sigma_{M1})^2+3\tau_1^2}\leqslant 1.1 f_t^w \tag{2-9}$$

【例 2-2】计算工字形截面牛腿连接焊缝的对接焊缝强度（图 2-28）。$F=365$ kN，偏心距

$e=350$ mm；钢材为 Q235B，焊条为 E43 型，手工焊；焊缝为三级检验标准，上、下翼缘加引弧板施焊。

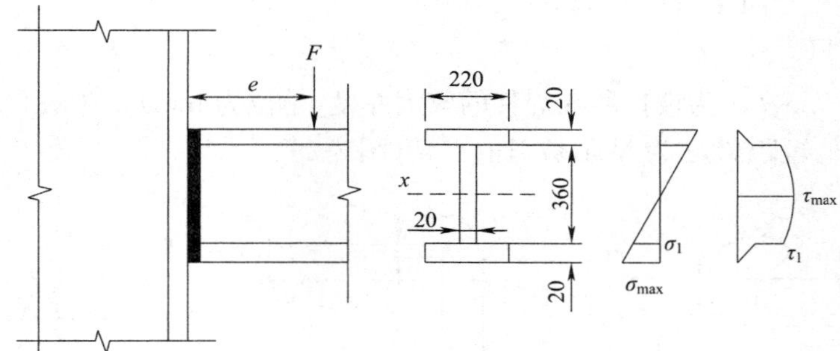

图 2-28 例 2-2 图(单位：mm)

【解】

$$V=F=365\ \text{kN},\quad M=365\times0.35=127.75\ \text{kN}\cdot\text{m}$$

惯性矩：

$$I_x=\frac{1}{12}\times20\times360^3+2\times220\times20\times190^2=39\ 544\times10^4\,\text{mm}^4$$

翼缘面积矩：

$$S_{x1}=220\times20\times190=836\times10^3\,\text{mm}^3$$

最大正应力：

$$\sigma_{\max}=\frac{M}{I_x}\cdot\frac{h}{2}=\frac{127.75\times10^6}{39\ 544\times10^4}\times\frac{400}{2}=64.6\ \text{N/mm}^2<f_t^w=175\ \text{N/mm}^2$$

最大剪应力：

$$\tau_{\max}=\frac{VS_x}{I_xt}=\frac{365\times10^3\times\left(836\ 000+180\times20\times\dfrac{180}{2}\right)}{39\ 544\times10^4\times20}=53.5\ \text{N/mm}^2<f_v^w=120\ \text{N/mm}^2$$

上翼缘和腹板交接处“1”点的正应力：

$$\sigma_1=\sigma_{\max}\cdot\frac{180}{200}=64.6\times\frac{180}{200}=58.1\ \text{N/mm}^2$$

剪应力：

$$\tau_1=\frac{VS_{x1}}{I_xt}=\frac{365\times10^3\times836\ 000}{39\ 544\times10^4\times20}=38.6\ \text{N/mm}^2$$

由于“1”点同时受有较大的正应力和剪应力，故应验算折算应力：

$$\sigma_f=\sqrt{\sigma_1^2+3\tau_1^2}=\sqrt{58.1^2+3\times38.6^2}=88.6\ \text{N/mm}^2$$
$$\leqslant1.1f_t^w=1.1\times175=192.5\ \text{N/mm}^2$$

3. 不焊透对接焊缝的计算

在钢结构设计中，有时遇到板件较厚，而板件间连接受力较小，且要求焊接结构的外观齐平美观时，可采用不焊透的对接焊缝(图 2-29)。

不焊透的对接焊缝工作情况与角焊缝有些类似，故规定按角焊缝进行计算。计算时注意两点：

(1)取 $\beta_f=1.0$；

(2)有效厚度应取为：

对 V 形坡口　　当 $\alpha \geqslant 60^0$ 时，$h_e = s$

　　　　　　　当 $\alpha < 60^0$ 时，$h_e = 0.75s$

对 U、J 形坡口　　$h_e = s$

h_e 不得小于 $1.5\sqrt{t}$，t 为坡口所在焊件的较大厚度(单位为 mm)，s 为坡口根部至焊缝表面(不考虑全高)的最短距离，α 为 V 形坡口的夹角(图 2-29)。

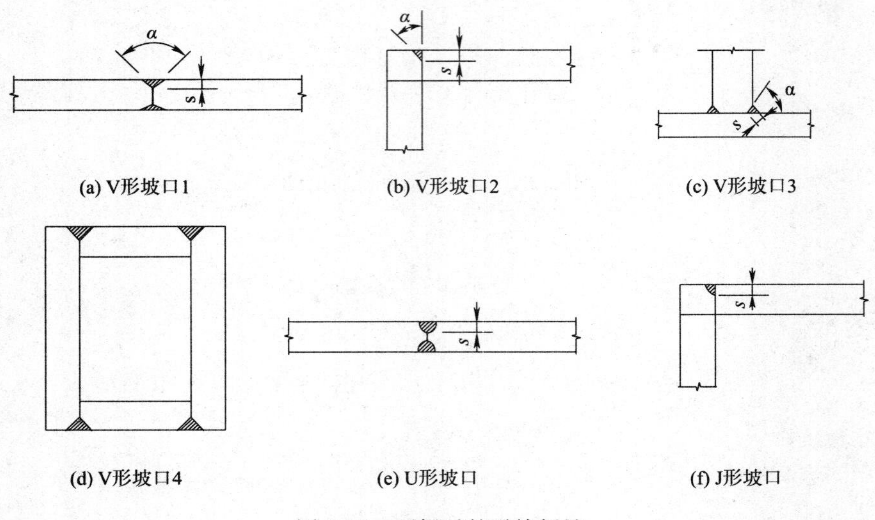

图 2-29　不焊透的对接焊缝

2.2.4　角焊缝的构造和计算

1. 角焊缝的形式和构造要求

(1)角焊缝的形式

角焊缝按其与作用力的关系可分为正面角焊缝、侧面角焊缝和斜焊缝。正面角焊缝的焊缝与作用力垂直；侧面角焊缝的焊缝长度方向与作用力平行；斜焊缝的焊缝长度方向与作用力倾斜。

角焊缝按其截面形式可分为直角角焊缝和斜角角焊缝。

直角角焊缝通常做成表面微凸的等腰直角三角形截面[图 2-30(a)]。在直接承受动力荷载的结构中，正面角焊缝的截面常采用图 2-30(b)所示的形式，侧面角焊缝的截面则做成凹面式[图 2-30(c)]。

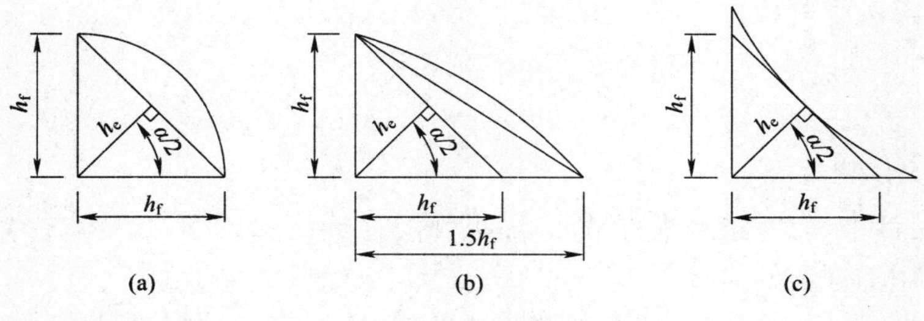

图 2-30　直角角焊缝截面

两焊角边的夹角 $\alpha > 90°$ 或 $\alpha < 90°$ 的焊角称为斜角角焊缝(图 2-31)。斜角角焊缝常用于钢

漏斗和钢管结构中。对于夹角 $\alpha>135°$ 或 $\alpha<60°$ 的斜角角焊缝，除钢管结构外，不宜用做受力焊缝。

(2)角焊缝的构造要求

①最小焊角尺寸

角焊缝的焊角尺寸不能过小，否则焊接时产生的热量较小，而焊件厚度较大，致使施焊时冷却速度过快，产生淬硬组织，导致母材开裂。《钢结构设计规范》规定

$$h_f \geqslant 1.5\sqrt{t_2} \tag{2-10}$$

式中　t_2——较厚焊件厚度(mm)。

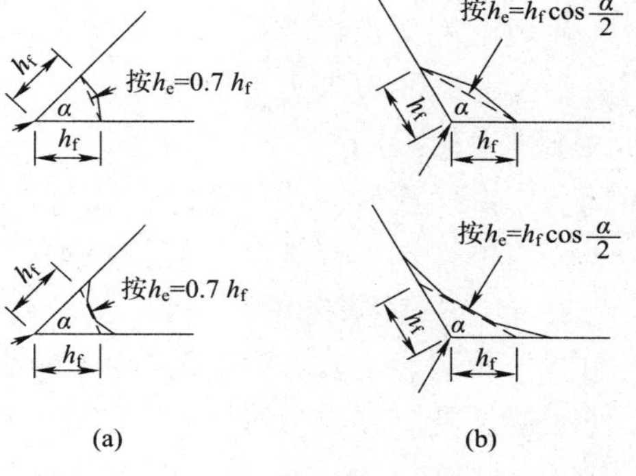

图 2-31　斜角角焊缝截面

焊角尺寸取毫米的整数，小数点以后都进为 1。自动焊熔深较大，故所取最小焊脚尺寸可减小 1 mm；对 T 形连接的单面角焊缝，应增加 1 mm；当焊件厚度小于或等于 4 mm 时，则取与焊件厚度相同。

②最大焊脚尺寸

为了避免焊缝收缩时产生较大的焊接残余应力和残余变形，且热影响区扩大，容易产生热脆，较薄焊件容易烧穿，《钢结构设计规范》规定，除钢管结构外，角焊缝的焊角尺寸[图 2-32(a)]应满足

$$h_f \leqslant 1.2t_1 \tag{2-11}$$

式中　t_1——较薄焊件厚度(mm)。

对板件边缘的角焊缝[图 2-32(b)]，当板件厚度 $t>6$ mm 时，根据焊工的施焊经验，不易焊满全厚度，故取 $h_f \leqslant t-(1\sim2)$mm；当 $t\leqslant 6$ mm 时，通常采用小焊条施焊，易于焊满全厚度，则取 $h_f \leqslant t$。如果另一焊件厚度 $t' \leqslant t$ 时，还应满足 $h_f \leqslant t'$ 的要求。

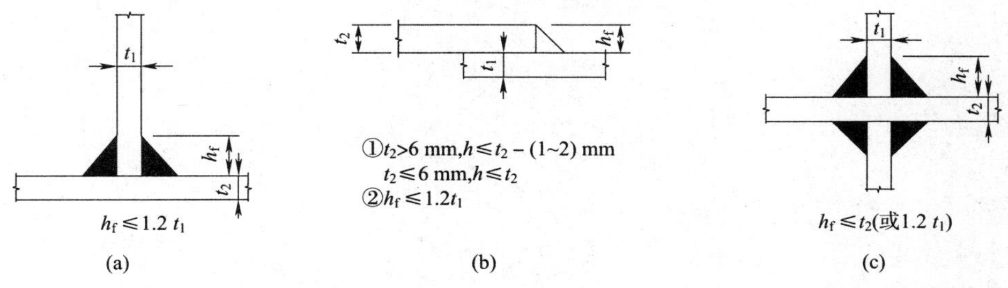

图 2-32　最大焊角尺寸

③角焊缝的最小计算长度

角焊缝的焊角尺寸大而长度较小时，焊件的局部加热严重，焊缝起灭弧所引起的缺陷相距太近，加之焊缝中可能产生的其他缺陷(气孔、非金属夹杂等)使焊缝不够可靠。对搭接连接的侧面角焊缝而言，如果焊缝长度过小，由于受力线弯折大，也会造成严重的应力集中。因此，为了使焊缝能够具有一定的承载能力，根据使用经验，侧面角焊缝或正面角焊缝的计算长度不得小于 $8h_f$ 和 40 mm。

④侧面角焊缝的最大计算长度

侧面角焊缝在弹性阶段沿长度方向受力不均匀，两端大而中间小。焊缝越长，应力集中越

明显。在静力荷载作用下，如果焊缝长度适宜，当焊缝两端处的应力达到屈服强度后，继续加载，应力会渐趋均匀。但是，如果焊缝长度超过某一限值时，有可能首先在焊缝的两端破坏，故一般规定侧面角焊缝的计算长度 $l_w \leqslant 60h_f$。当实际长度大于上述限值时，其超过部分在计算中不予考虑。若内力沿侧面角焊缝全长分布，例如焊接梁翼缘板与腹板的连接焊缝，计算长度可不受上述限制。

⑤搭接连接的构造要求

当板件端部仅有两条侧面角焊缝连接时(图 2-33)，试验结果表明，连接的承载力与 B/l_w 有关，B 为两侧焊缝的距离，l_w 为侧焊缝的计算长度。当 $B/l_w>1$ 时，连接的承载力随着 B/l_w 的增大而明显下降，这主要是由于应力传递的过分弯折使构件中应力不均匀分布的影响。为使连接强度不致过分降低，应使每条侧焊缝的计算长度不宜小于两侧焊缝之间的距离，即 $B/l_w<1$。B 也不宜大于 $16t$($t>12$ mm)或 190 mm($t\leqslant 12$ mm)，t 为较薄焊件的厚度，以免因焊缝横向收缩，引起板件向外发生较大拱曲。

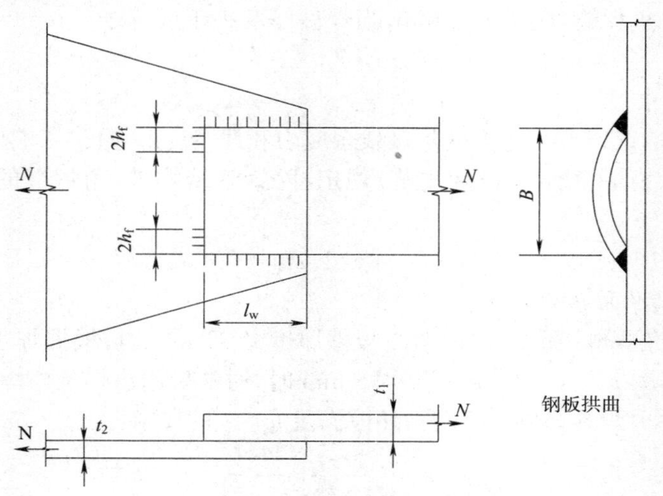

图 2-33　焊缝长度及两侧焊缝间距

在搭接连接中，当仅采用正面角焊缝(图 2-34)时，其搭接长度不得小于焊件较小厚度的 5 倍，也不得小于 25 mm。

⑥减小角焊缝应力集中的措施

杆件端部搭接采用三面围焊时，在转角处截面突变，会产生应力集中，如在此处起灭弧，可能出现弧坑或咬肉等缺陷，从而加大应力集中的影响。故所有围焊的转角处必须连续施焊。对于非围焊情况，当角焊缝的端部在构件转角处时，可连续地实施长度为 $2h_f$ 的绕角焊(图 2-33)。

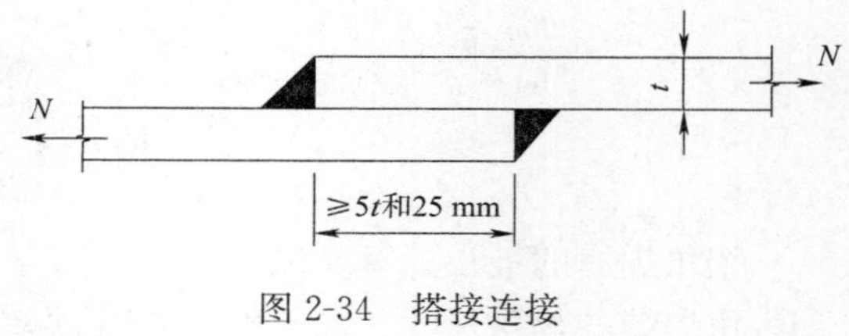

图 2-34　搭接连接

2. 角焊缝的受力特点及强度

角焊缝中端缝的应力状态要比侧缝复杂得多，有明显的应力集中现象，塑性性能也差，但端缝的破坏强度比侧缝的破坏强度要高一些，二者之比为 1.35～1.55。

不论端缝或侧缝，角焊缝假定沿焊脚 $\alpha/2$ 面破坏，α 为焊脚边的夹角。破坏面上焊缝厚度称为有效厚度 h_e(图 2-30 和图 2-31)，其值为

$$h_e = h_f \cos\frac{\alpha}{2}$$

$$h_e = 0.7h_f \quad (\alpha \leqslant 90°) \tag{2-12}$$

$$h_e = h_f \cos\frac{\alpha}{2} \quad (\alpha \geqslant 90°) \tag{2-13}$$

焊缝的破坏面又称为角焊缝的有效截面。

角焊缝的应力分布比较复杂，端缝与侧缝工作性能差别较大。端缝在外力作用下应力分布如图 2-35 所示。从图中可以看出，焊缝的根部产生应力集中，通常总是在根脚处首先出现裂缝，然后扩及整个焊缝截面以致断裂。侧缝的应力分布如图 2-36 所示，焊缝的应力分布沿焊缝长度并不均匀，焊缝长度越长，越不均匀。因此，角焊缝的强度受到很多因素的影响，有明显的分散性。

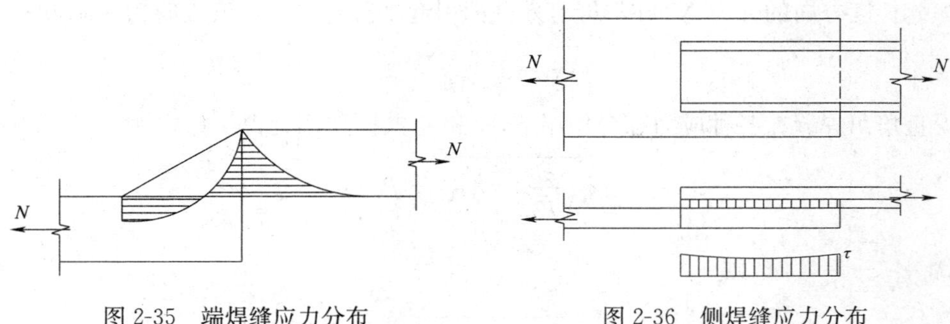

图 2-35　端焊缝应力分布　　　　图 2-36　侧焊缝应力分布

3. 直角角焊缝的计算

(1)直角角焊缝强度计算的基本公式

试验表明，直角角焊缝的破坏面通常发生在 45°方向的最小截面，此截面称为直角角焊缝的有效截面或计算截面。在外力作用下，直角角焊缝有效截面上产生三个方向应力，即 $\sigma_\perp$、$\tau_\perp$、$\tau_{//}$（图 2-37）。三个方向应力与焊缝强度间的关系，根据试验研究，可用下式表示：

$$\sqrt{\sigma_\perp^2 + 3(\tau_\perp^2 + \tau_{//}^2)} = \sqrt{3}\, f_f^w \tag{2-14}$$

式中　$\sigma_\perp$——垂直于角焊缝有效截面上的正应力；

$\tau_\perp$——有效截面上垂直于焊缝长度方向的剪应力；

$\tau_{//}$——有效截面上平行于焊缝长度方向的剪应力；

f_f^w——角焊缝的强度设计值。

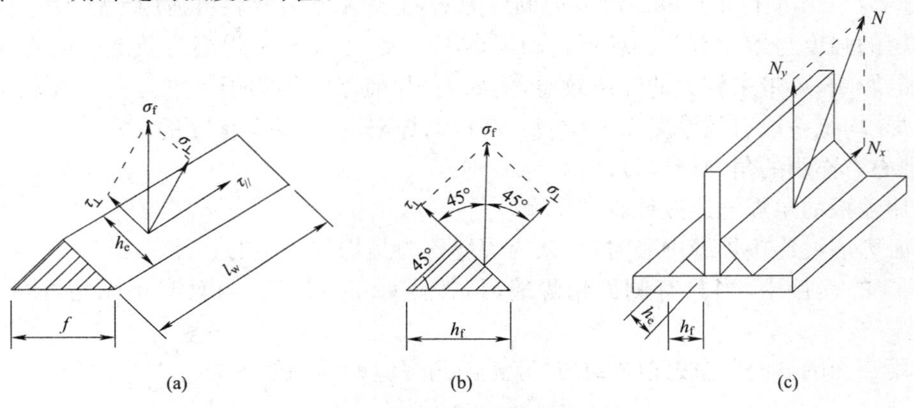

图 2-37　焊缝有效截面上的应力

以图 2-37 所示受斜向轴心力 N(互相垂直的分力 N_y 和 N_x)作用的直角角焊缝为例，说明角焊缝基本公式的推导。N_y 在焊缝有效截面上引起垂直于焊缝一个直角边的应力 σ_f，该应力对有效截面既不是正应力，也不是剪应力，而是 $\sigma_\perp$ 和 $\tau_\perp$ 的合应力。

$$\sigma_f=\frac{N_y}{h_e l_w} \tag{2-15}$$

式中 N_y——垂直于焊缝长度方向的轴心力；

h_e——直角角焊缝的有效厚度，$h_e=0.7h_f$；

l_w——焊缝的计算长度，考虑起灭弧缺陷，按各条焊缝的实际长度每端减去 h_f 计算。

由图 2-37 知，对直角角焊缝：

$$\sigma_\perp=\tau_\perp=\sigma_f/\sqrt{2} \tag{2-16}$$

沿焊缝长度方向的分力 N_x 在焊缝有效截面引起平行于焊缝长度方向的剪应力 $\tau_f=\tau_{/\!/}$，

$$\tau_f=\tau_{/\!/}=\frac{N_x}{h_e l_w} \tag{2-17}$$

则得直角角焊缝在各种应力综合作用下，σ_f 和 τ_f 共同作用处得计算式为

$$\sqrt{4\left(\frac{\sigma_f}{\sqrt{2}}\right)^2+3\tau_f^2}\leqslant\sqrt{3}f_f^w$$

令 $\beta_f=\sqrt{\frac{3}{2}}=1.22$，则

$$\sqrt{\left(\frac{\sigma_f}{\beta_f}\right)^2+\tau_f^2}\leqslant f_f^w \tag{2-18}$$

式中 β_f——正面角焊缝的强度增大系数，对承受静力荷载和间接承受动力荷载的结构，$\beta_f=\sqrt{\frac{3}{2}}=1.22$；对直接承受动力荷载的结构，$\beta_f=1$。

对正面角焊缝，此时 $\tau_f=0$，得：

$$\sigma_f=\frac{N_y}{h_e l_w}=\beta_f f_f^w \tag{2-19}$$

对侧面角焊缝，此时 $\sigma_f=0$，得：

$$\tau_f=\frac{N}{h_e l_w}\leqslant f_f^w \tag{2-20}$$

式(2-18)～式(2-20)即为角焊缝的基本计算公式。只要将焊缝应力分解为垂直于焊缝长度方向的应力 σ_f 和平行于焊缝长度方向的应力 τ_f，上述基本公式就可适用于任何受力状态。

角焊缝的强度与熔深有关。埋弧自动焊熔深较大，若在确定焊缝有效厚度时考虑熔深对焊缝强度的影响，可带来较大的经济效益，例如美国、前苏联等均于考虑。我国规范不分手工焊和埋弧焊，均统一取有效厚度 $h_e=0.7h_f$，对自动焊来说，是偏于保守的。

(2)轴心力作用的角焊缝连接计算

①采用盖板的角焊缝连接计算

当轴心力通过连接焊缝中心时，可认为焊缝应力是均匀分布的。

图 2-38 的连接中，当只有侧面角焊缝时，按式(2-20)计算，当只有正面角焊缝时，按式(2-19)计算。

当采用三面围焊时，先按式(2-21)计算正面角焊缝所承当的内力

$$N_1=\beta_f f_f^w \sum h_e l_{w1} \tag{2-21}$$

式中　$\sum h_e l_{w1}$——连接一侧正面角焊缝有效面积的总和。

再由式(2-22)计算侧面角焊缝的强度

$$\tau_f=\frac{N-N_1}{\sum h_e l_w}\leqslant f_f^w \tag{2-22}$$

式中　$\sum h_e l_w$——连接一侧侧面角焊缝有效面积的总和。

②轴心力(拉力、压力和剪力)作用下角焊缝的计算

如图 2-39 所示,通过焊缝重心作用一轴向力 F,轴向力与焊缝长度方向夹角为 θ,有两种计算方法。

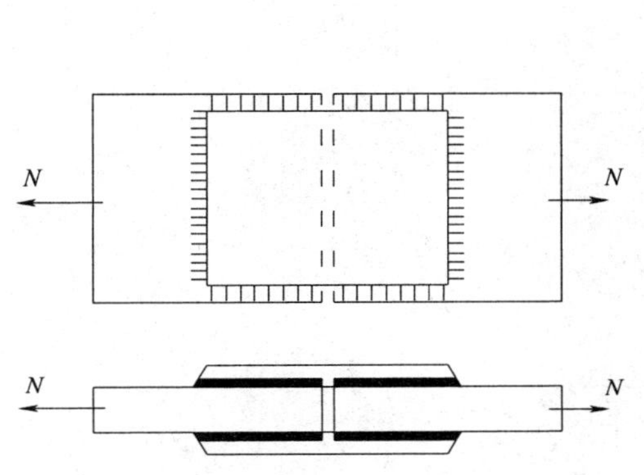

图 2-38　受轴心力的盖板连接

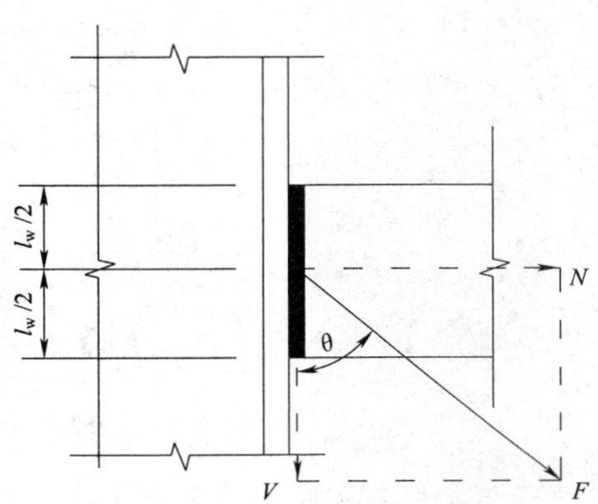

图 2-39　斜向轴心力作用

a. 分力法

将力 F 分解为垂直和平行于焊缝长度方向的分力 $N=F\sin\theta$,$V=F\cos\theta$,则

$$\sigma_f=\frac{F\sin\theta}{\sum h_e l_w} \tag{2-23}$$

$$\tau_f=\frac{F\cos\theta}{\sum h_e l_w} \tag{2-24}$$

将式(2-23)和式(2-24)代入式(2-18)验算角焊缝的强度。

b. 直接法

将式(2-23)和(2-24)代入式(2-18)中,得

$$\sqrt{\left(\frac{F\sin\theta}{\beta_f\sum h_e l_w}\right)^2+\left(\frac{F\cos\theta}{\sum h_e l_w}\right)^2}\leqslant f_f^w$$

取 $\beta_f^2=1.22^2\approx1.5$,得

$$\frac{F}{\sum h_e l_w}\sqrt{\frac{\sin^2\theta}{1.5}+\cos^2\theta}=\frac{F}{\sum h_e l_w}\sqrt{1-\frac{\sin^2\theta}{3}}\leqslant f_f^w$$

令 $\beta_{f\theta}=\dfrac{1}{\sqrt{1-\dfrac{\sin^2\theta}{3}}}$,则斜焊缝得计算公式为

$$\frac{F}{\sum h_e l_w}\leqslant\beta_{f\theta}f_f^w \tag{2-25}$$

式中　$\beta_{f\theta}$——斜焊缝的强度增大系数,其值介于 1.0～1.22 之间;对直接承受动力荷载的结构,$\beta_{f\theta}=1$;

θ——作用力与焊缝长度方向的夹角。

③轴心力作用下，角钢与其他构件连接的角焊缝计算

角钢用侧缝连接时(图 2-40)，由于角钢截面形心到肢背和肢尖的距离不相等，靠近形心的肢背焊缝承受较大的内力。设 N_1 和 N_2 分别为角钢肢背与肢尖焊缝承担的内力，由平衡条件可知：

$$N_1+N_2=N$$

$$N_1e_1=N_2e_2$$

$$e_1+e_2=b$$

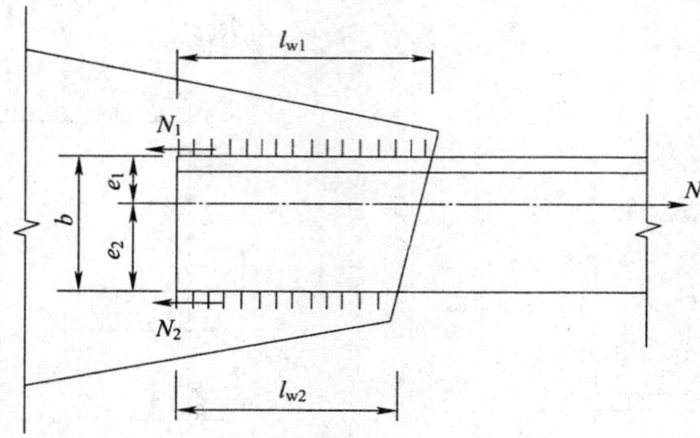

图 2-40　角钢的侧缝连接

解上式得肢背和肢尖受力为

$$\left.\begin{aligned}N_1=\frac{e_2}{b}N=k_1N\\N_2=\frac{e_1}{b}N=k_2N\end{aligned}\right\}\qquad(2\text{-}26)$$

式中　N——角钢承受的轴心力；

k_1、k_2——角钢角焊缝的内力分配系数，按表 2-2 采用。

表 2-2　角钢角焊缝的轴力分配系数

角钢种类	连接情况	角钢肢背 k_1	角钢肢尖 k_2
等边角钢		0.70	0.30
不等边角钢(短边连接)		0.75	0.25

续上表

角钢种类	连接情况	角钢肢背 k_1	角钢肢尖 k_2
不等边角钢(长边连接)		0.65	0.35

在 N_1 和 N_2 作用下，侧缝的直角角焊缝计算公式为

$$\left.\begin{aligned}\frac{N_1}{\sum 0.7h_{f1}l_{w1}}\leqslant f_f^w\\ \frac{N_2}{\sum 0.7h_{f2}l_{w2}}\leqslant f_f^w\end{aligned}\right\} \tag{2-27}$$

式中　h_{f1}、h_{f2}——分别为肢背、肢尖的焊脚尺寸；

l_{w1}、l_{w2}——分别为肢背、肢尖的焊缝计算长度。

考虑到每条焊缝两端的起灭弧缺陷，实际焊缝长度为计算长度加 $2h_f$；但对于三面围焊，由于在杆件端部转角处必须连续施焊，每条侧面角焊缝只有一端可能起灭弧，故焊缝实际长度为计算长度加 h_f；对于采用绕角焊的侧面角焊缝实际长度等于计算长度(绕角焊缝长度 $2h_f$ 不进入计算)。

角钢用三面围焊时[图 2-41(a)]，既要照顾到焊缝形心线基本上与角钢形心线一致，又要考虑到侧缝与端缝计算的区别。计算时先选定端焊缝的焊脚尺寸 h_{f3}，并算出它所能承受的内力：

$$N_3=\beta_f\times\sum 0.7h_{f3}l_{w3}f_f^w \tag{2-28}$$

式中　h_{f3}——端缝的焊脚尺寸；

l_{w3}——端缝的焊缝计算长度。

通过平衡关系得肢背和肢尖侧焊缝受力为

$$N_1=k_1N-\frac{1}{2}N_3 \tag{2-29}$$

$$N_2=k_2N-\frac{1}{2}N_3 \tag{2-30}$$

在 N_1 和 N_2 作用下，侧焊缝的计算公式与式(2-27)相同。

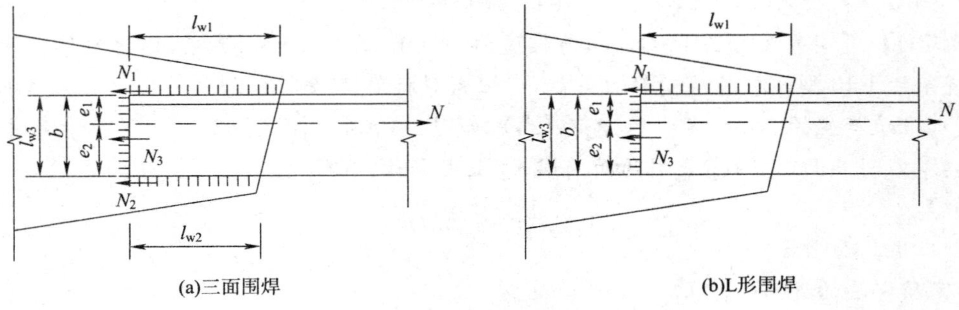

(a)三面围焊　　(b)L形围焊

图 2-41　角钢角焊缝围焊的计算

当采用L形围焊时[图2-41(b)]，令 $N_2=0$，由式(2-30)得：

$$\left.\begin{aligned}N_3&=2k_2N\\N_1&=k_1N-k_2N=(k_1-k_2)N\end{aligned}\right\}\tag{2-31}$$

L形围焊角焊缝计算公式为

$$\left.\begin{aligned}\frac{N_3}{\sum 0.7h_{f3}l_{w3}}&\leqslant f_f^w\\\frac{N_2}{\sum 0.7h_{f1}l_{w1}}&\leqslant f_f^w\end{aligned}\right\}\tag{2-32}$$

【例2-3】验算图2-39所示直角角焊缝的强度。已知焊缝承受的斜向静力荷载设计值 $F=280$ kN，$\theta=60°$，角焊缝的焊角尺寸 $h_f=8$ mm，实际长度 $l=155$ mm，钢材为Q235B，手工焊，焊条为E43型。

【解】

承受斜向轴心力的角焊缝有两种计算方法。

(a)分力法

$$N=F\sin\theta=F\sin 60°=280\times\frac{\sqrt{3}}{2}=242.5\ \text{kN}$$

$$V=F\cos\theta=F\cos 60°=280\times\frac{1}{2}=140\ \text{kN}$$

$$\sigma_f=\frac{N}{2h_el_w}=\frac{242.5\times 10^3}{2\times 0.7\times 8\times(155-16)}=155.8\ \text{N/mm}^2$$

$$\tau_f=\frac{V}{2h_el_w}=\frac{140\times 10^3}{2\times 0.7\times 8\times(155-16)}=89.9\ \text{N/mm}^2$$

代入式(2-18)得

$$\sqrt{\left(\frac{\sigma_f}{\beta_f}\right)^2+\tau_f^2}=\sqrt{\left(\frac{155.8}{1.22}\right)^2+89.9^2}=156.2\ \text{N/mm}^2<f_f^w=160\ \text{N/mm}^2$$

(b)直接法

采用式(2-25)计算，已知 $\theta=60^0$，斜焊缝强度增大系数为

$$\beta_{f\theta}=\frac{1}{\sqrt{1-\frac{\sin^2 60°}{3}}}=1.15$$

则

$$\frac{F}{2h_el_w\beta_{f\theta}}=\frac{280\times 10^3}{2\times 0.7\times 8\times(155-16)\times 1.15}=156.4\ \text{N/mm}^2<f_f^w=160\ \text{N/mm}^2$$

【例2-4】角钢截面为2∟140×10，与厚度为16 mm的节点板相连接，钢材为Q235B钢，手工焊，焊条为E43型。杆件承受静力荷载，由恒荷载标准值产生的 $N_G=300$ kN($\gamma_G=1.2$)，由活荷载标准值产生的 $N_Q=580$ kN($\gamma_Q=1.4$)，如图2-40所示。试分别设计下列情况时此节点的连接：①采用三面围焊；②采用两面围焊；③采用L形围焊。

【解】

(a)采用三面围焊

确定角焊缝的焊角尺寸 h_f

最小　$h_f=1.5\sqrt{t_2}=1.5\sqrt{16}=6$ mm

最大 $h_f=t_1-(1\sim2)=10-(1\sim2)=9\sim8\ \text{mm}$

采用 $h_f=8\ \text{mm}$。

轴心力的设计值为

$$N=\gamma_G N_G+\gamma_Q N_Q=1.2\times300+1.4\times580=1\ 172\ \text{kN}$$

杆件截面应力为

$$\sigma=\frac{N}{A_n}=\frac{1\ 172\times10^3}{54.74\times10^2}=214.1\ \text{N/mm}^2<f=215\ \text{N/mm}^2$$

（两肢 2∟140×10 角钢截面面积为 5 474 mm^2）

正面角焊缝承受的力为

$$N_3=\beta_f f_f^w \sum h_e l_w=1.22\times160\times2\times0.7\times8\times140\times10^{-3}=306.1\ \text{kN}$$

侧面角焊缝承受的力为

$$N_1=k_1 N-\frac{N_3}{2}=0.7\times1\ 172-\frac{306.1}{2}=667.4\ \text{kN}$$

$$N_2=N-N_1-N_3=1\ 172-667.4-306.1=198.5\ \text{kN}$$

肢背焊缝的计算长度为

$$l_{w1}\geqslant\frac{N_1}{2h_e f_f^w}=\frac{667.4\times10^3}{2\times0.7\times8\times160}=372.4\ \text{mm}<60h_f=480\ \text{mm}$$

实际焊缝长度 $l_1=l_{w1}+h_f=372.4+8=380.4\ \text{mm}$，取 385 mm。

肢尖焊缝计算长度为

$$l_{w2}\geqslant\frac{N_2}{2h_e f_f^w}=\frac{198.5\times10^3}{2\times0.7\times8\times160}=110.8\ \text{mm}>8h_f=64\ \text{mm}$$

实际焊缝长度 $l_2=l_{w2}+h_f=110.8+8=118.8\ \text{mm}$，取 120 mm。

角钢端部：焊缝的实际长度与计算长度相等，即

$$l_3=l_{w3}=140\ \text{mm}$$

(b)采用两面侧焊缝

两侧面角焊缝的焊角尺寸可以不同，可取 $h_{f1}>h_{f2}$。但焊角尺寸不同将导致施焊时需采用焊心直径不同的焊条，为避免这种情况，一般情况下宜采用相同的 h_f。本题中取 $h_f=8\ \text{mm}$。

$$N_1=k_1 N=0.7\times1\ 172=820.4\ \text{kN}$$

$$N_2=N-N_1=1\ 172-820.4=351.6\ \text{kN}$$

焊缝的长度

肢背为

$$l_{w1}\geqslant\frac{N_1}{2h_e f_f^w}=\frac{820.4\times10^3}{2\times0.7\times8\times160}=457.8\ \text{mm}<60h_f=480\ \text{mm}$$

$$l_1=l_{w1}+2h_f=457.8+16=473.8\ \text{mm，取 475 mm}$$

肢尖为

$$l_{w2}\geqslant\frac{N_2}{2h_e f_f^w}=\frac{351.6\times10^3}{2\times0.7\times8\times160}=196.2\ \text{mm}>8h_f=64\ \text{mm}$$

$$l_2=l_{w2}+2h_f=196.2+16=212.2\ \text{mm，取 215 mm。}$$

(c)采用 L 形围焊

$$N_3=2k_2 N=2\times0.3\times1\ 172=703.2\ \text{kN}$$

$$N_1=(k_1-k_2)N=(0.7-0.3)\times1\ 172=468.8\ \text{kN}$$

角钢端部传递 N_3 所需的正面角焊缝尺寸为

$$h_{f3} \geqslant \frac{N_3}{2 \times 0.7 l_{w3} \beta_f f_f^w} = \frac{703.2 \times 10^3}{2 \times 0.7 \times (140-8) \times 1.22 \times 160} = 19.5\ \text{mm} > 最大\ h_f = 9\ \text{mm}$$

所以不满足构造要求，不能采用 L 形围焊。

④在弯矩、轴力和剪力共同作用下的角焊缝计算

角焊缝在弯矩、剪力和轴力作用下的内力，根据焊缝所处位置和刚度等因素确定。角焊缝在各种外力作用下的内力计算原则是：

a. 求单独外力作用下角焊缝的应力，并判断该应力对焊缝产生端缝受力（垂直于焊缝长度方向），还是侧缝受力（平行于焊缝长度方向）。

b. 采用迭加原理，将各种外力作用下的焊缝应力进行迭加。迭加时注意应取焊缝截面上同一点的应力进行迭加，而不能用各种外力作用下产生最大应力进行迭加。因此，应根据单独外力作用下产生应力分布情况判断最危险点进行计算。

c. 如图 2-42 所示，在轴力 N 作用下，在焊缝有效截面上产生均匀应力，即

$$\sigma_N = \frac{N}{A_e} \tag{2-33}$$

式中　σ_N——由轴力 N 在端缝中产生的应力；

A_e——焊缝有效截面面积。

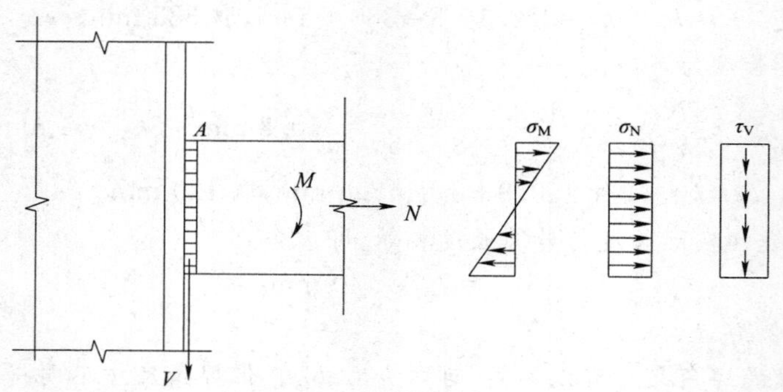

图 2-42　弯矩、轴力和剪力共同作用的角焊缝应力

d. 在剪力 V 作用下，根据与焊缝连接件的刚度来判断哪一部分焊缝截面承受剪力作用，在受剪截面上应力分布是均匀的，即

$$\tau_V = \frac{V}{A_e} \tag{2-34}$$

式中　τ_V——剪力 V 产生的应力。

e. 在弯矩 M 作用下，焊缝应力按三角形分布，即

$$\sigma_M = \frac{M}{W_e} \tag{2-35}$$

式中　σ_M——弯矩在焊缝中产生的应力；

W_e——焊缝计算截面对形心的截面模量。

将弯矩和轴力产生的应力在 A 点迭加：

$$\sigma_f = \sigma_N + \sigma_M$$

剪力 V 在 A 点的应力为

$$\tau_f = \tau_V$$

焊缝的强度验算公式为

$$\sqrt{\left(\frac{\sigma_f}{\beta_f}\right)^2 + \tau_f^2} \leqslant f_f^w \tag{2-36}$$

当连接直接承受动力荷载时，取 $\beta_f = 1.0$。

如图 2-43 所示的工字形或 H 形截面梁与钢柱翼缘的角焊缝连接，通常承受弯矩 M 和剪力 V 的共同作用。计算时通常假设腹板焊缝承受全部剪力，弯矩则由全部焊缝承受。

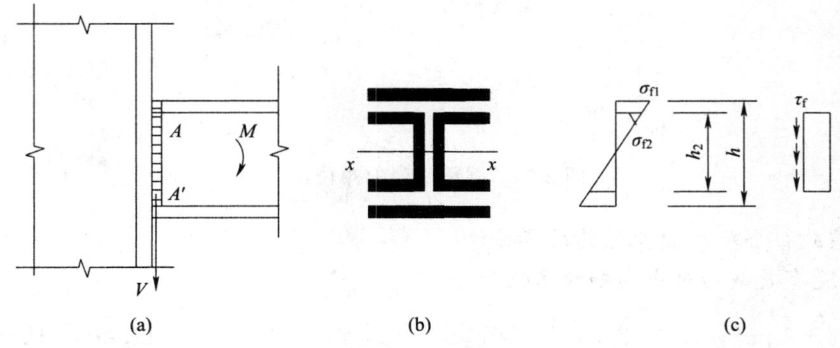

图 2-43 工字形或 H 形截面梁的角焊缝连接

为使焊缝的分布较合理，宜在每个翼缘的上下两侧设角焊缝，由于翼缘焊缝只承受垂直于焊缝长度方向的弯曲应力，此弯曲应力沿梁高度呈三角形分布[图 2-43(c)]，最大应力发生在翼缘焊缝的最外纤维处。为了保证此焊缝的正常工作，应使翼缘焊缝最外纤维处的应力满足

$$\sigma_{f1} = \frac{M}{I_w}\frac{h}{2} \leqslant \beta_f f_f^w$$

式中 M——全部焊缝所承受的弯矩；

I_w——全部焊缝有效截面对中心轴的惯性矩。

腹板焊缝承受两种应力共同作用，即垂直于焊缝长度方向且沿梁高呈三角形分布的弯曲应力和平行于焊缝长度方向且沿焊缝截面均匀分布的剪应力作用，设计控制点为翼缘焊缝与腹板焊缝的交点 A 处，此处的弯曲应力和剪应力分别按下式计算

$$\sigma_{f2} = \frac{M}{I_w}\frac{h_2}{2}$$

$$\tau_f = \frac{V}{\sum h_{e2} l_{w2}}$$

式中 $\sum h_{e2} l_{w2}$——腹板焊缝有效面积之和。

腹板焊缝在点 A 处的强度验算式为

$$\sqrt{\left(\frac{\sigma_{f2}}{\beta_f}\right)^2 + \tau_f^2} \leqslant f_f^w \tag{2-37}$$

【例 2-5】试验算图 2-44 所示牛腿与钢柱连接角焊缝的强度。钢材为 Q235，焊条为 E43 型，手工焊，荷载设计值 $N = 365$ kN，偏心矩 $e = 350$ mm，焊角尺寸 $h_{f1} = 8$ mm，$h_{f2} = 6$ mm。

【解】

力 N 在角焊缝形心处引起剪力　　$V = N = 365$ kN

力 N 在角焊缝形心处引起弯矩 $M=Ne=365\times0.35=127.8\ \text{kN}\cdot\text{m}$

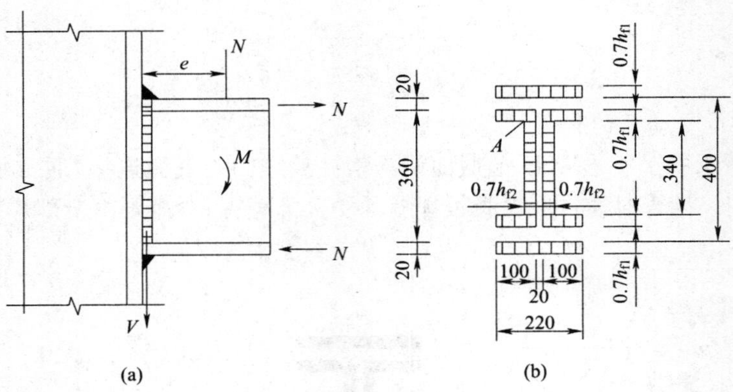

图 2-44 例题 2-5 图(单位:mm)

(1)考虑腹板焊缝承受弯矩的计算方法

全部焊缝有效截面对中和轴的惯性矩为

$$I_w=2\times\frac{0.42\times34^3}{12}+2\times20.4\times0.56\times20.28^2+4\times9.2\times0.56\times17.28^2=18\ 302\ \text{cm}^2$$

翼缘焊缝的最大应力为

$$\sigma_{f1}=\frac{M}{I_w}\frac{h}{2}=\frac{127.8\times10^6}{18\ 302\times10^4}\times205.6=143.6\ \text{N/mm}^2<\beta_f f_f^w=1.22\times160=195.2\ \text{N/mm}^2$$(满足要求)

腹板焊缝由弯矩 M 引起的最大应力为

$$\sigma_{f2}=143.6\times\frac{170}{205.6}=118.7\ \text{N/mm}^2$$

剪力 V 在腹板焊缝产生的平均剪应力为

$$\tau_f=\frac{V}{\sum h_{e2}l_{w2}}=\frac{365\times10^3}{2\times0.7\times6\times340}=127.8\ \text{N/mm}^2$$

则腹板焊缝的强度(A 点为设计控制点)为

$$\sqrt{\left(\frac{\sigma_{f2}}{\beta_f}\right)^2+\tau_f^2}=\sqrt{\left(\frac{118.7}{1.22}\right)^2+127.8^2}=160.6\ \text{N/mm}^2\approx f_f^w=160\ \text{N/mm}^2$$(满足要求)

(2)不考虑腹板焊缝承受弯矩的计算方法

翼缘焊缝所承受的水平力为

$$H=\frac{M}{h}=\frac{127.8\times10^6}{380}=336.3\ \text{kN}$$(h 值近似取为翼缘中线间距离)

翼缘焊缝的强度为

$$\sigma_f=\frac{H}{h_{e1}l_{w1}}=\frac{336.3\times10}{0.7\times8\times(204+2\times92)}=154.8\ \text{N/mm}^2<\beta_f f_f^w=195.2\ \text{N/mm}^2$$(满足要求)

腹板焊缝的强度为

$$\tau_f=\frac{V}{h_{e2}l_{w2}}=\frac{365\times10^3}{2\times0.7\times6\times340}=127.8\ \text{N/mm}^2<f_f^w=160\ \text{N/mm}^2$$(满足要求)

(5)扭矩、剪力和轴力共同作用的角焊缝连接计算

图 2-45 所示为采用三面围焊的搭接连接。

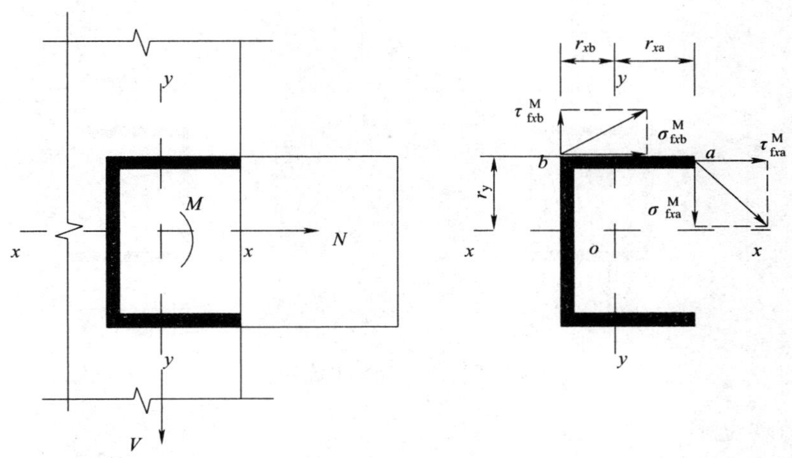

图 2-45 弯矩、轴力和剪力作用下牛腿角焊缝应力

在轴力作用下，a 点焊缝是侧焊缝受力，b 点焊缝是端缝受力，其值为

$$\tau_{fa}^{N}=\sigma_{fb}^{N}=\frac{N}{A_f} \quad (\rightarrow)$$

在剪力作用下，三面围焊焊缝均可承受剪力，对 a 点是端缝受力，b 点是侧缝受力，其值为

$$\sigma_{fa}^{V}=\tau_{fb}^{V}=\frac{V}{A_f} \quad (\downarrow)$$

在弯矩作用下，a 点应力为

$$\tau_{fxa}^{M}=\frac{Mr_y}{I_p}=\frac{Mr_y}{I_x+I_y} \quad (\rightarrow)$$

$$\sigma_{fya}^{M}=\frac{Mr_{xa}}{I_p}=\frac{Mr_{xa}}{I_x+I_y} \quad (\downarrow)$$

b 点的应力为

$$\tau_{fxb}^{M}=\frac{Mr_y}{I_p}=\frac{Mr_y}{I_x+I_y} \quad (\rightarrow)$$

$$\sigma_{fyb}^{M}=\frac{Mr_{xb}}{I_p}=\frac{Mr_{xb}}{I_x+I_y} \quad (\downarrow)$$

在扭矩、剪力和轴力共同作用下，焊缝最危险点为 a、b 二点中的某点。

a 点的计算公式为

$$\sqrt{\left(\frac{\sigma_{fya}^{M}+\sigma_{fa}^{V}}{\beta_f}\right)^2+(\tau_{fxa}^{M}+\tau_{fa}^{N})^2}\leqslant f_f^w \tag{2-38}$$

b 点的计算公式

$$\sqrt{\left(\frac{\sigma_{fyb}^{M}+\sigma_{fb}^{V}}{\beta_f}\right)^2+(\tau_{fb}^{M}-\tau_{fyb}^{N})^2}\leqslant f_f^w \tag{2-39}$$

【例 2-6】如图 2-46 所示牛腿连接，采用三面围焊直角角焊缝。钢材用 Q235，焊条 E43 型，$h_f=10$ mm。在 a 点作用一水平力 $P_1=50$ kN，竖向力 $P_2=200$ kN，$e_1=20$ cm，$e_2=50$ cm。求焊缝最不利点应力。

【解】

在计算中，由于焊缝实际长度稍大于搭接长度，故不再扣除水平焊缝的缺陷。

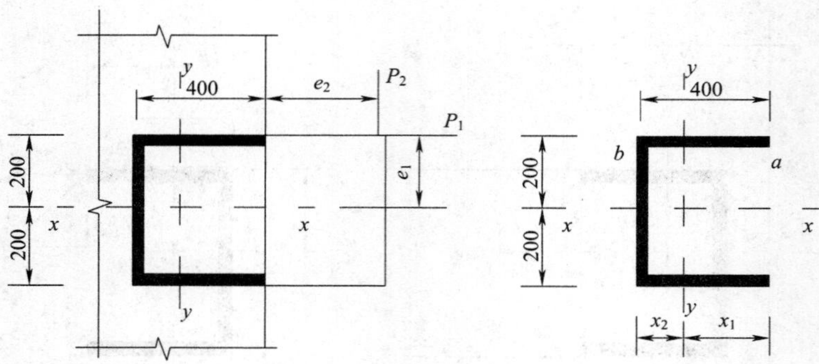

图 2-46　例题 2-6(单位:mm)

(1)首先求焊缝形心至竖向焊缝的距离 x_2

$$x_2=\frac{0.7\times10\times\left(2\times400\times\frac{400}{2}\right)}{0.7\times10\times(2\times400+400)}=133\ \text{mm}$$

(2)求焊缝受力

将 P_1、P_2 移至形心,得焊缝受力为

$$V=P_2=200\ \text{kN},N=P_1=50\ \text{kN}$$

$$M=P_1\times e_1+P_2(e_2+x_1)=50\times0.2+200\times(0.5+0.4-0.133)=163.4\ \text{kN}\cdot\text{m}$$

(3)求焊缝的几何特性

$$A_f=0.7\times10\times(2\times400+400)=8\ 400\ \text{mm}^2$$

$$x_1=400-133=267\ \text{mm}$$

$$I_x=\left[2\times400\times\left(200-\frac{7}{2}\right)^2+\frac{1}{12}\times400^3\right]\times0.7\times10=25\ 356\times10^4\ \text{mm}^4$$

$$I_y=\left\{2\times\left[\frac{1}{12}\times400^3+400\times\left(267-\frac{400}{2}\right)^2\right]+400\times\left(133-\frac{7}{2}\right)^2\right\}\times0.7\times10=14\ 676\times10^4\ \text{mm}^4$$

$$I_p=I_x+I_y=25\ 356\times10^4+14\ 676\times10^4=40\ 032\times10^4\ \text{mm}^4$$

(4)求焊缝应力

从焊缝应力分布来看,最危险点为 a、b 两点。

a 点的焊缝应力为

$$\tau_{fa}^{N}=\frac{N}{A_f}=\frac{50\times10^3}{8\ 400}=6.0\ \text{N/mm}^2\quad(\rightarrow)$$

$$\sigma_{fa}^{V}=\frac{V}{A_f}=\frac{200\times10^3}{8\ 400}=23.8\ \text{N/mm}^2\quad(\downarrow)$$

$$\tau_{fxa}^{M}=\frac{Mr_y}{I_p}=\frac{163.4\times10^6\times200}{40\ 032\times10^4}=81.6\ \text{N/mm}^2\quad(\rightarrow)$$

$$\sigma_{fya}^{M}=\frac{Mr_{xa}}{I_p}=\frac{163.4\times10^6\times267}{40\ 032\times10^4}=109.0\ \text{N/mm}^2\quad(\downarrow)$$

$$\sigma_a=\sqrt{\left(\frac{\sigma_{fya}^{M}+\sigma_{fa}^{V}}{\beta_f}\right)^2+(\tau_{fxa}^{M}+\tau_{fa}^{N})^2}=\sqrt{\left(\frac{109+23.8}{1.22}\right)^2+(81.6+6)^2}=139.7\ \text{N/mm}^2<f_f^w=160\ \text{N/mm}^2$$

b 点的焊缝应力为

$$\sigma_{fb}^{N}=\frac{50\times10^3}{8\ 400}=6.0\ \text{N/mm}^2\quad(\rightarrow)$$

$$\tau_{fb}^{V}=\frac{200\times10^3}{8\ 400}=23.8\ \text{N/mm}^2\quad(\downarrow)$$

$$\sigma_{fxb}^{M}=\frac{163.4\times10^6\times200}{40\ 032\times10^4}=81.6\ \text{N/mm}^2\quad(\rightarrow)$$

$$\tau_{fyb}^{M}=\frac{163.4\times10^6\times133}{40\ 032\times10^4}=54.3\ \text{N/mm}^2\quad(\uparrow)$$

$$\sigma_b=\sqrt{\left(\frac{6+81.6}{1.22}\right)^2+(23.8-54.3)^2}=78\ \text{N/mm}^2<f_f^w=160\ \text{N/mm}^2$$

2.2.5　焊接应力和焊接变形

1. 焊接应力的分类和产生原因

钢结构在焊接过程中，局部区域受到高温作用，焊接中心处可达 1 600 ℃以上。不均匀的加热和冷却，使构件产生焊接变形。同时，高温部分钢材在高温时的体积膨胀及在冷却时的体积收缩均受到周围低温部分钢材的约束而不能自由变形，从而产生焊接应力。

焊接应力可根据应力方向与钢板长度方向及钢板表面的关系分为纵向应力、横向应力和厚度方向应力。其中，纵向应力指沿焊缝长度方向的应力，横向应力是垂直于焊缝长度方向且平行于构件表面的应力，厚度方向应力则是垂直于焊缝长度方向且垂直于构件表面的应力。

(1)纵向焊接应力

焊接结构中焊缝沿焊缝长度方向收缩时产生纵向焊接应力。

例如在两块钢板上施焊时，钢板上产生不均匀的温度场，从而产生了不均匀的膨胀。焊缝附近高温处的钢材膨胀最大，稍远区域温度稍低，膨胀较小。膨胀大的区域受到周围膨胀小的区域的限制，产生了热塑性压缩。冷却时过程与加热时刚好相反，即焊缝区钢材的收缩受到两侧钢材的限制。相互约束作用的结果是焊缝中央部分产生纵向拉力，两侧则产生纵向压力，这就是纵向收缩引起的纵向应力，如图 2-47(a)所示。

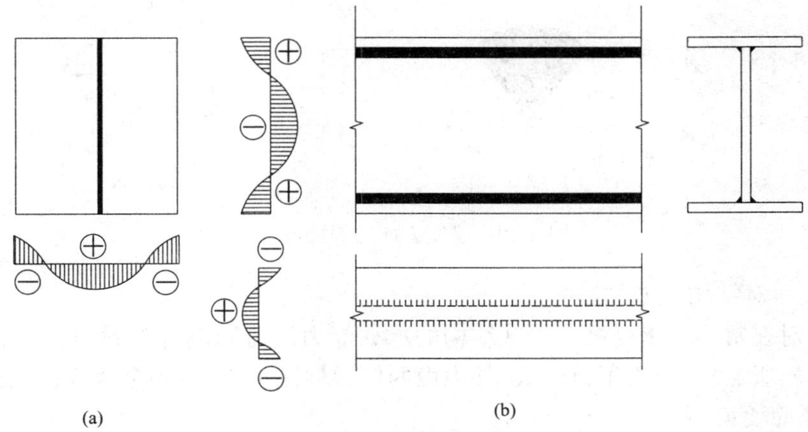

图 2-47　焊缝纵向焊接应力

又如三块钢板拼成的工字钢[图 2-47(b)]，腹板与冀缘用焊缝顶接，翼缘与腹板连接处因焊缝收缩受到两边钢板的阻碍而产生纵向拉应力，两边因中间收缩而产生压应力，因而形成中部焊缝区受拉而两边钢板受压的纵向应力。腹板纵向应力分布则相反，由于腹板与翼缘焊缝收缩受到腹板中间钢板的阻碍而受拉，腹板中间受压，因而形成中间钢板受压而两边焊缝区受拉的纵向应力。

(2)横向焊接应力

焊缝的横向(垂直焊缝长度方向)焊接应力包括两部分:一是由于焊缝纵向收缩,使两块钢板趋向于形成反方向的弯曲变形,而实际上焊缝将两块板联成整体,从而在两块板的中间产生横向拉应力,两端则产生压应力[图 4-48(b)];二是由于焊缝在施焊过程中冷却时间的不同,先焊的焊缝凝固后具有一定强度,阻止后焊焊缝横向自由膨胀,使之发生横向塑性压缩变形。随后冷却焊缝的收缩受到已凝固的焊缝限制而产生横向拉应力,而先焊部分则产生横向压应力,因应力自相平衡,更远处的焊缝则受拉应力[图 2-48(c)]。这两种横向应力迭加成最后的横向应力[图 2-48(d)]。

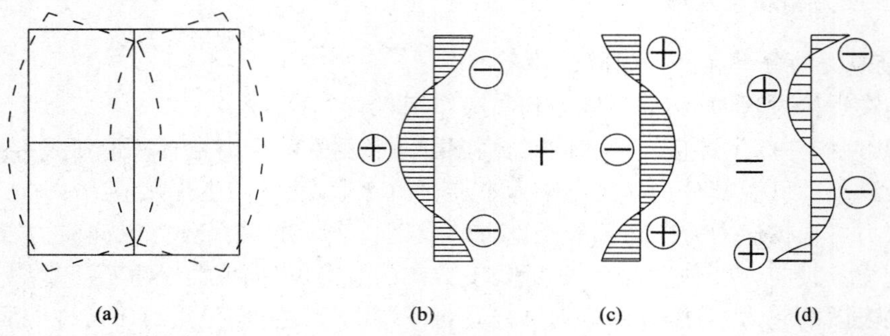

图 2-48　焊缝的横向焊接应力

(3)厚度方向焊接应力

较厚钢板焊接时,焊缝与钢板接触面和与空气接触面散热较快而先冷却结硬,厚度中部冷却比表面缓慢而收缩受到阻碍,形成中间焊缝受拉,四周受压的状态。因而焊缝在厚度方向出现应力 σ_z(图 2-49)。当钢板厚度<25 mm 时,厚度方向的应力不大;但钢析厚度≥50 mm 时,厚度方向应力较大,可达 50 N/mm² 左右。

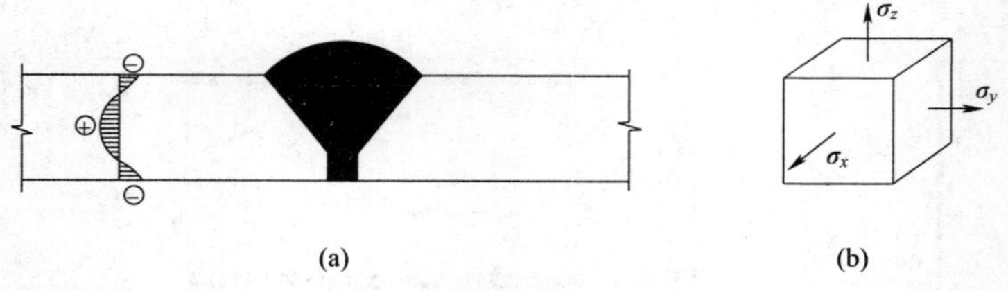

图 2-49　厚度方向的焊接应力

2. 焊接应力对结构性能的影响

焊接应力对在常温下承受静力荷载结构的承载能力没有影响,因为焊接应力加上外力引起的应力达到屈服点后,应力不再增大,外力由两侧弹性区承担,直到全截面达到屈服点为止,可用图 2-50 作简要说明。

图 2-50(b)表示一受拉构件中的焊接应力情况,σ_r 为焊接压应力。

当构件无焊接应力时,由图 2-50(a)可得其承载力值为

$$N=btf_y \tag{2-40}$$

当构件有焊接应力时,由图 2-50(b)可得其承载力值为

$$N=2kbt(\sigma_r+f_y) \tag{2-41}$$

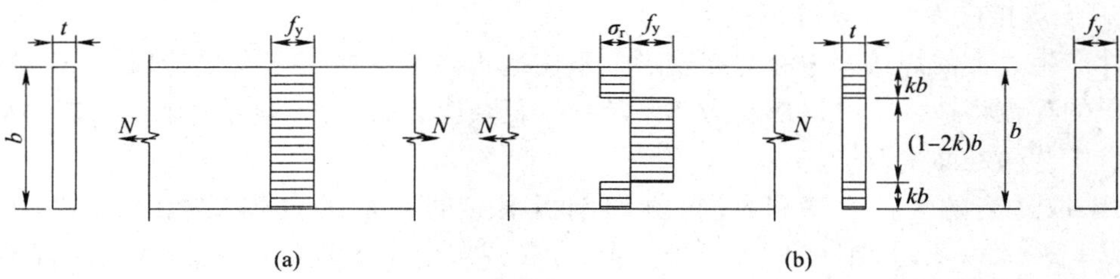

图 2-50 有焊接应力截面的强度

由于焊接应力是自平衡应力，故

$$2kbt\sigma_r = (1-2k)btf_y \tag{2-42}$$

解得

$$\sigma_r = \frac{1-2k}{2k}f_y \tag{2-43}$$

将 σ_r 代入式(2-41)得

$$N = 2kbt\left(\frac{1-2k}{2k}f_y + f_y\right) = btf_y \tag{2-44}$$

这与无焊接应力所得钢板承载能力相同。

虽然在常温和静载作用下，焊接应力对构件的强度没有什么影响，但对其刚度则有影响。

由于焊缝中存在三向应力[图 2-49(b)]，阻碍了塑性变形，使裂缝易发生和发展，因此焊接应力将使疲劳强度降低。此外，焊接应力还会降低压杆稳定性和使构件提前进入塑性工作阶段。降低或消除焊缝中的残余应力是改善结构低温冷脆性能的重要措施。同时焊接残余应力对结构的疲劳强度有明显的不利影响。

3. 焊接变形

在焊接过程中，由于不均匀加热和冷却，焊接区在纵向和横向收缩时，势必导致构件产生局部鼓曲、弯曲、歪曲和扭转等。焊接变形包括纵向收缩、横向收缩、弯曲变形、角变形、波浪变形、扭曲变形等(图 2-51)等，通常是几种变形的组合。任一焊接变形超过规定时，必须进行校正，以免影响构件在正常使用条件下的承载能力。

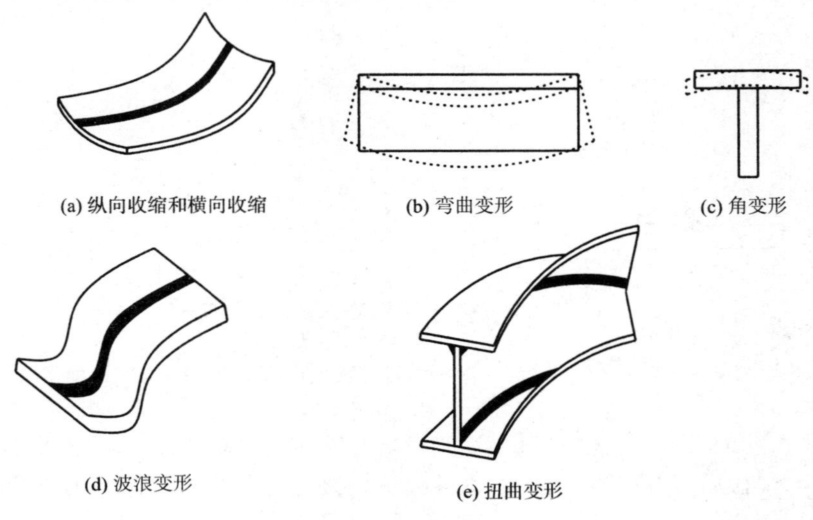

图 2-51 焊接变形

4. 减少焊接应力和焊接变形的措施

构件产生过大的焊接应力和焊接变形多系构造不当或焊接工艺欠妥造成，而焊接应力和焊接变形的存在将造成构件局部应力集中及处于复杂应力状态，影响材料工作性能，故应从设计和焊接工艺两方面采取措施。

(1)采取适当的焊接次序和方向，例如钢板对接时采用分段焊[图 2-52(a)]，厚度方向分层焊[图 2-52(b)]，钢板分块拼焊[图 2-52(c)]，工字形顶接时采用对角跳焊[图2-52(d)]。

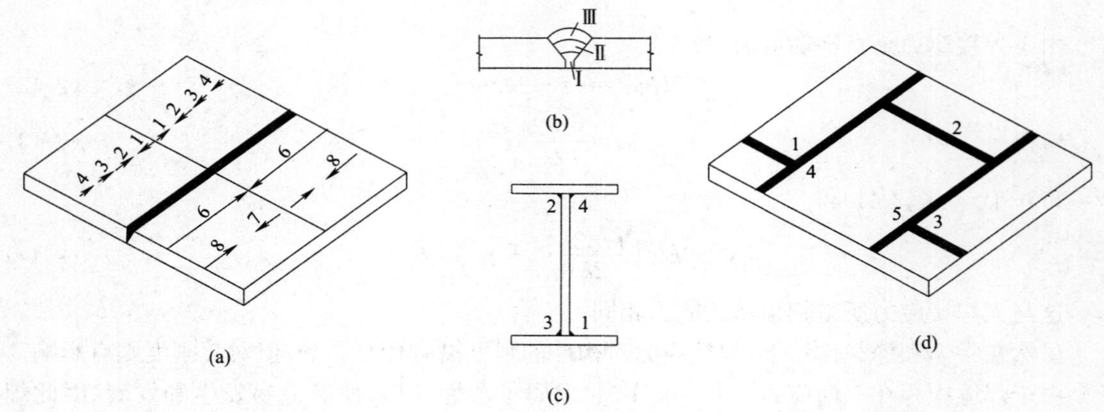

图 2-52　合理的焊接次序

(2)尽可能采用对称焊缝，连接过渡尽可能平滑，避免出现截面突变，并在保证安全的前提下，避免焊缝厚度过大。

(3)避免焊缝过分集中或多方向焊缝相交于一点。

(4)施焊前使构件有一个和焊接变形相反的预变形。例如在顶接中将翼缘预弯，焊接后产生焊接变形与预变形抵消[图 2-53(a)]。在平接中使接缝处预变形[图 2-53(b)]，焊接后产生焊接变形也与之抵消。这种方法可以减少焊接后的变形量，但不会根除焊接应力。

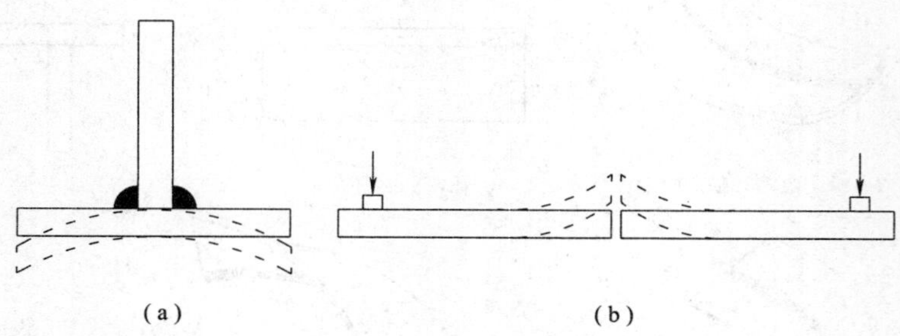

图 2-53　减少焊接变形的措施

(5)对于小尺寸的杆件，可在焊前预热，或焊后回火加热到 600 ℃左右，然后缓慢冷却。可消除焊接应力。焊接后对焊件进行锤击，也可减少焊接应力与焊接变形。此外也可采用机械法校正来消除焊接变形。

2.3 螺栓连接

2.3.1 普通螺栓连接的构造和计算

普通螺栓分为A级、B级和C级。A级、B级普通螺栓又称精制螺栓，其材料性能属于8.8级，一般由优质碳素钢中的45号钢和35号钢制成，其孔径和杆径相等。C级普通螺栓又称粗制螺栓，性能等级属于4.6级、4.8级，一般由普通碳素钢Q235BF钢制成，其制作精度和螺栓的允许偏差、孔壁表面粗糙度等要求都比A级、B级普通螺栓低。C级普通螺栓的螺杆直径较螺孔直径小1.0～1.5 mm，受剪时工作性能较差，在螺栓群中各螺栓所受剪力也不均匀，因此适用于承受拉力的连接中。

1. 螺栓的排列和构造要求

螺栓在构件上的排列应简单、统一、整齐而紧凑，通常分为并列和错列两种形式。并列(图2-54)比较简单整齐，所用连接板尺寸小，但由于螺栓孔的存在，对构件截面的削弱较大。错列可以减小螺栓孔对截面的削弱，但孔排列不如并列紧凑，连接板尺寸较大。

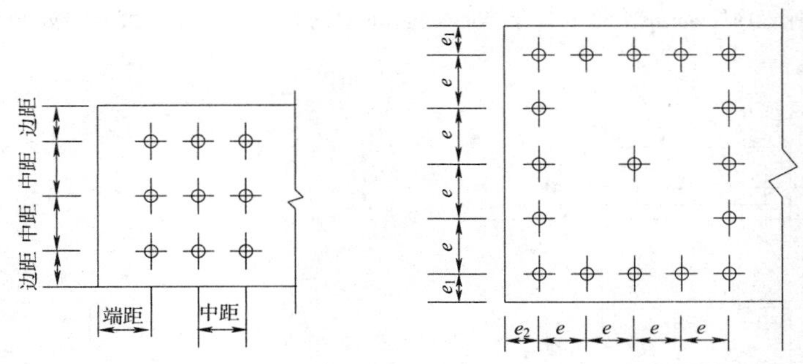

图2-54 钢板的螺栓排列

螺栓在构件上的排列应符合最小距离要求，以便用扳手拧紧螺帽时有一定的空间，并避免受力时钢板在孔之间以及孔与板端、板边之间发生剪断、截面过分削弱等现象。

螺栓在构件上的排列也应符合最大距离要求，以避免受压时被连接的板件间发生张口、鼓出或被连接的构件因接触面不够紧密、潮气进入缝隙而产生腐蚀等现象。

根据上述要求，钢板上螺栓的排列规定见图2-54和表2-3。型钢上螺栓的排列除应满足表2-4的最大和最小距离外，尚应充分考虑拧紧螺栓时的净空要求。在角钢、普通工字钢、槽钢截面上排列螺栓的线距应满足图2-55及表2-4～表2-6的要求。在H型钢截面上排列螺栓的线距[图2-55(d)]、腹板上的c值可参照普通工字钢；翼缘上的e值或e_1、e_2值可根据其外伸宽度参照角钢。

2. 普通螺栓的工作性能和计算

普通螺栓按受力情况可以分为螺栓只承受剪力；螺栓只承受拉力；螺栓承受剪力和拉力的共同作用。

1)普通螺栓的抗剪连接

(1)抗剪螺栓的工作性能

剪力螺栓连接在受力以后，当外力并不大时，由构件间的摩擦力来传递外力。当外力继续增大而超过极限摩擦力后，构件之间出现相对滑移，螺栓开始接触构件的孔壁而受剪，孔壁则受压，如图 2-56 所示。

表 2-3　螺栓或铆钉的最大、最小容许距离

名　称	位置和方向			最大容许距离（取两者的较小值）	最小容许距离
中心线距	外排（垂直或顺内力方向）			$8d_0$或 $12t$	$3d_0$
	中间排	垂直内力方向		$16d_0$或 $24t$	
		顺内力方向	压力	$12d_0$或 $18t$	
			拉力	$16d_0$或 $24t$	
	沿对角线方向			—	
中心至构件边缘距离	顺内力方向			$4d_0$或 $8t$	$2d_0$
	垂直内力方向	剪切边或手工气割边			$1.5d_0$
		轧制边自动精密或锯割边	高强度螺栓		
			其他螺栓或铆钉		$1.2d_0$

注：(1) d_0为螺栓孔或铆钉孔直径，t 为外层较薄板件的厚度；

(2)钢板边缘与刚性构件（如角钢、槽钢等）相连的螺栓或铆钉的最大间距，可按中间排的数值采用。

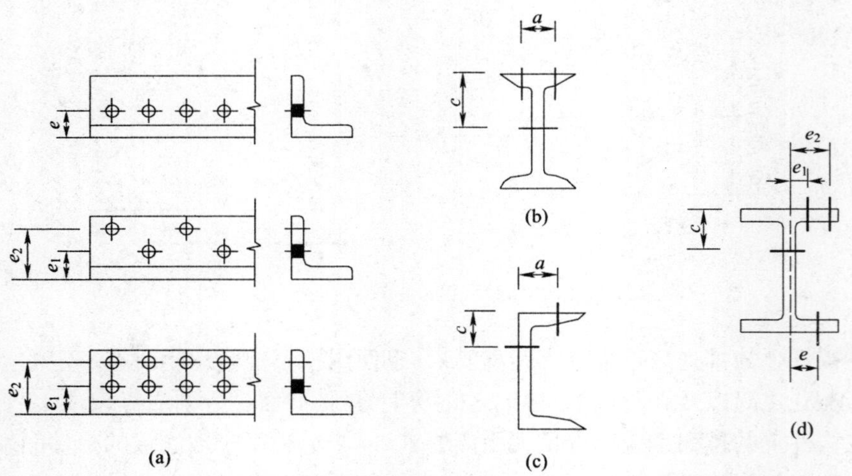

图 2-55　型钢的螺栓（铆钉）排列

表 2-4　角钢上螺栓或铆钉线距(mm)

单行排列	角钢肢宽	40	45	50	56	63	70	75	80	90	100	110	125
	线距 e	25	25	30	30	35	40	40	45	50	55	60	70
	钉孔最大直径	11.5	13.5	13.5	15.5	17.5	20	22	22	24	24	26	26
双行错排	角钢肢宽	125	140	160	180	200	双行排列	角钢肢宽			160	180	200
	e_1	55	60	70	70	80		e_1			60	40	80
	e_2	90	100	120	140	160		e_2			130	140	160
	钉孔最大直径	24	24	26	26	26		钉孔最大直径			24	24	26

表 2-5　工字钢和槽钢腹板上的螺栓线距(mm)

工字钢型号	12	14	16	18	20	22	25	28	32	36	40	45	50	56	63
线距 c_{min}	40	45	45	45	50	50	55	60	60	65	70	75	75	75	75
槽钢型号	12	14	16	18	20	22	25	28	32	36	40	—	—	—	—
线距 c_{min}	40	45	50	50	55	55	55	60	65	70	75	—	—	—	—

表 2-6　工字钢和槽钢翼缘上的螺栓线距(mm)

工字钢型号	12	14	16	18	20	22	25	28	32	36	40	45	50	56	63
线距 a_{min}	40	40	50	55	60	65	65	70	75	80	80	85	90	95	95
槽钢型号	12	14	16	18	20	22	25	28	32	36	40	—	—	—	—
线距 a_{min}	30	35	35	40	40	45	45	45	50	56	60	—	—	—	—

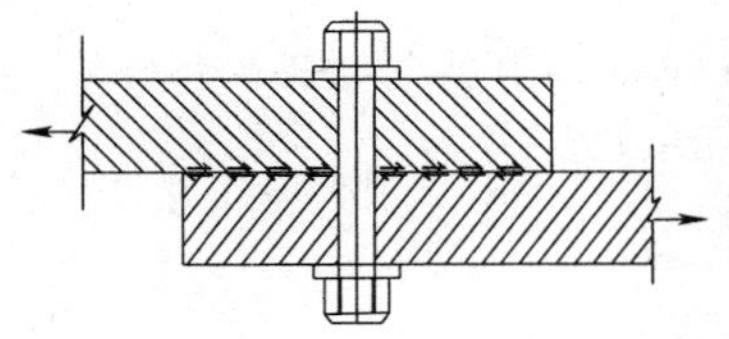

(a) 螺栓连接受力不大时，靠钢板间的摩擦力来传递

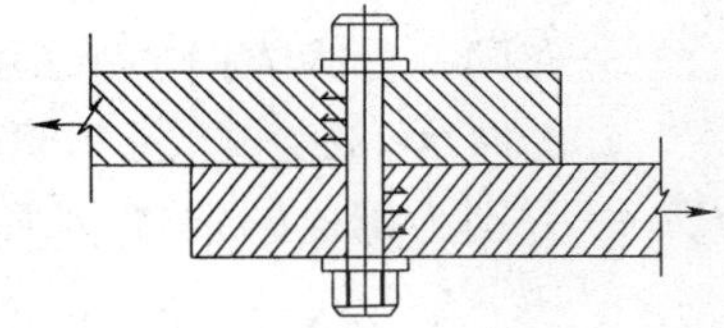

(b) 螺栓连接受力较大时，靠孔壁受压螺杆受剪来传力

图 2-56　剪力螺栓连接的工作性能

剪力螺栓的破坏可能出现五种破坏形式：一种是螺杆剪切破坏[图 2-57(a)]；一种是钢板孔壁挤压破坏[图 2-57(b)]；一种是构件本身还有可能由于截面开孔削弱过多而破坏[图 2-57(c)]；一种是由于钢板端部螺孔端距太小而被剪坏[图 2-57(d)]；一种是由于钢板太厚，螺杆直径太小，发生螺杆弯曲破坏[图 2-57(e)]。后两种破坏用限制螺距和螺杆杆长 $l \leqslant 5d$(d 为螺径直径)等构造措施来防止。

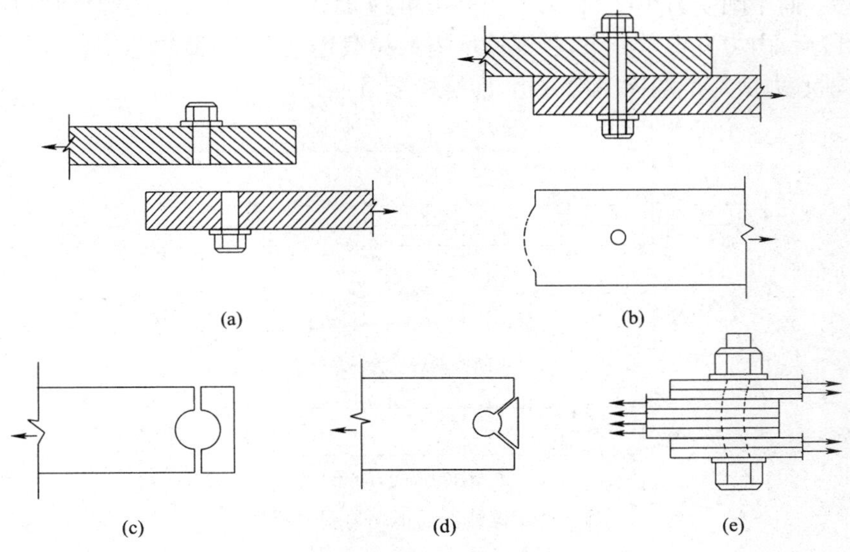

图 2-57　剪力螺栓的破坏形式

(2)普通螺栓的抗剪承载力

普通螺栓连接的抗剪承载力,应考虑螺栓杆受剪和孔壁承压两种情况。假定螺栓受剪面上的剪应力是均匀分布的,则单个螺栓的抗剪承载力为

$$N_V^b = n_V \frac{\pi d^2}{4} f_V^b \tag{2-45}$$

承压承载力为

$$N_c^b = d \sum t f_c^b \tag{2-46}$$

取二者中最小值,即

$$[N]_V^b = \min|N_c^b, N_V^b| \tag{2-47}$$

其中 $[N]_V^b$——单个剪力螺栓的承载力设计值;

n_V——每个螺栓受剪面数目,单剪 $n_V=1$[图 2-58(a)],双剪 $n_V=2$[图 2-58(b)];

d——螺杆直径;

t——在同一受力方向的承压构件的较小总厚度,单剪时[图 2-58(a)],$\sum t$ 取较小的厚度,双剪时[图 2-58(b)],$\sum t=\min|b, a+c|$;

f_V^b、f_c^b——分别为螺栓的抗剪、承压强度设计值。

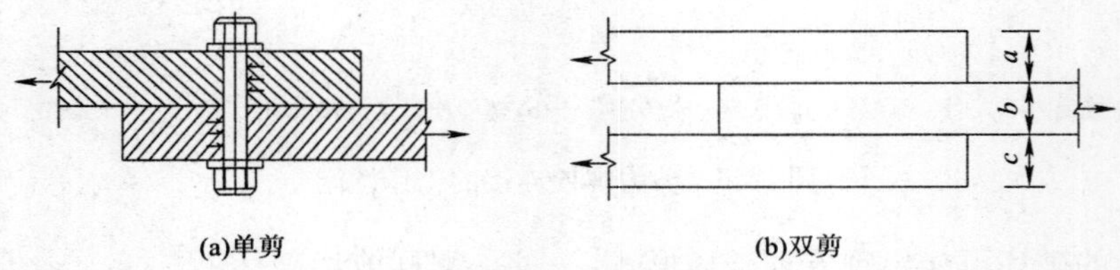

图 2-58 剪力螺栓的剪面数和承压厚度

(3)普通螺栓群抗剪连接计算

①在轴向力作用下的计算

当外力通过螺栓群形心时,如螺栓连接处于弹性阶段,螺栓群中的各螺栓受力不均匀,两端螺栓受力大,而中间受力小(图 2-59);当外力再继续增大,使受力大的螺栓超过弹性极限而达到塑性阶段后,内力发生重分布,各螺栓承担的荷载逐渐接近,最后趋于相等直到破坏。计算时可假定轴心力由每个螺栓平均分担,即螺栓数目 n 为:

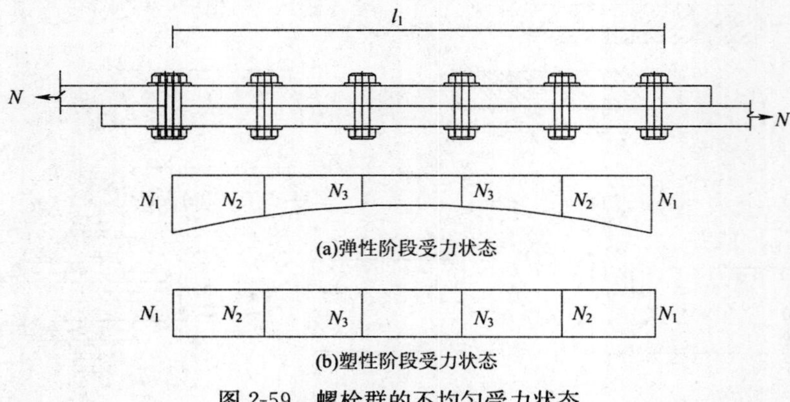

图 2-59 螺栓群的不均匀受力状态

$$n = \frac{N}{\eta [N]_V^b} \tag{2-48}$$

式中　N——连接件中的轴心受力；

$[N]_V^b$——单个螺栓抗剪承载力设计值；

η——折减系数，该系数与在构件节点处或拼接接头的一端，螺栓沿受力方向的连接长度 l_1 和螺栓孔径 d_0 之比有关（由下式确定）。

$$\frac{l_1}{d_0}\leqslant 15 \qquad \eta=1.0$$

$$15<\frac{l_1}{d_0}\leqslant 60 \qquad \eta=1.1-\frac{l_1}{150d_0}$$

$$\frac{l_1}{d_0}\geqslant 60 \qquad \eta=0.7$$

由于螺栓孔削弱了构件的截面，因此在排列好所需的螺栓后，还需验算构件净截面强度（图 2-60），其表达式为

$$\sigma=\frac{N}{A_n}\leqslant f \tag{2-49}$$

式中　A_n——构件净截面面积，根据螺栓排列型式取Ⅰ-Ⅰ或Ⅱ-Ⅱ截面进行计算（图 2-60）；

f——钢材抗拉（或抗压）强度设计值。

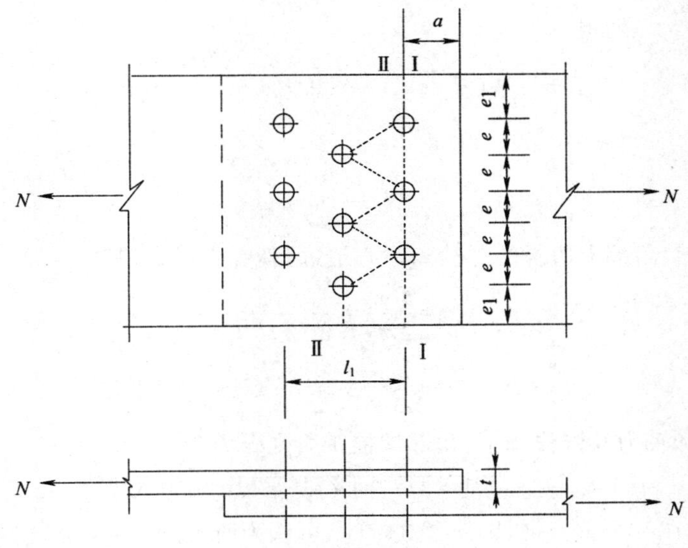

图 2-60　轴向力作用下的剪力螺栓群

②在扭矩、剪力和轴力共同作用下的计算

螺栓群在通过其形心的剪力 V 和轴力 N 作用下，每个螺栓受力为

$$N^V=\frac{V}{n}(\downarrow) \tag{2-50}$$

$$N^N=\frac{N}{n}(\rightarrow) \tag{2-51}$$

螺栓群在扭矩作用下，每个螺栓实际也是受剪。计算时假定连接构件是绝对刚性的，螺栓则是弹性的，所以螺栓都绕螺栓群的形心旋转，其受力大小与到螺栓群形心的距离成正比，方向与螺栓到形心的连线垂直，如图 2-61 所示。

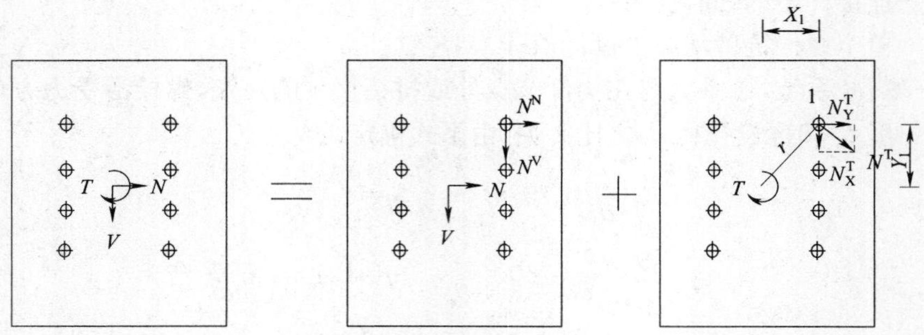

图 2-61　在扭矩、剪力和轴力共同作用下受剪螺栓群的受力情况

设螺栓 1、2…n 到螺栓群形心 O 点的距离为 $r_1, r_2, \cdots, r_n$，各螺栓承受的力分别为 N_1^T、$N_2^T \cdots N_n^T$。根据平衡条件得：

$$T = N_1^T r_1 + N_2^T r_2 + \cdots + N_n^T r_n \tag{2-52}$$

螺栓受力大小与其形心的距离成正比，即

$$\frac{N_1^T}{r_1} = \frac{N_2^T}{r_2} = \cdots = \frac{N_n^T}{r_n} \tag{2-53}$$

将此式代入式(2-52)得

$$T = \frac{N_1^T}{r_1}(r_1^2 + r_2^2 + \cdots + r_n^2) = \frac{N_1^T}{r_1}\sum_{i=1}^{n} r_i^2$$

或

$$N_1^T = \frac{T r_1}{\sum r^2} \tag{2-54}$$

由图 2-61 可知，角部上边缘的螺栓离形心最远，其受力最大，其中：

$$N_x^T = N^T \frac{y_1}{r_1} = \frac{T y_1}{\sum r^2} = \frac{T y_1}{\sum (x_i{}^2 + y_i{}^2)} (\rightarrow) \tag{2-55}$$

$$N_y^T = N^T \frac{x_1}{r_1} = \frac{T x_1}{\sum r^2} = \frac{T x_1}{\sum (x_i{}^2 + y_i{}^2)} (\downarrow) \tag{2-56}$$

在扭矩、剪力和轴力共同作用下，角部螺栓 1 所受合力为

$$N_1 = \sqrt{(N_x^T + N^N)^2 + (N_x^T + N^V)^2} \leqslant [N]_V^b \tag{2-57}$$

当螺栓群布置在一个狭长带，即 $x_1 > 3y_1$ 时，可认为所有的 $y=0$，则式(2-57)可变为

$$\sqrt{\left(\frac{N}{n}\right)^2 + \left(\frac{T x_1}{\sum x^2} + \frac{V}{n}\right)^2} \leqslant [N]_V^b \tag{2-58}$$

当 $y > 3x_1$ 时，可认为所有 $x=0$，则式(2-57)可变为

$$\sqrt{\left(\frac{V}{n}\right)^2 + \left(\frac{T y_1}{\sum y^2} + \frac{N}{n}\right)^2} \leqslant [N]_V^b \tag{2-59}$$

【例 2.7】试设计如图 2-62 所示钢板的对接接头，钢板为－18×600，钢材为 Q235A，承受的荷载设计值为：扭矩 $T=48$ kN·m，轴力 $N=320$ kN，剪力 $V=250$ kN，采用 C 级螺栓，螺栓直径 $d=20$ mm，孔径 $d_0=21.5$ mm。

【解】

(1)确定拼接板尺寸

采用 2-10×600 的拼接板，其截面面积为 600×10×2=12 000 mm²，大于钢板的面积 600×

18＝10 800 mm²，所以满足要求。

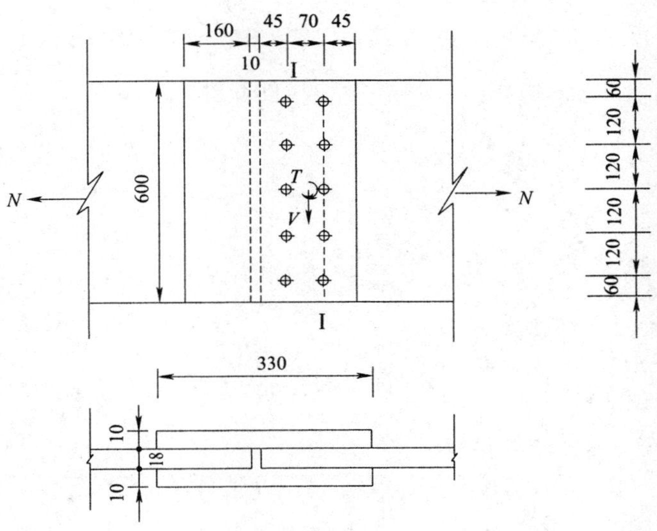

图 2-62　钢板对接接头(单位:mm)

(2)螺栓计算

螺栓布置如图 2-62 所示。布置时在满足容许的螺栓距离范围内，螺栓间的水平距离取较小值，目的是减少拼接板的长度，避免截面削弱过多。

单个螺栓的抗剪承载力设计值为

$$n_{\mathrm{V}}^{\mathrm{b}}=n_{\mathrm{V}}\frac{\pi d^2}{4}f_{\mathrm{V}}^{\mathrm{b}}=2\times\frac{3.14\times20^2}{4}\times140\times10^{-3}=87.9\ \mathrm{kN}$$

$$N_{\mathrm{c}}^{\mathrm{b}}=d\sum t f_{\mathrm{c}}^{\mathrm{b}}=20\times18\times305\times10^{-3}=109.8\ \mathrm{kN}$$

$$[N]_{\mathrm{V}}^{\mathrm{b}}=N_{\min}=87.9\ \mathrm{kN}$$

螺栓受力计算：

扭矩作用下，最外螺栓承受剪力最大

$$N_{1x}^{\mathrm{T}}=\frac{Ty_1}{\sum x_i^2+\sum y_i^2}=\frac{48\times10^2\times24}{10\times3.5^2+4\times(12^2+24^2)}=38.4\ \mathrm{kN}$$

$$N_{1y}^{\mathrm{T}}=\frac{Tx_1}{\sum x_i^2+\sum y_i^2}=\frac{48\times10^2\times3.5}{10\times3.5^2+4\times(12^2+24^2)}=5.6\ \mathrm{kN}$$

剪力和轴心力作用下，每个螺栓承受剪力分别为

$$N_{1y}^{\mathrm{V}}=\frac{V}{n}=\frac{250}{10}=25\ \mathrm{kN}$$

$$N_{1x}^{\mathrm{N}}=\frac{N}{n}=\frac{320}{10}=32\ \mathrm{kN}$$

最外螺栓承受剪力合力为

$$N_1=\sqrt{(N_{1x}^{\mathrm{T}}+N_{1x}^{\mathrm{N}})^2+(N_{1y}^{\mathrm{T}}+N_{1y}^{\mathrm{V}})^2}=\sqrt{(38.4+32)^2+(5.6+25)^2}=76.8\ \mathrm{kN}<[N]_{\mathrm{V}}^{\mathrm{b}}=87.9\ \mathrm{kN}$$

(3)钢板净截面强度验算

钢板Ⅰ-Ⅰ截面面积最小，而受力较大，应验算这一截面强度。

该截面的几何特性为

$$A_n=t(b-n_1d_0)=1.8\times(60-5\times2.15)=88.7\ \mathrm{cm}^2$$

$$I=\frac{tb^3}{12}=\frac{1.8\times60^3}{12}=32\ 400\ \text{cm}^4$$

$$I_n=32\ 400-1.8\times2.15\times(12^2+24^2)\times2=26\ 827\ \text{cm}^4$$

$$W_n=\frac{I_n}{30}=\frac{26\ 827}{30}=894.23\ \text{cm}^3$$

$$S=\frac{tb}{2}\times\frac{b}{4}=\frac{1.8\times60^2}{8}=810\ \text{cm}^3$$

钢板截面最外边缘正应力

$$\sigma=\frac{N}{A_n}+\frac{M}{W_n}=\frac{320\times10^3}{88.7\times10^2}+\frac{48\times10^6}{894.2\times10^3}=89.8\ \text{N/mm}^2<f=205\ \text{N/mm}^2\text{(满足要求)}$$

钢板截面靠近形心处的剪应力

$$\tau=\frac{VS}{It}=\frac{250\times10^3\times810\times10^3}{32\ 400\times10^4\times18}=34.7\ \text{N/mm}^2<f_V=120\ \text{N/mm}^2\text{(满足要求)}$$

钢板截面靠近形心处的折算应力

$$\begin{aligned}\sigma_2&=\sqrt{\sigma^2+3\tau^2}=\sqrt{(320\times10^3/8\ 870)^2+3\times34.7^2}\\&=70.1\ \text{N/mm}^2<1.1f=1.1\times205=225.5\ \text{N/mm}^2\text{(满足要求)}\end{aligned}$$

2)普通螺栓的抗拉连接

(1)拉力螺栓的工作性能

在受拉螺栓连接中，外力使被连接构件的接触面互相脱开而使螺栓受拉，最后螺栓被拉断而破坏。在图 2-63(a)所示的连接中，构件 A 的拉力 T 先由剪力螺栓传递给拼接角钢 B，然后通过拉力螺栓传递给 C。角钢的刚度对螺栓的拉力大小影响很大，如果角钢刚度不大，在 $T/2$ 作用下角钢与拉力螺栓垂直的肢发生较大的变形，起杠杆作用，在角钢外侧产生反力 V[图 2-63(b)]，从而螺栓所受总拉力大于 T 而达到 $P_f=T/2+V$。工程上一般采用加厚端板或设置加劲肋，以减小弯曲变形和杠杆力。实际计算中 V 值很难计算，因此设计时采用不考虑反力 V，即螺栓拉力只采用 $P_f=T/2$，而将拉力螺栓的抗拉强度降低处理。

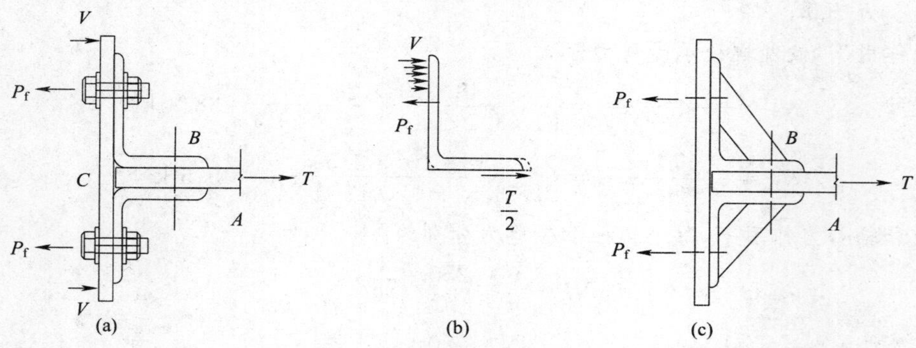

图 2-63　拉力螺栓受力状态

(2)单个螺栓的抗拉承载力

单个拉力螺栓承载力设计值为

$$N_T^b=\frac{\pi d_e^2}{4}f_T^b \tag{2-60}$$

式中　d_e——螺栓有效直径，查表 2-7 或按 $d_e=d-0.9382t$ 采用；

t——螺栓螺距，查表 2-7；

f_T^b——螺栓抗拉强度设计值。

表 2-7 螺栓的有效面积

螺栓直径 d(mm)	螺距 t(mm)	螺栓有效直径 d_e(mm)	螺栓有效面积 A_e(mm^2)	螺栓直径 d(mm)	螺距 t(mm)	螺栓有效直径 d_e(mm)	螺栓有效面积 A_e(mm^2)
16	2	14.123 6	156.7	52	5	47.309 0	1 758
18	2.5	15.654 5	192.5	56	5.5	50.839 9	2 030
20	2.5	17.654 5	244.8	60	5.5	54.839 9	2 362
22	2.5	19.654 5	303.4	64	6	58.370 8	2 676
24	3	21.185 4	352.5	68	6	62.370 8	3 055
27	3	24.185 4	459.4	72	6	66.370 8	3 460
30	3.5	26.716 3	560.6	76	6	70.370 8	3 889
33	3.5	29.716 3	693.6	80	6	74.370 8	4 344
36	4	32.247 2	816.7	85	6	79.370 8	4 948
39	4	35.247 2	975.8	90	6	84.370 8	5 591
42	4.5	37.778 1	1 121	95	6	89.370 8	6 273
45	4.5	40.778 1	1 306	100	6	94.370 8	6 995
48	5	43.309 0	1 473				

(3)拉力螺栓群的计算

①螺栓群的轴心受拉

图 2-64 所示螺栓群在轴心力作用下的抗拉连接，通常假定每个螺栓平均受力，则连接所需螺栓数为

$$n=\frac{N}{N_T^b} \tag{2-61}$$

式中 N_T^b——一个螺栓的抗拉承载力设计值，按式(2-60)计算。

②螺栓群的弯矩受拉

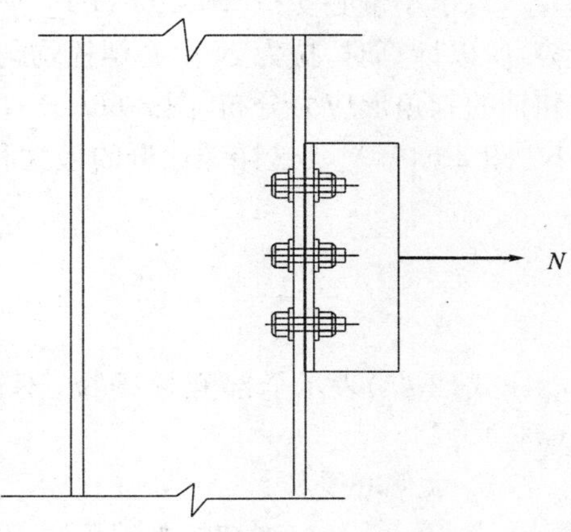

图 2-64 螺栓群承受轴心拉力

图 2-65 所示为螺栓群在弯矩作用下的抗拉连接(剪力 V 由承托板承担)。按弹性设计法，在弯矩的作用下，离中和轴越远的螺栓所受拉力越大，而压应力则由弯矩指向一侧的部分端板承担，设中和轴到端板受压边缘的距离为 c[图 2-65(c)]。这种连接的受力有如下特点：受拉螺栓截面只是孤立的几个螺栓点；而端板受压区则是宽度较大的实体矩形截面[图 2-65(b)、(c)]。当计算其形心位置作为中和轴时，所求得的端板受压区高度 c 总是很小，中和轴通常在弯矩指向一侧最外排螺栓附近的某个位置。故实际计算时，常近似地取中和轴位于最下排螺栓 O 处，在如图 2-65(a)所示弯矩作用下，认为连接变形为绕 O 处水平轴转动，螺栓拉力与从 O 点算起的纵坐标 y

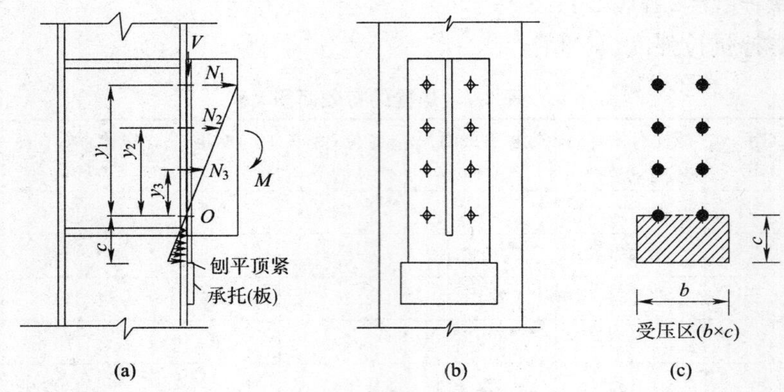

图 2-65　普通螺栓弯矩受拉

成正比，于是对 O 点列弯矩平衡方程，且忽略力臂很小的端板受压区部分的力矩而只考虑受拉螺栓部分，则得到：

$$\frac{N_1}{y_1}=\frac{N_2}{y_2}=\cdots=\frac{N_i}{y_i}=\cdots=\frac{N_n}{y_n}$$

$$\begin{aligned}M&=N_1y_1+N_2y_2+\cdots+N_iy_i+\cdots+N_ny_n\\&=\left(\frac{N_1}{y_1}\right)y_1^2+\left(\frac{N_2}{y_2}\right)y_2^2+\cdots+\left(\frac{N_i}{y_i}\right)y_i^2+\cdots+\left(\frac{N_n}{y_n}\right)y_n^2\\&=\left(\frac{N_i}{y_i}\right)\sum_{i=1}^{n}y_i^2\end{aligned}$$

由此可得螺栓 i 的拉力为

$$N_i=My_i/\sum y_i^2 \tag{2-62}$$

所以设计时，使受力最大的螺栓的拉力不超过单个螺栓的抗拉承载力设计值，即

$$N_{\max}=My_{\max}/\sum y_i^2\leqslant N_{\mathrm{T}}^{\mathrm{b}} \tag{2-63}$$

③螺栓群的偏心受拉

a. 小偏心受拉

对于小偏心受拉[图 2-66(b)]，所有的螺栓都承受拉力的作用，端板与柱翼缘有分离趋势，所以计算时，拉力 N 由各螺栓均匀承担；而弯矩 M 则引起以螺栓群形心 O 处水平轴为中和轴的三角形应力分布[图 2-66(b)]，使上部螺栓受拉，下部螺栓受压；叠加后全部螺栓均受拉[图 2-64(b)]。这样螺栓群的最大和最小螺栓受力为

$$N_{\max}=\frac{N}{n}+\frac{Ney_1}{\sum y_i^2}\leqslant N_{\mathrm{T}}^{\mathrm{b}} \tag{2-64}$$

$$N_{\min}=\frac{N}{n}-\frac{Ney_1}{\sum y_i^2}\geqslant 0 \tag{2-65}$$

式(2-65)表示全部螺栓受拉，不存在受压区。由此可知 $N_{\min}\geqslant 0$ 时，偏心矩 $e\leqslant\sum y_i^2/(ny_1)$。

b. 大偏心受拉

当 $e>\sum y_i^2/(ny_1)$ 时，则端板底部将出现受压区[图 2-64(c)]。近似并偏安全地取中和轴位于最下排螺栓 O_1 处，可列出对 O_1 处水平轴的弯矩平衡方程，得

$$\frac{N_1}{y'_1}=\frac{N_2}{y'_2}=\cdots=\frac{N_i}{y'_i}=\cdots=\frac{N_n}{y'_n}$$

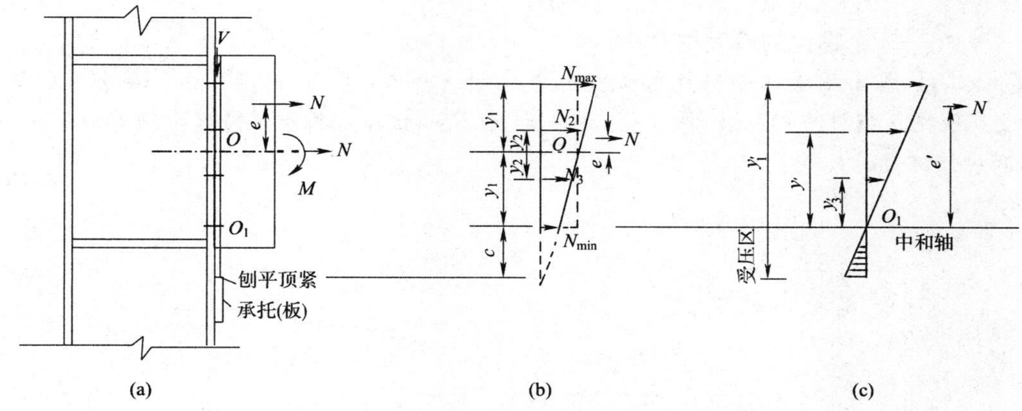

(a)　　(b)　　(c)

图 2-66　螺栓群偏心受拉

$$Ne' = N_1 y'_1 + N_2 y'_2 + \cdots + N_i y'_i + \cdots + N_n y'_n = (N_i / y'_i) \sum y'^2_i$$

$$N_1 = \frac{Ne' y'_1}{\sum y'^2_i} \leqslant N^b_T \tag{2-66}$$

3)普通螺栓受剪力和拉力的联合作用

图 2-67 所示连接，螺栓群承受剪力 V、偏心拉力共同作用。

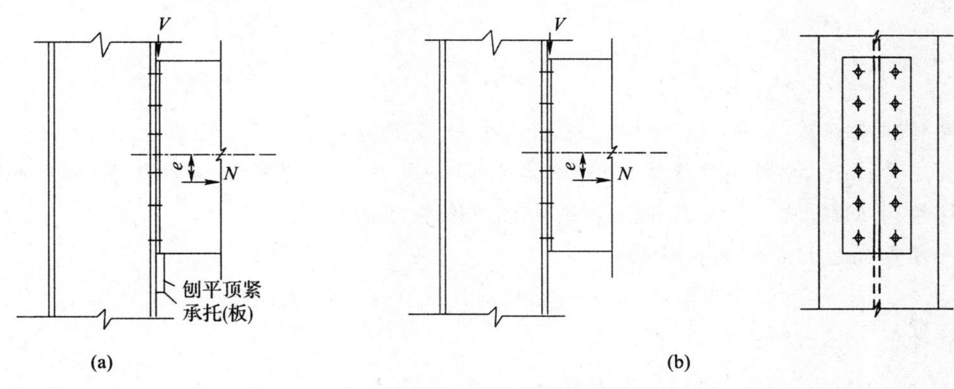

(a)　　(b)

图 2-67　螺栓群受剪力和拉力共同作用

承受剪力和偏心拉力联合作用的普通螺栓应考虑两种破坏形式：一是螺栓受剪兼受拉破坏；二是孔壁承压破坏。

当剪-拉螺栓群下设支托[图 2-67(a)]时，可认为剪力由支托承受，螺栓只承受弯矩和轴力引起的拉力，按式(2-64)和式(2-65)或式(2-66)计算。

当剪-拉螺栓群下不设支托[图 2-67(b)]时，螺栓不仅受拉力，还承受由剪力 V 引起的剪力 N_V。此时可按下式计算：

$$\sqrt{\left(\frac{N_V}{N^b_V}\right)^2 + \left(\frac{N_T}{N^b_T}\right)^2} \leqslant 1 \tag{2-67}$$

$$N_V = \frac{V}{n} \leqslant N^b_c \tag{2-68}$$

式中　N^b_V——一个剪力螺栓的抗剪承载力设计值；

N^b_c——一个剪力螺栓的承压承载力设计值；

N_T^b——一个拉力螺栓的承载力设计值；

N_T——一个螺栓的最大拉力。

【例 2.8】图 2-68 为牛腿与柱翼缘的连接，剪力 $V=250$ kN，$e=140$ mm，螺栓为 C 级，端板下设有承托。钢材为 Q235B，手工焊，焊条为 E43 型，试按考虑承托传递全部剪力 V 和不承受 V 两种情况设计此连接。

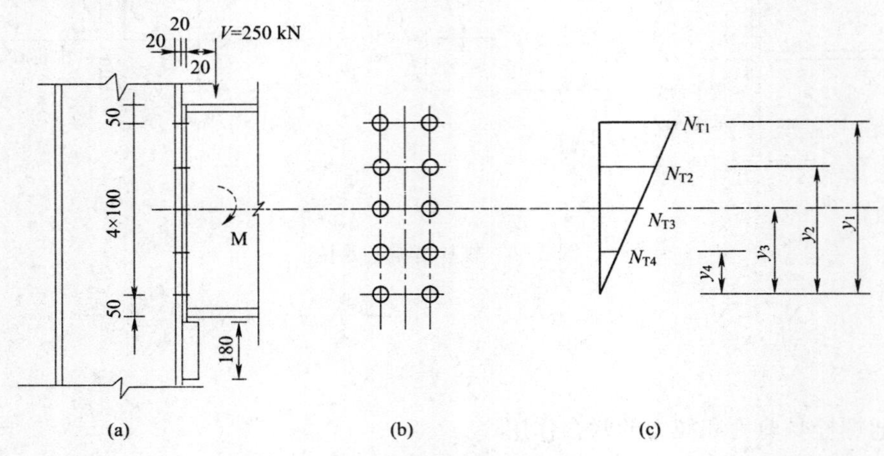

图 2-68 例 2.8 图(单位：mm)

【解】

(1)承托传递全部剪力 V

承托传递全部剪力 $V=250$ kN，螺栓群只承受由偏心力引起的弯矩 $M=Ve=250\times 0.14=35$ kN·m。按弹性设计法，可假定螺栓群旋转中心在弯矩指向的最下排螺栓的轴线上。设螺栓为 M20($A_e=245.0$ mm²)，则受拉螺栓数为 $n=8$。

一个螺栓的抗拉承载力设计值

$$N_T^b=A_e f_T^b=245.0\times 170\times 10^{-3}=41.7\text{ kN}$$

螺栓的最大拉力为

$$N_T=\frac{My_1}{m\sum y_i^2}=\frac{35\times 10^2\times 40}{2\times(10^2+20^2+30^2+40^2)}=23.3\text{ kN}<N_T^b=41.7\text{ kN(满足要求)}$$

设承托与柱翼缘连接角焊缝为两面侧焊，并取焊脚尺寸 $h_f=10$ mm，焊缝应力

$$\tau_f=\frac{1.25V}{h_e\sum l_w}=\frac{1.25\times 250\times 10^3}{0.7\times 10\times 2\times 160}=139.5\text{ N/mm}^2<f_f^w=160\text{ N/mm}^2\text{(满足要求)}$$

式中的系数 1.25 是考虑剪力 V 对承托与柱翼缘连接角焊缝的偏心影响。

(2)承托不传递剪力

不考虑承托承受剪力 V，螺栓群同时承受剪力 $V=250$ kN 和弯矩 $M=35$ kN·m 的共同作用。

一个螺栓的承载力设计值为

$$N_V^b=n_V\frac{\pi d^2}{4}f_V^b=1\times\frac{3.14\times 20^2}{4}\times 140\times 10^{-3}=44.0\text{ kN}$$

$$N_c^b=d\sum t f_c^b=20\times 20\times 305\times 10^{-3}=122.0\text{ kN}$$

$$N_T^b=41.7\text{ kN}$$

一个螺栓的最大拉力 $N_T=23.3$ kN

一个螺栓的剪力 $N_V=\dfrac{V}{n}=\dfrac{250}{10}=25\text{ kN}<N_c^b=122.0\text{ kN}$

剪力和拉力共同作用下

$$\sqrt{\left(\frac{N_V}{N_V^b}\right)^2+\left(\frac{N_T}{N_T^b}\right)^2}=\sqrt{\left(\frac{25}{44.0}\right)^2+\left(\frac{23.3}{41.7}\right)^2}=0.797<1$$

所以此设计满足要求。

2.3.2 高强度螺栓连接的工作性能和计算

1. 高强度螺栓连接的工作性能

高强度螺栓的杆身、螺帽和垫圈都要用抗拉强度很高的钢材制作。螺杆一般采用 45 号钢或 40 硼钢制成，螺帽和垫圈用 45 号钢制成，且都要经过热处理以提高其强度。现在工程中已逐渐采用 20 锰钛硼钢作为高强度螺栓的专用钢。

高强度螺栓的预拉力是通过扭紧螺帽实现的，一般采用扭矩法和扭剪法。扭矩法是采用可直接显示扭矩的特制扳手，根据事先测定的扭矩和螺栓拉力之间的关系施加扭矩，使之达到预定预拉力。扭剪法是采用扭剪型高强度螺栓，该螺栓端部设有梅花头，拧紧螺帽时，靠拧断螺栓梅花头切口处截面来控制预拉力值。

高强度螺栓有摩擦型和承压型两种。在外力作用下，螺栓承受剪力或拉力。

(1)高强度螺栓抗剪连接的工作性能

①高强度螺栓摩擦型连接

高强度螺栓安装时将螺栓拧紧，使螺杆产生很大的预拉力，而被连接板件间则产生很大的预压力。连接受力后，接触面产生的摩擦力阻止板件的相互滑移，以达到传递外力的目的。高强度螺栓摩擦型连接与普通螺栓连接的重要区别，就是完全不靠螺杆的抗剪和孔壁的承压来传力，而是靠钢板间接触面的摩擦力传力。

摩擦型连接的承载力取决于构件接触面的摩擦力，而此摩擦力的大小与螺栓所受预拉力和摩擦面的抗滑系数以及连接的传力摩擦面数有关。

一个摩擦型连接高强度螺栓的抗剪承载力设计值为

$$N_V^b=0.9n_f\mu P \tag{2-69}$$

式中 0.9——抗力分项系数 γ_R 的倒数；

n_f——传力摩擦面数目，单剪时 $n_f=1$，双剪时 $n_f=2$；

μ——摩擦面的抗滑移系数，按表 2-8 采用；

P——每个高强度螺栓的预拉力，按表 2-9 采用。

表 2-8 摩擦面的抗滑移系数 μ 值

编号	在连接处构件接触面的处理方法	构件的钢号		
		Q235	Q345	Q390
A	喷　　砂	0.45	0.50	0.50
B	喷砂后涂无机富锌漆	0.35	0.40	0.40
C	喷砂后生赤锈	0.45	0.50	0.50
D	钢丝刷清除浮锈或未经处理的干净轧制表面	0.30	0.35	0.40

表 2-9 每个高强度螺栓的预拉力 P 值(kN)

螺栓的性能等级	螺栓的公称直径(mm)					
	M16	M20	M22	M24	M27	M27
8.8 级	80	125	150	175	230	280
10.9 级	100	155	190	225	290	355

高强度螺栓预拉力取值应考虑:在扭紧螺栓时扭矩使螺栓产生的剪力将降低螺栓的抗拉承载力;施加预应力时补偿应力损失的超张拉;材料抗力的变异等因素。预拉力设计值由式(2-70)计算:

$$P=0.9\times0.9f_y\cdot A_e/1.2=0.675f_y\cdot A_e \tag{2-70}$$

式中 f_y——高强度螺栓的屈服强度;

A_e——高强度螺栓的有效面积。

②高强度螺栓承压型连接

高强度螺栓承压型连接的传力特征是剪力超过摩擦力时,构件之间发生相对滑移,螺杆杆身与孔壁接触,使螺杆受剪和孔壁受压,破坏形式与普通螺栓相同。

图 2-69 表示单个螺栓受剪时的工作曲线,由于承压型连接允许接触面滑动并以连接达到破坏的极限状态作为设计准则,接触面的摩擦力只起延缓滑动的作用,因此该连接的最大抗剪承载力应取曲线的最高点,即“3”点。连接达到极限承载力时,由于螺杆伸长,预拉力几乎全部消失,故高强度螺栓承压型连接的计算方法与普通螺栓连接相同,只是计算时,应采用承压型连接高强度螺栓的强度设计值。特别地,当剪切面在螺纹处时,承压型连接高强度螺栓的抗剪承载力应按螺纹处的有效截面计算。而对于普通螺栓,其抗剪强度设计值是根据连接的试验数据统计而定的,试验时不分剪切面是否在螺纹处,故计算抗剪强度设计值时用公称直径。

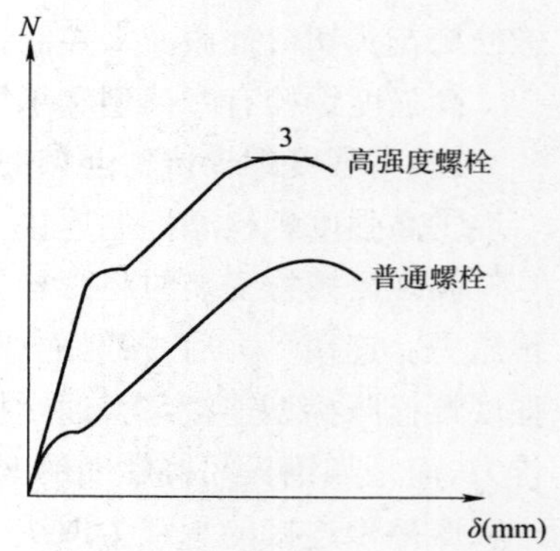

图 2-69 单个螺栓的受剪工作

(2)高强度螺栓抗拉连接的工作性能

高强度螺栓连接由于预拉力作用,构件间在承受外力作用前已经有较大的挤压力,高强度螺栓受到外拉力作用时,首先要抵消这种挤压力,在克服挤压力之前,螺杆的预拉力基本不变。

如图 2-70 所示,设高强度螺栓在外力作用之前,螺杆受预拉力 P,钢板接触面上产生挤压力 C,而挤压力 C 与预拉力 P 相平衡。

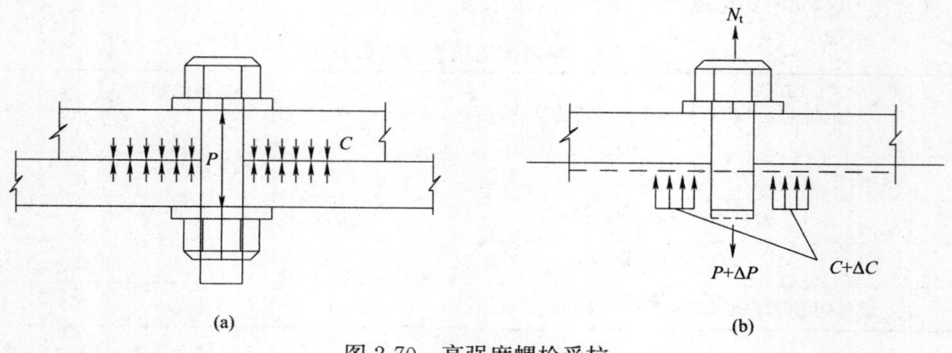

图 2-70 高强度螺栓受拉

当对螺栓施加外拉力 N_t，则栓杆在钢板间的压力未完全消失前被拉长，此时螺杆中拉力增量为 ΔP，同时把压紧的板件拉松，使压力 C 减少 ΔC，见图 2-70(b)，由平衡条件得：

$$P+\Delta P=(C-\Delta C)+N_t$$

在外力作用下，螺杆的伸长量应等于构件压缩的恢复量。设螺杆截面面积为 A_d，钢板厚度为 δ，钢板挤压面积为 A_c，由变形关系可得：

$$\Delta a=\frac{\Delta P\delta}{EA_d}$$

$$\Delta b=\frac{\Delta C\delta}{EA_c}$$

式中　Δa——螺栓在 δ 长度内的伸长量；

Δb——钢板在 δ 长度内的恢复量。

$$\Delta a=\Delta b$$

$$\Delta P=\frac{N_t}{1+A_c/A_d}$$

一般 $A_c \gg A_d$，故可以认为 $\Delta P \approx 0$。

试验表明，当外拉力过大时，螺栓将发生松弛现象，这对连接抗剪性能是不利的，因此现行钢结构设计规范规定，单个高强度螺栓抗拉承载力设计值为

$$N_T^b=0.8P$$

(3)高强度螺栓同时承受剪力和外拉力连接的工作性能

①高强度螺栓摩擦型连接

当螺栓所受外拉力 $N_t \leqslant P$ 时，虽然螺杆中预拉力 P 基本不变，但板间压力将减少到($P-N_t$)。这时接触面的抗滑移系数 μ 也有所降低，而且 μ 值随 N_t 的增大而减小。现行钢结构设计规范将 N_t 乘以 1.125 的系数来考虑 μ 值降低的不利影响，故一个摩擦型连接高强度螺栓有拉力作用时的抗剪承载力设计值为

$$N_V^b=0.9n_f\mu(P-1.125\times1.111N_t)=0.9n_f\mu(P-1.25N_t) \tag{2-71}$$

式中的 1.111 为抗力分项系数 γ_R。

②高强度螺栓承压型连接

同时承受剪力和拉力的承压型连接高强度螺栓的计算方法与普通螺栓相同，即式(2-67)。

由于在剪应力单独作用下，高强度螺栓对板间产生强大压紧力。当板间的摩擦力被克服，螺杆与孔壁接触时，板件孔前区将形成三向应力场，所以承压型连接高强度螺栓的承压强度比普通螺栓高很多，两者相差约 50%。当承压型连接高强度螺栓受杆轴拉力时，板间的压紧力随外拉力的增加而减小，因而其承压强度设计值也随之降低。为了计算简单，我国现行钢结构设计规范规定，只要有外拉力存在，就将承压强度除以 1.2 的系数予以降低，而未考虑承压强度设计值变化幅度随外拉力大小而变化这一因素。因为所有高强度螺栓的外拉力一般均不大于 0.8P。此时，可认为整个板间始终处于紧密接触状态，采用统一除以 1.2 的做法来降低承压强度，一般都是安全的。

因此，对于同时受剪力和拉力的承压型连接高强度螺栓，还要按下式计算孔壁承压：

$$N_v=\frac{N_c^b}{1.2}=\frac{1}{1.2}d\cdot\sum t\cdot f_c^b \tag{2-72}$$

式中　N_c^b——只受剪力时孔壁承压承载力设计值；

f_c^b——承压型高强度螺栓在无外拉力状态的 f_c^b 值。

根据以上分析，现将各种受力状态下的单个螺栓（包括普通螺栓和高强度螺栓）承载力设计值的计算式列于表 2-10 中，方便读者对照与应用。

表 2-10 单个螺栓承载力设计值

序号	螺栓种类	受力状态	计算式	备 注
1	普通螺栓	受剪	$N_V^b=n_V\frac{\pi d^2}{4}f_V^b$ $N_c^b=d\sum tf_c^b$	取两者中的较小值
		受拉	$N_T^b=\frac{\pi d_e^2}{4}f_T^b$	
		兼受剪拉	$\sqrt{\left(\frac{N_V}{N_V^b}\right)^2+\left(\frac{N_T}{N_T^b}\right)^2}\leqslant 1$ $N_V=\frac{V}{n}\leqslant N_c^b$	
2	摩擦型连接高强度螺栓	受剪	$N_V^b=0.9n_f\mu P$	
		受拉	$N_T^b=0.8P$	
		兼受剪拉	$N_V^b=0.9n_f\mu(P-1.25N_T)$ $N_T\leqslant 0.8P$	
3	承压型连接高强度螺栓	受剪	$N_V^b=n_V\frac{\pi d^2}{4}f_V^b$ $N_c^b=d\sum tf_c^b$	当剪切面在罗纹处时 $N_V^b=n_V\frac{\pi d_e^2}{4}f_V^b$
		受拉	$N_T^b=\frac{\pi d_e^2}{4}f_T^b$	
		兼受剪拉	$\sqrt{\left(\frac{N_v}{N_V^b}\right)^2+\left(\frac{N_t}{N_T^b}\right)^2}\leqslant 1$ $N_V=\frac{V}{n}\leqslant\frac{N_c^b}{1.2}$	

2. 高强度螺栓连接的计算

(1)高强度螺栓群的抗剪计算

①轴心力作用时，此时高强度螺栓连接所需螺栓数目为

$$n\geqslant\frac{N}{[N_V^b]} \tag{2-73}$$

对摩擦型连接：$[N_V^b]=0.9n_f\mu P$。

对承压型连接：$[N_V^b]$取 N_V^b 和 N_c^b 的较小值，即按下式取值：

$$N_V^b=n_V\frac{\pi d^2}{4}f_V^b$$

$$N_c^b=d\sum tf_c^b$$

当剪切面在螺纹处时将 d 改为 d_e 即可。

②扭矩或扭矩、剪力共同作用时，计算方法同普通螺栓相同，只是应采用高强度螺栓承载力设计值进行计算。

(2)高强度螺栓群的抗拉计算

①轴心力作用时

高强度螺栓群连接所需螺栓数目为

$$n \geqslant \frac{N}{N_{\mathrm{T}}^{\mathrm{b}}} \tag{2-74}$$

②弯矩受拉时

高强度螺栓(摩擦型或承压型)在弯矩作用下,被连接构件的接触面一直保持紧密贴合,因此,可认为中和轴在螺栓群的形心轴上,则最大拉力及其验算式为

$$N_1 = \frac{My_1}{\sum y_i^2} \leqslant N_{\mathrm{t}}^{\mathrm{b}} \tag{2-75}$$

式中　y_1——螺栓群形心轴到螺栓的最大距离;

$\sum y_i^2$——形心轴上、下个螺栓到形心轴距离的平方和。

③高强度螺栓群偏心受拉

由于高强度螺栓偏心受拉时,螺栓的最大拉力不超过 $0.8P$,能够保证板间始终保持紧密贴合,端板不会拉开,故摩擦型连接和承压型连接高强度螺栓均可按普通螺栓小偏心受拉计算,即:

$$N_1 = \frac{N}{n} + \frac{N \cdot e}{\sum y_i^2} y_1 \leqslant N_{\mathrm{T}}^{\mathrm{b}}$$

④高强度螺栓群承受拉力、弯矩和剪力共同作用时

图 2-71 为摩擦型连接高强度螺栓承受拉力、弯矩和剪力共同作用的情况。由图可知,每行螺栓所受拉力 N_{ti} 各不相同,故摩擦型连接高强度螺栓的抗剪强度为

$$V \leqslant 0.9 n_{\mathrm{f}} \mu (nP - 1.25 \sum N_{\mathrm{T}i}) \tag{2-76}$$

式中　n—连接螺栓总数。

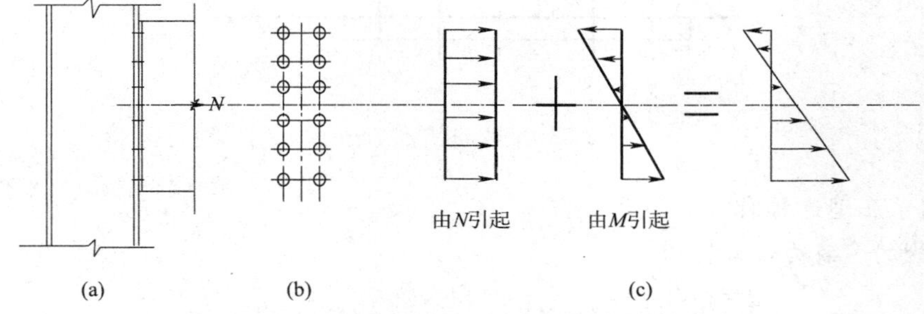

图 2-71　摩擦型连接高强度螺栓的应力

此外,螺栓最大拉力应满足:

$$N_{\mathrm{T}i} = \frac{N}{n} \pm \frac{My_i}{\sum y_i^2} \leqslant N_{\mathrm{T}}^{\mathrm{b}} \tag{2-77}$$

式中,当 $N_{\mathrm{T}i} < 0$,取 $N_{\mathrm{T}i} = 0$。

对于承压型高强度螺栓,计算式为:

$$\sqrt{\left(\frac{N_{\mathrm{V}}}{N_{\mathrm{V}}^{\mathrm{b}}}\right)^2 + \left(\frac{N_{\mathrm{T}}}{N_{\mathrm{T}}^{\mathrm{b}}}\right)^2} \leqslant 1$$

同时还应按下式验算孔壁承压:

$$N_{\mathrm{V}} \leqslant \frac{N_{\mathrm{c}}^{\mathrm{b}}}{1.2} \tag{2-78}$$

式中系数 1.2 是考虑由于螺栓杆轴方向的外拉力使孔壁承压强度的设计值有所降低之故。

【例 2.9】试设计一双盖板拼接的钢板连接。钢材为 Q235B,高强度螺栓为 8.8 级的

M20，连接处构件接触面喷砂处理，作用在螺栓形心处的轴心拉力设计值 $N=800$ kN，试设计此连接。

【解】

(1)采用摩擦型连接时

查表 2-9 得 $P=125$ kN，查表 2-8 得 $\mu=0.45$

一个螺栓的承载力设计值为

$$N_V^b=0.9n_f\mu P=0.9\times2\times0.45\times125=101.3\ \text{kN}$$

所需螺栓数为

$$n=\frac{N}{N_V^b}=\frac{800}{101.3}=7.9，取 8 个$$

螺栓排列如图 2-72 右边所示。

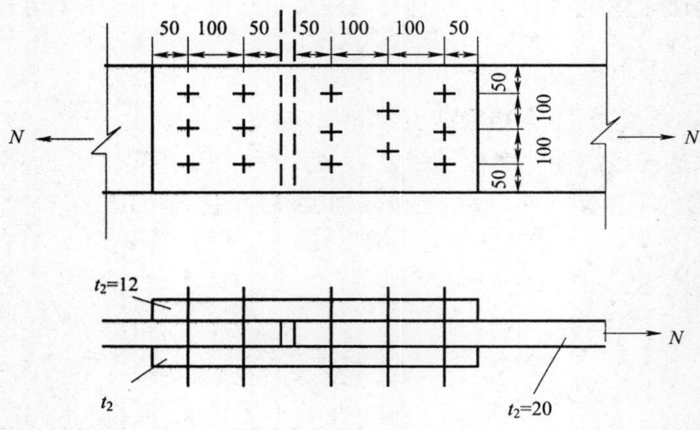

图 2-72　例 2.9(单位：mm)

(2)采用承压型连接时

一个螺栓的承载力设计值为

$$N_V^b=n_V\frac{\pi d^2}{4}f_V^b=2\times\frac{3.14\times20^2}{4}\times250=157\ \text{kN}$$

$$N_c^b=d\sum t f_c^b=20\times20\times470=188\ \text{kN}$$

则所需螺栓数为

$$n=\frac{N}{\min(N_V^b,N_c^b)}=\frac{800}{157}=5.1，取 6 个$$

螺栓排列如图 2-72 左边所示。

【例 2.10】图 2-73 所示为高强度螺栓摩擦型连接，被连接构件的钢材为 Q235B。螺栓为 10.9 级，直径为 20 mm，接触面采用喷砂处理。试验算此连接的承载力，图中内力均为设计值。

【解】

查表 2-9 得预拉力 $P=150$ kN，查表 2-8 得 $\mu=0.45$

螺栓承受最大拉力为

$$N_{T1}=\frac{N}{n}+\frac{My_i}{\sum y_i^2}=\frac{384}{16}+\frac{106\times10^2\times35}{2\times2\times(35^2+25^2+15^2+5^2)}$$

$$=24+\frac{106\times10^2\times35}{8\ 400}=68.2\ \text{kN}<0.8P=124\ \text{kN}$$

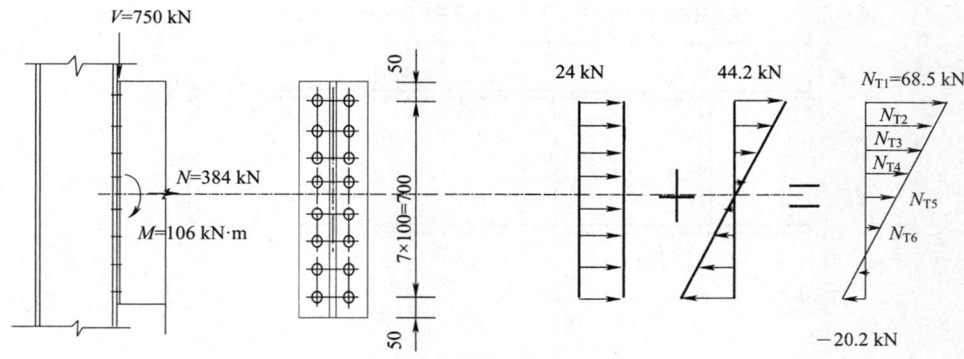

图 2-73　例 2.10 图(单位:mm)

连接的受剪承载力设计值应为

$$\sum N_V^b=0.9n_f\mu(nP-1.25\sum N_{Ti})$$

按比例关系可求得:

$$N_{T2}=55.6\ \text{kN};N_{T3}=42.9\ \text{kN};N_{T4}=30.3\ \text{kN};N_{T5}=17.7\ \text{kN};N_{T6}=5.1\ \text{kN}$$

所以有　$N_{Ti}=(68.2+55.6+42.9+30.3+17.7+5.1)\times2=439.6\ \text{kN}$

验算受剪承载力设计值:

$$\begin{aligned}\sum N_V^b&=0.9n_f\mu(nP-1.25\sum N_{ti})\\&=0.9\times1\times0.45\times(16\times150-1.25\times440)=750\ \text{kN}=V=750\ \text{kN}\end{aligned}$$

所以满足要求。

2.4　梁的拼接与连接

2.4.1　梁的拼接

梁的拼接由工厂拼接和工地拼接两种。由于梁尺寸较大,钢材规格的局限,必须将钢材拼接起来,这种拼接通常在工厂中进行,称为工厂拼接。由于运输或安装条件的限制,梁必须分成几段运输到工地,或分几段吊装到位后再拼接起来,这种拼接称为工地拼接。

对拼接的位置,当采用Ⅰ、Ⅱ级对接焊缝时,焊缝与钢材等强,可放在任何位置。但Ⅲ级焊缝时,由于焊缝抗拉强度略低于材料强度,可将拼接位置放在梁的内力较小处。

型钢梁的拼接可采用对接焊缝连接。由于翼缘和腹板连接处较厚,不易焊透,也可采用拼接板外贴角焊缝连接。

钢板组合梁的工厂拼接(图 2-74),其腹板和翼缘的拼接位置应错开,也应和加劲肋、次梁的连接位置错开,错开距离不少于 $10t_w$。

组合梁的工地拼接应使腹板及翼缘在同一截面断开,以便运输和吊装。拼接采用对接焊缝(图 2-75)。较大的梁在工地施焊时不便翻身,可将上、下翼缘的拼接边缘开向上的 V 形坡口。有时也可将翼缘和腹板的接头位置错开一点,使受力情况更好些,但应保护翼缘腹板端部突出部分,以免损坏。

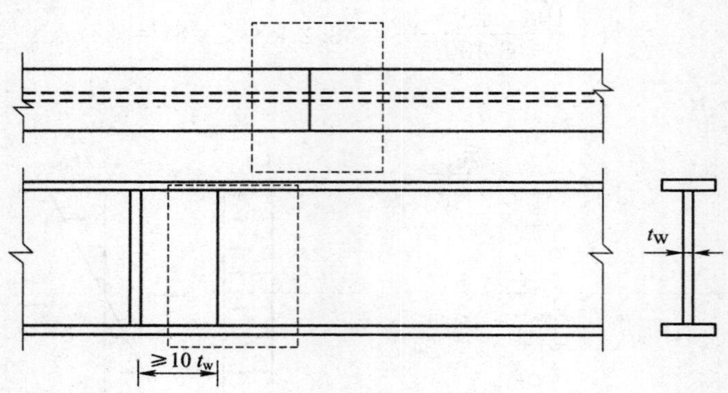

图 2-74　组合梁的工厂拼装

为了减小焊缝收缩应力，可将工厂焊接的翼缘与腹板焊缝在端部留出 500 mm 左右一段，在工地拼接时按图 2-75 中标出的顺序施焊。

对较重要或受动力荷载的大梁，工地施焊条件差，难于保证质量，所以宜采用高强螺栓连接，此时腹板和翼缘宜在同一截面断开，用拼接板同高强螺栓连接，如图 2-76 所示。翼缘板与拼接板的连接只承受按刚度分配到的弯矩，腹板和拼接板及其连接承受全部剪力，按刚度分配到的弯矩。

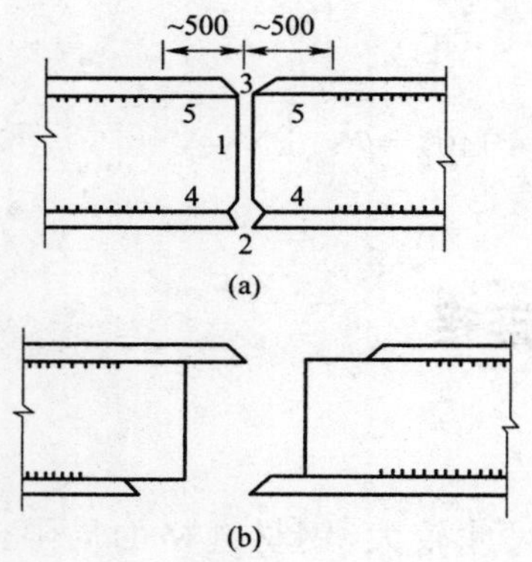

图 2-75　组合梁的工地拼装(单位：mm)

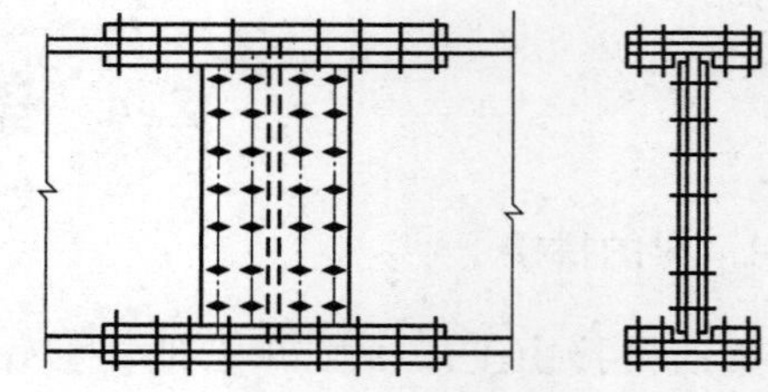

图 2-76　采用高强度螺栓的工地拼装

2.4.2　梁的连接

梁的连接有平接和叠接两种形式。

从主次梁节点受力看可分为刚接和铰接两类。次梁为简支梁时，与主梁铰接连接，如图 2-77(a)；次梁为连续梁时，与主梁刚接连接，如图 2-77(c)所示。

叠接是将次梁直接搁在主梁上，用螺栓或焊接连接，构造简单，但建筑净高偏小。

平接(图 2-78)是次梁从侧向与主梁的加劲肋或腹板上专设的短角钢或支托相连接，平接构造较复杂，但建筑净高大，在实际工程中应用的较多。

次梁传给主梁的支座压力就是梁的剪力，而梁剪力主要有腹板承担。次梁的腹板通过角钢连于主梁腹板上，或连接在与主梁腹板垂直的加劲肋或支托板上。

对于刚接连接需传递支座弯矩。若次梁本身是连续的，则不必计算；如果次梁是断开的，支座弯矩通过次梁的上翼缘盖板焊缝,下翼缘支托顶板传递。连接盖板的截面及其焊缝承受水平力偶,支托顶板与主梁腹板的连接焊缝承受水平力。

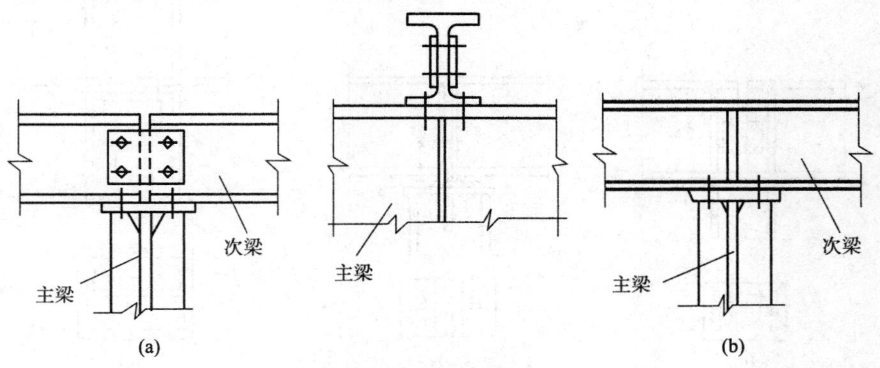

图 2-77 次梁与主梁的叠接

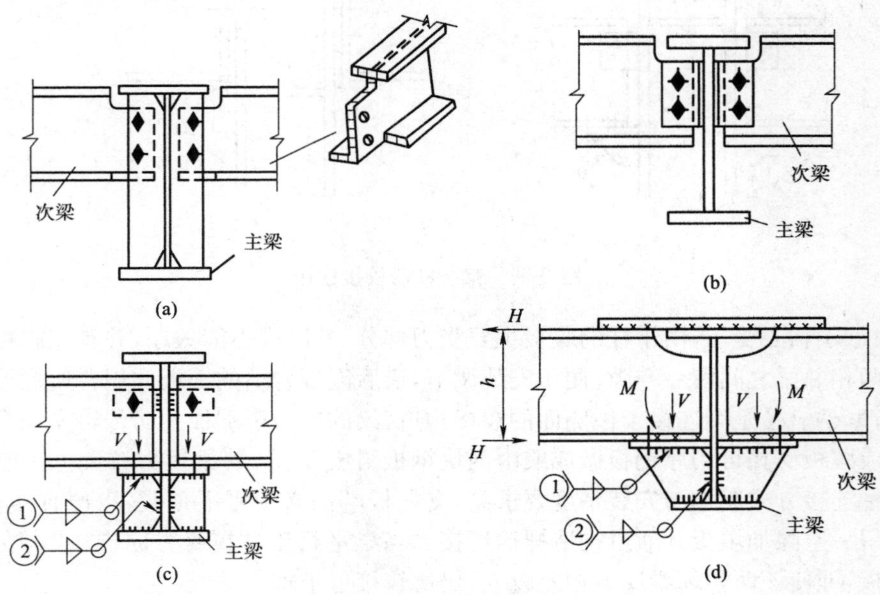

图 2-78 次梁与主梁的平接

2.5 梁与柱的连接

梁与轴心受压柱的连接为铰接,不能为刚接,因为刚接会使柱顶承受弯矩,成为压弯柱。梁与柱铰接时,梁可与柱顶接或侧接。

当梁支承在柱顶时,梁的支座反力通过柱顶板传给柱子。顶板厚为 16～20 mm,与柱用焊缝连接,梁与顶板用普通螺栓连接。在图 2-79(a)中,梁的支承加劲肋应对准柱的翼缘,直接将反力传给柱的翼缘。两相邻梁之间留一空隙,便于安装,最后用夹板和螺栓连接。此连接构造简单,但当两侧梁的反力不等时,将使柱偏心受压。

在图 2-79(b)中,梁的突缘加劲肋支承刨平顶紧在柱轴线附近,这样即使两相邻梁反力不

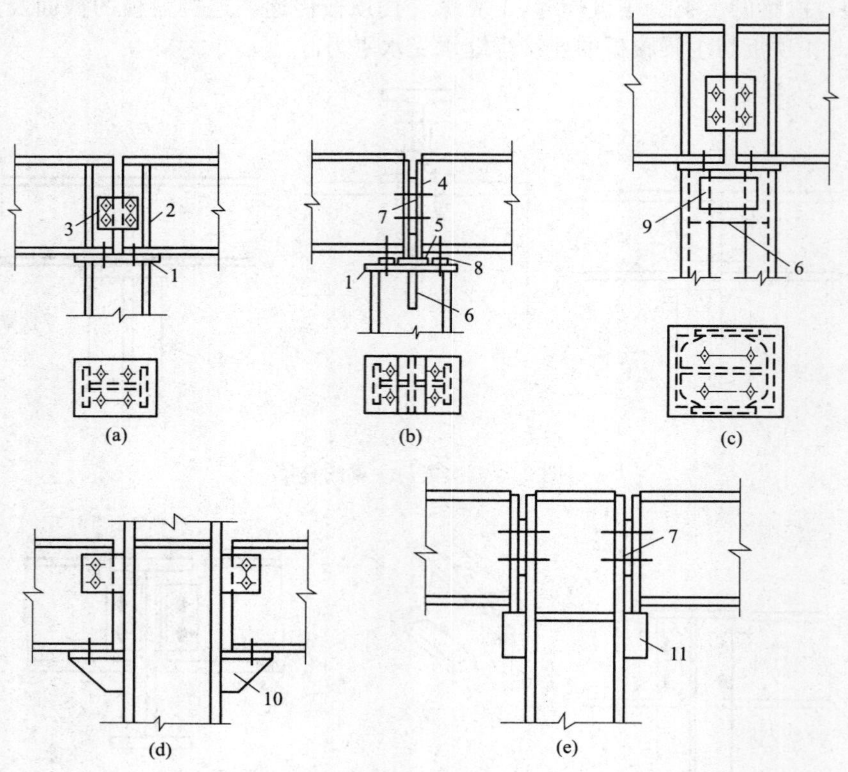

图 2-79　梁与柱的铰接连接

等，柱仍接近于轴心受压，由于柱的腹板主要受力部分，其厚度不能太厚，并且在腹板两侧应设加劲肋。两相邻梁之间留一空隙，便于安装调节，最后嵌入合适的填板并用普通螺栓连接。

图 2-79(d)、(e)是梁连接于柱侧面的铰接构造，梁的反力由端加劲肋传给支托。支托焊接于柱翼缘或腹板支托可用厚钢板做成或由两块钢板组成 T 形，若梁反力较大可用厚钢板做支托。但这种连接方式制作与安装精度要求高，支托板端面必须刨平顶紧，以便直接传递压力。梁与柱侧留一空隙加填板并通过构造螺栓连接。当梁平行于柱翼缘方向连接时，支托将反力传给柱腹板，即使该两相邻梁反力相差较大，仍比较接近于轴心受压。

3　轻钢门式刚架结构工程施工计划与组织

轻钢门式刚架结构凭借其结构布置灵活、跨度大、用钢量低和建造速度快等优点，近年来被广泛的应用到了工业厂房、仓储建筑和部分民用公共建筑中。本章将围绕轻钢门式刚架结构工程，介绍其施工计划、施工方法、施工组织等内容。

3.1　施工图会审与深化

轻钢门式刚架结构工程的施工，在签订完施工合同后，要进行的技术准备工作之一就是施工图的图纸会审。钢结构工程的图纸会审与土建结构不同，除了甲方、施工方、监理方和设计方参与以外，加工制作方也要一起参加图纸会审。本节将以一套轻钢门式刚架的结构施工图为例，介绍关于轻钢门式刚架结构施工图会审与深化的内容。

3.1.1　施工图案例

结构施工图由设计院根据结构方案、设计荷载值等进行结构计算和设计，包括结构布置图和节点详图。本工程是一单层单跨局部带一层夹层的轻钢门式刚架，其图纸具体包括以下内容：结构设计说明、基础平面布置图及基础详图、柱脚锚栓布置图、夹层屋面结构布置图、刚架平面布置图及柱间支撑布置图、主刚架图、节点详图、屋面檩条布置图、墙面檩条布置图和抗风柱及雨篷详图，如附图 3-1～附图 3-10 所示。

3.1.2　施工图会审

轻钢门式刚架结构施工图图纸会审主要是协调设计、制作和安装之间的关系，达到能为下一步加工制作和施工安装做好准备的目的。图纸会审会议往往由建设单位组织，并由总监理工程师主持，监理部和各专业施工单位(含分包单位)分别编写会审记录，由监理单位汇总和起草会议纪要，总监理工程师应对图纸会审会议纪要进行签认，并提交建设、设计、加工和施工单位会签。

图纸会审是监理单位、设计单位、建设单位、施工单位及其他有关单位对设计图纸在自审的基础上进行会审。在整个图纸会审过程中，主要是由施工单位就图纸中存在的问题进行询问，由设计单位进行答疑，对于一些疑难问题由各方共同进行商讨，并最终形成图纸会审会议纪要，与施工图一起作为后续施工和加工制作的重要依据。因此，如何能够充分的发现图纸中存在的问题，在图纸会审会议上，解决尽量多的问题，对于施工单位是至关重要的。如果对审查图纸缺乏重视、图纸审查不够仔细，必然会出现很多返工及材料浪费现象，甚至造成工期的拖延。

对于轻钢门式刚架结构施工图的会审，施工单位需要从以下方面来审查图纸。

(1)在结构设计说明中,设计依据所采用的规范是否符合现行规范要求,不得采用过时的规范;工程概况的数据与工程实际情况是否吻合;设计荷载取值是否符合结构荷载规范和工程实际;结构材料的选取是否满足规范和工程实际,并与施工图一致;表面处理方法、焊缝检验等级和涂装等级是否满足工程实际情况。

(2)在保证建筑施工图平面、立面、剖面尺寸一致无误的基础上,审查结构施工图尺寸是否与建筑施工图一致,尤其是相关图纸(例如附图 3-2、附图 3-3、附图 3-5 和附图 3-6)之间的定位轴线与同一个构件的相对位置是否一致。

(3)基础平面布置图尺寸是否齐全;各种类型基础是否都有详图;基础的埋深和持力土层的承载力是否清楚;地勘资料是否齐全;地梁位置是否合理(砖墙与金属墙面是否能共面)。

(4)柱脚锚栓平面布置图上,柱脚锚栓的位置与柱脚详图是否吻合,还应考虑柱脚锚栓的埋设做法(通常锚栓会和基础短柱的钢筋发生碰撞,而且柱脚锚栓不宜固定,更有土建方不允许锚栓与钢筋临时固定,因此施工时要注意);还应注意不要将锚栓孔直径和锚栓直径混淆。

(5)夹层平面布置图自审时要注意的问题有:夹层梁柱节点和梁梁节点的做法,通常应采用框架节点;夹层平面布置图中柱子与定位轴线的关系是否与其他图吻合;最关键的是在附图 3-4 中Ⓐ轴线的夹层梁与刚架柱之间的位置关系,要考虑是否与柱间支撑安装协调;如果夹层上方需上人,还要考虑楼梯的结构布置能否满足建筑要求,夹层板的标高能否楼梯标高吻合。

(6)在刚架平面布置图中,首先要查明共有多少种编号不同的刚架,并明确是否每一编号的刚架都有主刚架图;其次要看屋面支撑和刚性系杆的布置位置和数量是否符合规范要求;再次,还要考虑屋面支撑和刚性系杆的安装是否会与其他构件"碰撞",例如附图 3-5 中,端部开间设三道屋面支撑是不合理的,因为中间一道支撑横跨了两个平面,这是不符合构造要求的,该开间应改为四道支撑才合理,再如附图 3-5 中跨中的刚性系杆,若按附图安装,将会和屋脊节点板上的螺栓碰撞。另外,对于柱间支撑布置图,首先要明确柱间支撑的位置与建筑施工图上门的位置是否冲突;其次,应保证其位置和数量满足规范的构造要求;最后,对于圆钢支撑一定要有张紧装置,否则无法将支撑张紧安装,以满足设计需求。

(7)在主刚架图中,首先明确主刚架图的数量是否与刚架平面布置图吻合;其次要核查主刚架的轴线位置,与其他相关图纸是否吻合;再次要注意各榀刚架上的板件,在安装过程中是否会影响其他构件的安装,一些小的加劲板是否会影响高强螺栓的施拧;最后还要注意主刚架节点详图中,节点详图数量是否齐全,节点详图中的构件截面是否与主刚架图中截面一致,节点详图中焊缝和螺栓是否符合规范的构造要求,文字说明与图总说明有无矛盾。

(8)在屋面檩条布置图中,首先明确图中的檩条类型和数量与材料表中是否一致;其次要核查檩条的截面大小、檩条的位置以及檩条的长度能否满足建筑和结构的设计要求;再次要注意拉条、斜拉条、撑杆以及隅撑的布置是否符合构造要求;最后还要注意檩条详图中檩条开孔大小、数量和位置的准确性。

(9)在墙面檩条布置图中,除了要注意屋面檩条布置图中提到的问题以外,还应注意当山墙檩条与纵墙檩条跨度不同时,截面也应有变化,尤其是山墙檩条跨度较大时,拉条的布置要合理。

(10)轻钢门式刚架的构件详图中,主要包括抗风柱、雨篷、吊车梁、爬梯和楼梯等,依据建筑的特点不同,构件详图按需绘制。构件详图在审核时要注意其与主体结构的连接是否存在矛盾,其安装位置是否会和其他构件发生碰撞等。

3.1.3　施工图的深化设计

我国的钢结构工程设计采用两个阶段设计法，第一阶段是由建筑工程设计单位进行结构设计，给出构件截面大小、一般典型构件节点、各种工况下结构内力。第二阶段就是由施工和钢结构制作单位根据设计单位提供的设计图进行深化设计，并编写深化设计图纸。

深化设计往往要按照一定的流程进行，在进行深化设计前应先做好以下准备工作：

(1)对原始设计图纸进行分析，理解设计理念，熟悉和消化结构设计图。

(2)对图纸中存在疑问、表达不明确的部位以联系单的形式与设计院进行沟通确认。

(3)为保证结构详图能符合施工要求，详图设计人员需参与由制作单位、安装单位和监理单位人员组成的技术交底联络会，共同讨论结构设计的制作工艺、安装方案，认真分析安装的可行性以及各种焊接制作工艺的可操作性等关键技术问题。对制作单位和安装单位进行钢结构加工前的设计交底。

(4)详图设计人员使用软件(如：Tekla、AutoCAD等)建模进行图纸设计，将结构施工图转化为车间制造工艺详图。

(5)制作工厂以书面形式确定构件的加工顺序及深化设计详图出图计划。

(6)详图设计部门应按照图纸图号编号原则、构件编号原则、零件编码原则等要求进行编号。

准备工作就绪后，进行加工制作深化图纸的设计，其过程为：建立结构整体模型→现场拼装分段(运输分段)→加工制作分段→分解为构件与节点→结合工艺、材料、焊缝、结构设计说明等→深化设计详图。钢结构深化设计图是构件下料、加工和安装的依据，深化设计的内容至少应包含以下内容：图纸目录、钢结构深化设计说明、构件布置图、构件加工详图、安装节点详图。

①钢结构深化设计说明。设计说明一般作为工厂加工和现场安装指导使用，说明中一般都应包含有设计依据、工程概况、材料说明(钢材、焊接材料、螺栓等)、下料加工要求、构件拼装要求、焊缝连接方式、板件坡口形式、制孔要求、焊接质量要求、抛丸除锈要求、涂装要求、构件编号说明、尺寸标注说明、安装顺序及安装要求、构件加工安装过程中应注意的事项等。通过钢结构深化设计说明归纳汇总，将项目的基本要求展现给加工、安装人员。

②构件布置图设计。构件布置图主要用于现场安装，设计人员根据结构图中构件截面大小、构件长度、不同用途的构件进行归并、分类，将构件编号反映到建筑结构的实际位置中去，采用平面布置图、剖面图、索引图等不同方式进行表达，构件的定位应根据其轴线定位、标高、细部尺寸、文字说明加以表达，以满足现场安装要求。当对结构构件进行人工归并分类时，要特别注意构件的关联性，否则很容易误编而导致构件拼装错误。构件的外形可采用粗单线或简单的外形来表示，在同一张图或同一套图中不应采用相同编号的构件。因细节或孔位不同的梁就应单独编号。对安装关系相反的构件，编号后可采用加后缀的方式来区别。

③构件详图设计。构件详图主要作为生产车间加工组装用，根据钢结构设计图和构件布置图采用较大比例来绘制，对组成构件的各类大、小零件均应有详细的编号、尺寸、孔定位、坡口做法、板件拼装详图、焊缝详图，并应在构件详图中提供零件材料表和本图的构件加工说明要求，材料表中应至少包含零件编号、厚度、规格、数量、重量、材质等。在表达方式上可采用正视图、侧视图、轴侧图、断面图、索引详图、零件详图等。每一构件编号均应与构件布置图中相对应，零件应尽可能按主次部件顺序编号。构件详图中应有定位尺寸、标高控制和零件定位、

构件重心位置等。构件绘制时应尽量按实际尺寸绘制，对细长构件，在长宽方向可采用不同的比例绘制。对于斜尺寸应注明斜度，当构件为多弧段时，应注明其曲率半径和弧高。总之，构件详图设计图纸表达深度应该以满足构件加工制作为最低要求，在图纸表达上应尽量做到详细。

④安装节点详图设计。结构施工图中若已经有节点详图，在深化设计时，可不考虑这些节点的设计、绘制。但当结构设计图中节点不详或属于深化设计阶段增加的节点图，则在安装节点详图中还应该表达出来，以满足现场安装需要。节点详图应能明确表达构件的连接方式、螺栓数量、焊缝做法、连接板编号、索引图号等。节点中的孔位、螺栓规格、孔径应与构件详图中统一。

3.2 施工方案与计划的编制

轻钢门式刚架的施工在进行完图纸会审和深化设计后，着手考虑施工方案和施工计划的编制。本节将着重介绍这两方面的内容。

3.2.1 工程概况

在进行施工方案编制时，首先应明确工程的概况，主要包括工程基本情况、工程设计简介和工程施工条件说明。

1. 工程基本情况

在进行施工之前，作为施工人员必须要清楚工程的基本情况，对于一个轻钢门式刚架工程，其基本情况主要从以下几个方面来认识。

首先是整个工程的基本用途和使用性质。如一个厂房，到底从事什么样的生产；一个仓库，储存的是什么物品；建筑物内有无吊车，有多少，多大吨位等。

其次要介绍整个工程所在的城市和具体位置。

再次，要介绍工程的基本建筑尺寸，包括总建筑面积、占地面积、建筑层数和建筑高度等。

第四，要介绍工程的基本结构形式和结构尺寸，例如：门式刚架的跨数、夹层信息；门式刚架的跨度、柱距、净高；刚架的榀数等。

第五，还应介绍主刚架的钢材选用情况。

2. 工程设计简介

在工程概况的介绍中还应对工程设计的基本情况简要说明，具体包括以下内容。

首先应说明结构体系的组成，以及采用的结构设计软件；其次，应对结构设计的基本数据进行介绍，如：建筑耐火等级、结构设计使用年限、结构安全等级、抗震设计等级、基础设计等级等；再次，要对主要荷载进行说明，如：屋面可变荷载、永久荷载，楼面可变荷载、永久荷载，基本风压，基本地震加速度等；最后还应说明典型构件的截面和重量，以及整个工程的总用钢量等。

3. 工程施工条件说明

要进行施工方案的编制，除了要了解工程的基本情况和设计简介外，还应清楚工程的施工条件。例如：施工所在地施工期的气候条件；可用施工场地的面积；施工场地的地形情况；施工场地的土质情况；施工场地周围的交通情况；施工场地周围的建筑环境(附近是否有住宅或超高层等)；施工场地水电的接入方式等。这些都要在编制施工方案时重点考虑，因此，要在工程概况中进行说明。

3.2.2 施工部署与施工方案

在明确了解工程的基本概况后，就可以着手分析工程的施工总体部署和施工方案的编制。施工部署是对整个建设项目全局做出的统筹规划和全面安排，其主要解决影响建设项目全局的重大战略问题。施工部署由于建设项目的性质、规模和客观条件不同，其内容和侧重点会有所不同。一般应包括以下内容：确定工程的总体顺序、拟定主要工程项目的施工方案、明确施工任务划分与组织安排，编制分项或专项施工方案等。本节将重点针对轻钢门式刚架工程的总体顺序、施工方案的确定以及分项或专项施工方法的确定进行讲解。

1. 施工总体顺序

钢结构工程施工总体顺序往往都是在施工合同签订后，先组织深化设计，深化设计经审批后再按照安装顺序组织加工制作，最后进行结构的安装。真正做到"设计为制作服务、制作为安装准备"的要求。具体到不同结构体系的工程，其顺序主要区别在安装阶段。

轻钢门式刚架结构工程安装方法有分件安装法、节间安装法和综合安装法。

(1)分件安装法

分件安装法是指起重机每开行一次仅安装一种或两种构件。如起重机第一次开行中先吊装全部柱子，并进行校正和最后固定。然后依次吊装地梁、柱间支撑、墙梁、吊车梁、托架(托梁)、刚架梁、天窗架、屋面支撑和墙板等构件，直至整个建筑物吊装完成。有时屋面板的吊装也可在屋面上单独用桅杆或屋面小吊车来进行。

分件吊装法的优点是起重机在每次开行中仅吊装一类构件，吊装内容单一，准备工作简单，校正方便，吊装效率高；有充分时间进行校正；构件可分类在现场顺序预制、摆放，场外构件可按先后顺序组织供应；构件预制吊装、运输、排放条件好，易于布置；可选用起重量较小的起重机械，可利用改变起重臂杆长度的方法，分别满足各类构件吊装起重量和起升高度的要求。

分件吊装法的缺点是起重机开行频繁，机械台班费用增加；起重机开行路线长；起重臂长度改变需一定的时间；不能按节间吊装，不能为后续工程及早提供工作面，阻碍了工序的穿插；相对的吊装工期较长；屋面板吊装有时需要有辅助机械设备。

分件吊装法适用于一般中、小型厂房的吊装。

(2)节间安装法

节间安装法是指起重机在厂房内一次开行中，分节间依次安装所有构件，即先吊装一个节间柱子，并立即加以校正和最后固定，然后接着吊装地梁、柱间支撑、墙梁(连续梁)、吊车梁、走道板、柱头系统、托架(托梁)、刚架梁、天窗架、屋面支撑系统、屋面板和墙板等构件。一个(或几个)节间的全部构件吊装完毕后，起重机行进至下一个(或几个)节间，再进行下一个(或几个)节间全部构件吊装，直至吊装完成。

节间安装法的优点是起重机开行路线短，起重机停机点少，停机一次可以完成一个(或几个)节间全部构件安装工作，可为后期工程及早提供工作面，可组织交叉平行流水作业，缩短工期；构件制作和吊装误差能及时发现并纠正；吊装完一个节间，校正固定一个节间，结构整体稳定性好，有利于保证工程质量。

节间安装法的缺点是需用起重量大的起重机同时吊各类构件，不能充分发挥起重机效率，无法组织单一构件连续作业；各类构件需交叉配合，场地构件堆放拥挤，吊具、索具更换频繁，准备工作复杂；校正工作零碎；柱子固定时间较长，难以组织连续作业，使吊装时间延长，降低吊装效率；操作面窄，易发生安全事故。

节间安装法适用于采用回转式桅杆进行吊装，或特殊要求的结构(如门式框架)，或某种原因局部特殊需要(如急需施工地下设施)时采用。

(3)综合安装法

综合安装法是将全部或一个区段的柱头以下部分的构件用分件吊装法吊装，即柱子吊装完毕并校正固定，再按顺序吊装地梁、柱间支撑、吊车梁、走道板、墙梁、托架(托梁)，接着按节间综合吊装屋架、天窗架、屋面支撑系统和屋面板等屋面结构构件。整个吊装过程可按三次流水进行，根据结构特性有时也可采用两次流水，即先吊装柱子，然后分节间吊装其他构件。吊装时通常采用 2 台起重机，一台起重量大的起重机用来吊装柱子、吊车梁、托架和屋面结构系统等，另一台用来吊装柱间支撑、走道板、地梁、墙梁等构件并承担构件卸车和就位排放工作。

综合安装法结合了分件安装法和节间安装法的优点，能最大限度的发挥起重机的能力和效率，缩短工期，是广泛采用的一种安装方法。

综上可知，只要轻钢门式刚架工程的施工安装方法确定，工程的施工总体顺序也就可以基本确定了。

2. 施工方案确定

施工方案是根据一个施工项目指定的实施方案，其中包括组织机构方案(各职能机构的构成、各自职责、相互关系等)、人员组成方案(项目负责人、各机构负责人、各专业负责人等)、技术方案(进度安排、关键技术预案、重大施工步骤预案等)、安全方案(安全总体要求、施工危险因素分析、安全措施、重大施工步骤安全预案等)、材料供应方案(材料供应流程，接、保、检流程，临时(急发)材料采购流程等)，此外，根据项目大小还有现场保卫方案、后勤保障方案等。施工方案是根据项目确定的，轻钢门式刚架工程通常项目简单、工期短，不需要制订复杂的方案。

1)组织机构方案

在建立组织机构时，除了要结合工程实际，还要结合施工单位自己的管理体系来建立，要本着能够使工程顺利、有序、经济的开展为原则来建立组织机构。图 3-1 是某单层多跨轻钢门式刚架工程的组织机构，编制时可进行参考。

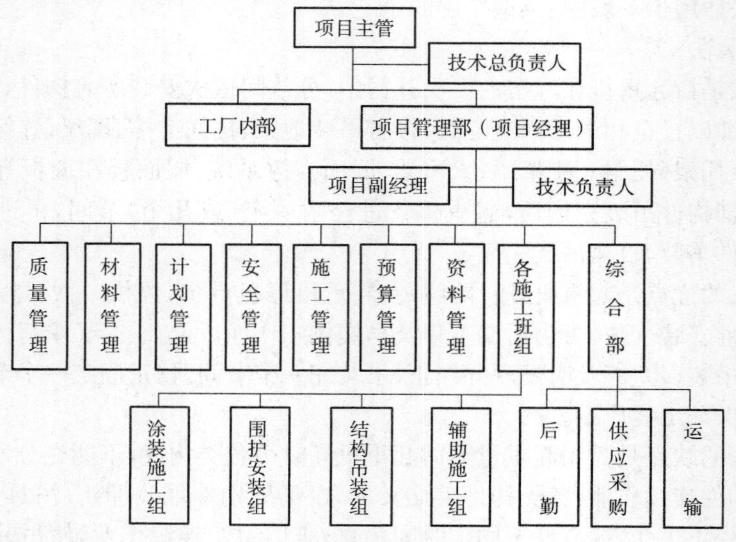

图 3-1　轻钢门式刚架工程组织机构

组织机构构架好以后，要根据公司人员的团队组成情况和团队的业绩，来选择各岗位的人员组成。通常做法都是先确定好项目主管和项目经理，其他成员由其负责组建。

2)技术方案

在整个施工方案中最核心的就是技术方案。对于轻钢门式刚架工程，技术方案的重点之一就是在于安装过程中如何保证刚架的稳定性。通常在刚架柱安装完后，结合工程特点和当地气候特点，利用吊车梁的临时固定[图 3-2(a)]，或者柱头系杆的安装[如图 3-2(b)]，再或者揽风绳等措施来确保刚架柱的稳定性[图 3-2(c)]；当刚架梁安装完毕后，应及时安装支撑体系和檩条系统，以确保已安装的刚架形成稳定的空间单元[图 3-2(d)]。

图 3-2　轻钢门式刚架施工

轻钢门式刚架工程技术方案的另一个重点就是吊机的选择。考虑到轻钢门式刚架工程占地面积大，单个停机点的吊装任务量小，因此通常选择汽车吊或是履带吊。具体的吊车型号的选择则要根据吊装构件(或是吊装单元)的重量、起吊高度和吊装半径等参数来考虑，除此之外，还应考虑整体的施工过程、现场的道路土质情况、吊机的工作效率等，综合考虑吊机的选择方法。

3)进度计划

在明确了施工总体部署和具体的施工技术方案后，就可以根据拟投入工程的工人情况和工程量的多少，进行进度计划的安排。由于轻钢门式刚架工程施工简单，工作过程数少，因此，通常情况下都采用水平图表(横道图)来表达施工进度计划。

水平图表由纵、横坐标两个方向的内容组成，图表左侧的纵坐标用以表示施工过程，图表下侧的横坐标用以表示施工进度，以活动所对应的横道位置表示活动的起始时间，横道的长短表示活动持续时间的长短。它实质上是图和表的结合形式，如在横道图中加入各活动的工程量、机械需要量、劳动力需要量等，使横道图所表示内容更加丰富。

施工进度的单位可根据施工项目的具体情况和图表的应用范围来确定，可以是日、周、月、旬、季或年，日期可以按自然数的顺序排列，还可以采用奇数或偶数的顺序排列，也可以采用扩大的单位数来表示，比如以 5 天或 10 天为基数进行编排，以简洁、清晰为标准。用标明施工段的横线段来表示具体的施工进度。水平图表具有绘制简单，形象直观的特点。基础施工横道图如图 3-3 所示。

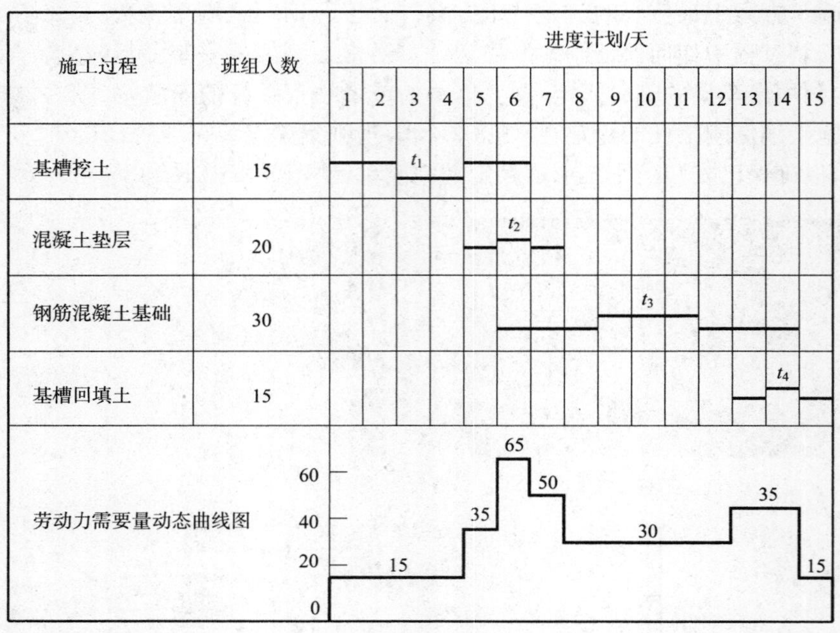

图 3-3　基础施工横道图

要进行横道图的编制，应该明确流水施工参数和流水施工的分类与计算。

(1)流水施工参数

流水施工参数是指组织流水施工时，为了表示各施工过程在时间上和空间上相互依存，引入一些描述施工进度计划图特征和各种数量关系的参数。按其性质的不同，一般可分为工艺参数、空间参数和时间参数三种。

①工艺参数

工艺参数是指参与流水施工的施工过程数，以符号 n 表示。施工过程是施工进度计划的基本组成单元，应按照图纸和施工顺序将拟建工程的各个施工过程列出，并结合施工方法、施工条件、劳动组织等因数，加以适当调整。

②空间参数

在组织流水施工时，用以表达流水施工在空间布置上所处状态的参数，称为空间参数。空间参数主要有工作面、施工段和施工层。

工作面是指某专业工种的工人在从事建筑产品施工生产过程中，所必须具备的活动空间。由于工程产品的固定性，决定了其施工过程中所能提供的工作面是有限的。它的大小是根据相应工种单位时间内的产量定额、工程操作规程和安全规程等的要求确定的。工作面过大或过小，均会制约专业生产班组生产能力的发挥，进而影响其时间生产率。

施工段数和施工层数是指工程对象在组织流水施工中所划分的施工区段数目。一般把平面上划分的若干个劳动量大致相等的施工区段称为施工段，用符号 m 表示。划分施工段的原则：

a. 各施工段的劳动量(或工程量)要大致相等(相差宜在15%以内)或相近。

b. 施工段的数目要合理。施工段数过多势必要减少人数,工作面不能充分利用,拖长工期;施工段数过少,则会引起劳动力、机械和材料供应的过分集中,有时还会造成"断流"的现象。

c. 各施工段要有足够的工作面。

d. 考虑结构界限(沉降缝、伸缩缝、单元分界线等),要有利于结构的整体性。

e. 当组织流水施工的工程对象有层间关系,分层分段施工时,应使各施工队组能连续施工。即施工过程的施工队组做完第一段能立即转入第二段,施工完第一层的最后一段能立即转入第二层的第一段。因此每层的施工段数必须大于或等于其施工过程数即:$m \geqslant n$。

施工层是指在组织多层建筑物的竖向流水施工时,把建筑物垂直方向划分的施工区段称为施工层,用符号 r 表示。施工层的划分,要考虑施工项目的具体情况,根据建筑物的高度、楼层来确定,可按楼层进行施工层的划分。

③时间参数

在组织流水施工时,用以表达流水施工在时间排列上所处状态的参数,称为时间参数。它包括流水节拍、流水步距、平行搭接时间、技术与组织间歇时间、流水工期。

a. 流水节拍

流水节拍是指某一施工过程在某一施工段上的作业时间,用符号 t_i表示($i=1,2,\cdots$)。

流水节拍的大小反映施工速度的快慢、资源供应量的大小。因此,合理确定流水节拍,具有重要的意义。流水节拍可按下列三种方法确定:

a)定额计算法

这是根据各施工段的工程量和现有能够投入的资源量(劳动力、机械台数和材料量等),按式(3-1)或式(3-2)进行计算。

$$t_i=\frac{Q_i}{S_iR_iN_i}=\frac{P_i}{R_iN_i} \tag{3-1}$$

$$t_i=\frac{Q_iH_i}{R_iN_i}=\frac{P_i}{R_iN_i} \tag{3-2}$$

式中　t_i——某施工过程的流水节拍;

Q_i——某施工过程在某施工段上的工程量;

S_i——某施工队组的计划产量定额;

H_i——某施工队组的计划时间定额;

P_i——在一施工段上完成某施工过程所需的劳动量(工日数或机械台班量台班数),按公式(3-3)计算;

$$P_i=\frac{Q_i}{S_i}=Q_iH_i \tag{3-3}$$

R_i——某施工过程的施工队组人数或机械台数;

N_i——每天工作班制。

在式(3-1)和式(3-2)中,S_i 和 H_i 应是施工企业的工人或机械所能达到实际定额水平。

b)经验估算法

主要用于新技术、新工艺、新材料、新结构等无已有定额可遵循,只有借助经验、试验或相似定额,用三时估算法来估算出施工过程的持续时间。一般按下式计算:

$$t_i=\frac{a+4c+b}{6} \tag{3-4}$$

式中 t_i——某施工过程在某施工段上的流水节拍；

a——某施工过程在某施工段上的最短估算时间；

b——某施工过程在某施工段上的最长估算时间；

c——某施工过程在某施工段上的最可能估算时间。

c)倒排计划法

倒排计划法为某些施工对象事先已规定了完成时间的施工过程，组织流水施工时，根据已定工期，确定施工过程的持续时间和班制，再按已确定的持续时间、班制计算出施工需用劳动力数。当然这样确定了每班劳动力数还需检查施工工作面是否满足最小要求，否则就得采取穿插作业实施搭接施工或多班制施工。

确定流水节拍应考虑的因素主要有以下几方面。

Ⅰ．最少人数，就是指合理施工所必须的最少劳动组合人数。如工地搅拌浇筑混凝土工程的劳动组合必须保证上料、搅拌、运输、浇筑等施工工序的基本人员要求，否则将难于正常工作。

Ⅱ．最多人数，是指施工段上满足正常施工的情况下可容纳的最多人数。最多人数＝最小施工段上的工作面/每个工人所需最小作业面。

Ⅲ．要考虑施工机械的充分利用。

Ⅳ．要考虑各种材料、构配件等施工现场堆放量、供应能力及其他有关条件的制约。

Ⅴ．要考虑施工及技术条件的要求。例如，浇筑混凝土时，为了连续施工有时要按照三班制工作的条件决定流水节拍，以确保工程质量。

Ⅶ．确定一个分部工程各施工过程的流水节拍时，首先应考虑主要的、工程量大的施工过程的节拍，其次确定其他施工过程的节拍值。

Ⅷ．节拍值一般取整数，必要时可保留 0.5 天(台班)的小数值。

b. 流水步距

流水步距是指相邻两个专业工作队在保证施工顺序、满足连续施工、最大限度搭接和保证工程质量要求的条件下，相继进入同一施工段开始施工的时间间隔，称为流水步距，用符号 $K_{i,i+1}$ 表示(i 表示前一个施工过程，$i+1$ 表示后一个施工过程)。

流水步距的大小，对工期有着较大的影响。一般说来，在施工段不变的条件下，流水步距越大，工期越长；流水步距越小，则工期越短。

a)确定流水步距的基本要求

Ⅰ．主要施工队组连续施工的需要。流水步距的最小长度必须使主要施工专业队组进场以后，不发生停工、窝工现象。

Ⅱ．技术间歇的需要。有些施工过程完成后，后续施工过程不能立即投入作业，必须有足够的时间间歇，这个间歇时间应尽量安排在专业施工队进场之前。

Ⅲ．最大限度搭接的要求。流水步距要保证相邻两个专业队在开工时间上最大限度地、合理地搭接，不发生前一施工过程尚未全部完成，后一施工过程便开始施工的现象。有时为了缩短工期，某些次要的专业队可以提前插入，但必须技术上可行，而且不影响前一个专业队的正常工作。

b)确定流水步距的方法

确定流水步距的方法很多，简捷、实用的方法主要为累加数列法(潘特考夫斯基法)。累加数列法没有计算公式，它的文字表达式为："累加数列错位相减取大差"。其计算步骤如下：

Ⅰ. 将每个施工过程的流水节拍逐段累加，求出累加数列。

Ⅱ. 根据施工顺序，对所求相邻的两累加数列错位相减。

Ⅲ. 根据错位相减的结果，确定相邻施工队组之间的流水步距，即相减结果中数值最大者。

c. 平行搭接时间

平行搭接时间是指在同一施工段上，不等前一施工过程施工完后，后一施工过程就投入施工，相邻两施工过程同时在同一施工段上的工作时间，通常以 $C_{i,i+1}$ 表示。平行搭接时间可以使工期缩短。

d. 间歇时间

在组织流水施工时，有些施工过程完成后，后续施工过程不能立即投入施工，必须有足够的间歇时间。

Ⅰ. 技术间歇时间（Z_1）是由建筑材料或现浇构件工艺性质决定的间歇时间。如现浇混凝土构件的养护时间、抹灰层的干燥时间和油漆层的干燥时间等。

Ⅱ. 组织间歇时间（Z_2）是由施工组织原因造成的间歇时间。如基础工程验收、回填土前地下管道检查验收，施工机械转移和砌筑墙体前的墙身位置弹线，以及其他作业前的准备工作等。

e. 流水工期

流水工期是指完成一项工程任务或一个流水组施工所需的时间，一般可采用公式(3-5)计算完成一个流水组的工期。

$$T=\sum K_{i,i+1}+T_n \tag{3-5}$$

式中　T——流水施工工期；

$K_{i,i+1}$——流水施工中各流水步距之和；

T_n——流水施工中最后一个施工过程在各施工段上的持续时间之和。

(2)流水施工的分类及计算

①流水施工的分类

按流水施工组织的范围不同，流水施工通常可分为以下几方面。

a. 分项工程流水施工

分项工程流水施工也称为细部流水施工，它是一个专业工作队，依次在各个施工段上进行的流水施工，如绑钢筋工作队依次、连续地完成应承担的施工段上绑钢筋任务。

b. 分部工程流水

分部工程流水是指为完成分部工程而组建起来的全部细部流水的总和。即若干个专业班组依次连续不断地在各施工段上重复完成各自的工作。随着前一个专业班组完成前一个施工过程之后接着后一个专业班组来完成下一个施工过程。依此类推，直到所有专业班组都经过了各施工段，完成了分部工程为止。如某现浇钢筋混凝土工程是由安装模板、绑扎钢筋、浇筑混凝土三个细部流水所组成。

c. 单位工程流水施工

单位工程流水是指为完成单位工程而组织起来的全部专业流水的总和，即所有专业班组依次在一个施工对象的各施工段中连续施工，直至完成单位工程为止。例如，多层框架结构房屋，它是由基础分部工程流水、主体分部工程流水以及装修分部工程流水所组成，单位工程就是各分部工程流水的总和。

d. 群体工程流水施工

群体工程流水施工，也称为大流水施工，是在几个单位工程（建筑物或构筑物）之间组织的流水施工。群体工程流水施工在施工进度表上，是该群体工程的施工总进度计划。

②流水施工的计算

根据流水施工节奏特征的不同，流水施工的基本方式分为有节奏流水施工和无节奏流水施工两大类。有节奏流水施工又可分为等节奏流水施工和异节奏流水施工。

a. 等节奏流水施工

等节奏流水施工也叫全等节拍的流水或固定节拍流水施工，是指同一施工过程在各施工段上的流水节拍都相等。等节奏的流水施工根据流水步距的不同有以下两种情况。

a)等节拍等步距流水施工

等节拍等步距流水施工即各流水步距均相等，且等于流水节拍的一种流水施工方式。各施工过程之间没有技术与组织间歇时间（$Z=0$），也不安排相邻施工过程在同一施工段上的搭接施工（$C=0$）。有关参数计算如下。

Ⅰ. 流水步距的计算

流水步距都相等且等于流水节拍，即 $K=t$。

Ⅱ. 流水工期的计算

因为　$\sum K_{i,i+1}=(n-1)\times t$ 且有 $Tn=mt$

所以　$$T=\sum K_{i,i+1}+T_n=(m+n-1)\times t \tag{3-6}$$

b)等节拍不等步距流水施工

等节拍不等步距流水施工即各施工过程的流水节拍全部相等，但各流水步距不一定相等（有的步距等于节拍，有的步距不等于节拍）。这是由于各施工过程之间，有的需要有技术与组织间歇时间，有的可以安排搭接施工所致。有关参数计算如下。

Ⅰ. 流水步距的计算

$$\text{流水步距 } K_{i,i+1}=t_i+Z_{i,i+1}-C_{i,i+1} \tag{3-7}$$

Ⅱ. 施工段数（m）的确定

无层间关系时，施工段数（m）按划分施工段的基本要求确定即可；有层间关系时，为了保证各施工队组连续施工，应取 $m\geqslant n$。

若一个楼层内各施工过程间的技术、组织间歇时间之和为$\sum Z_i$，楼层间技术组织间歇时间为 Z_3。如果每层的$\sum Z_i$ 均相等，Z_3也相等，则保证各施工队组能连续施工的最小施工段数 m 的确定如下：

$$(m-n)\cdot K=\sum Z_i+Z_3$$

$$m=n+\frac{\sum Z_i}{K}+\frac{Z_3}{K} \tag{3-8}$$

式中　$\sum Z_i$——一个楼层内各施工过程间技术、组织间歇时间之和；

Z_3——楼层间技术、组织间歇时间；

K——流水步距。

c)流水施工工期计算

无层间关系时，

$$T=\sum K_{i,i+1}+T_n=(m+n-1)t+\sum Z_{i,i+1}-\sum C_{i,i+1} \tag{3-9}$$

有层间关系或施工层时，

$$T=\sum K_{i,i+1}+T_n=(m\times r+n-1)t+\sum Z_{i,i+1}-\sum C_{i,i+1} \tag{3-10}$$

b. 异节奏流水施工

异节奏流水施工是指在有节奏的流水施工中，各施工过程的流水节拍各自相等而不同施工过程之间的流水节拍不尽相等。在组织异节奏流水施工时，又可分为异步距异节拍流水施工和成倍节拍流水施工两种。

a)异步距异节拍流水施工

异步距异节拍流水施工是指同一施工过程在各个施工段的流水节拍均相等，不同施工过程之间的流水节拍不尽相等的流水施工方式。

Ⅰ. 异步距异节拍流水施工特点

(Ⅰ)同一施工过程在各个施工段的流水节拍均相等，不同施工过程之间的流水节拍不尽相等。

(Ⅱ)相邻施工过程之间的流水步距不尽相等。

(Ⅲ)专业工作队数等于施工过程数。

(Ⅳ)各个专业工作队在施工段上能够连续作业，施工段间没有间隔时间。

Ⅱ. 流水步距的确定

$$K_{i,i+1}=\begin{cases}t_i+Z_{i,i+1}-C_{i,i+1} & t_i\leqslant t_{i+1}\\ mt_i-(m-1)t_{i+1}+Z_{i,i+1}-C_{i,i+1} & t_i>t_{i+1}\end{cases} \tag{3-11}$$

流水步距也可用前述“累加数列法”求得。

Ⅲ. 流水施工工期 T

$$T=\sum K_{i,i+1}+T_n \tag{3-12}$$

异步距异节拍流水施工适用于分部工程和单位工程的流水施工，它在进度安排上比等节奏流水灵活，实际应用范围较广泛。

b)成倍节拍流水施工

成倍节拍流水施工是指同一施工过程在各个施工段上的流水节拍相等，不同施工过程之间的流水节拍不完全相等，但各个施工过程的流水节拍之间存在一个最大公约数。为加快流水施工进度，按最大公约数的倍数组建每个施工过程的施工队组，以形成类似于等节奏流水的成倍节拍流水施工方式。

Ⅰ. 成倍节拍流水施工的特征

(Ⅰ)同一施工过程流水节拍相等，不同施工过程流水节拍之间存在整数倍或公约数关系。

(Ⅱ)流水步距彼此相等，且等于流水节拍的最大公约数。

(Ⅲ)各专业施工队都能够保证连续作业，施工段没有空闲。

(Ⅳ)施工队组数(n')大于施工过程数(n)，即 $n'>n$。

Ⅱ. 流水步距的确定

$$K_{i,i+1}=K_{\mathrm{b}} \tag{3-13}$$

式中 K_{b}——成倍节拍流水步距，为流水节拍的最大公约数。

Ⅲ. 每个施工过程的施工队组数确定

$$b_i=\frac{t_i}{K_{\mathrm{b}}} \tag{3-14}$$

$$n'=\sum b_i \tag{3-15}$$

式中　b_i——某施工过程所需施工队组数；

n'——专业施工队组总数目。

Ⅳ．流水工期

无层间关系时，

$$T=(m+n'-1)K_b+\sum Z_{i,i+1}-\sum C_{i,i+1} \tag{3-16a}$$

有层间关系时，

$$T=(m+n'-1)K_b+\sum Z_{i,i+1}-\sum C_{i,i+1} \tag{3-16b}$$

c. 无节奏流水施工

无节奏流水施工是指同一施工过程在各个施工段上流水节拍不完全相等的一种流水施工方式。

在实际工程中，无节奏流水施工是最常见的一种流水施工方式。因为它不像有节奏流水那样有一定的时间规律约束，在进度安排上比较灵活、自由，是流水施工的普遍形式。

a)无节奏流水施工的特征

Ⅰ．每个施工过程在各个施工段上的流水节拍不尽相等。

Ⅱ．各个施工过程之间的流水步距不完全相等且差异较大。

Ⅲ．各施工作业队能够在施工段上连续作业，但有的施工段可能出现空闲。

Ⅳ．施工队组数n'等于施工过程数n。

b)无节奏流水施工主要参数的确定

Ⅰ．流水步距的确定

无节奏流水步距通常采用"累加数列法"确定。

Ⅱ．流水施工工期

$$T=\sum K_{i,i+1}+T_n \tag{3-17}$$

4)安全方案

安全方案也是钢结构施工方案中非常重要的一个环节。在编制安全方案时，首先明确工程的安全总体要求(即整个工程的事故率、伤亡率等)；其次需要分析工程施工过程中的危险因素；再次根据安全总体要求，针对每一项施工危险因素，提出安全措施；最后再给出关键施工步骤的安全施工预案。对于轻钢门式刚架工程，整个施工过程中的危险因素主要包括高空高强螺栓安装作业、构件吊装作业、大型屋面安装作业，以及构件稳定支撑设置和拆除。

5)材料供应方案

材料供应方案一般只在用钢量较大的工程中需要详细介绍，而对于轻钢门式刚架工程的材料供应方案一般只写明钢材的现场保管和钢材的检验流程即可。

3. 分项或专项施工方案的确定

钢结构工程的分项工程一般包括钢结构焊接、紧固件连接、钢零部件加工、单层钢结构安装、多层及高层钢结构安装、钢结构涂装、钢构件组装、钢构件预拼装、钢网架结构安装、压型金属板十个分项工程。钢结构的专项施工方案一般指吊装方案和安全方案等。

对于轻钢门式刚架工程主要的分项施工方案包括紧固件连接、钢零部件加工、单层钢结构安装、钢结构涂装、钢构件组装、钢构件预拼装、压型金属板等。当整个钢结构工程的施工方案明确以后，就可以有针对性的确定各分项的施工方案了。

例如轻钢门式刚架工程中的"钢零部件加工"分项，则主要针对焊接H型钢的加工制作方案进行描述。具体包括钢材的准备和检验，加工设备的选取和相关工艺参数(如切割机的行程速度和电流、自动埋弧焊的电流和行走速度等)的确定(要结合加工厂自有设备情况、工程需要以及加工成本来确定),构件加工余量的确定,以及整个加工流程中的相关注意事项等。

再例如轻钢门式刚架工程中的“压型金属板”分项,在其分项施工方案中除了描述具体施工顺序、施工做法、施工过程中的注意事项和安全施工措施,还要重点给出二次排板设计和具体的边缘收口、节点的构造做法及其相关尺寸。

3.2.3　进度及资源配置计划(施工计划)

在施工部署和施工方案初步确定时,主要是在考虑技术层面的问题,要最终确定一个最优的施工方案,还必须要考虑到经济层面的问题,也就是要明确工程部分进度和资源配置计划。图 3-4 是某轻钢门式刚架结构工程部分施工进度计划横道图,要编制该进度计划还需进行相关的资源配置。

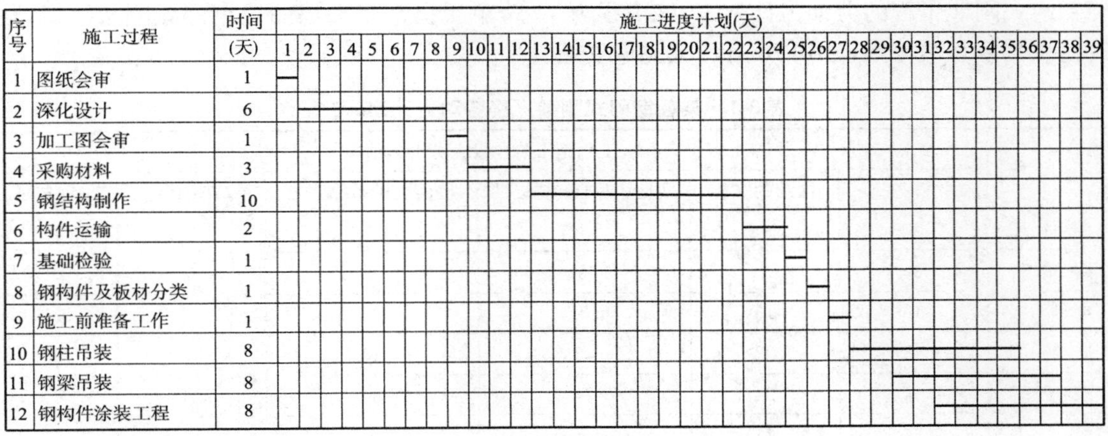

序号	施工过程	时间(天)	施工进度计划(天)																																				
			1	2	3	4	5	6	7	8	9	10	11	12	13	14	15	16	17	18	19	20	21	22	23	24	25	26	27	28	29	30	31	32	33	34	35	36	37	38	39
1	图纸会审	1																																							
2	深化设计	6																																							
3	加工图会审	1																																							
4	采购材料	3																																							
5	钢结构制作	10																																							
6	构件运输	2																																							
7	基础检验	1																																							
8	钢构件及板材分类	1																																							
9	施工前准备工作	1																																							
10	钢柱吊装	8																																							
11	钢梁吊装	8																																							
12	钢构件涂装工程	8																																							

图 3-4　某轻钢门式刚架厂房部分施工进度计划横道图

1. 工程量计算

进度计划的编制和资源配置计划的编制都要以工程量为基础,因此在施工计划的编制之前,必须算清工程量。轻钢门式刚架工程,可以根据其结构施工图中的各材料表初步计算出用钢量的信息。

在进行工程量统计时,首先要明确工程量的应用目的。如果是为了进行材料采购,应该根据材料强度和厚度以及型钢类型分别统计各自的重量,将统计结果增加 5%左右的损耗,即可作为材料的采购依据。如果为了编制安装的劳动力计划和安装设备计划,则需要按构件类型进行统计,统计时要明确单个构件的重量、尺寸以及各类构件的数量,像轻钢门式刚架工程,一般直接利用结构施工图中的材料表即可。例如,要考虑附图 3-6 中刚架安装的相关计划,则直接查阅附图 3-6 中的 GJ-1 和 GJ-2 的材料表,就可以找到各构件的尺寸、重量、数量等相关信息。

2. 材料计划

要编织材料计划,第一步就是要进行用钢量的统计,而且要根据材料强度和厚度以及型钢类型分别进行统计。然而,此时深化设计图还没有成形,因此无法计算出准确的工程量,只能根据设计施工图进行概算。例如要计算附图 3-6 中刚架柱的材料用量,首先明确材料强度为 Q235;其次进行板材厚度的分类(腹板 8 mm,翼缘板 10 mm),以及板材宽度的分类(主要考虑到板材宽度如果为 200 mm 以下,可以直接采购扁钢,以降低加工费用);然后,从图中计算出柱的腹板、翼缘板的宽度和长度，求出各板块的体积，汇总后乘以钢材的密度，得到构件的重量，从而和材料表中给出的重量进行核对，因为有时材料表中给出的重量是不准确的。

把所有图中的构件重量一一统计完后，乘以各构件的数量，在考虑一定的材料损耗，就可以形成该工程最终的材料采购计划了。

3. 劳动力计划

劳动力计划的编制主要解决两方面的问题。一是工程中需要哪些工种的劳动力；二是要明确不同的工程阶段，各工种分别需要多少劳动力。

轻钢门式刚架工程需要的工种包括测量工、起重工、电焊工、安装工、涂装工等。轻钢门式刚架工程的劳动力计划主要按照主结构安装、次结构安装、屋面围护系统施工、墙面围护系统施工、防腐涂装以及扫尾工程等施工过程进行分别统计。每个施工阶段均按照各自阶段的工程量和计划工期，以及企业内部的工人工作能力情况等进行劳动力计划的安排。表 3-1 是某轻钢门式刚架工程的劳动力计划表，该工程为 10 跨单层局部带夹层的轻钢门式刚架厂房，建筑面积六万多平方米，计划 75 日历天完成安装。

表 3-1　某轻钢门式刚架厂房劳动力计划(人)

工　种	按工程施工阶段投入劳动力情况					
	主结构安装	次结构安装	屋面围护系统施工	墙面围护系统施工	防腐涂装	工程扫尾
测量工	6	4	4	4	2	1
起重工	8	4	1	1	0	0
电焊工	16	16	0	0	0	0
安装工	48	32	42	48	0	6
架子工	24	24	24	24	24	6
涂装工	24	24	4	4	12	2
辅　工	16	16	20	12	6	4
维修电工	2	2	2	2	2	1
合　计	142	121	97	95	46	20

4. 机具设备计划

机具设备计划的编制既是需要确定工程所需的设备及设备型号、设备数量以及设备在工程中的使用时间。

轻钢门式刚架工程在安装过程中所需要的设备主要包括吊装设备、焊接设备、测量仪器、围护结构安装的工具等。各种机具设备的型号主要根据工程的特点来选择，机具设备的数量则需要根据工程量和施工工期来选择。有时一些主要设备，如吊装设备，还要考虑是自有设备还是租赁设备，综合考虑设备的使用成本。如表 3-1 所述工程，其机具设备计划见表 3-2。

表 3-2　轻钢门式刚架工程施工主要机具设备

序　号	机械或设备名称	规格型号	数　量	备　注
1	汽车吊机	QY25T	6 台	租赁
2	汽车吊机	QY16T	4 台	租赁
3	电焊机		16 台	栓钉
4	气割设备		2 套	备用

续上表

序　号	机械或设备名称	规格型号	数　量	备　注
5	空气压缩机	0.6 m^3/m,7.5 kW	8 台	自有
6	喷　枪		24 把	自有
7	手提电钻	120 W	16 只	自有
8	铆 钉 枪	150 W	10 只	自有
9	电 剪 刀	300 W	8 只	自有
10	锁边设备	电动	6 台	自有
11	锁边辅助设备	手动型	6 台	自有
12	经 纬 仪	DS_2	4 台	自有
13	水 准 仪		2 台	自有
14	钢 卷 尺	100 m	8 把	自有
15	卡钩、卡环		8 套	自有
16	倒　链	2 t、3 t	8 套	自有
17	扭矩扳手	TXN360	10 把	自有
18	扭矩扳手	AL760	12 把	自有
19	普通扳手		22 把	自有
20	爬梯及吊篮式脚手架	15 m	12 只	自有

5. 总体进度计划

施工总体进度计划是施工组织设计中的重要内容，是对民用建筑群、大型建筑工程项目及单项工程编制的进度计划，它确定了每个单项工程和单位工程在总体工程中所处的地位，包括开工、竣工日期，工期和搭接关系等。也是安排各类资源计划的主要依据和控制性文件。施工总体进度计划由于施工的内容较多，施工工期较长，故其计划项目综合性强，主要作控制之用。其作用如下：

(1)确定总进度目标。实现策划工期或合同约定的竣工日期是施工总体进度计划的目标，这个目标是企业管理层承担的。

(2)进行总进度目标分解，确定里程碑事件的进度目标。一般来说，通过使用 WBS(工作分解结构)可将总进度目标依次分解为单项工程进度目标、单位工程目标、分部工程目标。它们的开始日期或竣工日期就是里程碑事件的进度目标。

(3)形成建设工程项目的进度计划系统。按分解的进度目标确定总进度计划的系统，它们是由粗到细相互关联的计划体系。

(4)作为编制单体工程进度计划编制的依据。

(5)作为编制各种支持性计划的依据。这些计划包括劳动力资源计划，物资供应计划，施工机具设备计划，预制加工品计划，资金供应计划等。

施工总体进度计划编制步骤：

(1)按承包合同约定施工范围划分单位工程，划分时可参照业主提供的项目建设计划，但要注意项目建设计划的单元可能划得更大，即是说一个单元中不止一个单位工程。

(2)确定每个单位工程计算考核进度的单位和总量，单位可以是实物工程量，适用于专业较少的工程；也可以是承包工作量，适用于多个专业综合的工程；若工程设备和材料均为承包方供应则可用工程投资额作单位。

(3)依据类似工程的施工经验,参照相关定额等资料,结合现场施工条件,考虑当地气象环境因素,进行分析比较后,初步确定单位工程的施工持续时间。

(4)明确各单位工程间的衔接关系,合理安排开工顺序,尽量做到均衡施工,把工程量大、技术难度大、试运转时间长的单位工程先开工,留出一些次要的后备工程作计划的平衡调剂用,以保持计划的弹性。

(5)安排施工总进度计划,初步编制计划图表,要注意如与业主的项目建设计划安排有异,应在施工总体进度计划编制说明中做出解释。

(6)施工总体进度计划由编制人员起草完成后,施工承包单位召集有关部门和人员进行内部审核。

(7)对施工总体进度计划审核后进行修正和审议。

(8)外部审议目的是使参加者了解施工总进度计划的编制情况、沟通计划执行中要求配合和支持的事项,明确各方衔接的节点及日期,排除计划执行中可能遇到的障碍,取得对计划的认同和理解。

3.3 施工组织与协调

工程的施工方案与计划编制好以后,要考虑它的具体组织实施和协调管理。对于轻钢门式刚架工程也是如此,本节将重点介绍轻钢门式刚架工程的施工组织与协调。

3.3.1 施工质量与技术岗位职责及管理措施

在施工方案确定时,已经确定了项目的组织机构,明确了项目施工质量和技术岗位。然而项目组织机构确定后,要能够合理开展工作,还必须要有明确的岗位职责。轻钢门式刚架工程的主要施工质量与技术岗位职责包括如下内容。

1. 项目经理职责

(1)代表承接工程单位履行同业主的工程承包合同,执行单位的质量方针,实现工程质量目标。确保按合同要求进行施工并完成合同规定的施工内容。

(2)组织编制项目质量计划,使整个项目按照 ISO9001 标准体系运作。

(3)主持编制项目管理方案,确定项目管理的目标和方针。

(4)确定项目部组织机构配备人员,制定规章制度,明确有关人员的职责,组织项目经理部开展工作。

(5)及时、适当地作出项目管理决策,其主要内容包括投标报价决策、分包选择决策、重大技术方案决策、合同签订及变更决策等。

(6)与业主、监理保持经常接触,解决随机出现的各种问题,替业主、监理排忧解难,确保业主利益。

(7)积极处理好与项目所在地政府部门及社会的关系,确保当地政府部门利益。

(8)做好施工现场的安全、文明施工措施,注意防范施工时对外界的不良影响。

2. 项目技术负责人职责

(1)负责项目质量保证体系的建立及运行。

(2)统筹项目质量保证计划及有关工作的安排,开展质量教育,保证各项制度在项目中得以正常实施。

(3)负责项目工程技术管理工作,参加工程的设计交底和图纸会审,规划施工现场及临时设施的布局。

(4)参与“项目质量保证计划”的编制及修改工作,主持项目施工组织设计的编制及修订工作。

(5)组织实施“项目质量保证计划”及“施工组织设计”。

(6)安排进行图册、文件、资料的分配、签发、保管和日常处理。

(7)主持处理施工中的技术问题,参加质量事故的处理和一般质量事故技术处理方案的编制。

(8)审批有关物资贮存、搬运等作业计划及作业指导书。

(9)负责推广应用“四新”科技成果。

(10)组织主持关键工序的检验、验收工作。

(11)负责责任范围质量记录的编制与管理。

(12)对安全生产和劳动保护方面的技术工作负全面领导责任。

(13)在编制项目工程施工组织设计或施工方案时应同时编制相应的安全技术措施。

(14)当采用新材料、新工艺、新设备、新技术时,应制定相应的安全生产技术措施。

(15)负责解决施工生产过程中的安全技术问题。

(16)制定改善工人劳动条件的有关措施,并负责组织实施。

(17)对职工进行安全教育,参加重大工伤事故的调查、分析,提出技术鉴定意见及改进技术措施。

3. 资料员职责

(1)参与制定施工资料管理计划。

(2)参与建立施工资料管理规章制度。

(3)负责建立施工资料台账,进行施工资料交底。

(4)负责施工资料的收集、审查及整理。

(5)负责施工资料的往来传递、追溯及借阅管理。

(6)负责提供管理数据、信息资料。

(7)负责施工资料的立卷、归档。

(8)负责施工资料的封存和安全保密工作。

(9)负责施工资料的验收与移交。

(10)参与建立施工资料管理系统。

(11)负责施工资料管理系统的运用、服务和管理。

4. 质量员职责

(1)参与进行施工质量策划。

(2)参与制定质量管理制度。

(3)参与材料、设备的采购。

(4)负责核查进场材料、设备的质量保证资料,监督进场材料的抽样复验。

(5)负责监督、跟踪施工试验,负责计量器具的符合性审查。

(6)参与施工图会审和施工方案审查。

(7)参与制定工序质量控制措施。

(8)负责工序质量检查和关键工序、特殊工序的旁站检查，参与交接检验、隐蔽验收、技术复核。

(9)负责检验批和分项工程的质量验收、评定，参与分部工程和单位工程的质量验收、评定。

(10)参与制定质量通病预防和纠正措施。

(11)负责监督质量缺陷的处理。

(12)参与质量事故的调查、分析和处理。

(13)负责质量检查的记录，编制质量资料。

(14)负责汇总、整理、移交质量资料。

5. 施工员职责

(1)参与施工组织管理策划。

(2)参与制定管理制度。

(3)参与图纸会审、技术核定。

(4)负责施工作业班组的技术交底。

(5)负责组织测量放线、参与技术复核。

(6)参与制定并调整施工进度计划、施工资源需求计划，编制施工作业计划。

(7)参与做好施工现场组织协调工作，合理调配生产资源；落实施工作业计划。

(8)参与现场经济技术签证、成本控制及成本核算。

(9)负责施工平面布置的动态管理。

(10)参与质量、环境与职业健康安全的预控。

(11)负责施工作业的质量、环境与职业健康安全过程控制，参与隐蔽工程、分项工程、分部工程和单位工程的质量验收。

(12)参与质量、环境与职业健康安全问题的调查，提出整改措施并监督落实。

(13)负责编写施工日志、施工记录等相关施工资料。

(14)负责汇总、整理和移交施工资料。

6. 机械员职责

(1)参与制定施工机械设备使用计划，负责制定维护保养计划。

(2)参与制定施工机械设备管理制度。

(3)参与施工总平面布置及机械设备的采购或租赁。

(4)参与审查特种设备安装、拆卸单位资质和安全事故应急救援预案、专项施工方案。

(5)参与特种设备安装、拆卸的安全管理和监督检查。

(6)参与施工机械设备的检查验收和安全技术交底，负责特种设备使用备案、登记。

(7)参与组织施工机械设备操作人员的教育培训和资格证书查验，建立机械特种作业人员档案。

(8)负责监督检查施工机械设备的使用和维护保养，检查特种设备安全使用状况。

(9)负责落实施工机械设备安全防护和环境保护措施。

(10)参与施工机械设备事故调查、分析和处理。

(11)参与施工机械设备定额的编制，负责机械设备台账的建立。

(12)负责施工机械设备常规维护保养支出的统计、核算、报批。

(13)参与施工机械设备租赁结算。

(14)负责编制施工机械设备安全、技术管理资料。

(15)负责汇总、整理、移交机械设备资料。

7. 材料员职责

(1)参与编制材料、设备配置计划。

(2)参与建立材料、设备管理制度。

(3)负责收集材料、设备的价格信息,参与供应单位的评价、选择。

(4)负责材料、设备的选购,参与采购合同的管理。

(5)负责进场材料、设备的验收和抽样复检。

(6)负责材料、设备进场后的接收、发放、储存管理。

(7)负责监督、检查材料、设备的合理使用。

(8)参与回收和处置剩余及不合格材料、设备。

(9)负责建立材料、设备管理台账。

(10)负责材料、设备的盘点、统计。

(11)参与材料、设备的成本核算。

(12)负责材料、设备资料的编制。

(13)负责汇总、整理、移交材料和设备资料。

8. 专职安全员职责

(1)参与制定施工项目安全生产管理计划。

(2)参与建立安全生产责任制度。

(3)参与制定施工现场安全事故应急救援预案。

(4)参与开工前安全条件检查。

(5)参与施工机械、临时用电、消防设施等的安全检查。

(6)负责防护用品和劳保用品的符合性审查。

(7)负责作业人员的安全教育培训和特种作业人员资格审查。

(8)参与编制危险性较大的分部、分项工程专项施工方案。

(9)参与施工安全技术交底。

(10)负责施工作业安全及消防安全的检查和危险源的识别,对违章作业和安全隐患进行处置。

(11)参与施工现场环境监督管理。

(12)参与组织安全事故应急救援演练,参与组织安全事故救援。

(13)参与安全事故的调查、分析。

(14)负责安全生产的记录、安全资料的编制。

(15)负责汇总、整理、移交安全资料。

在明确了工程的施工技术与质量管理岗位职责后,整个项目的运作还需要有配套的管理措施。

目前的工程往往都是实行项目经理负责制。对于大型项目有时还需设项目主管,项目主管由公司(或分公司)总经理担任。项目主管直接向业主负责,并对项目经理部进行监督管理、协调指挥。

鉴于工程的重要性及其中所涉及的技术难题,有时还会聘请专门技术研究机构提供技术保障,并组织高级技术人员成立技术专家组,对项目实施过程中所碰到的技术问题进行解决,与本项目设计单位进行沟通等。

现场项目经理部设项目经理一名,项目技术负责人一名,项目副经理一名,实施项目的具体管理。由项目经理负责对工程整体的实施进行管理,由项目技术负责人对工程施工过程中的疑难进行解决,项目副经理协助项目经理完成该工程。项目经理部统一负责管理设计、制作、施工及综合协调工作。并根据业主单位、土建单位的要求,合理分配工作人员,限定工作时间,保证工程质量。

3.3.2 施工资源环境准备

在组织工程施工之前,必须要先做好相关的准备工作,其中施工资源和施工环境的准备工作是尤其重要的,本节将围绕其做重点讲解。

1. 施工环境准备

施工现场环境是施工的全体参加者为争取优质、高速、低消耗的目标,而有节奏、均衡、连续地进行施工的活动空间。施工现场环境的准备工作,主要是为了给拟建工程的施工创造有利的施工条件和物资保证。

(1)做好施工场地的控制网测量

按照设计的建筑总平面图以及规划部门(或业主)给定的永久性经纬坐标控制网和水准控制基桩,进行场区施工测量,设置场区的永久性经纬坐标桩、水准基桩和建立场区工程测量控制网。

(2)搞好"三通一平"

"三通一平"是指路通、水通、电通和平整场地。

路通:施工现场的道路是组织物资运输的动脉。拟建工程开工前,必须按照施工总平面图的要求,修好施工现场的永久性道路(包括厂区铁路、厂区公路)以及必要的临时性道路,形成完整畅通的运输网络,为建筑材料进场、堆放创造有利条件。

水通:水是施工现场生产和生活不可缺少的。拟建工程开工之前,必须按照施工总平面图的要求,接通施工用水和生活用水的管线,使其尽可能与永久性的给水系统结合起来,做好地面排水系统,为施工创造良好的环境。

电通:电是施工现场的主要动力来源。拟建工程开工前,要按照施工组织设计的要求,接通电力和电信设施,做好其他能源(如蒸汽、压缩空气)的供应,确保施工现场动力设备和通信设备的正常运行。

平整场地:按照建筑施工总平面图的要求,首先拆除场地上妨碍施工的建筑物或构筑物,然后根据建筑总平面图规定的标高和土方竖向设计图纸,进行挖(填)土方的工程量计算,确定平整场地的施工方案,进行平整场地的工作。

(3)做好施工现场的补充勘探

对施工现场做补充勘探是为了进一步寻找枯井、防空洞、古墓、地下管道、暗沟和枯树根等隐蔽物,以便及时拟定处理隐蔽物的方案,并实施。为基础工程施工创造有利条件。

(4)建造临时设施

按照施工总平面图的布置,建造临时设施,为正式开工准备好生产、办公、生活、居住和储存等临时用房。

(5)做好建筑构(配)件、制品和材料的储存及堆放

按照建筑材料、构(配)件和制品的需要量计划组织进场,根据施工总平面图规定的地点和

指定的方式进行储存和堆放。

(6)做好冬雨季施工安排

按照施工组织设计的要求，落实冬雨季施工的临时设施和技术措施。

(7)进行新技术项目的试制和试验

按照设计图纸和施工组织设计的要求，认真进行新技术项目的试制和试验。

(8)设置消防、保安设施

按照施工组织设计的要求，根据施工总平面图的布置，建立消防、保安等组织机构和有关的规章制度，布置安排好消防、保安等措施。

2. 材料验收、试验与存储

钢结构工程采用的钢材，都应具有质量证明书，当对钢材的质量有疑义时，可按国家现行有关标准的规定进行抽样检验。钢材通用的检验项目、取样数量和试验方法参见表3-3。钢材应成批进行验收，每批由同一牌号、同一尺寸、同一交货状态组成，重量不得大于60 t。有A级钢或B级钢允许同一牌号、同一质量等级、同一冶炼和浇筑方法、不同炉罐号组成混合批，但每批不得多于6个炉罐号，且每炉罐号含碳量之差不得大于0.02%、含锰量之差不得大于0.15%。

表3-3　钢材通用检验项目规定

序　号	检验项目	取样数量(个)	取样方法	试验方法
1	化学分析	1(每炉罐号)	GB 222	GB 223
2	拉　伸	1	GB 2975	GB 228/GB 6397
3	弯　曲	1	GB 2975	GB 232
4	常温冲击	3	GB 2975	GB/T 229
5	低温冲击	3	GB 2975	GB/T 229

钢材的验收是保证钢结构工程质量的重要环节，应该按照规定执行。钢材验收应达到以下要求：

①钢材的品种和数量是否与订货单一致。

②钢材的质量保证书是否与钢材上打印的记号相符。

③核对钢材的规格尺寸，测量钢材尺寸是否符合标准规定，尤其是钢板厚度的偏差。

④钢材表面质量检验，表面不允许有结疤、裂纹、折叠和分层等缺陷，钢材表面的锈蚀深度不得超过其厚度负偏差值的一半，有以上问题的钢材应另行堆放，以便研究处理。

钢结构工程还应及时提供建筑材料的试验申请计划。按照建筑材料的需要量计划，及时提供建筑材料的试验申请计划，主要包括以下几方面。

(1)钢材复验

当钢材属于下列情况之一时，加工下料前应进行复验：

①国外进口钢材。

②不同批次的钢材混合。

③对质量有疑议的钢材。

④板厚大于等于40 mm，并承受沿板厚方向拉力作用，且设计有要求的厚板。

⑤建筑结构安全等级为一级，大跨度钢结构、钢网架和钢桁架结构中主要受力构件所采用的钢材。

⑥现行设计规范中未含的钢材品种及设计有复验要求的钢材。

钢材的化学成分、力学性能及设计要求的其他指标应符合国家现行有关标准的规定，进口钢材应符合供货国相应标准的规定。

(2)连接材料的复验

①焊接材料：在大型、重型及特种钢结构上采用的焊接材料应进行抽样检验，其结果应符合设计要求和国家现行有关标准的规定。

②扭剪型高强度螺栓：采用扭剪型高强度螺栓的连接副应按规定进行预拉力复验，其结果应符合相关的规定。

③高强度大六角头螺栓：采用高强度大六角头螺栓的连接副应按规定进行扭矩系数复验，其结果应符合相关的规定。

(3)工艺试验

①焊接试验

钢材可焊性试验、焊接工艺性试验、焊接工艺评定试验等均属于焊接试验，而焊接工艺评定试验是各构件制作时最常遇到的试验。焊接工艺评定是焊接工艺的验证，是衡量制造单位是否具备生产能力的一个重要的基础技术资料，未经焊接工艺评定的焊接方法、技术系数不能用于工程施工。焊接工艺评定同时对提高劳动生产率、降低制造成本、提高产品质量、提高焊工技能是必不可少的。

②摩擦面的抗滑移系数试验

当钢结构构件的连接采用摩擦型高强螺栓连接时，应对连接面进行处理，使其连接面的抗滑移系数达到设计规定的数值。连接面的技术处理方法有：喷丸、酸洗、砂轮打磨、综合处理等。

③工艺性试验

对构造复杂的构件，必要时应在正式投产前进行工艺性试验。工艺性试验可以是单工序，也可以是几个工序或全部工序；可以是个别零件，也可以是整个构件，甚至是一个安装单元或全部安装构件。

另外，还有混凝土或砂浆的配合比和强度等试验。

构件一般要堆放在工厂的堆放场和现场的堆放场。构件堆放场地应平整坚实，无水坑、冰层，地面平整干燥，并应排水通畅，有较好的排水设施，同时有车辆进出的通道。

构件应按种类、型号、安装顺序划分区域，挂标志牌。构件底层垫块要有足够的支承面，不允许垫块有大的沉降量，堆放的高度应有计算依据，以最下面的构件不产生永久变形为准，不得随意堆高。钢结构产品不得直接置于地上，要垫高 200 mm。

在堆放中，发现有变形不合格的构件，则严格检查，进行矫正，然后再堆放。不得把不合格的变形构件堆放在合格的构件中，否则会大大地影响安装进度。

对于已堆放好的构件，要派专人汇总资料，建立完善的进出厂动态管理，严禁乱翻、乱移。同时对已堆放好的构件进行适当保护，避免风吹雨打、日晒雨淋。

不同类型的钢构件一般不堆放在一起。同一工程的钢构件应分类堆放在同一地区，便于装车发运。

3. 机具准备与管理

对于固定的机具要进行就位、搭棚、接电源、保养和调试等工作。对于行走时塔吊、汽车吊和履带吊等移动的施工机械，应对其行走道路提前做好硬化处理。对所有施工机具都必须在开工之前进行检查和试运转。

4. 人员配备与培训

根据开工日期和进度计划安排、劳动力需用量计划，组织劳动力进场，并对进场人员进行入场教育。

(1)管理人员。做好施工管理人员上岗前的岗位培训，保证掌握施工工艺、操作方法，考核合格后方可上岗。对工程技术人员集中培训，学习新规范、新法律法规。对施工管理人员进行施工交底，使全部管理人员做到心里有数。

(2)劳务人员。班组全体人员进行进场前安全、文明施工及管理宣传动员。对特殊工种作业人员集中培训，考核合格后方可上岗。对各班组进行施工前技术、质量交底。

3.3.3　施工质量技术工作准备

在工程开工之前，除了要做好施工资源和环境的准备工作以外，还应做好施工质量技术的准备工作。

1. 技术交底的编写

轻钢门式刚架工程的技术交底，是在某一单位工程开工前，或一个分项工程施工前，由主管技术领导向参与施工的人员进行的技术性交底，其目的是对于参与工程施工、管理的每个人，通过技术交底，了解自己所要完成的分部分项工程的具体工作内容、操作方法、施工工艺、质量标准和安全注意事项等，做到操作人员任务明确，心中有数，各工种之间配合协作，工序交接井井有条，达到有序施工，以减少各种质量通病，提高施工质量，避免技术质量等事故的发生。同时各项技术交底记录也是工程技术档案资料中不可缺少的部分。

(1)技术交底一般包括设计图纸交底和施工设计交底。

设计图纸交底是在建设单位主持下，由设计单位向各施工单位(建筑施工单位与各专业施工单位)进行的交底，主要交待建筑物的功能与特点、设计意图与要求及建筑物在施工过程中应注意的各个事项等。

施工设计交底一般由施工单位组织，在管理单位专业工程师的指导下，主要介绍施工中遇到的问题，和经常性犯错误的部位，要使施工人员明白该怎么做，相应规范要求和质量规定等。对专项工程、分部分项工程应分别进行专项方案交底、分部分项工程交底以及质量(安全)技术交底等。

(2)施工组织设计交底可通过召集会议形式进行技术交底，形成书面纪要并归档；通过施工组织设计编制、审批，将技术交底内容纳入施工组织设计中。

施工方案可通过召集会议形式或现场授课形式进行技术交底，交底的内容可纳入施工方案中，也可单独形成交底方案。

(3)各专业技术管理人员应通过书面形式配以现场口头讲授的方式进行技术交底，技术交底的内容应单独形成交底文件。交底内容应有交底的日期，有交底人、接收人签字，并经项目总工程师审批。

(4)施工技术交底的要求。

①工程施工技术交底必须符合现行建筑工程施工及验收规范、技术操作规程(分项工程工艺标准)、质量检验评定标准的相应规定。同时，也应符合行业制定的有关规定，以及所在省、市(区)地方性的具体政策和法规的要求。

②工程施工技术交底必须执行国家各项技术标准和企业内部标准，尤其是工程建设标准

强制性条文。

③技术交底还应符合与实现设计施工图中各项技术要求，特别是当设计图纸中的技术要求和技术标准高于国家施工及验收规范的相应要求时，应作更为详细的交底和说明。

④应符合和体现上一级技术交底中的意图和具体要求。

⑤应符合和实施施工组织设计或施工方案的各项要求，包括技术措施和施工进度的要求。

⑥对不同层次的施工人员，其技术交底深度与详细程度不同。也就是对不同人员其交底的内容深度说明和方式要有针对性。

⑦技术交底应全面、明确，并突出要点，应详细说明怎么做，执行什么标准，其技术要求如何，施工工艺与质量标准和安全注意事项等应分项具体说明，不能含糊其辞。

⑧在施工中使用的新技术、新工艺、新材料，应进行详细交底，并交代如何作样板等具体事宜。

(5)施工技术交底的内容。

①施工单位总工程师向项目经理、项目总工技术交底内容包括以下几个方面：

a. 工程概况和各项技术经济指标及要求。

b. 主要施工方法，关键性的施工技术及实施中存在的问题。

c. 特殊工程部位的技术处理细节及其注意事项。

d. 进度要求，施工部署，施工机械，劳动力安排与组织。

e. 总包与分包单位之间互相协作配合关系及其有关问题的处理。

f. 施工质量标准和安全技术，采用本单位推行的工法等标准化作业。

②项目总工程师向质检员、安全员、工长等技术交底内容包括以下几个方面：

a. 工程概况和当地地形、地貌、工程地质及各项技术经济指标。

b. 设计图纸的具体要求，做法及其施工难点。

c. 施工组织设计或施工方案的具体要求及其实施步骤与方法。

d. 施工中具体做法，采用什么工艺标准和本企业哪几项工法；关键部位及其实施过程中可能遇到的问题与解决办法。

e. 施工进度要求、工序搭接、施工部署与施工班组任务确定。

f. 施工中所采用主要施工机械型号、数量及其进场时间、作业程序安排有关的问题。

g. 新工艺等有关操作规程，技术规定及注意事项。

h. 施工质量标准和安全技术具体措施及其注意事项。

③对各作业工班和工人的技术交底内容包括以下几个方面；

a. 每个工班负责施工的分部分项工程的具体技术要求和采用的施工工艺标准或企业内部工法。

b. 各分部分项工程施工质量标准。

c. 质量通病预防办法及其注意事项。

d. 另附详细施工安全交底。

(6)技术交底的内容应按照分部分项工程的具体要求，根据设计图纸的技术要求以及施工及验收规范的具体规定，针对不同工种的具体特点，进行不同内容和重点的技术交底。

①土方工程

地基土的性质与特点；各种标桩的位置与保护办法；挖填土的范围和深度，放边坡的要求，回填土与灰土等夯实方法及容重等指标要求；地下水或地表水排除与处理方法；施工工艺与操作规程中有关规定和安全技术措施。

②砌筑工程

砌筑部位；轴线位置；各层水平标高；门窗洞口位置；墙身厚度及墙厚变化情况；砂浆强度等级，砂浆配合比及砂浆试块组数与养护；各预留洞口和各专业预埋件位置与数量、规格、尺寸；砖、石等原材料的质量要求；砌体组砌方法和质量标准；质量通病预防办法，安全注意事项等。

③模板工程

各种钢筋混凝土构件的轴线、水平位置、标高、截面形式和几何尺寸；支模方案和技术要求；支承系统的强度、稳定性具体技术要求；拆模时间；预埋件、预留洞的位置、标高、尺寸、数量及预防其移位的方法；特殊部位的技术要求及处理方法；质量标准与其质量通病预防措施，安全技术措施。

④钢筋工程

所有构件中钢筋的种类、型号、直径、根数、连接方法和技术要求；预防钢筋位移和保证钢筋保护层厚度技术措施；钢筋代换的方法与手续办理；特殊部位的技术处理；有关操作。特别是高空作业注意事项；质量标准及质量通病预防措施，安全技术措施和注意事项。

⑤混凝土工程

水泥、砂、石、外加剂、水等原材料的品种、技术规程和质量标准；不同部位、不同标高混凝土种类和强度等级；其配合比、水胶比、坍落度的控制及相应技术措施；搅拌、运输、振捣有关技术规定和要求；混凝土浇灌方法和顺序，混凝土养护方法；施工缝的留设部位、数量及其相应采取技术措施、规范的具体要求；大体积混凝土施工温度控制的技术措施；防渗混凝土施工具体技术细节和技术措施实施办法；混凝土试块留置部位和数量与养护；预防各种预埋件、预留洞位移的具体技术措施，特别是机械设备地脚螺栓移位，在施工时提出具体要求；质量标准和质量通病预防办法（由于混凝土工程出现质量问题一般比较严重，在技术交底更应予重视），混凝土施工安全技术措施与节约措施。

⑥架子工程

所用的材料种类、型号、数量、规格及其质量标准；特种外脚手架的搭设必须符合国家工程建设标准强制性条文有关要求，履行办理有关审报手续；架子搭设方式、强度和稳定性技术要求（必须达到牢固可靠的要求）；架子逐层升高技术措施和要求；架子立杆垂直度和沉降变形要求；架子工程搭设工人自检和逐层安全检查部门专门检查。重要部位架子，如下撑式挑梁钢架组装与安装技术要求和检查方法；架子与建筑物连接方式与要求；架子拆除方法和顺序及其注意事项；架子工程质量标准和安全注意事项。

⑦结构吊装工程

建筑物各部位需要吊装构件的型号、重量、数量、吊点位置；吊装设备的技术性能；有关绳索规格、吊装设备运行路线、吊装顺序和吊装方法；吊装联络信号、劳动组织、指挥与协作配合；吊装节点连接方式；吊装构件支撑系统连接顺序与连接方法；吊装构件（如大型钢屋架）吊装期间的整体稳定性技术措施；与市供电局联系供电情况；吊装操作注意事项；吊装构件误差标准和质量通病预防措施；吊装构件安全技术措施。

⑧钢结构工程

钢结构的型号、重量、数量、几何尺寸、平面位置和标高，各种钢材的品种、类型、规格，联结方法与技术措施;焊接设备规格与操作注意事项,焊接工艺及其技术标准、技术措施,焊缝形式、位置及质量标准;构件下料直至拼装整套工艺流水作业顺序;钢结构质量标准和质量通病预防措施,施工安全技术措施。

(7)建筑工程施工技术交底应注意的问题。

①技术交底应严格执行施工及验收规范规程,对施工及验收规范、规程中的要求,特别是质量标准,不得任意修改、删减。技术交底还应满足施工组织设计有关要求,应领会和理解上一级技术交底等技术文件中提出的技术要求,不得任意违背文件中的有关规定。公司召开的会议交底应作详细的会议记录,包括参加会议人员的姓名、日期、会议内容及会议作出技术性决定。会议记录应完整,不得遗失和撕毁,作为会议技术文件长期归档保存。所有书面技术交底,均应经过审核,并留有底稿,字迹工整清楚、数据引用正确,书面交底的签发人、审核人、接受人均应签名盖章。

②一个建筑工程项目是由多个分部分项工程组成,每一个分项工程对整个建筑物来说都是同等重要的,每一个分项工程的技术交底都应全面、细心、周密。对于面积大、数量多、难点多的分项工程必须进行较详细的技术交底;对工程量小、特殊部位、隐蔽工程的分项工程也应同样认真地进行技术交底。对于重要结构、荷载较大的部位进行详细的技术交底,但也不应忽视次要结构部位,如屋面檩条安装等,而且这些部位易出质量事故和安全事故。

③在技术交底中,应特别重视本企业当前的施工质量通病、工伤事故,做到防患于未然,把工程质量事故和伤亡事故消灭在萌芽状态之中。在技术交底中应预防可能发生的质量事故与伤亡事故,使技术交底做到全面、周到、完整。

2. 施工质量的控制与措施

建筑工程质量是建筑工程施工管理的中心,有了可靠的质量作保障,才能保证工程项目的顺利完成,创造更好的经济效益和社会信誉。具体到钢结构工程制作与安装单位如何在施工中实施质量控制,主要是通过各级施工作业和过梁人员在质量控制中尽职尽责。其质量控制的方法主要是通过编制和审核有关技术文件、报告、现场过程检查和最终检验以及进行必要的试验等方法进行。需要采取的主要控制措施有:

1)编制和审核有关技术文件、报告

对技术质量文件、报告的编制和审核,是对工程质量进行全面控制的重要手段,其具体内容如下:

(1)制作项目

①审核施工图、变更修改图。

②开展有关新工艺、新技术、新材料、新结构的试验,编制其技术报告书。

③编制和审核技术工艺文件(如制作工艺指导书、技术指导书、涂装作业指导书)、质量检验文件(如质量检查标准、质量检查表)等。

④对有关材料、半成品的质量检查表等。

⑤及时反馈工序质量动态的统计资料或管理图表。

⑥及时处理有关工程质量事故,作好处理报告,提出适当的纠正与预防措施。

⑦做好产品验收交货资料。

(2)安装项目

①编制与审核施工方案和施工组织设计,确保工程质量有可靠的技术措施。

②审核进入施工现场各分包单位的资质证明文件、人员上岗资质证书。

③审核有关材料、成品、半成品的质量检验报告、材质证明书、试验报告。

④审核施工图纸设计变更。

⑤进行有关新工艺、新技术、新材料、新结构的试验，编制技术报告。

⑥编制工序交接检查、分部分项工程质量检查报告。

2)过程检查与最终检查

(1)检查内容

①物资准备检查。对采购的材料、进场的钢构件，在产品外观、尺寸上是否满足技术质量标准，机具是否处于良好工作状态。

②开工前检查。现场是否具备开工条件，开工后能否保证工程质量。

③工序交接检查。对于重要工序或对工程质量有重大影响的工序，在自检互检的基础上，还要加强质检人员巡检和工序交接检查。

④隐蔽工程检查。凡是隐蔽工程需质检人员认证后方能进入下一道工序。

⑤跟踪监督检查。对施工难度较大的工程结构，或有特殊要求易产生质量问题的施工应进行随班跟踪监督检查。

⑥对分部、分项工程完工后应在自行检查后，经监理人员认可，签署验收记录。

(2)检查的方法

检查方法分现场质量检查和试验检查。

①现场质量检验

现场质量检查的方法有目测法和实测法。

a. 目测法

目测法的手段，可以归纳为“看、摸、敲、照”四个字。

看：根据质量标准进行外观目测。如：钢材外观质量，应是无裂缝、无结疤、无折叠、无麻纹、无气泡和无夹杂；施工工艺执行，应是施工顺序合理，工人正常操作，仪表指示正确；焊缝表面质量，应是无裂缝、无焊瘤、无飞溅，咬边、夹渣、气孔、接头不良等应达到施工及验收规范的有关规定。涂装施工质量，应是除锈达到设计和合同所规定的等级，涂后 4 h 不得雨淋，漆膜表面应均匀、细致，无明显色差，无流挂、失光、起皱、针孔、气泡、脱落、脏物粘附、漏涂等。

摸：手感检查。主要适用于钢结构工程中的阴角，如钢构件的加劲板切角处的光洁度和该处焊接包角情况可通过手摸加以鉴别。

敲：用工具进行音感检查。如钢结构工程柱角垫板是否垫实，高强度螺栓连接处是否密贴、打紧均可采用敲击检查，通过声音的虚实确定是否紧贴。

照：对于难以看到或光线较暗部位，则可采用镜子反射或灯光照射的方法进行检查。

b. 实测法

实测法，就是通过实测数据与施工规范及评定标准所规定的允许偏差对照，来判别质量是否合格，实测检查法的手段，可以归纳为量、拉、测、塞四个字。

量：就是用钢卷尺、钢直尺、角尺、游标卡尺、焊缝检验尺等检查制作精度，量出安装偏差，量出焊缝外观尺寸。

拉：就是用拉线方法检查构件的弯曲、扭曲。

测：就是用测量工具和计量仪器等检测轴线、标高、垂直度、焊缝内部质量、温度、湿度等的偏差。

塞：就是用塞尺、试孔器、弧形套模等进行检查。如用塞尺对高强度螺栓连接接触面间隙的检查，孔的通过率用试孔器进行检查，网架钢球用弧形套模进行检查。

②试验检查

试验检查是指必须通过试验手段，才能对质量进行判断的检查方法。如对需复验的钢材进行机械性能试验和化学分析、焊接工艺评定的试验、焊接拖带试板试验、高强度螺栓连接副试验、摩擦面的抗滑系数试验等。

3)具体措施

(1)建立健全工程质量保证体系，制定各级管理制度、管理目标，逐级实行岗位责任制，认真贯彻执行各级技术管理制度，做好各分部分项工程的施工前技术交底工作，明确各工种、班组及责任人的职责，并在施工过程中逐项认真检查，开展全面质量管理达标活动，做好隐蔽工程记录、自检评定记录及技术档案管理工作。

(2)施工前施工企业应组织公司及有关技术质检人员对质量通病多发部位，借鉴先进施工技术经验，结合本工程实际，制定详细的质量通病防治措施。并在施工中实施，做好施工过程记录和后期观测记录，以便查缺补漏，总结经验，更好地预防质量通病的发生。

(3)全面落实以技术负责人为首的技术保证体系，在施工过程中施工技术人员只有熟练掌握规范和图纸，才能确保建筑物定位放线、测量等各种技术正确实施，减少质量误差，保证工程质量。并经常检查和校正经纬仪、水准仪、钢尺等测量工具。

(4)认真进行原材料试验，对钢材、水泥等材料必须提供产品质量合格证，并按规定做好抽检试验工作。

(5)以项目部为主导，每完成一道工序，各班组自检合格后由专职质检员通检，合格后报请项目质检部门、监理单位等有关单位检查合格后方可进行下一步工序施工。

(6)加强材料管理，建立工料消耗台账，实行专人保管、限额领料，实行现场集中配料，降低材料损耗。

(7)对建筑物的每层标高(包括基础)、轴线、垂直度等指标用水准仪、经纬仪等工具严格检查控制，保证其偏差在规范允许误差范围之内。

(8)加强各工种间密切配合与衔接，在结构施工时，水电等工种应与其密切配合施工，设专人检查，预埋件、预留洞、管线盒等不得遗漏。

(9)实行班组负责制，各负其责，奖罚分明，工程质量和工作效率与经济利益直接挂钩，有效地防止质量事故和质量隐患发生。

(10)建立自检、互检、交接检制度，上道工序合格方可进行下道工序施工，并及时做好记录，加强工人的工程质量意识，使工人认识到工程质量的重要性。

(11)推行样板间引路制度，地面、装饰工程先做样板，经有关部门检查认可后方可进行大面积施工。施工中要严格按操作规程和样板工程质量标准进行。

(12)砂浆及混凝土要按规定进行配比，混凝土应振捣密实，浇筑后按规定养护，施工缝和混凝土后浇带留置位置正确，保证施工缝和后浇带施工质量。

(13)装饰工程材料按工程形象进度提前进场，严格进行检查、筛选、分类，使得施工成品规格统一、外观颜色一致、无质量缺陷。

(14)做好成品保护工作，各门窗口、角、墙面、地面等应注意保护。各工种间作业避免交叉污染损坏，对相互间的成品加以维护，室内完成后要关门上锁设有专人负责保护。

(15)水暖、电气工程施工要与土建工程穿插进行。管线的布置、预留孔洞、预埋件位置要正确，孔洞的堵塞要符合要求，把好材料质量检验关、水压实验关、日常检查关、中间检验关、重点检查关、施工验收关等各道检查工序。

3. 施工进度的控制与措施

要在保证质量和安全的基础上，确保施工进度，以总进度计划为依据，按不同施工阶段、不同专业工种分解为不同的进度分目标，以各项技术、管理措施为保证手段，进行施工全过程的动态控制。

(1)进度控制的方法

①按施工阶段分解，突出控制节点。在不同施工阶段确定重点控制对象，制定施工细则，保证控制节点的实现。

②按施工部门分解，明确各部门目标。通过合同责任书落实分包责任，实现分头负责。

③按专业工种分解，确定交接时间。在不同专业和不同工种的任务之间，要进行综合平衡，并强调相互间的衔接配合，确定相互交接的日期，强化工期的严肃性，保证工程进度不在本工序造成延误。通过对各道工序完成质量与时间的控制，达到保证各分部工程进度的实现。

④按总进度计划的时间要求，将施工总进度计划分解为年度、季度、月度和旬期进度计划。

(2)强化进度计划管理

①按施工单位总进度计划控制，对施工过程，坚持每周核对工程施工计划和工作安排。

②工程计划执行过程，如发现未能按期完成工程计划，必须及时检查分析原因，立即督促调整计划，以保证工程施工总进度计划的实现。

(3)施工进度的控制

了解和掌握与施工进度有关的各种信息，不断将实际进度与计划进度进行对比，一旦发现进度拖后，要分析原因，并系统分析对后续工作产生的影响。

①建立严格的《工序施工日记》制度，逐日详细记录工程进度、质量、设计修改、工地洽商等问题，以及工程施工过程必须记录的有关问题。

②督促监理每周定期召开进度例会，由总监理工程师负责主持，项目部各专业工程师参加的工程施工协调会议，听取关于工程施工进度问题的汇报，协调工程施工外部关系，解决工程施工内部矛盾，对其中有关施工进度的问题，提出明确的计划调整意见。

4. 施工成本的控制与措施

1)前期设计上的控制

如何控制工程成本，充分发挥钢结构技术经济上的综合优势，工程前期的设计阶段是关键阶段，设计质量的好坏、设计是否优化对钢结构工程成本将产生直接的影响。

(1)材料选用

材料选择不同，钢结构用量不同，总成本不同。设计阶段合理选择材料，控制材料工程量，是控制工程成本的有效途径。

由于钢材品种的增多，结构设计时可选择的构件形式很多，比如钢梁可采用等截面、变截面等形式，材质可采用 Q235 普碳钢，也可采用 Q345 低合金钢。设计时应尽可能采用高强度等级的材料，比如采用 Q345 钢比采用 Q235 钢就可节约钢材 15％～25％。设计时还要选用经济截面型材，比如热轧 H 型钢、T 型钢等，在某些情况下，采用热轧 H 型钢可能比采用焊接 H 型钢用钢量稍多，但从加工成本、施工进度等方面综合考虑，其成本可能更有优势。

再以钢结构常用的彩钢板为例，彩钢板一般用于钢结构厂房屋面板和墙面板，有不同的板型、不同的板厚和不同的涂层，在形式上又分单层板、夹芯板、复合板等，其中保温层又有玻璃棉、岩棉、聚苯乙烯等类别及厚度的不同,这些不同都将造成材料成本价格的差异,从而影响钢结构工程的总成本。所以设计时要根据钢结构厂房性质、荷载情况、周边环境等因素综合考虑,合理选用板材,控制工程成本。

(2)结构体系

不同的结构体系和平、立面布置对工程成本的影响较明显。在设计阶段只有根据建筑物的使用功能要求,确定合理的平、立面布置和结构体系,才能有效控制工程成本,做到经济适用。

以门式刚架为例,门式刚架轻钢结构厂房设计,存在经济跨度和刚架最优间距,在工艺要求允许的情况下,尽量选择小跨度的门式刚架较为经济。一般情况下,门式刚架的最优间距为6～9 m,当设有大吨位吊车时,经济柱距一般为7～9 m,不宜超过9 m,超过9 m时,屋面檩条、吊车梁与墙架体系的用钢量也会相应增加。

(3)设计制度

为了实现在设计阶段的成本控制,有必要在设计部门推行以下制度。一是提高设计人员的素质,重视设计人员的继续教育和业务知识的更新培训。同时,要强调技术与经济相结合,设计中注重设计价值,要做多方案比较,把控制工程成本放在重要位置。二是在设计中引进竞争机制,进行设计招标,开展方案优化竞赛。以技术先进、安全适用、经济合理、节约投资为目的。三是采用限额设计和设计出图前的成本审查制度,不能只因注重技术性而忽视经济性。

2)施工项目成本控制的原则

(1)成本最低化原则

在满足合同工期和质量要求的前提下,从实际出发,通过主观努力将各种降低成本的方法和措施运用到施工管理中,以期实现目标成本。

(2)全面成本控制原则

成本控制不仅仅指内容上涉及施工的各个方面,还强调在时间上要从施工准备阶段开始一直延续到项目竣工验收和保修期结束为止,而且要求全员全过程参与。

(3)目标管理原则

采用计划(P)→实施(D)→检查(C)→处理(A)循环的目标管理方法,即目标设定、分解,目标的责任到位和执行,目标执行结果的检查,目标的评价和修正。

(4)动态控制原则

动态控制也称为中间控制,是成本控制的重点。这是因为建设工程项目投资大,动辄百万千万以上,而且施工成本是一次性的。若等到项目竣工后才来考虑控制成本,即使出现偏差,其成本盈亏也已成定局,不能再纠正。因此,施工项目成本控制的中心应该放在基础、结构等主要中间环节的施工过程中,采用动态控制原理对其成本进行监控。动态控制原理就是在项目施工前,根据制定的成本目标将项目分解成各个子项目,并制定子项目的成本目标;在施工阶段,对子项目的施工过程进行监控,收集其施工的实际成本;通过比较目标成本与实际成本,分析有无偏差,若发现偏差,就采取诸如经济措施、组织措施等有效措施进行纠正,防止总成本的偏差累积。

(5)例外管理原则

在项目的实施过程中,有时也会出现一些“例外”情况,这些“例外”的出现也会对成本目标的实现造成影响,因而也不容忽视。但是,在处理过程中发现,这些“例外”问题往往不能按既定的模式进行处理,而应该要具体问题具体分析,需进行重点检查,深入分析,并采取相应的积极措施进行纠正。

3)施工项目成本控制的方法

(1)以施工图预算控制成本支出

①材料费的控制

生产过程中,原材料成本占整个工程项目成本的75%以上甚至更多。只有在生产过程中把所有的原材料利用率最大化,把损耗降到最低点,才能使工程利润最大化。

a. 材料价格的控制:

Ⅰ. 由采购部门根据用料需求计划控制材料买入价格,实行阳光招标。

Ⅱ. 运费控制。就近采购,选用经济可行的运输方法,降低运输成本。

Ⅲ. 考虑资金时间价值,减少中转环节,计算好经济库存,合理确定进货批量和批次,并加快货物周转,减少流动资金的占用,尽可能降低材料储备和拖延材料款的支付。

b. 材料用量的控制:

Ⅰ. 严格控制进料,把好入场关,保证购买材料符合工程要求,杜绝质量隐患。

Ⅱ. 加强现场管理,建立材料台账制,指派专人妥善保管,做到台账相符。

Ⅲ. 控制材料消耗,主要措施是"限额领料",即根据项目的工程数量,确定材料消耗的额度,并根据此额度分阶段控制材料消耗数量。

同一种材料可能会有不同的规格,虽然同一种材料不论长短如何都能达到工程要求,但是不同的长度会给现场生产减少或增加各种困难,从而使成本发生变化。比如:结构用型材其规格长度大概有 6 m、8 m、9 m、12 m 等几种。确定哪种长度更合适后,就应根据工程要求以及工艺标准来选用,其最终目的是降低损耗,使利用率最大化。但是也要考虑现场生产的局限性,不可频繁截料,否则会增加工程量和生产成本且外观成型效果也不好。在量大的情况下一定要考虑定尺,即便是采购成本有所增加也要坚持。

通常情况下原材料若是不考虑延米对接,其损耗在 7%~8%,有的小型材料如 6 m 定尺可能高达 10%左右。定尺的原材料损耗一般在 1%以下甚至更少。满足工程总量要求采购成品原材料成本每吨增加 200 元左右(市场价越高增加的费用越多),这里还不包括生产过程中人工和辅材的费用。

②人工费的控制

实施劳务招标,在与施工队签订劳务合同时,签订的人工费单价应比预算单价低一些,节省出来的部分可以用于定额外人工费和关键工序的奖励费,这样,人工费就不会超支,还留有余地。

③机械费的控制

实行单机控制,严格控制机械作业成本。追踪登记各类施工机械,建立统计台账,同时参考先进单位的定额标准,制定机械作业定额。按作业定额控制机械费,可以在管理中引进奖惩制度。超定额消耗时,按制度予以相应罚款;节约定额消耗时,则及时兑现奖励。

(2)应用成本与进度同步跟踪的方法控制分部分项工程成本

长期以来,都认为计划工作是为安排施工进度和组织流水作业服务的,其实,成本控制与计划管理、成本与进度之间有着必然的同步关系,即施工到什么阶段,就应该发生相应的成本费用。如果成本与进度不对应,就要作为"不正常"现象进行分析,找出原因,并加以纠正。成本和进度的同步跟踪可以通过横道图或网络图来实现。

(3)建立项目成本审核签证制度,控制成本费用支出

引进项目经理责任制后,需要建立以项目为成本中心的核算体系。所有的经济业务,都必

须与项目直接对口。经济业务发生时，需由有关项目管理人员审核，最后由项目经理签字后才能支付，也就是说，由项目经理把好成本控制的最后一关。

(4)定期开展“三同步”检查，防止项目成本盈亏异常

项目经济核算的“三同步”，就是统计核算、业务核算、会计核算“三同步”，期望通过“三同步”检查查明不同步的原因，纠正异常偏差。“三同步”检查：时间上的同步；分部分项工程直接费的同步，即产值统计与施工任务单的实际工程量和形象进度是否相符；资源消耗统计与施工任务单的消耗人工和限额领料单的消耗材料是否相符；机械和周转材料的租赁费与施工任务单的施工时间是否相符。如果不符，应查明原因，予以纠正，直到同步为止。

5. 安全管理措施

钢结构工程的安全管理措施主要包括交通、防风、防汛、吊装、用电和消防等安全措施。

(1)现场内外交通安全管理措施

①工程每个出入口，均设置标志牌，安装上通行栏，对进出现场人员进行严格管理。

②大型设备进场，必须与业主及有关政府交通管理部门进行协调，统一调整好进场道路及临近城市交通道路的关系及运转，保证交通正常。

③在施工路段的两端以及临时便道有关道路交叉口都要设置交通指(禁)令标志(牌)，夜间要设照明灯、示警灯或红灯(包括道路局部开挖处)。

④施工便道要达到坚固、平整、畅通、不积水的要求。

(2)防台防汛措施

①台风季节及汛期，项目部每天安排项目部主要管理人员以及一名防台防汛小组成员在夜间值班，以便在发生突发事件时能够及时地调度劳动力进行抢险工作。

②加强对现场排水系统的疏通和管理，专人每天进行清理和疏通，保持现场排水系统的畅通。

③组织准备好抢险劳动力及抽水设备、材料，遇到突发的情况可以及时进行抢险。

④台风季节，项目部安全员必须组织各单位相关人员对机械设备的安全情况、脚手架的牢固情况、现场堆放材料遮挡情况、临时设施的安全状况做详细的调查了解，如果存在安全隐患，必须及时进行整改、加固措施。

(3)构件吊装安全技术措施

①执行司机岗位责任制，持证上岗，专机专人驾驶，认真填写机械履历卡，非机组人员不得擅自操作。构件吊装，吊装面及地面必须各派一名专职安全指挥，项目部安全员监督检查。

②所有吊装构件必须实行二点吊。吊装所用的钢丝绳、夹具质量使用前必须进行检查，保证完好。吊装现场四周拉好安全警示标志，严禁闲杂人员进入吊装现场。

③司机在工作中如发现吊车有故障或其他异常现象应立即停车，必要时会同有关专业人员查明原因，排除故障后，方能继续工作。

④吊机操作前检查作业区是否有妨碍吊车安全工作的堆物、检查轨道是否平整，压板螺栓及拉条螺栓是否有松动等现象。

⑤根据天气预报，如超过六级风，吊车不能工作，如超过九级风则需采取加固措施。

⑥司机应坚守岗位职责，作业时必须集中思想，不得与他人谈笑。听从专职指挥人员的指挥，当无专职指挥人员时，有权拒绝作业。

⑦出现超载、起吊埋地物品、物品倾斜或拖拉等任何一种情况时，严禁吊装。

⑧构件吊装好后未经矫正及支架固定之前不准松绳脱钩。

⑨起吊较重的构件，不可中途长时间悬吊、停止。跑吊时，梁底离地不许超过 50 cm，并拉好缆风绳。

⑩所有起重吊装钢丝绳，不准触及有电线路和电焊搭铁线或与坚硬物件摩擦。

(4)施工用电安全技术措施

现场采用 TN-S 三相五线制配电系统，实行二级配电，三级保护。施工用电直接由土建单位临近接入点接驳，并设置独立的分配电箱、开关箱，独立装表计量。分配电箱、开关箱均必须经漏电开关保护。

现场用电的接驳移位必须由专职电工进行，严禁无证操作。

①配电箱的电缆线应有套管，电线进出不混乱。大容量电箱上进线加滴水弯。

②照明导线应用绝缘子固定，严禁使用花线或塑料胶质线，导线不得随地拖拉或绑在脚手架上。照明灯具的金属外壳必须接地或接零，单相回路内的照明开关箱必须装设漏电保护器。

③电箱内开关电器必须完整无损，接线正确。各类接触装置灵敏可靠，绝缘良好。无积灰、杂物，箱体不得歪斜。电箱内应设置漏电保护器，选用合理的额定漏电动作电流进行分级配合。配电箱应设总熔丝、分熔丝、分开关，动力和照明分别设置。

④配电箱的开关电器应与配电线或开关箱一一对应配合，作分路设置，以确保专路专控；总开关电器与分路开关电器的额定值、动作整定值相适应。熔丝应和用电设备的实际负荷相匹配。

⑤接地体可用角钢、圆钢或钢管，但不得用螺纹钢，一组 2 根接地体之间间距不小于 2.5 m，入土深度不小于 2 m，接地电阻应符合规定。

⑥电焊机有可靠的防雨措施。一、二次线(电源、龙头)接线处应有齐全的防护罩，二次线应使用线鼻子。电焊机外壳应有良好的接地或接零保护。

(5)施工现场消防保卫措施

①施工现场安全保卫工作原则：保障施工现场的安全，保障工程周边社区的安定，杜绝现场重大火灾事故和刑事案件的发生。

②消防措施：

a. 现场班组建立以项目经理为第一责任人的防火领导小组和义务消防队员、班组防火员，消防干部持证上岗。

b. 层层签订消防责任书，把消防责任书落实到重点防火班组、重点工作岗位。

c. 施工现场配备足够的消防器材，统一由消防干部负责维护、管理、定期更新，并做好书面记录。

d. 一般临时设施，每 100 m^2 配备两只 9 L 灭火器，油漆间等每 25 m^2 配备一只种类适合的灭火器。

e. 现场动火作业必须执行审批记录，并明确一、二、三级动火作业手续，落实防火监护人员。

f. 电焊工在动用明火时，必须随身带好电焊工操作证和动火许可证、消防灭火器、监护人责任交底书。

g. 气割作业场所必须清除易燃物品，乙炔气和氧气存放距离大于 2 m，施工作业时氧气瓶、乙炔瓶要与动火点保持 10 m 的距离，氧气瓶与乙炔瓶的距离应保持 5 m 以上。

h. 消防管理必须符合文件规范要求。

i. 建立灭火施救方案，自救的同时及时报警。现场设置独立电源的消防水泵。

③安全保卫措施：

a. 安全保卫坚持“预防为主、确保重点”的指导思想，保证工程的安全。

b. 建立专门的保卫机构，统一领导治安保卫工作。在现场保卫机构的统一领导下，实行分片包干，协同作战。

c. 严格执行出入制度，夜间组织安保人员值班巡逻。

d. 执行治安防范责任制度，层层签订治安责任协议书。

e. 对施工现场的贵重物资、重要器材和大型设备加强管理。

f. 广泛展开法制宣传和“四防”教育，提高全体人员遵纪守法自觉性。

g. 经常开展防火、防爆、防盗为中心的安全教育，堵塞漏洞，发现隐患要及时采取措施，防止事故发生。

h. 加强对施工队伍的管理，设专人负责对施工队伍进行法制、规章制度教育，对参加施工的所有人员要进行审查、登记、造册、发放工作证后方可上岗工作。

6. 文明施工与现场环境保护的措施

(1)所有原材料及工程剩余材料应堆放整齐，不得随意乱放；并应划分原材料和成品区域，不得混放。库房材料成堆、成型、成色进库。钢材必须按规格、品种堆放整齐；油漆材料、焊材等辅助材料要存放在通风仓库内，并堆放整齐。

(2)噪声必须限制在 95 dB 以下，对于某些机械的噪声无法消除时，应重点控制并采取相应的个人防护，以免带来职业性疾病。严格控制粉尘在 10 mg/m^3 卫生标准内，操作时应佩带有良好和完善的劳动防护用品加以保护。进行射线检测时，应在检测区划定隔离防范警戒线，并远距离操作。

(3)保持车间整洁干净，成品、半成品、零件、余料等材料要分别堆放，并有标识以便识别。食堂、厕所等特殊部位保持清洁，防止流行病的传播。

(4)施工现场必须做到道路畅通无阻，排水通畅无积水，现场整洁干净，临时建筑搭设整齐，宣传、安全标志醒目；施工现场应封闭，完善施工现场的出入管理制度；施工人员在现场佩带工作卡，严禁非工作人员进入施工现场；在居民区附近施工要避免夜间施工；施工现场的螺栓、电焊条等的包装纸、袋及废铁应及时分类回收，避免污染环境，保持施工场地清洁；在焊接时周围用彩条布围住，防止弧光和焊接的烟尘外露。

(5)对施工人员进行文明施工教育，加强职工的文明施工意识；实行区域管理，划分责任范围，定期进行文明施工检查。

(6)高强度螺栓连接施工中拧下来的梅花头，要随拧随收到地面集中存放和处理。

(7)涂装施工前，做好对周围环境和其他半成品的遮蔽保护工作，防止污染环境。防腐涂料施工中使用过的棉纱、棉布、滚筒刷等物品应存放在带盖的铁桶内，并定期处理，严禁向下水道倾倒涂料和溶剂。施工现场应做好通风排气措施，减少有毒气体的浓度。

(8)夜间施工时不得敲击压型钢板，以免产生噪声。

7. 施工技术资料管理

施工过程中形成的资料应按报验、报审程序，通过施工单位有关部门审核后，报送建设(监理)单位。

施工资料的报验、报审应有时限性要求，工程有关各单位宜在合同中约定报验、报审时间，约定承担的责任。当无约定时，施工资料的申报、审批应遵守有关规定，并不得影响正常施工。

当钢结构工程施工方作为专业分包时，总承包单位应在与分包单位签订的分包合同中明确施工资料的提交份数、时间、质量要求等。分包方在工程完工时，将施工资料按约定及时移交总承包单位。

施工资料代号用大写英文字母“C”表示，即C类，并按C1～C9共9小类排列编号。即：施工管理资料(C1)、施工技术资料(C2)、施工物资资料(C3)、施工测量资料(C4)、施工记录(C5)、隐蔽工程检查验收记录(C6)、施工监测资料(C7)、施工质量验收记录(C8)和单位(子单位)工程竣工验收资料(C9)等九部分。

其中施工技术资料是施工单位用以指导、规范、科学施工的资料，主要包括：

(1)单位工程施工组织设计

施工单位在正式施工前编制单位工程施工组织设计，经施工单位相关部门审核，由总工程师审批后填写《工程技术文件报审表》，报监理单位审定签字实施。单位(子单位)工程施工组织设计。标准给出了施工组织设计编制过程中所涉及的13张主要用表，实际应用时可根据工程实际情况选择或增加表格。

(2)施工现场平面布置图

施工现场平面布置图应有基础、主体和装饰三个阶段平面图。

(3)施工方案

主要分部、子分部、分项工程，重点部位、技术复杂或采用新技术的关键工序应编制专项施工方案和冬、雨季施工方案，经施工单位相关部门审核，由总工程师审批后填写《工程技术文件报审表》，报监理单位审定签字实施。

施工方案有关用表同单位工程施工组织设计。

(4)技术、质量交底记录

技术、质量交底是对施工图、设计变更、施工技术规范、施工质量验收标准、操作规程、施工组织设计、施工方案、分项工程施工操作技术、施工新技术等进行具体要求与指导。

技术、质量交底由总工程师、技术质量部门负责人、项目技术负责人、有关技术质量人员及施工人员分别负责，并由交底人和被交底人签字确认。交底作为施工过程中一项重要的技术质量管理活动，对施工具有重要的指导价值，因此交底内容必须具体、准确、各项数据应量化。

对于重点和大型工程施工组织设计交底应由企业技术负责人把主要设计和施工要求、技术措施向项目部主要管理人员进行交底。施工方案、“四新”技术、设计变更以及有关安全施工技术交底应由项目各专业技术负责人向专业工长或班组长进行交底。分项交底可由专业质检员或工长对施工班组进行。

(5)设计交底

施工图纸会审前，建设单位召集设计、监理和施工单位人员，由设计人员进行设计交底，并整理交底内容，填写《设计交底记录》，经各方签字后实施。

(6)图纸会审

工程开工前，由建设单位组织设计、监理和施工单位有关人员进行施工图纸会审，由施工单位进行记录整理汇总，填写《图纸会审记录》，经各方签字后实施。

(7)设计变更通知单

工程设计变更时，设计单位应及时签发《设计变更通知单》，经项目总监理工程师(建设单位)审定后，转交施工单位。

(8)工程洽商记录

应分专业办理,内容翔实,涉及设计变更时由设计单位出具《设计变更通知单》。工程洽商记录由提出方填写,各参加方签认。

(9)技术联系(通知)单

技术联系(通知)单是用于施工单位与建设、设计、监理等单位进行技术联系与处理的文件。技术联系(通知)单应写明需解决或交代的具体内容。

3.3.4 施工现场协调与管理

当工程的各项准备工作就绪以后,便开始工程的实施。在工程的整个实施过程中,对于施工技术管理人员,最重要的就是要做好施工现场的协调与管理工作。

1. 合同、技术交底

施工合同交底是对施工合同各项具体约定的详细解读,但并不是对原合同版本的照抄照搬。它要求综合分析,条理清晰,重点突出,有实际的指导性。在交底工作中,以下几个方面需引起特别重视。

(1)合同交底需明确合同版本、交底人、被交底人、交底日期、工程名称、合同总价、建设单位、业主单位性质及资信情况、工程开竣工时间、工程质量和工期等基本要素,这是对本项目施工合同最基本的掌握。

(2)合同工期需明确施工合同中对合同工期、工期顺延条件、工期奖罚措施等相关条款有无明确约定。

①需明确合同中有无对工期的具体约定。若在合同条款中对于工期无具体约定,将导致因甲方原因、不可抗力等原因引起的工期延误不能及时得到索赔。故对于未约定工期的,需在风险提示栏中明确提出,并及时采取应对措施,及时和甲方接洽,以补充协议或工作联系函的形式予以确认。

②需对能发生工期顺延、工期奖罚的条款进行详细交底。在应对措施中需明确,施工过程要做好各个分包工程、材料进场的协调,做好施工进度安排,过程中积极协调各劳务队伍的施工,确保人、材、机的及时投入,保证施工进度,从而防止工期延误风险的发生。建设工程最大的特点之一就是履约时间长,少则一年,多则三五年。在履约过程中,有很多情况会发生,对于因甲方原因、不可抗力等合同中约定的可以工期顺延的情形要提示项目部吃透合同条款,及时办理签证,并获有权签收人签收,做好收发文登记工作,以便于顺延工期并及时索赔。同时,对于工期奖罚条款要深刻理解,过程须做好进度控制,分阶段落实,做好进度监控工作,全面防止工期违约情况的发生并通过办理签证、工作联系函等及时争取赶工费、人工费补差、提前竣工奖励等。

(3)需按照主合同约定,将甲乙双方的工作内容予以明确,尤其需对甲方指定分包范围,甲方指定分包的分包合同签订方式、甲方指定分包的风险转移等条款进行详细交底。在过程中,要及时与甲方沟通,对因甲方原因导致开工延误或工期顺延的情况,要及时办理工期签证。

(4)对材料的市场价格变动幅度需引起重视,积极关注市场信息,及时与甲方沟通,做好工程预算工作,避免丢项、漏项造成公司损失,并提示项目部在签订分包、分供合同时将付款风险进行相应转移。

(5)付款条件的好坏直接关系到项目的资金运转情况,付款约定一般分为按节点付款和按月进度付款。如是按节点付款,要向相关管理人员详细交底节点时间;如是按月进度付款需详细交底合同报量时间、甲方审批时间、办理付款的相关约定等。同时，交底中需明确有无预付款、有无履约保证金、是否垫资项目。在合同交底中，需提示项目相关管理人员加强与业主的沟通，做好进度款申付工作，对延期付款采取及时有效措施，如发催告函、工作联系函等形式及时向甲方申请权利；根据相关财务规定，收付款时需提供与实际收取或支付金额等额的税务发票。除此之外，需与业主积极沟通，要求其对我方的代扣款（如水电费等）需提供相应的等额税务发票；我方每次收取工程款时，开取与收款金额等额的税务发票。在项目应对措施中，必须加强施工监控，做好资金使用计划，防控资金风险。

(6)工程质量、工程变更与工程安全。

①工程质量对于有特殊质量要求，如要求达到省级优良样板工程奖，需提示项目部管理人员引起足够的重视。同时，要求做好项目质量管理工作，对工程质量严格控制，并将质量风险转移到各分包合作方，以减少我方承担的不合理责任。提示项目部做好质量控制和现场文明施工，确保工程质量达到合同约定的质量标准。

②工程变更提示项目部相关管理人员，要做好施工过程中变更工程量的确认工作，定期进行工程量变更统计总结，及时向甲方申报，取得签字确认；对于因工程变更导致的合同价款增加（或减少）积极进行审核确认，并及时与甲方沟通、确认。

③工程安全在安全方面，要提示项目部做好安全交底，施工现场做到文明施工，避免受到社会各界的不利评价、承担建设单位处罚的严重后果；要做好施工现场安全防护，并与下属各分包单位签订安全管理协议，对安全责任风险进行相应转移；同时要求各分包方对因其产生的问题需承担建设方的处罚。

(7)质量保修明确质保金的相关约定，对于质量保修工作提示项目部管理人员依照合同约定派专人管理。

(8)对甲乙双方的违约责任要予以明确。对于甲方违约的情况，要提示项目部及时办理签证或索赔，要求其承担违约责任。

由以上分析可以看到，一份合格的施工合同交底的主体内容应包括工程的基本内容、合同主要条款、合同风险、应对风险的措施。另还有履约过程中的问题反馈、交底人和被交底人的签字，对于该项目突出的履约重点、难点，如工期紧张、垫资压力大等可另附一栏列明详细的应对措施。除以上框架外，还可增添《项目管理人员对主施工合同的责任分解表》为交底附件，根据各部门的岗位职责对合同条款进行“了解”、“掌握”、“熟识”3 个认识层面的掌握，合同条款与职位职责对接，责任到具体负责人。

合同交底是公司合同签订人员和精通合同管理的专家向项目部成员陈述合同意图、合同要点、合同执行计划的过程，通常可以分层次按一定程序进行。层次一般可分为三级，即公司向项目部负责人交底，项目部负责人向项目职能部门负责人交底，职能部门负责人向其所属执行人员交底。这三个层次的交底内容和重点可根据被交底人的职责有所不同。笔者根据多年的实践和研究，认为按以下程序交底是有效可行的。

公司合同管理人员向项目负责人及项目合同管理人员进行合同交底，全面陈述合同背景、合同工作范围、合同目标、合同执行要点及特殊情况处理，并解答项目负责人及项目合同管理人员提出的问题，最后形成书面合同交底记录。

项目负责人或由其委派的合同管理人员向项目部职能部门负责人进行合同交底，陈述合同基本情况、合同执行计划、各部门的执行要点、合同风险防范措施等，并解答各部门提出的问题，最后形成书面交底记录。

各职能部门负责人向其所属执行人员进行合同交底，陈述合同基本情况、本部门的合同责任及执行要点、合同风险防范措施等，并答所属人员提出的问题，最后形成书面交底记录。

各部门将交底情况反馈给项目合同管理人员，由其对合同执行计划、合同管理程序、合同管理措施及风险防范措施进一步修改完善，最后形成合同管理文件，下发各执行人员，指导其活动。

合同交底是合同管理的一个重要环节，需要各级管理和技术人员在合同交底前，认真阅读合同，进行合同分析，发现合同问题，提出合理建议，避免走形式，以使合同管理有一个良好的开端。

对于技术交底的内容在前一节已详细描述，此处，主要介绍其操作流程。

(1)施工组织设计交底可通过召集会议形式进行技术交底，并应形成会议纪要归档。

(2)通过施工组织设计编制、审批，将技术交底内容纳入施工组织设计中。

(3)施工方案可通过召集会议形式或现场授课形式进行技术交底，交底的内容可纳入施工方案中，也可单独形成交底方案。

(4)各专业技术管理人员应通过书面形式配以现场口头讲授的方式进行技术交底，技术交底的内容应单独形成交底文件。交底内容应有交底的日期，有交底人、接收人签字，并经项目总工程师审批。

2. 人员现场管理与作业指导

现场人员包括现场各类管理人员和施工现场的作业人员。为实现对人力资源的规范化管理，确保从事影响产品质量、环境和职业健康安全的工作人员能满足相应岗位能力的要求，以实现人力资源的合理配置和有效利用，需要制定相关的人员现场管理制度。通常情况下包括：各类管理人员的岗位职责；管理人员工作奖罚制度；施工现场特种作业人员持证上岗制度(建筑施工的起重和垂直运输机械的起重吊装(安装)工、信号指挥工、起重工、电工、焊工、登高架设作业人员等特种作业人员，必须全部持《特种作业操作证》上岗)。

要使工程顺利进行，还应对各类人员进行作业指导。项目部应积极建立学习培训制度，定期组织管理人员学习管理和业务知识；积极派人参加各种类型的培训班，开展专业培训活动，提高管理人员对标准化管理的认识和实施能力，提高业务素质；有计划地做好建设人才培训、培养工作，对有一定管理经历的人员进行新知识培训，对有专业知识但缺乏实践经验的人员进行现场培训。

人员的教育培训要紧贴施工、管理实际，遵循专业对口、按需施教、学用一致、追求实效的原则，坚持全员培训、紧缺人才优先培训、重点人才重点培训，做到需求与储备、当前与长远、普遍提高与重点培养、培训质量与办学效益相结合。

对于现场施工从业人员除做好三级安全教育外，还应利用交底或样板工程引导，进行现场作业的指导。

3. 资源配备协调

(1)对施工资源配备协调，就是要对各构成要素进行认真研究，强化施工项目的动态管理。其最根本的意义在于：

①进行施工资源的优化配置，即可适时、适量、比例适当、位置适宜地配备或投入各要素，以满足工程项目施工的需要。

②进行施工资源的优化组合，可在施工过程中搭配适当，在项目中发挥协调作用，有效地形成生产力，适时地生产出理想的合格产品。

③在施工项目运转过程中，对各种资源进行动态管理。施工项目的实施过程是一个不断变化的过程，对各种资源的需求在不断变化，平衡是相对的，不平衡是绝对的。因此，施工资源的配置和组合就需要不断调整，这就需要动态管理。动态管理的目的和前提是优化配置和组合，动态管理是优化配置和组合的手段与保证。其基本内容就是按照施工项目的内在规律，有效地计划、组织、协调和控制各种资源，使之在项目中合理流动，在动态中寻求平衡。

④在施工项目运行中，合理地使用资源，以达到节约资源的目的。

(2)在项目施工过程中，对施工资源进行管理；应注意以下几个环节：

①编制施工资源计划。编制施工资源计划的目的是对资源投入量、投入时间和投入步骤作出合理安排，以满足施工项目实施的需要，计划是优化配置和组合的手段。

②资源的供应。按照编制的计划，从资源来源到投入，再到施工项目上进行实施，使计划得以实现，施工项目的需要得以保证。

③节约使用资源。根据每种资源的特性，制定出科学的措施，进行动态配置和组合，协调投入，合理使用，不断地纠正偏差，以尽可能少的资源满足项目的使用，达到节约的目的。

④进行资源投入、使用与产出的核算，实现节约使用的目的。

⑤进行资源使用效果的分析。一方面是对管理效果的总结，找出经验和问题，评价管理活动；另一方面为管理提供储备和反馈消息，以指导以后(或下一循环)的管理工作。

(3)施工资源配备协调涉及的内容主要包括：劳动力、材料、机械设备、技术和资金等要素。

①劳动力

国家和建筑业用工制度的改革，使施工企业已经有了包括固定工、合同工、临时工和城建制的外地队伍等多种形式的用工，并且已经形成了弹性结构。不论施工任务的多少，劳动力招工难和不稳定的问题基本得到解决，改变了劳动力队伍结构，加强了第一线用工，促进了劳动生产率的提高。

劳动力作为施工资源的第一主要内容，关键是如何加强思想政治工作，利用行为科学、激励理论和方法，调动职工的积极性、创造性，以提高劳动生产率。

②材料

按材料在生产中的作用将建筑材料分为主要材料、辅助材料和其他材料。主要材料指在施工中被直接加工，构成工程实体的各种材料，如钢材、木材、水泥、砖、砂、石等；辅助材料指在施工中有助于产品的形成，但不构成工程实体的材料，如促凝剂、隔离剂、润滑物等；其他材料指不构成工程实体，但又是施工中必须的材料，如燃料、油料、砂纸、棉纱等。此外，像脚手架材料、模板材料等周转性材料、工具、预制构配件等，都因在施工中有独特作用而自成一类，其管理方式与材料基本相同。

工程材料按材料来源可分为天然材料和人造材料；按使用功能可分为结构材料和功能材料；按自然属性可分为金属材料、硅酸盐材料、电器材料、化工材料；按组成的物质和化学成分可分为无机材料、有机材料和复合材料等；它们的保管、运输各有不同要求，需区别对待。

③机械设备

施工项目机械设备，主要是指作为工具使用的大、中、小型机械，既是固定资产，又是劳动手段。施工项目机械设备优化管理的环节包括选择、使用、保养、维修、改造、更新等，其关键是使用，以提高机械效率、提高利用率和完好率，只有依靠人去提高利用率，依靠保养和维修去提高完好率。

④技术

技术是指操作技能、劳动手段、劳动者素质、生产工艺、试验检验、管理程序和管理方法等。由于工程项目施工生产的单件性、露天性、空间性、流动性和复杂性等特点，决定了技术的作用更加重要。技术工作要素包括技术人才、技术装备、技术规程、技术资料等；技术活动过程指技术计划、技术运用、技术评价。技术作用的发挥，除了依靠技术本身的水平外，在很大程度上还依赖于技术管理水平。没有完善的技术管理，先进的技术是难以发挥作用的。

技术管理的任务包括：

a. 正确贯彻国家和行政主管部门的技术政策，贯彻上级对技术工作的指示和决定。

b. 研究、认识和利用技术规律，科学地组织各项技术工作，充分发挥技术的作用。

c. 确立正常的生产技术秩序，进行安全生产、文明施工，以技术保证工程质量。

d. 努力提高技术工作的经济效果，使技术与经济有机地结合。

⑤资金

施工项目的资金，从流动过程来讲，首先是投入，即将筹集到的资金投入到施工项目上；其次是使用，也就是支出。资金管理，就是财务管理，它包括的主要环节有：

a. 编制资金使用计划。

b. 筹集资金。

c. 投入资金（施工项目经理部收入）。

d. 资金使用（支出）。

e. 资金核算与分析。

施工项目资金管理的重点是收入与支出问题，收支之差涉及核算、筹资、贷款、利息、利润和税收等问题。

4. 各工种作业协调与管理

轻钢门式刚架工程中的作业人员按专业可分为土建施工人员、钢结构安装人员，在施工过程中，应根据工程的总体施工方案、工程进度的实际进展情况、工程施工环境以及施工成本的考虑，进行各工种的作业协调与管理。

(1)各工种作业协调管理原则

①施工区间组织分段流水既能使周转材料周转灵活，又使铺装、安装、绿化等后期工作尽早开展，大大加快施工进度。

②项目部每天由项目经理主持召开班后工作例会，着重解决第二天的工作安排和协调问题。

③每个工人在保证自己工作质量的同时，做好成品和其他专业成品的保护工作。

④施工班组遇到协调难题时，应报由主管工长解决，如不能解决，则报项目部，由项目经理解决。

(2)各专业施工班组的协调

①土建、安装、绿化施工班组认真熟悉施工图，针对施工图上相互矛盾之处，及时提交设计单位落实解决。

②如果轻钢门式刚架夹层及楼梯采用钢筋混凝土结构，土建、安装工序交叉较为频繁，做好统一的施工安排，减少彼此之间的相互影响，加快施工进度。

③安装预留、预埋，提前与土建协商，避免遗漏。

④安装施工进度随土建施工进度进行，在基础施工结束后，结构安装尽快完成夹层施工，

尽量为彼此之间的工作创造有利条件。

⑤土建、安装、绿化等专业要注意彼此之间的成品及半成品保护工作。

⑥各专业班组必须遵守施工现场的管理制度，服从项目部的统一规划、平衡，在生产、生活、施工用电、用水等方面划分区域，由项目经理统一协调各班组的工作。

⑦各专业班组必须按照施工项目部的安排，按时入场施工，并按时完成施工任务。

(3)协调安排注意事项

①在每天的施工工序安排时，应分清主次、先后，注意工序之间的衔接、穿插。

②从每天的劳动力安排上考虑。首先应清楚现场每个工人的生产能力，安排时注意搭配，其次对每道工序的工程量及每天的计划完成量应计算准确，然后根据各个工序每天需完成的工程量，再结合工人的生产能力，确定每天劳动力的安排，做到当日事当日完成，不影响第二天的工作安排。

③工料、机具应配备充足，严格按材料、设备供货计划供货。

④钢结构设计、制作、施工之间的协调。即根据钢构件所在位置在设计、翻样过程中就对所有构件按序编号，使其能对号入座。所有构件在设计、制作、运输及安装过程中均采用同一编号，方便查找，以加快施工安装的进度。

⑤对于工序多、工作面大的项目，劳动力、材料及设备的组织都有一定的难度，所以施工安排应科学、合理，做到紧前不紧后，使现场的各种人力、物力资源，都能得到充分发挥。

5. 环境安全管理

(1)施工现场作业环境安全保障

①施工现场应有利于生产，方便从业人员生活，符合防洪、防火等安全要求，具备文明生产、文明施工的条件。

②施工现场的临时设施，必须避开泥沼、悬崖、陡坡、泥石流等危险区域，选在水文、地质良好的地段。施工现场内的各种运输道路、生产生活设施、易燃易爆仓库、材料堆场，以及动力通信线路和其他临时工程，应按有关安全的规定绘出合理的平面布置图。

③施工现场应设置安全标志，并不得擅自拆除。

④施工现场的坑、沟、水塘等边缘应设安全护栏，场地狭小及行人、运输繁忙的地段应设专人指挥交通。

⑤施工现场的生产生活房屋、变电所、发电机房、临时油库等均应设在干燥地基上，并符合防火、防洪、防风、防爆、防震的要求。

⑥施工现场要设置足够的消防设备，施工人员应熟悉消防设备的性能和使用方法，并应组织一支经过训练的义务消防队伍。

⑦生产生活房屋应按规定保持必须的安全净距，一般情况下活动板房不小于 7 m，铁皮板房不小于 5 m，临时的发电机房、变电室、铁工房、厨房等与其他房屋的间距不小于 15 m。

⑧易燃易爆的仓库、发电机房、变电所，应采取必要的安全防范措施，严禁用易燃材料修建。炸药库的设置应符合国家有关规定，工地的小型油库应远离生活区 50 m 以外，并外设围栏。

⑨工地上较高的建(构)筑物、临时设施及重要库房，如炸药库、油库、发电(变)房、塔架、龙门吊架等，均应加设避雷装置。

⑩对环境有污染的设施和材料应设置在远离人员居住的空旷地点。

⑪施工现场的水电设施、照明设施等应符合规范要求。

(2)轻钢门式刚架结构工程现场安全管理措施

①施工现场安全生产交底

贯彻执行劳动保护、安全生产、消防工作的各类法规、条例、规定，遵守工地的安全生产制度和规定。

施工负责人必须对职工进行安全生产教育，增强法制观念和提高职工的安全生产思想意识及自我保护能力，自觉遵守安全纪律、安全生产制度，服从安全生产管理。

所有的施工及管理人员必须严格遵守安全生产纪律，正确穿、戴和使用好劳动防护用品。

认真贯彻执行工地分部分项、工种及施工技术交底要求。施工负责人必须检查具体施工人员的落实情况，并经常性督促、指导，确保施工安全。

施工负责人应对所属施工及生活区域的施工安全质量、防火、治安、生活卫生等全面负责。

对施工区域、作业环境、操作设施设备、工具用具等必须认真检查。发现问题和隐患，立即停止施工并落实整改，确认安全后方准施工。

机械设备、脚手架等设施，使用前需经有关单位按规定验收，并做好验收及交付使用的书面手续。租赁的大型机械设备现场组装后，经验收、负荷试验及有关单位颁发准用证方可使用，严禁在未经验收或验收不合格的情况下投入使用。

对于施工现场的脚手架、设施、设备的各种安全设施、安全标志和警告牌等不得擅自拆除、变动，必须经指定负责人及安全管理员的同意，并采取必要、可靠的安全措施后方能拆除。

②现场安全生产技术措施

要在职工中牢牢树立起安全第一的思想，认识到安全生产、文明施工的重要性，做到每天班前教育、班前总结、班前检查，严格执行安全生产三级教育。

进入施工现场必须戴安全帽，2 m 以上高空作业必须佩带安全带。

吊装前起重指挥要仔细检查吊具是否符合规格要求，是否有损伤，所有起重指挥及操作人员必须持证上岗。

高空操作人员应符合超高层施工对体质要求，开工前检查身体。

高空作业人员应佩带工具袋，工具应放在工具袋中不得放在钢梁或易失落的地方，所有手工工具(如手锤、扳手、撬棍)，应穿上绳子套在安全带或手腕上，防止失落伤及他人。

高空作业人员严禁带病作业，施工现场禁止酒后作业，高温天气做好防暑降温工作。

吊装时应架设风速仪，风力超过 6 级或雷雨时应禁止吊装，夜间吊装必须保证足够的照明，构件不得悬空过夜。

③安全保障设施

轻钢门式刚架结构工程安装高空作业量大，需用安全设施多，为确保施工安全，现场应组建专业安全班组，负责工程安装中所需的一切安全设施的搭设。工程中所搭设安全设施主要有以下内容：

a. 檩条支撑吊装、焊接安全设施。

b. 檩条及支撑在吊装前应安装通道扶手钢丝绳，便于施工人员行走时挂安全带。

c. 檩条支撑拼装接点处安装焊接平台。

d. 操作平台的下部用兜底阻燃性安全网封闭。

④现场安全用电

现场施工用电执行一机、一闸、一漏电保护的“三级”保护措施，其电箱设门、设锁、编号、注明责任人。

机械设备必须执行工作接地和重复接地的保护措施。

电箱内所配置的电闸、漏电、熔丝荷载必须与设备额定电流相等。不使用偏大或偏小额定电流的电熔丝，严禁使用金属丝代替电熔丝。

⑤消防安全措施

a. 电气防火装置

在电气装置和线路周围不堆放易燃、易爆和强腐蚀物质；在电气装置相对集中场所，配置绝缘灭火器材，并禁止烟火；合理设置防雷装置，加强电气设备相间和相地间绝缘，防止闪烁；加强电气防火知识宣传，对防火重点场所加强管制，并设置禁止烟火标志。

b. 焊接工程

电焊机外壳必须接地良好，其电源的装拆要由电工进行。电焊机要设单独开关，并放置在防雨闸箱内。多台电焊机一起集中施焊时，焊接平台或焊件必须接地，并有隔光板。工作结束后要切断电源，并检查操作地点，确认无火灾隐患后，方可离开。

c. 易燃易爆物品存放管理

施工材料的存放、保管，要符合防火安全要求，库房采用阻燃材料搭设，易燃易爆物品设专库存放保管，库房保持通风，用电符合防火规定，指定防火负责人，配备消防器材，严格防火措施，确保施工安全。

d. 现场明火作业管理

现场严禁动用明火，确需明火作业时，必须事先向主管部门办理审批手续，并采取严密的消防措施，切实保证施工安全。

结构阶段施工时，焊接量比较大，要增加看火人员。特别是高层施工时，电焊火花一落数层，如果场内易燃物品多，更要多设看火人员。钢管焊接时，在焊点垂直下方，要将易燃物清理干净，特别是冬季结构施工多用草袋等易燃材料进行保温，电焊时更要对电焊火花的落点进行监控和清理，消灭火种。

⑥悬空作业防护措施

悬空作业处应有牢固的立足处，并必须视具体情况，配置防护栏网、栏杆或其他安全设施。

a. 悬空作业所用的索具、脚手架、吊篮、吊笼、平台等设备，均需经过技术鉴定或验证方可作用。

b. 钢结构的吊装，构件应尽可能在地面组装，并搭设进行临时固定、电焊、高强度螺栓连接等工序的高空安全设施，随构件同时上吊就位。拆卸时的安全措施，亦应一并考虑和落实。高空吊装大型构件前，也应搭设悬空作业所需的安全措施。

c. 进行预应力张拉时，应搭设站立操作人员和设置张拉设备用的牢固可靠的脚手架或操作平台。预应力张拉区域应指示明显的安全标志，禁止非操作人员进入。

d. 悬空作业人员，必须戴好安全带。

⑦防止起重机倾翻

a. 起重机的行驶道路，必须坚实可靠。起重机不得停置在斜坡上工作，也不允许起重机两个履带一高一低。

b. 严禁超载吊装，超载有两种危害，一是断绳重物下坠，二是“倒塔”。

c. 禁止斜吊，斜吊会造成超负荷及钢丝绳出槽，甚至造成拉断绳索和翻车事故；斜吊会使物体在离开地面后发生快速摆动，可能会砸伤人和碰坏其他物体。

d. 要尽量避免满负荷行驶，构件摆动越大，超负荷就越多，发生翻车风险越大。短距离行驶，只能将构件离地 30 cm 左右，且要慢行，并将构件转至起重机的前方。拉好溜绳，控制构件摆动。

有些起重机的横向与纵向的稳定性相差很大，必须熟悉起重机纵横两个方向的性能，进行吊装工作。

(3)工程现场环境保护措施

为了保护和改善生活环境与生态环境，防止由于建筑施工造成的作业污染和扰民。保障建筑工地附近居民和施工人员的身体健康，施工方应制定一系列具体、切实可行的管理制度和技术措施来做好建筑施工现场的环境保护工作。施工现场的环境保护是文明施工的具体体现，也是施工现场管理达标考评的一项重要指标，所以必须采取现代化的管理措施来做好这项工作。

①周边地下管线及建筑物、绿化带保护措施

a. 向建设单位及有关单位了解地下管线的布置情况，了解附近建筑物的结构特点。现场布置尽可能避开地下管线位置，远离绿化带。

b. 在施工过程中应针对存在的管线采取保护措施，防止被破坏。

c. 本工程采用的吊装机械均为大型起重设备，承载能力强，架空管线前先将管线周围的土挖空，在其上设置支撑架，支撑架的搁置点要可靠牢固，能防止过大位移与沉降，并便于调整位置；同时应作好明显的防碾压标志。当临近无法设置较稳定的支撑架时，可在管线位置开沟后在沟顶搁置支撑梁，直接将管线悬挂在支撑梁上，此时，支撑梁也有可能随槽边土体一并发生位移或沉降，因此应及时对管线位置调整复位。

d. 详细调查施工场地区域内及周边地上设施的情况，根据调查的情况设置明显的隔离标志，特别对具有敏感性的设施，预留安全距离，设置隔离带，并对路边电线、通信线，用木杆、竹巴片等绝缘材料进行遮挡、封闭，设立明显标志，保证用电设备安全。

e. 加强对职工的思想教育工作，教育职工注意社会公德，保护公物，不损坏公物。

f. 车辆进出注意行使方向和速度，做到安全文明行车，严禁冲撞碾压绿化带现象。车辆载重应按规定，严禁超载，以免破坏地下管线。

②防止大气污染

a. 建筑施工生产的建筑垃圾较多，必须采用临时专用垃圾坑或采用容器装运，严禁随意抛撒垃圾。施工垃圾及时清运，做到当天的垃圾当天清运，并适量洒水，减少扬尘。

b. 施工队伍进场后，在清理场地内原有的垃圾时，应随时洒水，减少扬尘污染。

③防止噪声污染

a. 施工现场应遵照《中华人民共和国建筑施工场界噪声限值》制定降噪的相应制度和措施。

b. 健全管理制度，严格控制强噪声作业的时间，提前计划施工工期，避免昼夜连续作业，若必须昼夜连续作业时，应采取降噪措施，做好周围群众工作，并报有关环保单位备案审批后方可施工。

c. 严禁在施工区内高声喧叫，猛烈敲击铁器，增强全体施工人员防噪扰民的自觉意识。

d. 施工现场的强噪音机械如砂轮机、空压机等，施工作业尽量放在封闭的机械棚内或白天施工，房屋内设隔音板，使其与外界隔离，最大限度的降低其噪声，不影响工人与居民的休息时间。

e. 对噪声超标造成环境污染的机械施工，其作业时间限制在 7:00 至 12:00 和 14:00 至

22:00之内。

f. 各项施工均选用低噪声的机械设备和施工工艺。施工场地布局要合理，尽量减少施工对居民生活的影响，减少噪声强度和敏感点受噪声干扰时间。

④对光污染的控制

a. 探照灯要选用既满足照明要求又不刺眼的节能灯具，施工照明灯的悬挂高度和方向要考虑不影响居民夜间休息，使夜间照明只照射施工区域而不影响周围居民区居民的休息。

b. 在施工现场周围种植或布置移动绿化，清洁环境、美化生活，在工程入口设置拟建工程的喷绘图，并用灯箱通夜照明，既美化环境，又可阻止噪声、杂物等向场外散播。

6. 资料管理

1)施工资料

(1)基本资料

①工程开工/复工报审表

②施工现场质量管理检查记录

③现场质量管理制度

④施工技术标准

⑤质量责任制

⑥特种作业操作证

⑦企业营业执照

⑧企业资质证书

⑨相关人员证书

(2)施工技术资料

⑩施工组织设计(施工方案)报审表

⑪施工组织设计

⑫技术交底记录

⑬安全交底记录

(3)施工测量记录

⑭隐蔽工程记录

(4)施工物资资料

⑮见证检测委托记录

⑯工程材料/构配件/设备报审表

⑰钢结构成品出厂合格证总汇表

⑱钢材原材料质量证明书

⑲钢材原材料检测报告

⑳辅材原材质量证明书

㉑高强度螺栓质量证明书

㉒高强度螺栓检测报告

㉓超声波检验检测报告

㉔H型钢构成品检验表

㉕涂层膜厚检测表

㉖防火涂料相溶型实验报告
㉗防火涂料厚度检测报告
(5)施工记录
㉘结构吊装记录
㉙建筑物标高测量记录
㉚轴线及标高测量放线验收记录
㉛屋面坡度检查记录
㉜屋面防水记录
㉝钢结构主体结构整体垂直度检验报告
㉞钢结构主体结构整体平面弯曲检验报告
㉟施工日记
(6)施工质量验收记录
㊱钢结构预拼装分项工程质量验收记录
㊲钢结构涂装分项工程质量验收记录
㊳钢结构组装分项工程质量验收记录
㊴单层钢柱安装分项工程质量验收记录
㊵钢结构焊接分项工程质量验收记录
㊶压型金属板分项工程质量验收记录
㊷剪固连接分项工程质量验收记录
㊸零件、部件加工分项工程质量验收记录
㊹钢结构组装分项工程质量检验评定表
㊺零件、部件加工分项工程质量检验评定表
㊻涂装分项工程质量检验评定表
㊼钢构件制孔分项工程质量检验评定表
㊽钢梁制作分项工程质量检验评定表
㊾单层钢柱制作分项工程质量检验评定表
㊿焊接 H 型钢制作分项工程质量检验评定表
(51)高强度螺栓连接工程检验批质量验收记录
(52)普通紧固件连接工程检验批质量验收记录
(53)钢结构零件、部件加工工程检验批质量验收记录
(54)金属板防水层工程检验批质量验收记录
(55)钢结构制作(安装)焊接工程检验批质量验收记录
(56)单层钢结构安装工程检验批质量验收记录
(57)多层及高层钢结构安装工程检验批质量验收记录
(58)钢构件组装工程检验批质量验收记录
(59)钢结构防腐涂料涂装工程检验批质量验收记录
(60)钢构件预拼装工程检验批质量验收记录
(61)主体验收自评报告
(62)验收报告(分部工程质量验收记录)
(63)工程整改回复通知单

2)工程资料管理的目标要求和注意事项

(1)目标要求

①齐全完整。归档资料必须齐全完整、表格配套、数字清晰、手续完备。

②标准规范。分类准确、编目合理、装订美观、标题确切、档号齐全、检索方便。

③归档及时。

④完整准确。归档资料要完整准确。

⑤安全保密。归档资料必须做到不损毁、不丢失、不泄密。

(2)注意事项

①归档内容。对收集的资料要认真鉴别,查看数字是否属实、手续是否完备、说明是否清楚。

②立卷归档。一般按年度分类装订,应填制封面、编排目录。立卷归档一式两份,一份及时移交文书档案管理,一份留作自用。同时做好工作中形成的文稿、音像、统计数据等电子文档的整理备份工作。

③资料保管。存放统计档案的橱柜应为金属橱柜,装具要统一规范。对于需移交的统计档案要及时办理移交手续,对于自管的统计档案要建立详细目录底账,以备查询。变动时应及时移交统计档案和相关资料,并认真办理移交手续。涉及保密的统计数据和资料,未经同意,不得向任何人提供。

7. 成品与半成品质量检验

轻钢门式刚架结构工程的半成品主要是指加工厂制作的钢构件,钢构件的质量检验项目总共可分为五大类,分别为材料、构件外观质量、构件尺寸允许偏差、焊缝以及涂装。

(1)材料

①钢构件的材质应符合设计要求,并达到有关的国家标准和图纸设计要求。

②钢材厚度的负偏差应符合表 3-4 的要求。

表 3-4 钢材厚度的负偏差(mm)

钢板公称厚度	负偏差
≥5.5～7.5	−0.6
≥7.5～25.0	−0.8
≥25.0～30.0	−0.9
≥30.0～34.0	−1.0
≥34.0～40.0	−1.1
≥40.0～50.0	−1.2
≥50.0～60.0	−1.3
≥60.0～80.0	−1.8
≥80.0～100.0	−2.0
≥100.0～150.0	−2.2
≥150.0～200.0	−2.6

③《H 型钢终检标准》中钢板正偏差不作规定。

(2)构件外观质量

①构件钢材表面和切口均不允许存在裂缝、夹杂、分层、压入氧化皮、超过允许偏差的麻点、压痕和麻纹等。

②构件气割面外观质量要求应符合表 3-5 的规定。

表 3-5　构件气割面外观质量要求

项　　目	允许偏差(mm)
切割面平面度	0.05t 且不大于 2.0
割纹深度	0.3
局部缺口深度	1.0(但要求平滑过渡)

注:t 为切割面厚度。

③构件机械剪切面外观质量要求应符合表 3-6 的规定。

表 3-6　机械剪切表面允许偏差

项　　目	允许偏差(mm)
边缘缺棱	0～1.0

④构件上所有外露棱边均需去毛刺处理,做到无割渣及毛刺。

⑤构件上所有螺栓孔两侧均做到无毛刺,孔壁表面粗糙度≤$\stackrel{25}{\surd}$。

⑥H 型钢构件上的配件焊接切角形式与尺寸应统一。

⑦钢梁上翼板下面及钢柱两翼板内侧面应磨平,如图 3-5 所示。

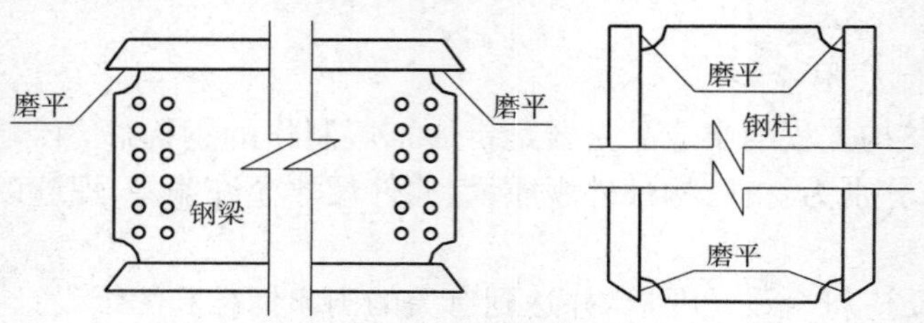

图 3-5　钢梁上翼板下面及钢柱两翼板磨平位置示意

⑧其他非加工表面不得有焊点、硬伤或任何人为缺陷。表面要求:凹、凸 0.3 mm 以下,局部 1 mm 以下,但必须平滑过渡。

⑨构件外观质量原则上采用目测进行检查。当目测质量存在疑问时,应辅以检测设备进行定量定点检测。

(3)构件尺寸允许偏差

①H 型钢梁的长度、截面高度、宽度、板厚度、垂直度、接头平齐度应符合设计图纸要求,其允许偏差列于表 3-7、表 3-8。

表 3-7　H 型钢梁的尺寸允许偏差

项　　目		允许偏差(mm)	图　　例	测量工具
梁长 L		L/2 500 且不大于 5.0	b, h, $L+\Delta L$, e, e	钢尺
截面高度 h	h≤800	±2.0		
	h>800	±3.0		
截面宽度 b		±2.0		
腹板中心偏移 e		2.0		

续上表

项目	允许偏差(mm)	图例	测量工具
翼缘板垂直度 Δ	$b/100$ 且不应大于 3.0	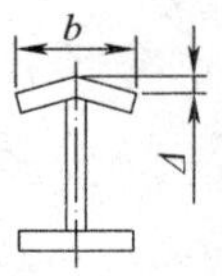	直角尺
H 型钢梁旁弯 S	$L/2\ 000$ 且不应大于 10.0	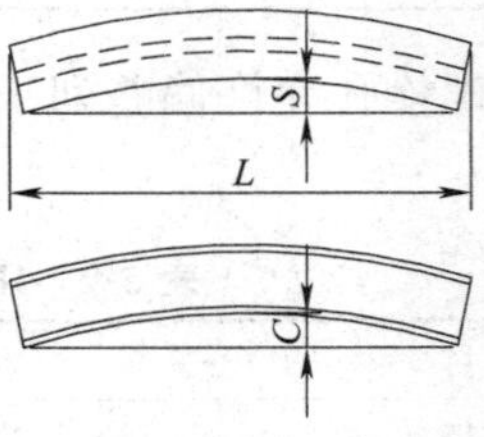	钢丝线钢尺
H 型钢梁拱度 C 设计要求起拱	$\pm L/5\ 000$（吊车梁不允许下拱）		钢丝线钢尺
H 型钢梁拱度 C 设计未要求起拱	10.0～−5.0 且 $\leqslant L/1\ 000$（吊车梁不允许下拱）		钢丝线钢尺
梁的扭曲 a（梁高 h）	$h/250$ 且不应大于 4.0	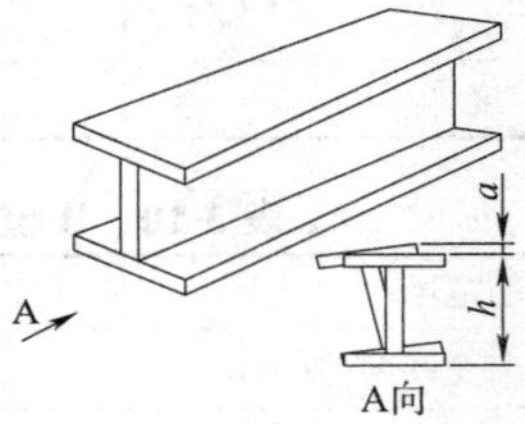	钢丝线、线锤、钢尺
腹板局部平面度 f（每平方内） 腹板 $t\leqslant 14$	5.0	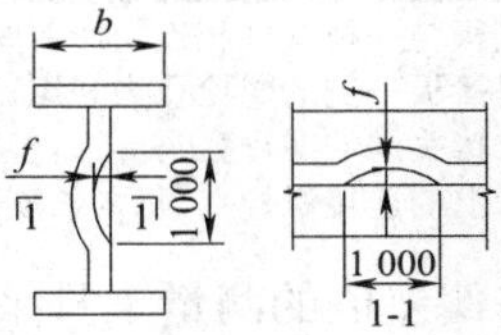	1 m 钢直尺塞尺
腹板局部平面度 f（每平方内） 腹板 $t>14$	4.0		1 m 钢直尺塞尺
带孔节点板至梁端头孔的距离偏差 Δ'	±2.0	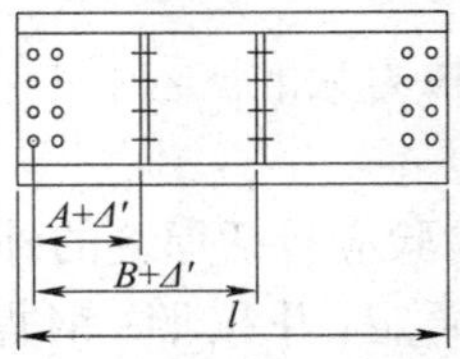	钢尺

表 3-8 H 型钢梁柱的尺寸允许偏差

项目	允许偏差(mm)	图例	测量工具
腹板中心偏移 e	2.0	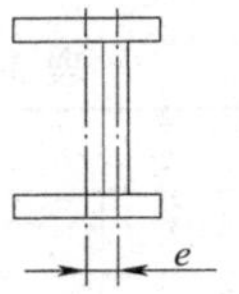	钢尺
柱脚底板平面度	$5/\text{m}^2\leqslant 5.0$		直尺、塞尺
柱脚螺栓孔对柱轴线的距离 a	2.0	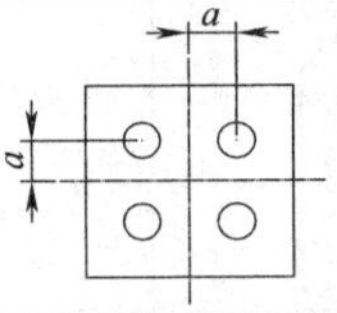	钢尺

续上表

项目		允许偏差(mm)	图例	测量工具
翼缘板垂直度Δ	连接处	1.5		直角尺 钢尺
	其他处	b/100 且不应大于 5.0		

②H 型钢梁柱螺栓孔允许偏差列于表 3-9(C 级螺栓)，H 型钢梁柱螺栓孔孔距允许偏差列于表 3-10。

表 3-9　H 型钢梁柱螺栓孔允许偏差

项　目	允许偏差(mm)
直　径	0～+1.0
圆　度	0～+2.0
垂直度	0.03 t,且不应大于 2.0

表 3-10　H 型钢梁柱螺栓孔孔距允许偏差

螺栓孔孔距范围	≤500	501～1 200	1 201～3 000	>3 000
同一组内任意两孔间距离允许偏差(mm)	±1.0	±1.5		
相邻两组的端孔间距离允许偏差(mm)	±1.5	±2.0	±2.5	±3.0

注:(1)在节点中连接板与一根杆件相连的所有螺栓孔为一组；
(2)对接接头在拼接板一侧的螺栓孔为一组；
(3)在相邻节点或接头间的螺栓孔为一组,但不包括上述两款所规定的螺栓孔；
(4)受弯构件翼缘上的连接螺栓孔,每米长度范围内的螺栓孔为一组。

③ 螺栓孔允许偏差值的测量工具采用游标卡尺或孔径量规;螺栓孔孔距允许偏差值的测量工具采用钢尺。

④拉尺以 5 kg 拉力为准。

(4)焊缝

①焊缝的质量检验应包括焊缝的外观检验和焊缝无损探伤检验。焊缝探伤应根据设计图纸及工艺文件要求而定,并按照《钢焊缝手工超声波探伤方法和探伤结果的分级》(GB 11345—89)来进行检测。

②焊缝外观不允许有裂纹、熔穿、缺陷和弧坑,一般焊缝外观缺陷允许偏差应符合表 3-11～表 3-13 规定。

表 3-11　一般焊缝外观缺陷允许偏差

焊缝质量检查 ＼ 等级 ＼ 项目	允许偏差(mm)			图　例
	一级	二级	三级	
裂　纹	不允许	不允许	不允许	内部裂纹 纵向裂纹　横向裂纹　弧坑裂纹

续上表

<table>
<tr><td rowspan="2">等级　项目
焊缝质量检查</td><td colspan="4">允许偏差(mm)</td><td rowspan="2">图　例</td></tr>
<tr><td>一级</td><td>二级</td><td colspan="2">三级</td></tr>
<tr><td>表面气孔</td><td>不允许</td><td>不允许</td><td colspan="2">每米焊缝长度内允许直径≤0.4t,且≤3.0 的气孔 2 个,孔距≥6 倍孔径</td><td>表面气孔</td></tr>
<tr><td>表面夹渣</td><td>不允许</td><td>不允许</td><td colspan="2">深≤0.2t 长≤0.5t,且≤20.0</td><td>表面夹渣</td></tr>
<tr><td>咬　边</td><td>不允许</td><td colspan="2">≥0.05t,且≤0.5t;连续长度≤100,且焊缝两侧咬边总长≤10%焊缝全长</td><td>≤0.1t 且≤1.0,长度不限</td><td>咬边缺陷　咬边缺陷</td></tr>
<tr><td rowspan="2">接头不良</td><td rowspan="2">不允许</td><td colspan="2">缺口深度 0.05t,且≤0.5</td><td>缺口深度 0.1t,且≤1.0</td><td rowspan="2"></td></tr>
<tr><td colspan="3">每 1 000 焊缝不应超过 1 处</td></tr>
<tr><td rowspan="2">根部收缩</td><td rowspan="2">不允许</td><td colspan="2">≤0.2+0.02t 且≤1.0</td><td>≤0.2+0.04t 且≤2.0</td><td rowspan="2"></td></tr>
<tr><td colspan="3">长度不限</td></tr>
<tr><td rowspan="2">未 焊 满</td><td rowspan="2">不允许</td><td colspan="2">≤0.2+0.02t 且≤1.0</td><td>≤0.2+0.04t 且≤2.0</td><td rowspan="2"></td></tr>
<tr><td colspan="3">每 1 000.0 焊缝内缺陷总长≤25.0</td></tr>
<tr><td>坡口角度</td><td colspan="4">±5°</td><td></td></tr>
</table>

表 3-12　全熔透焊缝焊脚尺寸允许偏差

<table>
<tr><td>项　　目</td><td>允许偏差(mm)</td><td>图　例</td></tr>
<tr><td>一般全熔透的角接与对接组合焊缝</td><td>$h_f \geq (t/4)+4$ 且≤10.0</td><td rowspan="2">t　h_f　h_f</td></tr>
<tr><td>需经疲劳验算的全熔透角接与对接组合焊缝</td><td>$h_f \geq (t/2)+4$ 且≤10.0</td></tr>
</table>

注:焊脚尺寸 h_f 由设计图纸或工艺文件所规定。

③接 H 型钢的翼缘板拼接缝和腹板拼接缝的间距不应小于 200 mm。翼缘板拼接长度不应小于 2 倍板宽;腹板拼接宽度不应小于 300 mm,长度不应小于 600 mm。设计有特别要求的按设计执行。

④构件角焊缝终止处必须进行包角焊,引弧和熄弧端应离端头 10 mm 以上。

(5)涂装

①构件摩擦面除锈等级应达到 Sa2.5 级以上,同时达到设计图纸或工艺文件的要求。

②涂层检查:

a. 干燥后外观色泽均匀一至,无干喷漆膜,表面应平整光滑、丰满,无流挂、起皱、露底、气泡、针孔、龟裂、脱落和粘有脏物；漆膜总厚度也应达到设计图纸及有关工艺文件的要求。

表 3-13　角焊缝及部分熔透的角接与对接组合焊缝偏差

项　目	允许偏差(mm)		图　例
焊脚高度 h_f 偏差	$h_f \leqslant 6$	0～1.5	
	$h_f > 6$	0～3.0	
角焊缝余高 C	$h_f \leqslant 6$	0～1.5	
	$h_f > 6$	0～3.0	

注：(1)焊脚尺寸 h_f 由设计图纸或工艺文件所规定；

(2) $h_f > 8.0$ mm 的角焊缝其局部焊脚尺寸允许低于设计要求值 1.0 mm，但总长度不得超过焊缝长度 10%；

(3)焊接 H 型梁腹板与翼板的焊缝两端在其两倍翼板宽度范围内，焊缝的焊脚尺寸不得低于设计值。

b. 厚度必须达到设计规定的标准。

c. 厚度抽查量：按构件的 20%数量进行抽检，每件构件应检测三处。

d. 测点的规定：宽度在 150 mm 以下的构件，每处测 3 点，点位垂直于边长，点距为结构构件宽度的 1/4；宽度在 150 mm 以上的构件，每处测 5 点，取点中心位置不限，但边点应距构件边缘 20 mm 以上，5 个检测点应分别为 100 mm 见方正方形的四个角和正方形对角线的交点；涂层检测的总平均厚度，应达到规定厚度的 90%为合格(计算平均值时，超过测定厚度 20%的测点，按规定厚度的 120%计算)。

③摩擦面与喷漆面边界线应整齐，边界线的直线度为±0.5 mm，与该面中心线的垂直度为 $h/500$。边界线离最边上的高强度螺栓孔中心的距离 a 满足：$5d \geqslant a \geqslant 3d$($d$ 为高强度螺栓孔直径)。

④构件表面无任何杂物和污迹。

此外，轻钢门式刚架结构工程的半成品检验还应做好构件的预拼装验收，预拼装的允许偏差应符合表 3-14 的规定。

表 3-14　钢构件预拼装的允许偏差

构件类型	项　目		允许偏差/mm	检验方法
多节柱	预拼装单元总长		±5.0	用钢尺检查
	预拼装单元弯曲矢高		l/1 500，且不应大于 5.0	用拉线和钢尺检查
	接口错边		2.0	用焊缝规检查
	预拼装单元柱身扭曲		h/200，且不应大于 5.0	用拉线、吊线和钢尺检查
	顶紧面至任一牛腿距离		±2.0	用钢尺检查
	跨度最外两端安装孔或两端支承面最外侧距离		+5.0 −10.0	
梁	接口截面错位		2.0	用焊缝规检查
	拱度	设计要求起拱	±l/5 000	用拉线和钢尺检查
		设计未要求起拱	l/2 000 0	
	节点处杆件轴线错位		4.0	划线后用钢尺检查

续上表

构件类型	项　　目	允许偏差/mm	检验方法
构件平面总体预拼装	各楼层柱距	±4.0	用钢尺量
	相邻楼层梁与梁之间距离	±3.0	
	各层间框架两对角线之差	H/2 000，且不应大于 5.0	
	任意两对角线之差	$\sum H$/2 000，且不应大于 8.0	

注：l 为单元长度；h 为截面高度；t 为管壁厚度；H 为柱高度。

在预拼装时，对螺栓连接的节点板除检查各部位尺寸外，还应用试孔器检查板叠孔的通过率。在施工过程中，错孔的现象时有发生，如错孔在 3.0 mm 以内时，一般都用绞刀铣或锉刀锉孔，其孔径扩大不超过原孔径的 1.2 倍；如错孔超过 3.0 mm，一般用焊条焊补堵孔或更换零件，不得采用钢块填塞。

预拼装检查合格后，对上、下定位中心线、标高基准线、交线中心点等应标注清楚、准确；对管结构、工地焊接连接处，除应标注上述标记外，还应焊接一定数量的卡具、角钢或钢板定位器等，以便按预拼装结果进行安装。

轻钢门式刚架结构工程的成品即安装好的组合构件，其允许偏差应符合表 3-15 的规定。

表 3-15　组合构件尺寸的允许偏差

项　　目		符号	允许偏差(mm)
几何形状	翼缘倾斜度	a_1	±2°且不大于 5.0
	腹板偏离翼缘中心	a_2	±3.0
	楔形构件小头截面高度	h_0	±4.0
	翼缘竖向错位	a_3	±2.0
	腹板横截面水平拱度	a_4	h/100
	腹板纵截面水平拱度	a_5	h/100
	构件长度	l	±5.0
孔位置	翼缘端部螺孔至构件纵边距离	a_6	±2.0
	翼缘端部螺孔至构件横边距离	a_7	±2.0
	翼缘中部螺孔至构件纵边距离	a_8	±3.0
	翼缘螺孔纵向间距	s_1	±1.5
	翼缘螺孔横向间距	s_2	±1.5
	翼缘中部孔心的横向偏移	a_9	±3.0
弯曲度	吊车梁弯曲度	c	l 且小于 5(l 以 m 计)
	其他构件弯曲度	c	$2l$ 且小于 5(l 以 m 计)
上挠度		C_1	$2l$ 且小于 5(l 以 m 计)
端　板	上翼缘外侧中点至边孔横距	a_{10}	±3.0
	下翼缘外侧中点至边孔纵距	a_{11}	±3.0
	孔间横向距离	a_{12}	±1.5
	孔间纵向距离	a_{13}	±1.5
	弯曲度(高度小于 610 mm)	C	+3.0(只允许凹进)，0
	弯曲度(高度 610～1 220 mm)	C	+5.0(只允许凹进)，0
	弯曲度(高度大于 1 220 mm)	C	+6.0(只允许凹进)，0

为了保证隐蔽部位的质量，应经质控人员检查认可，签发隐蔽部位验收记录，方可封闭。组装出首批构件后，必须由质检部门进行全面检查，经合格认可后方可进行继续组装。

轻钢门式刚架结构工程的成品组装检验完毕后，可以请设计单位、安装单位、甲方或业主、质量监督站或监理等有关单位共同验收。

4 空间网格结构工程施工计划与组织

空间网格结构主要是指钢杆件组成的空间网格结构，包括网架、单层或双层网壳及立体桁架等结构。本章将针对空间网格结构工程的特点，尤其是与其他钢结构工程不同的内容进行施工计划与组织的介绍。

4.1 施工图会审与深化

空间网格结构工程与其他钢结构工程一样，在设计施工图完成的基础上，签订完施工合同后，也要进行施工图的图纸会审。图纸会审同样需要甲方、施工方、监理方和设计方参与，此外，还应有加工制作方也要一起参加图纸会审。本节将以一套网架结构施工图为例，来介绍关于空间网格结构施工图会审与深化的内容。

4.1.1 施工图案例

空间网格结构虽然类型多样，但无论是网架、网壳还是立体桁架都是由杆件和节点组成结构体系。此处以构造相对复杂又具有一定代表性的螺栓节点球网架施工图为例进行介绍。

一般地，网架是由上弦杆、下弦杆两个表面及上下弦面之间的腹杆组成，称为双层网架。平板网架有两大类，一类是由不同方向的平行弦桁架相互交叉组成的，称为交叉桁架体系网架；另一类是由三角锥、四角锥或六角锥等锥体单元（图 4-1）组成的空间网架结构，称为角锥体系网架。

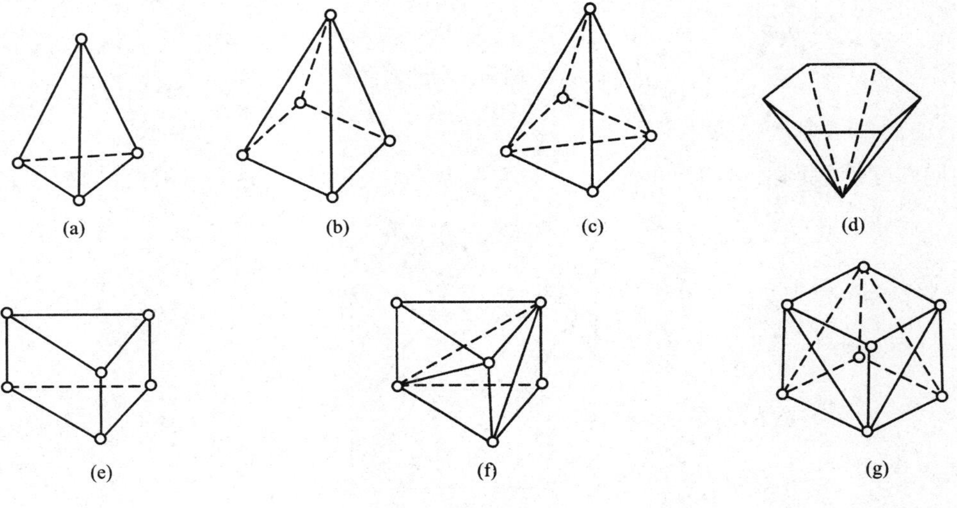

图 4-1　角锥单元

1. 交叉桁架体系网架

(1)两向正交正放网架

两向正交正放网架由两组相互交叉成 90°的平面桁架组成,且两组桁架分别与其相应的建筑平面边线平行,如图 4-2 所示。

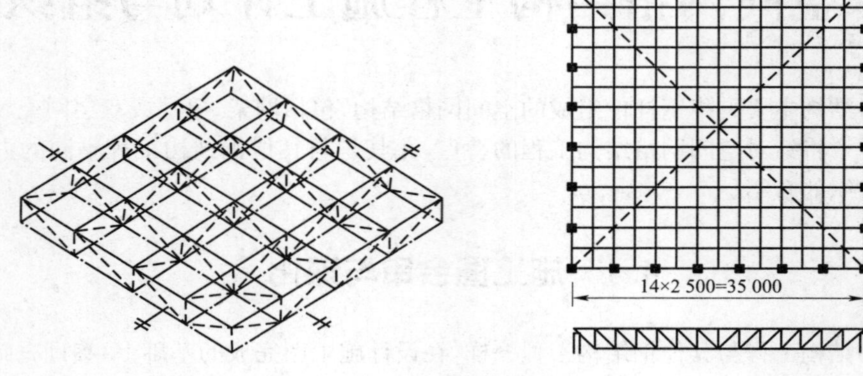

图 4-2 两向正交正放网架(单位:mm)

(2)两向正交斜放网架

两向正交斜放网架由两组相互交叉成 90°的平面桁架组成,且两组桁架分别与建筑平面边线成 45°,如图 4-3 所示。

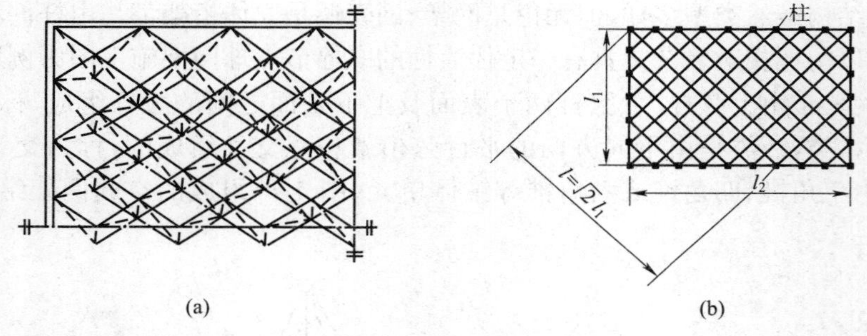

图 4-3 两向正交斜放网架

(3)两向斜交斜放网架

两向斜交斜放网架由两组平面桁架斜交而成,桁架与建筑边界成一斜角,如图 4-4 所示。

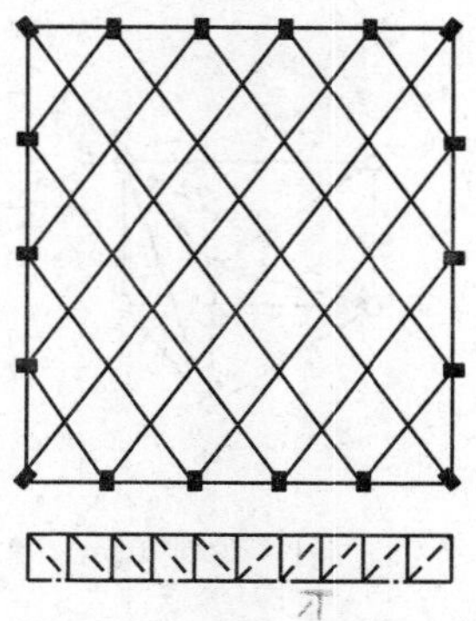

图 4-4 两向斜交斜放网架

(4)三向交叉网架

三向交叉网架由三组互成 60°夹角的平面桁架相交而成,如图 4-5 所示。

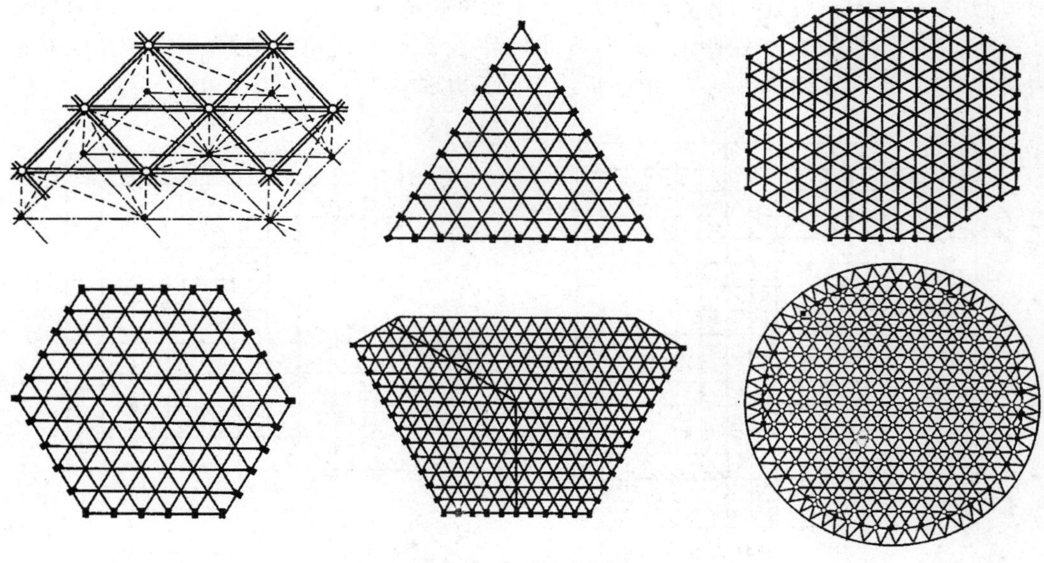

图 4-5　三向交叉网架

2. 角锥体系网架

(1)三角锥体系网架

三角锥体系网架的基本组成单元是三角锥体。由于三角锥单元体布置的不同,上下弦网格可为三角形、六边形,从而形成三角锥网架(图 4-6)、抽空三角锥网架(图 3-7)、蜂窝形三角锥网架等几种不同的三角锥网架。

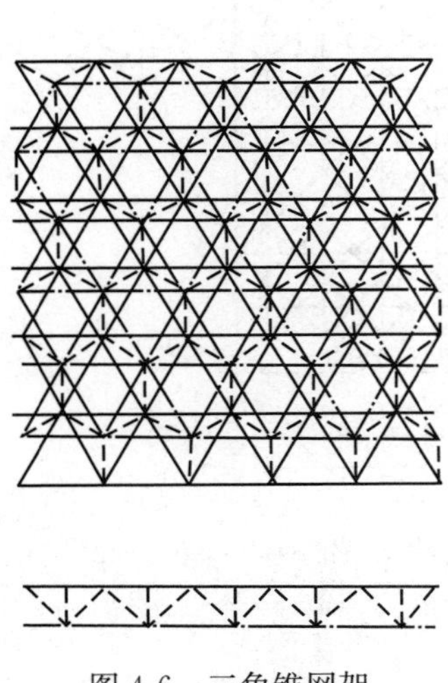

图 4-6　三角锥网架

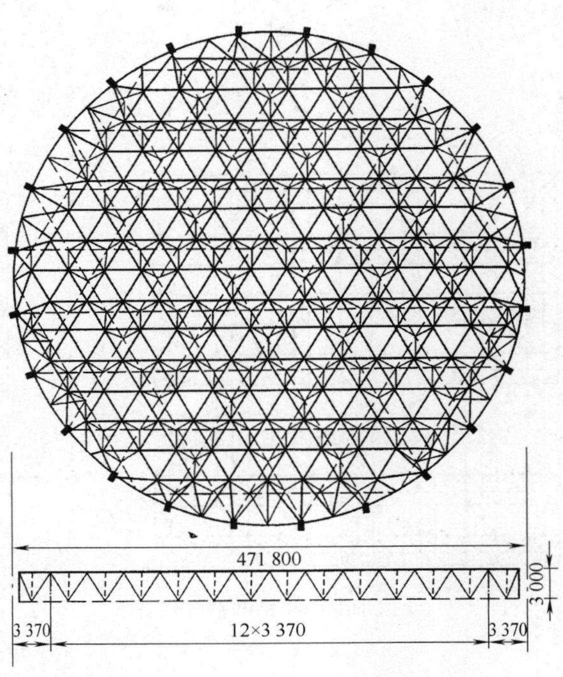

图 4-7　抽空三角锥网架(单位:mm)

(2)四角锥体网架

四角锥体网架的上下弦平面均为正方形网格,且相互错开半格,使下弦网格的角点对准上弦网格的形心,再用斜腹杆将上下弦的网格节点连接起来,即形成一个个互连的四角锥体。

目前,常用的四角锥体网架有正放四角锥网架、正放抽空四角锥网架、斜放四角锥网架、星形四角锥网架、棋盘形四角锥网架、单向折线形网架几种,如图 4-8～图 4-13 所示。

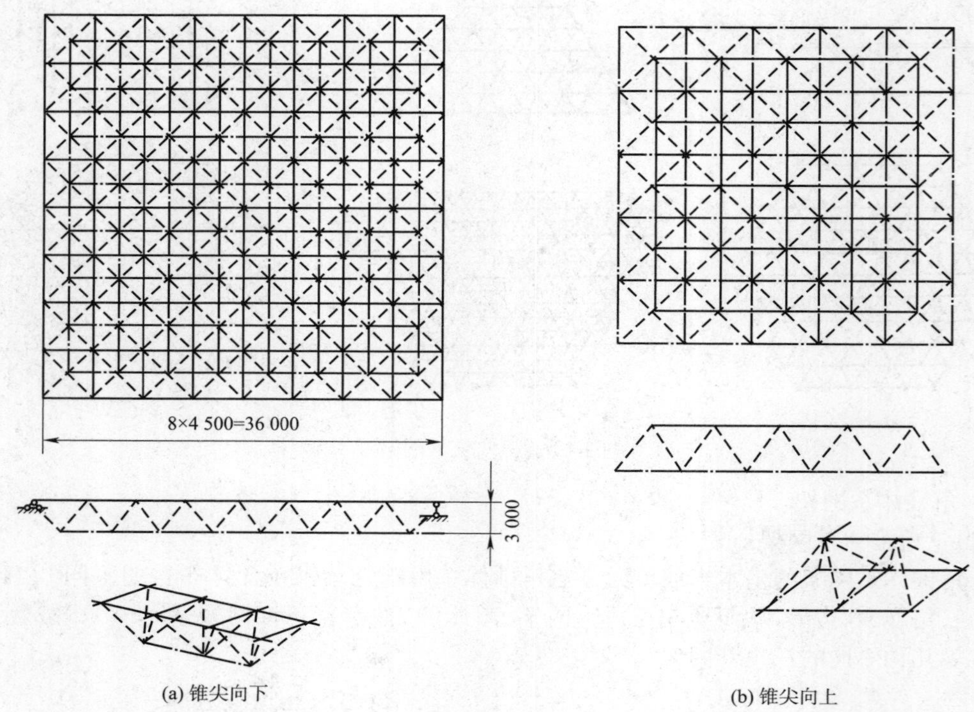

(a) 锥尖向下　　(b) 锥尖向上

图 4-8　正放四角锥网架(单位:mm)

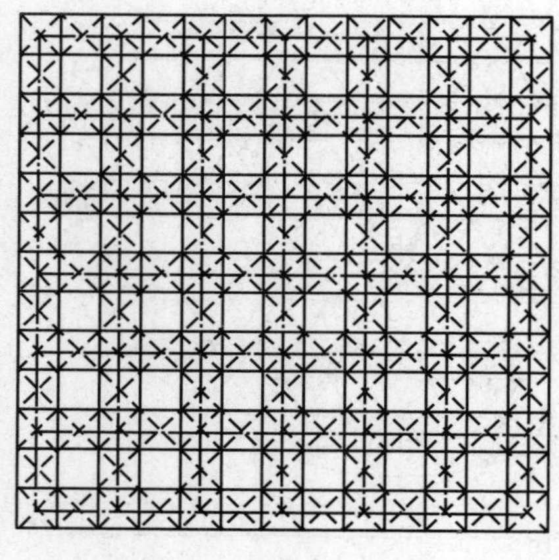

图 4-9　正放抽空四角锥网架

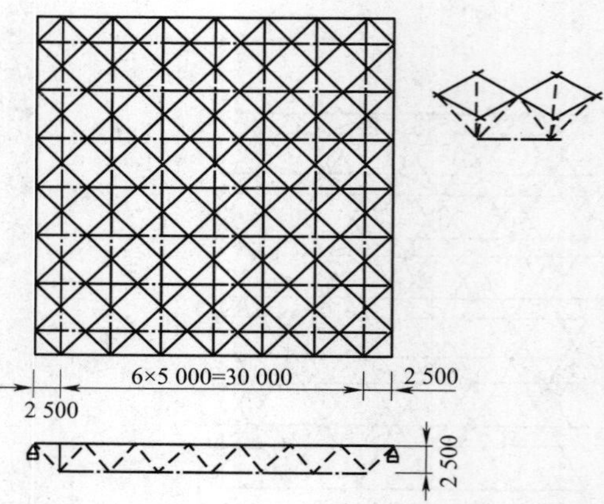

图 4-10　斜放四角锥网架(单位:mm)

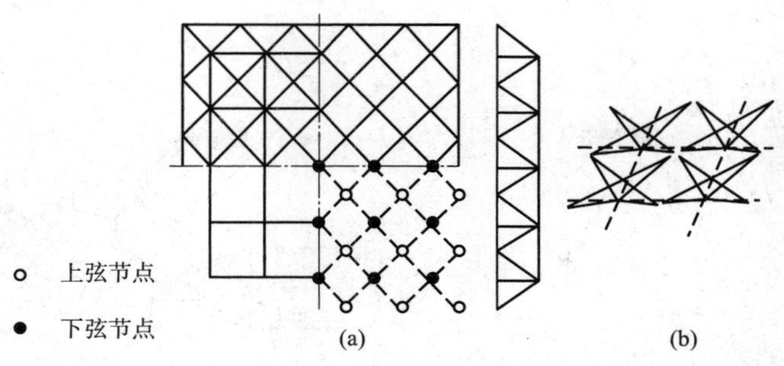

图 4-11　星形四角锥网架

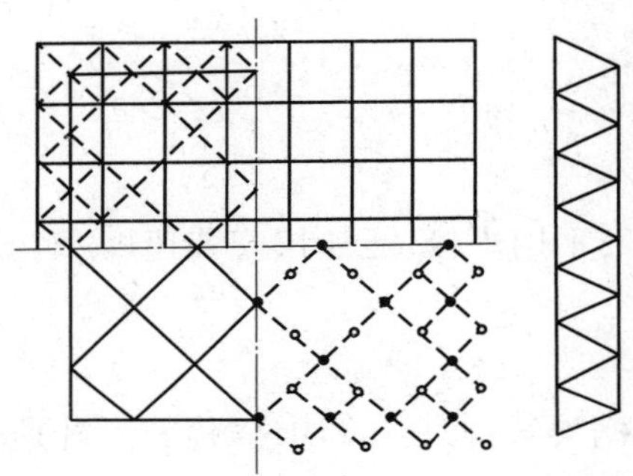

图 4-12　棋盘形四角锥网架

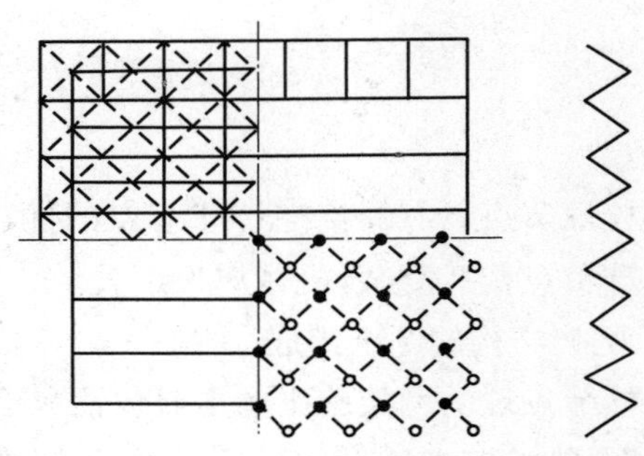

图 4-13　单向折线形网架

(3)六角锥体网架

六角锥体网架由六角锥体单元组成,如图 4-14 所示。

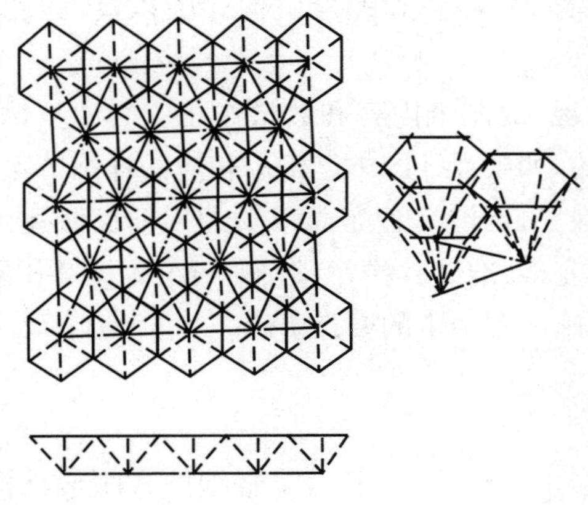

(a) 锥尖向下

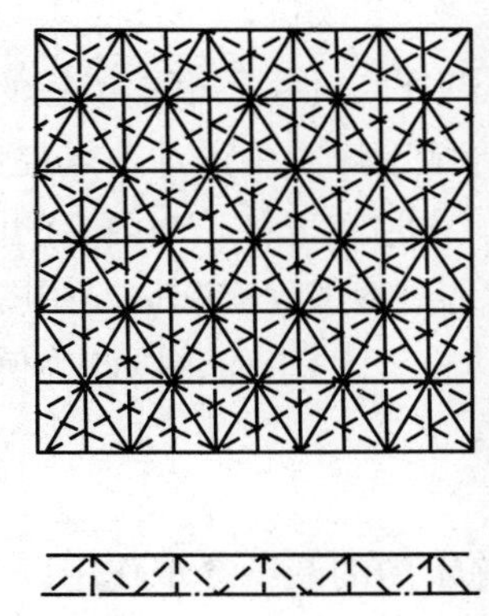

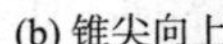

(b) 锥尖向上

图 4-14　六角锥体网架

3. 螺栓节点球构造

螺栓球节点是在实心钢球上钻出螺丝孔,然后用高强度螺栓将汇交于节点处的焊有锥头或封板的圆钢管杆件连接而成的,由钢球、螺栓、套筒、销钉(或螺钉)和锥头(或封板)等零件组成,如图 4-15 所示,适用于连接钢管杆件。

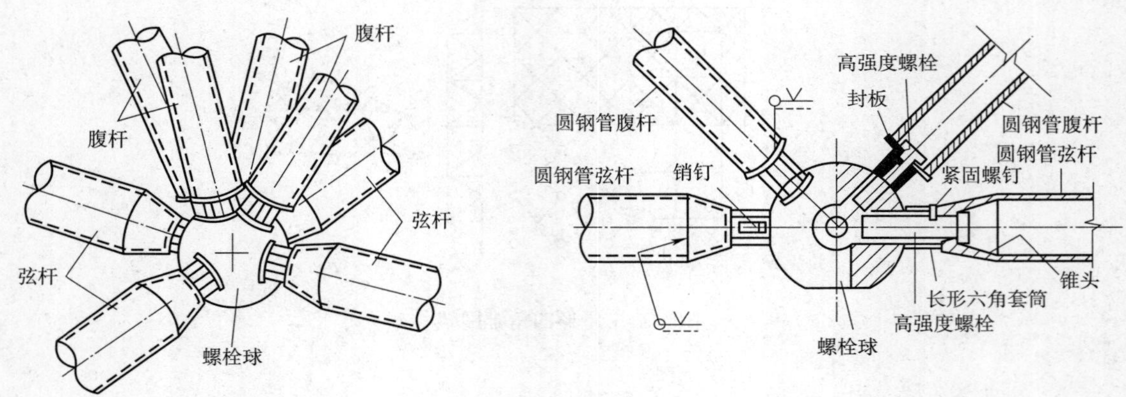

图 4-15　螺栓球连接节点示意

螺栓球节点具有焊接空心球节点的优点，同时又不用焊接，能加快安装速度，缩短工期。但螺栓球节点构造复杂，机械加工量大。

4．网架结构的图纸组成

螺栓节点球的网架施工图主要包括螺栓节点球网架结构设计说明、螺栓节点球预埋件平面布置图、螺栓节点球网架平面布置图、螺栓节点球网架节点图、螺栓节点球网架内力图、螺栓节点球网架杆件布置图、螺栓节点球球节点安装详图及其他节点详图等。

以上是网架结构设计制图阶段的图纸内容，对于施工详图阶段螺栓球网架结构的施工图主要包括网架施工详图说明、网架找坡支托平面图、网架节点安装图、网架构件编号图、网架支座详图、网架支托详图、网架杆件详图、球详图、封板详图、锥头和螺栓机构详图以及网架零件图。

在设计过程中，设计人员往往根据工程的实际情况，对图纸内容和数量作相应的调整，如网架内力图主要是为施工详图中设计节点提供依据的，如果设计图中已给出相应的详细节点，则可不必绘制此图。有时甚至将几个内容的图合并在一起绘制，但是总不会超出前面所述及的内容，总的原则还是要将工程实际情况用图纸反映完整、准确、清晰。附图 4-1～附图 4-8 是一套螺栓节点球网架施工图，下面将以此为例来进行施工图会审的要点讲解。

4.1.2　施工图会审

空间网格结构施工图的图纸会审作用以及图纸会审的组织和流程，与轻钢门式刚架结构的图纸会审相同。针对附图 4-1～附图 4-8 这套螺栓节点球网架结构施工图的图纸会审，施工方应注意以下要点。

1．网架结构设计说明

在网架结构设计说明(附图 4-1)中主要包括工程概况、设计依据、网架结构设计和计算、材料、制作、安装、验收、表面处理、主要计算结果等九项内容。要注意从中找到本工程所特有的信息和针对本工程所提出的一些特殊要求。

(1)工程概况

在识读工程概况时，关键要注意的有以下三点：一是“工程名称”，了解工程的具体用途，从而便于一些信息的查阅，例如工程防火等级的确定，就需要考虑到它的具体用途；二要注意“工程地点”，许多设计参数的选取和施工组织设计的考虑都与工程地点有着紧密的联系；三是“网架结构荷载”，这里给出了设计中考虑的网架使用阶段各部分受荷情况，要切忌在施工阶段匆使网架受力超过此值。

(2)设计依据

设计依据列出的往往都是一些设计标准、规范、规程以及建设方的设计任务书等，施工人员应注意两点：一是要注意其中的地方标准或行业标准，这些内容往往有一定的特殊性；二是要注意与施工有关的标准和规范。另外，施工人员也应该了解甲方的设计任务书。

(3)网架结构设计和计算

网架结构设计和计算主要介绍了设计所采用的软件程序和一些设计原理及设计参数，对于施工人员尤其要注意本条款的第 4、5 两条，以便于后面图纸的识读。

(4)材料

材料设计说明主要对网架中各杆件和零件的材料性能提出了要求。施工人员在识读时，要特别注意，在材料采购或加工选材时必须要符合本条款的要求。

(5)制作

钢结构工程的施工主要包括构件和零件的加工制作(在加工厂完成)，以及现场的安装、拼装两个阶段，网架工程也不例外。本条主要针对网架杆件、螺栓球以及其他零件的加工制作从设计人员的角度提出了要求。不管是负责现场安装的施工人员，还是加工人员，都要以此来判断加工好的构件是否合格，因此本条款要重点阅读。

(6)安装

由于钢结构工程的特殊性，其施工阶段与使用阶段的受力情况有较大差异，因此设计人员往往会提出相应的施工方案，正如本说明中提到的采用“高空散装法”。如果施工人员要改变安装施工方案，应征得设计人员的同意。

(7)验收

验收设计说明主要提出工程的验收标准。虽然验收是安装完以后才做的事情，但对于施工人员来讲，应在加工安装之前就要熟悉验收的标准，只有这样才能确保工程的质量。

(8)表面处理

钢结构的防腐和防火是钢结构施工的两个重要环节。本条款主要从设计角度出发，对结构的防腐和防火提出了要求，这也是施工人员要特别注意的，尤其是当本条款数值不按标准中低限取值时，施工中必须满足本条款的要求。

(9)主要计算结果

施工人员在识读本条时应特别注意，本条款给出的值均为使用阶段的，也就是说当使用荷载全部加上后产生的结果。在安装施工时要避免单根构件的力超过此最大值，以免安装过程中造成杆件的损坏；另外，施工过程中还要控制好结构整体的挠度。

2. 网架平面布置图

网架平面布置图主要是用来对网架的主要构件(支座、节点球、杆件)进行定位，一般还配合纵、横两个方向剖面图共同表达。支座的布置往往还需要有预埋件布置图(图 4-16)配合，本工程支座全部安装在钢筋混凝土柱顶上，因此未单独画出预埋件布置图，只需结合土建图纸中柱子布置图和预埋件详图即可。

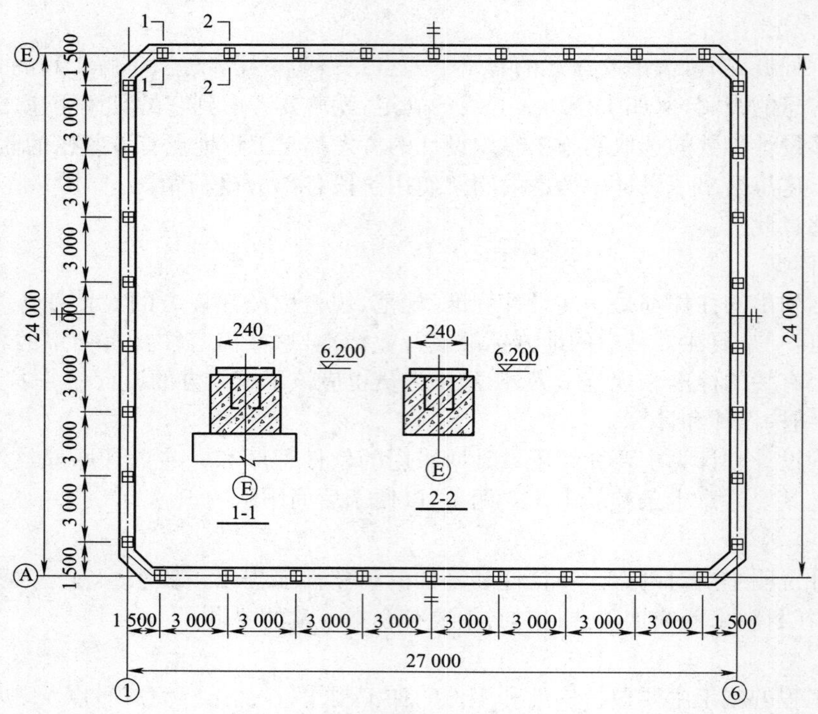

图 4-16　预埋件平面布置(单位:mm)

节点球的定位主要通过两个方向的剖面图控制的。在网架平面布置图中,首先明确平面图中哪些属于上弦节点球,哪些是下弦节点球,然后再安排列或者定位轴线逐一进行位置的确定。在附图 4-2 中通过平面图和剖面图的联合识读可以判断,平面图中在实线交点上的球均为上弦节点球,而在虚线交点上的球为下弦节点球;每个节点球的位置可以由两个方向的尺寸共同确定。例如附图 4-2 中最下方的一个支座上(该支座内力为 $R_y=1, R_z=-44$)的节点球,由于它处于实线的交点上,因此它属于上弦节点球,它的平面位置为东西方向可以从平面图下方的剖面图中读出,处于距最西边 12 m 的位置;南北方向可以从其右侧的剖面图中读出,处于最南边的位置。

另外,从附图 4-2 中还可以读出网架的类型为正方四角锥双层平板网架、网架的矢高为 1.5 m(由剖面图可以读出)以及每个网架支座的内力。

3. 网架安装图

网架安装图主要是在各杆件和节点球上按次序进行编号。节点球的编号一般用大写英文字母开头,后边跟一个阿拉伯数字,标注在节点球内,如附图 4-3 中的 A2、D8 等。图中节点球的编号有几种大写字母开头,表明有几种球径的球,即开头字母不同的球的直径是不同的;即使直径相同的球,由于所处位置不同,球上开孔数量和位置也不尽相同,因此再用字母后边的数字来表示不同的编号。这样一来,就可以从图中分析出本图中螺栓球的种类,以及每一种螺栓球的个数和他所处的位置。

杆件的编号一般采用阿拉伯数字开头,后边跟一个大写英文字母或什么都不跟,标注在杆件的上方或左侧,如附图 4-3 中 1AK、2AD、3G 等。图中杆件的编号有几种数字开头,表明有几种横断面不同的杆件;另外,对于同种断面尺寸的杆件其长度未必相同,因此在数字后加上字母以区别杆件类型的不同。由此就可以得知图中杆件的类型数、每个类型杆件的具体数量,以及它们分别位于何位置。

在附图 4-3 中,共有 3 种球径的螺栓球,分别用 A、B、C 表示,其中 A 类球又分为 14 种类型，除了 A8 节点球有 81 个外，其他都只有 4 个；B 类节点球又有 7 种形式，每种都是 4 个；C 类节点球又分成了 4 类，每一类球也是 4 个。

另外本工程共有 3 种断面的杆件，其中第一种断面类型的杆件根据其长度不同又分了 22 类，第二种断面尺寸的杆件根据其长度不同分为 6 类，第三种断面的杆件又分成了 2 类，总共有 30 种编号的杆件，合计 668 根杆件。

但对于初学者来说，读这张图的最大难点在于如何来判断哪些是上层的节点球，哪些是下层的节点球，哪些是上弦杆，哪些是下弦杆？这里需要特别强调一种识图的方法，那就是把两张图纸或多张图纸对应起来看，这也是初学者经常容易忽视的一种方法。对于这张图要想理清上述问题，就必须采用这一方法。为了弄清楚各种编号的杆件和球的准确位置，就必须与“网架平面布置图”结合起来看。在平面布置图中粗实线一般表示上弦杆，细实线一般表示腹杆，而下弦杆则用虚线来表达，与上弦杆连接在一起的球自然就是上层的球，而与下弦杆连在一起的球则为下层的球。网架平面布置图中的构件和网架安装图的构件又是一一对应的，为了施工的方便可以考虑将安装图上的构件编号直接在平面布置图上标出，这样一来就可以做到一目了然了。

4. 球加工图

球加工图主要表达各种类型螺栓球的开孔要求，以及各孔的螺栓直径等。由于螺栓球是一个立体造型复杂、开孔位置多样化的构件，因此在绘制时，往往选择能够尽量多的反映出开孔情况的球面进行投影绘制，然后将图上绘制出来的各孔孔径中心之间的角度标注出来。图名以构件编号命名，另外注明该球总共的开孔数、球直径和该编号球的数量。如图 4-17 所示，为编号 A33 的节点球的加工图，该球共 9 个孔，球直径为 100 mm，此类型的球共有 3 个。

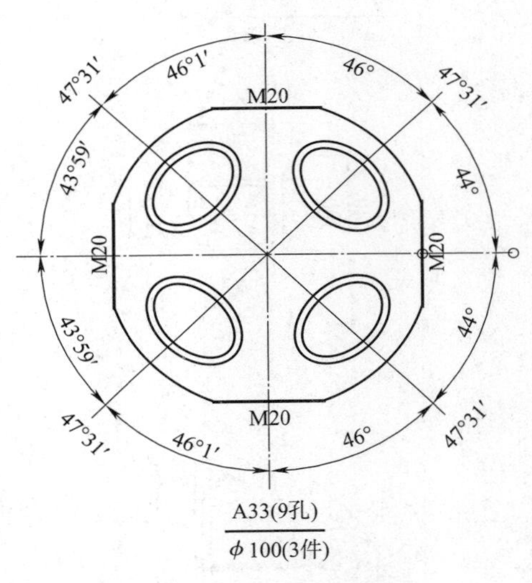

图 4-17 某螺栓球加工

对于从事网架安装的施工人员来讲，该图纸的作用主要是用来校核由加工场运来的螺栓球的编号是否与图纸一致，以免在安装过程中出现错误，重新返工。这个问题尤其在高空散装法的初期要特别注意。

5. 支座详图与支托详图

支座详图和支托详图都是来表达局部辅助构件的大样详图，虽然两张图表达的是两个不同的构件，但从制图或者识图的角度来讲是相同的。这种图的识读顺序一般都是先看整个构件的立面图，掌握组成这个构件的各零件的相对位置关系，例如支座详图中，通过立面可以知道螺栓球、十字板和底板之间的相对位置关系；然后根据立面图中的断面符号找到相应的断面图，进一步明确各零件之间在平面上的位置关系和连接做法；最后，根据立面图中的板件编号(带圆圈的数字)查明组成这一构件的每一种板件的具体尺寸和形状。另外，还需要仔细阅读图纸中的说明，可以进一步帮助大家更好地明确该详图。图 4-18 是某网架的一个支座详图，读者可以试着采用上述方法，进行识读。

6. 材料表

材料表把网架工程中所涉及的所有构件的详细情况进行了分类汇总，可以作为材料采购、工程量计算的一个重要依据。另外在识读其他图纸时，如有参数标注不全的，也可以结合本张图纸来校验或查询。

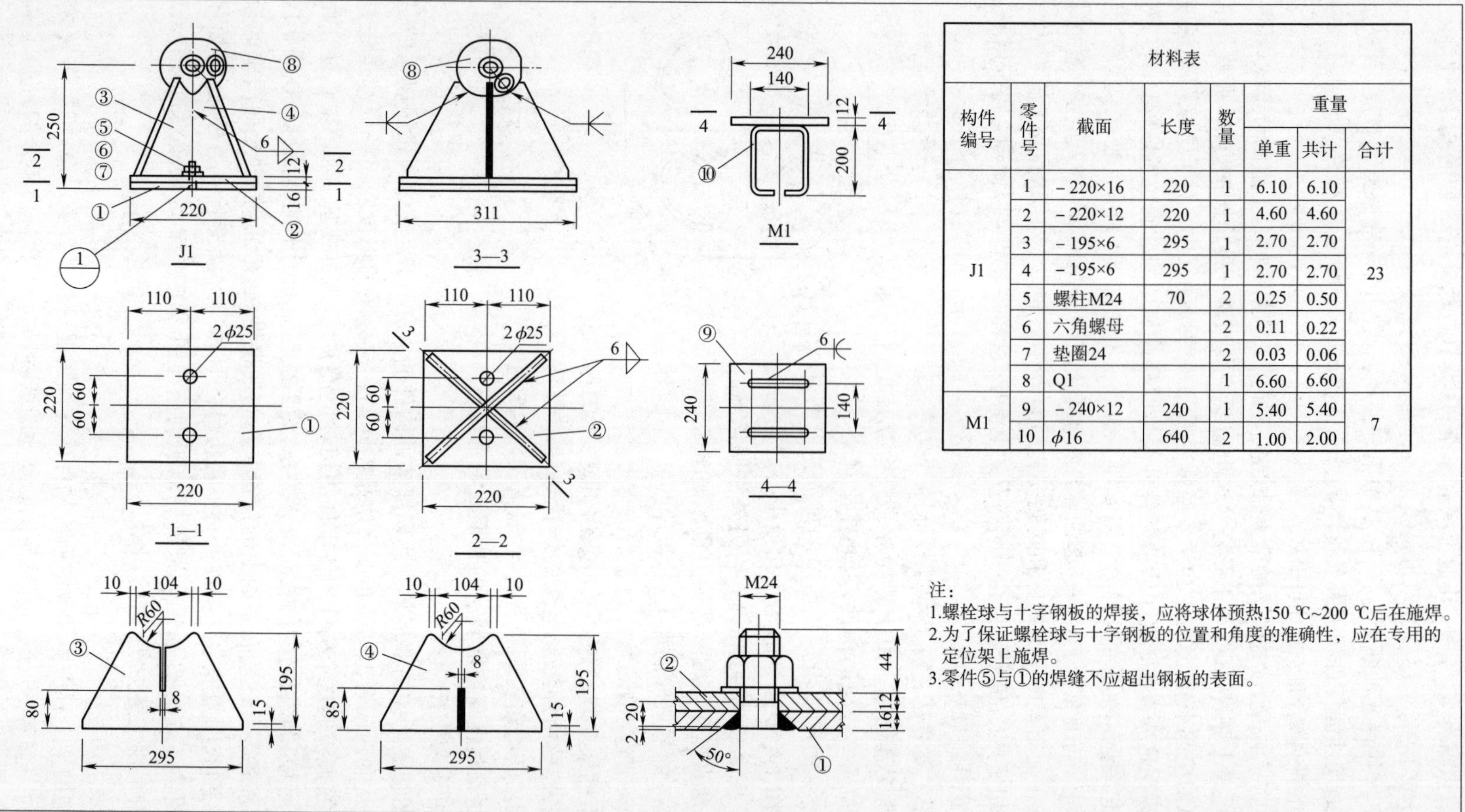

构件编号	零件号	截面	长度	数量	重量 单重	重量 共计	重量 合计
J1	1	－220×16	220	1	6.10	6.10	23
	2	－220×12	220	1	4.60	4.60	
	3	－195×6	295	1	2.70	2.70	
	4	－195×6	295	1	2.70	2.70	
	5	螺柱M24	70	2	0.25	0.50	
	6	六角螺母		2	0.11	0.22	
	7	垫圈24		2	0.03	0.06	
	8	Q1		1	6.60	6.60	
M1	9	－240×12	240	1	5.40	5.40	7
	10	φ16	640	2	1.00	2.00	

注：
1.螺栓球与十字钢板的焊接，应将球体预热150 ℃~200 ℃后在施焊。
2.为了保证螺栓球与十字钢板的位置和角度的准确性，应在专用的定位架上施焊。
3.零件⑤与①的焊缝不应超出钢板的表面。

图 4-18　某网架支座详图(单位:mm)

4.2　施工方案与计划的编制

空间网格结构工程虽然构造简单，但是其施工过程还是有别于轻钢门式刚架结构工程的。本节将针对空间网格结构工程的特殊性，来介绍其施工方案和施工计划的编制。

4.2.1　工程概况

尽管所有的工程在进行施工方案编制时，都要进行工程概况的介绍，但是不同类型的结构工程，其工程概况的要点也不相同。

1. 工程基本情况概述

首先，说明具体的结构类型。例如：网架结构应说明网架的基本类型（正方四角锥、抽空四角锥、三角锥、正交桁架或斜交桁架等）；网壳结构应说明整个网壳的建筑造型和网壳的几何造型；桁架结构也应说明建筑物的整体造型和主次桁架的截面类型。

其次，介绍工程的用途和使用性质，以及工程建设方、设计方、监理方和施工方的介绍，还有工程所在城市和具体位置。

再次，介绍工程的基本建筑尺寸，包括总建筑面积、占地面积、建筑层数和建筑高度，以及结构的基本相关尺寸信息，如跨度、结构高度等。

最后，介绍主体结构的钢材选用基本情况。

2. 工程设计简介

空间网格结构工程的设计简介主要包括结构特征和主要技术要求等。

结构特征首先应说明结构体系的建筑特点；其次，应对结构体系的具体组成进行介绍，例如管桁架结构应说明主、次桁架的形式和数量，对于复杂结构还应说明结构工作原理；再次，应说明典型构件的截面和重量，以及整个工程的总用钢量等。

主要技术要求中首先对钢材性能的技术要求进行说明，如：强度、化学成分、屈强比、伸长率和冲击韧性要求，以及焊缝材料的要求和对焊接质量的要求等；其次，应对结构设计的基本数据进行介绍，如：建筑耐火等级、结构设计使用年限、结构安全等级、抗震设计等级、基础设计等级等；再次，要对主要荷载进行说明，如：屋面可变荷载、永久荷载，基本风压，基本地震加速度，温度作用等；对于空间网格结构工程除应说明采用的设计软件和设计原则以外，对于复杂结构还应说明验证结构体系所采用的软件；最后，应说明结构主要节点形式和节点做法等。

3. 工程施工条件说明

空间网格结构工程的施工条件说明，除了像轻钢门式刚架结构工程那样，介绍施工所在地施工期间的气候条件（对于大跨度的空间网格结构应重点说明温度情况）、可用施工场地的面积、施工场地的地形情况、施工场地的土质情况、施工场地周围的交通情况、施工场地周围的建筑环境、施工场地水电的接入以外，还要重点考虑土建工程应具备的工作面，现场拼装场地的规划，可以使用的吊装机械情况和吊装机械的行走条件是否具备，以及由以上条件共同决定的主体结构的分条分块情况。

4.2.2　施工部署与施工方案

空间网格结构一般用于大跨度的屋面结构，其结构体系的体量较大；另外，空间网格结构的杆件数量多、造型复杂、构件之间的传力路径复杂；因此，空间网格结构的施工部署显得尤为重要，施工部署是否合理，将直接决定工程的施工成本和施工质量的好坏。

1. 施工总体顺序

空间网格结构施工的总体顺序与网格结构的主要安装方法有直接的关系。空间网格结构主要安装方法包括高空散装法、分条或分块安装法、高空滑移法、整体吊装法、升板机提升法及整体顶升法。这些安装方法，应根据结构受力和构造特点，在满足质量、安全、进度和经济效果的要求下，结合施工技术综合确定。

(1)高空散装法

高空散装法是指运输到现场的运输单元体(平面桁架或锥体)或散件，用起重机械吊升到高空对位拼装成整体结构的方法，适用于螺栓球或高强度螺栓连接节点的网架结构，如图 4-19 所示。它在拼装过程中始终有一部分网架悬挑着，当网架悬挑拼接成为一个稳定体系时，不需要设置任何支架来承受其自重和施工荷载。当跨度较大，拼接到一定悬挑长度后，设置单肢柱或支架支承悬挑部分，以减少或避免因自重和施工荷载而产生的挠度。

图 4-19　高空散装法

不需要大型起重设备，在高空一次拼装完毕，但现场及高空作业量大，而且需要搭设大规模的拼装支架，耗用大量周转材料。高空散装法适用于螺栓连接节点的各种网架，我国应用较多。

高空散装法有全支架(即满堂红脚手架)法和悬挑法两种，全支架法多用于散件拼装，而悬挑法则多用于小拼单元在高空总拼，可以少搭支架。

搭设的支架应满足强度、刚度和单肢及整体稳定性要求，对重要的或大型工程还应进行试压，以确保安全可靠。支架上支撑点的位置应设在下弦处，支架支座下应采取措施，防止支座下沉，可采用木楔或千斤顶进行调整。

拼装可从脊线开始，或从中间向两边发展，以减少积累误差和便于控制标高。拼装过程中应随时检查基准轴线位置、标高及垂直偏差，并应及时纠正。

总的拼装顺序是从网架一端开始向另一端以两个三角形同时推进，待两个三角形相交后，则按人字形逐榀向前推进，最后在另一端的正中合拢。每榀块体的安装顺序，在开始两个三角形部分是由屋脊部分分别向两边拼装，两三角形相交后，则由交点开始同时向两边拼装，如图 4-20 所示。

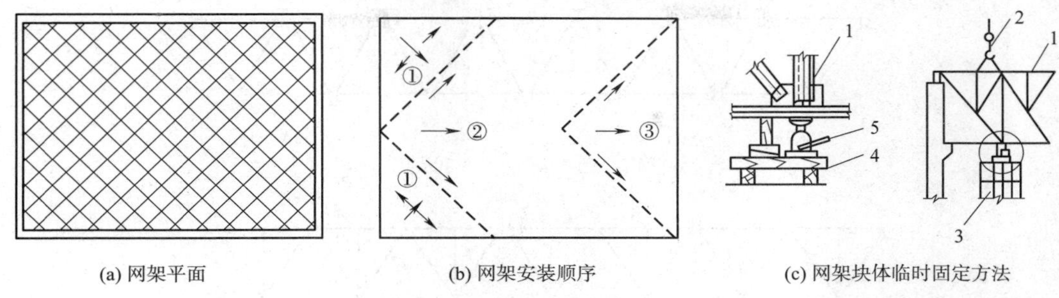

图 4-20　高空散装法安装网格结构

1—第一榀网架块体；2—吊点；3—支架；4—枕木；5—液压千斤顶；①②③—安装顺序

高空散装法不需要大型起重设备，对场地要求不高，但需搭设大量拼装支架，高空作业多，且不易控制标高、轴线和质量，工效降低。高空散装法适用于非焊接连接（如螺栓球节点、高强度螺栓节点等）的各种网架的拼装，不宜用于焊接球网架的拼装，因焊接易引燃脚手板，操作不够安全。

(2)分条分块法

分条分块法是高空散装的组合扩大。为适应起重机械的起重能力和减少高空拼装工作量，将屋盖划分为若干个单元，在地面拼装成条状或块状组合单元体后，用起重机械或设在双肢柱顶的起重设备（钢带提升机、升板机等），垂直吊升或提升到设计位置上，拼装成整体网格结构的安装方法。

条状单元是指沿网架长跨方向分割为若干区段，每个区段的宽度是 1～3 个网格，而其长度即为网架的短跨或 1/2 短跨。块状单元是指将网架沿纵横方向分割成矩形或正方形单元，每个单元的重量以现有起重机能力能胜任为准。

大部分的焊接、拼装工作在地面进行，能保证工程质量，并可省去大部分拼装支架，又能充分利用现有起重设备，比较经济。分条分块法适用于分割后刚度和受力状况改变较小的网架，如两向正交、正放四角锥、正放抽空四角锥等网架。

①条状单元组合体的划分

条状单元组合体的划分是沿着屋盖长方向划分。对桁架结构，是将一个节间或两个节间的两榀或三榀桁架组成条状单元体；对网架结构，则将一个或两个网格组装成条状单元体。组装后的网架条状单元体往往是单向受力的两端支承结构。这种安装方法适用于划分后的条状单元体，在自重作用下能形成一个稳定体系，其刚度与受力状态改变较小的正放类网架或刚度和受力状况未改变的桁架结构类似。网架条状单元体的刚度要经过验算，必要时应采取相应的临时加固措施。通常条状单元的划分有以下几种形式：

a. 网架单元相互靠紧，把下弦双角钢分在两个单元上，如图 4-21(a)所示，可用于正放四角锥网架。

b. 网架单元相互靠紧，单元间上弦用剖分式安装节点连接，如图 4-21(b)所示，可用于斜放四角锥网架。

c. 单元之间空一节间，该节间在网架单元吊装后再在高空拼装，如图 4-21(c)所示，用于两向正交正放或斜放四角锥等网架。

分条（分块）单元自身应是几何不变体系，同时还应有足够刚度，否则应加固。对于正放类网架而言，在分割成条（块）状单元后，自身在自重作用下能形成几何不变体系，同时也有一定

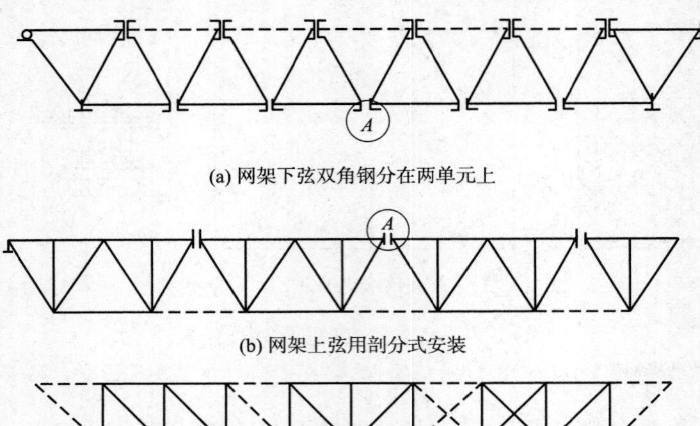

(a) 网架下弦双角钢分在两单元上

(b) 网架上弦用剖分式安装

(c) 网架单元在高空拼装

图 4-21　网架条状单元划分方法

刚度，一般不需要加固。但对于斜放类网架，在分割成条（块）状单元后，由于上弦为菱形可变体系，因而必须加固后才能吊装。图 4-22 所示为斜放四角锥网架上弦加固方法。

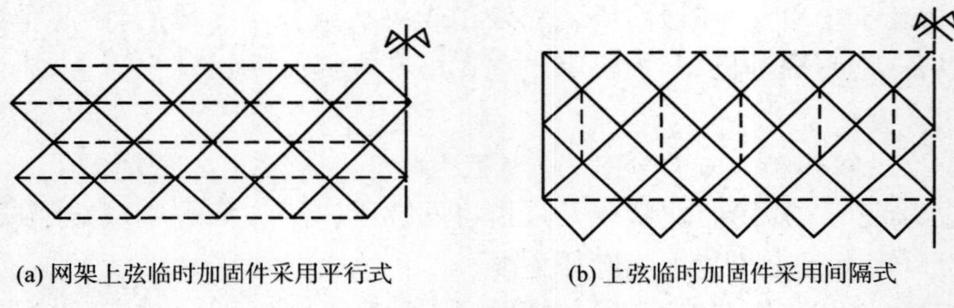

(a) 网架上弦临时加固件采用平行式　(b) 上弦临时加固件采用间隔式

图 4-22　网架条（块）状单元划分方法

②块状单元组合体的划分

块状单元组合体的划分，一般是在网架平面的两个方向均有切割，其大小视起重机的起重能力而定。切割后的块状单元体大多是两邻边或一边有支承，一角点或两角点要增设临时顶撑予以支承。也有将边网格切除的块状单元体，在现场地面对准设计轴线组装，边网格留在垂直吊升后再拼装成整体网架，如图 4-23 所示。

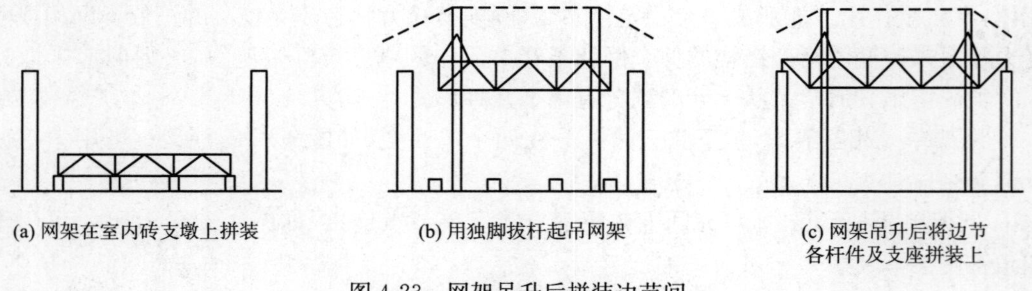

(a) 网架在室内砖支墩上拼装　(b) 用独脚拔杆起吊网架　(c) 网架吊升后将边节各杆件及支座拼装上

图 4-23　网架吊升后拼装边节间

③特点与适用范围

分条分块法所需起重设备较简单，不需大型起重设备；可与室内其他工种平行作业，缩短总工期，用工省，劳动强度低，减少高空作业，施工速度快，费用低。但需搭设一定数量的拼装平台,另外,拼装容易造成轴线的积累偏差,一般要采取试拼装、套拼、散件拼装等措施来控制。

分条分块法高空作业较高空散装法减少,同时只需搭设局部拼装平台,拼装支架量也大大减少,并可充分利用现有起重设备,比较经济,但施工应注意保证条(块)状单元制作精度和控制起拱,以免造成总拼困难。适于分割后刚度和受力状况改变较小的各种中、小型网架,如双向正交正放、正放四角锥、正放抽空四角锥等网架。对于场地狭小或跨越其他结构、起重机无法进入网架安装区域时尤为适宜。

(3)高空滑移法

高空滑移法是将网架条状单元组合体(或单品桁架)在已建结构上空进行水平滑移对位总拼的一种施工方法,适用于网格支承结构为周边承重墙或柱上有现浇钢筋混凝土圈梁等情况。可在地面或支架上进行扩大拼装条状单元,并将网格条状单元提升到预定高度后,利用安装在支架或圈梁上的专用滑行轨道,水平滑移对位拼装成整体网架。此条状单元可以在地面拼成后用起重机吊至支架上,如设备能力不足或其他因素,也可用小拼单元甚至散件在高空拼装平台上拼成条状单元。高空拼装平台一般设置在建筑物的一端、宽度约大于两个节间,如建筑物端部有平台可利用作为拼装平台,滑移时网格的条状单元由一端滑向另一端。

网格的安装可与下部其他施工平行立体作业,缩短施工工期,对起重设备、牵引设备要求不高,可用小型起重机或卷扬机,甚至不用,成本低。高空滑移法适用于正放四角锥、正放抽空四角锥、两向正交正放等网架,尤其适用于采用上述网架而场地狭小、跨越其他结构或设备等或需要进行立体交叉施工的情况。

高空滑移法按滑移方式有以下几种:单条滑移法,先将条状单元一条条地分别从一端滑移到另一端就位安装,各条在高空进行连接,如图 4-24(a)所示;逐条积累滑移法,先将条状单元滑移一段距离(能连接上第二单元的宽度即可),连接上第二条单元后,两条一起再滑移一段距离(宽度同上),再接第三条,如此循环操作直至接上最后一条单元为止,如图 4-24(b)和图 4-25 所示。

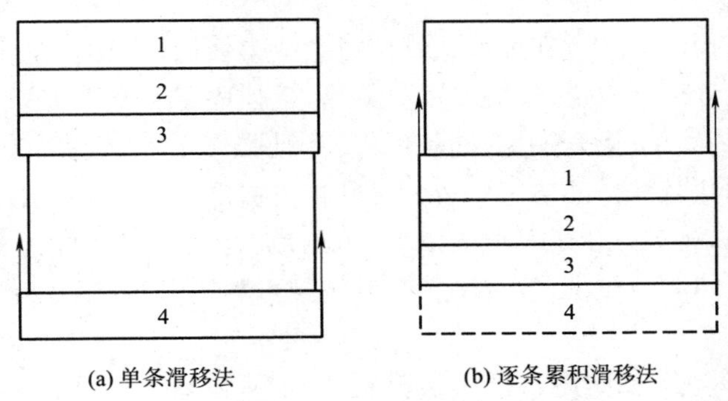

图 4-24　高空滑移法示意

(4)整体吊升法

整体吊升法是将空间网格结构在地上错位拼装成整体,然后用起重机吊升超过设计标高,空中移位后落位固定。整体吊升法不需要搭设高的拼装架,高空作业少,易于保证接头焊接质量,但需要起重能力大的设备,吊装技术也复杂。整体吊升法以吊装焊接球节点网架为宜,尤其是三向网架的吊装。根据吊装方式和所用起重设备的不同,可分为多机抬吊和独脚桅杆吊升。

网格就地错位布置进行拼装时,使网格任何部位与支柱或把杆的净距离不小于 100 mm,并应防止网格在起升过程中被凸出物(如牛腿等悬挑构件)卡住。由于网格错位布置导致网格个别杆件暂时不能组装时,应征得设计单位的同意方可暂缓装配。由于网格错位拼装,当网格

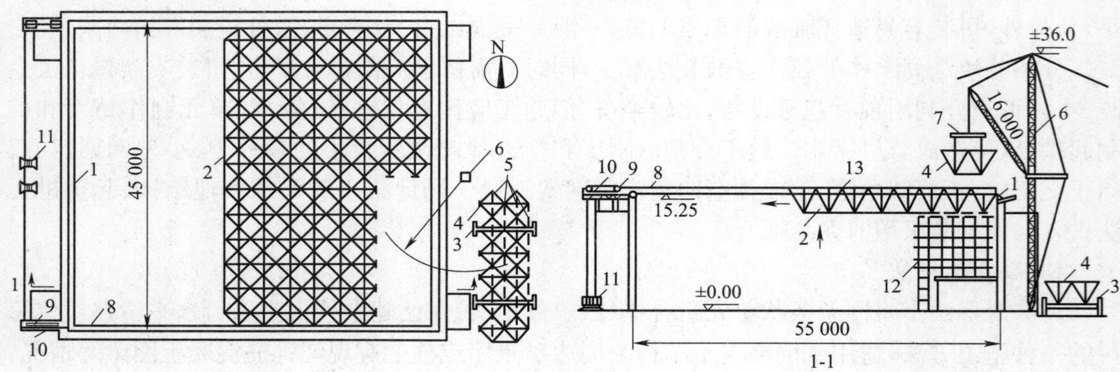

图 4-25　高空滑移法安装网架示意(单位:mm)

1—边梁;2—已拼网架单元;3—运输车轮;4—拼装单元;5—拼装架;6—拔杆;7—吊具;8—牵引索;9—滑轮组;10—滑轮组支架;11—卷扬机;12—拼装架;13—拼接缝

起吊到柱顶以上时,要经空中移位才能就位。采用多根拔杆方案时,可利用拔杆两侧起重滑轮组,使一侧滑轮组的钢丝绳放松,另一侧不动,从而产生不相等的水平力以推动网架移动或转动进行就位。当采用单根拔杆方案时,若网架平面是矩形,可通过调整缆风绳使拔杆吊着网架进行平移就位;若网架平面为正多边形或圆形,则可通过旋转把杆使网架转动就位。

采用多根拔杆或多台吊车联合吊装时,考虑到各拔杆或吊车负荷不均匀的可能性,设备的最大额定负荷能力应予以折减。

空间网格结构整体吊装时,应采取具体措施保证各吊点在起升或下降时的同步性,一般控制提升高差值不大于吊点间距离的 1/400,且不大于 100 mm。吊点的数量及位置应与结构支承情况相接近,并应对网架吊装时的受力情况进行验算。

(5)升板机提升法

升板机提升法是指网架结构在地面上就位拼装成整体后,用安装在柱顶横梁上的升板机,将网架垂直提升到设计标高以上,安装支承托梁后,落位固定。升板机提升法不需要大型吊装设备,机具和安装工艺简单,提升平稳,同步性好,劳动强度低,工效高,施工安全,但需较多提升机和临时支承短钢柱、钢梁,准备工作量大。升板机提升法适宜于应用在支点较多的周边支承网架,适用于跨度 50～70 m,高度 4 m 以上,重量较大的大、中型周边支承网架屋盖。当施工现场较窄和运输装卸能力较小,但有小型滑升机具可利用时,采用升板机提升法施工可获得较好的经济效果。

升板机提升法应尽量在结构柱子上安装升板机,也可在临时支架上安装升板机。当提升网架同时滑模时,可采用一般的滑摸千斤顶或升板机。升板机提升法可利用网架作为操作平台。

当采用升板机提升法进行施工时,应该将结构柱子设计成为稳定的框架体系,否则应对独立柱进行稳定验算。当采用电动提升机时,应验算支承柱在两个方向的稳定性。

网架提升时应同步,每上升 60～90 mm 观测一次,控制相邻两个提升点高差不大于 25 mm。

(6)顶升施工法

顶升施工法系利用支承结构和千斤顶将网架整体顶升到设计位置。顶升施工法设备简单,不用大型吊装设备,顶升支承结构可利用结构永久性支承柱,拼装网架不需搭设拼装支架,可节省大量机具和脚手架、支墩费用,降低施工成本;操作简便、安全,但顶升速度较慢,对结构顶升的误差控制要求严格,以防失稳;适于多支点支承的各种四角锥网架屋盖安装。

当采用千斤顶顶升时，应对其支承结构和支承杆进行稳定验算；如稳定性不足，则应采取措施予以加强。应尽可能将屋面结构（包括屋面板、天棚等）及通风、电气设备在网架顶升前全部安装在网架上，以减少高空作业量。

利用建筑物的承重柱作为顶升的支承结构时，一般应根据结构类型和施工条件，选择四肢式钢柱、四肢式劲性钢筋柱，或采用预制钢筋混凝土柱块逐段接高的分段钢筋混凝土柱。采用分段柱时，顶制柱块间应联结牢固。接头强度宜为柱的稳定性验算所需强度的 1.5 倍。

当网架支点很多或由于其他原因不宜利用承重柱作为顶升支承结构时，可在原有支点处或其附近设置临时顶升支架。临时顶升支架的位置和数量的决定，应以尽量不改变网架原有支承状态和受力性质为原则。否则应根据改变的情况验算网架的内力，并决定是否需采取局部加固措施。临时顶升支架可用枕木构成，如天津塘沽车站候车室，就是在 6 个枕木垛上用千斤顶将网架逐步顶起；也可采用格构式钢井架。

顶升的支承结构应按底部固定、顶端自由的悬臂柱进行稳定性验算，验算时除考虑网架自重及随网架一起顶升的其他静载及施工荷载外，还应考虑风荷载及柱顶水平位移的影响。如验算认为稳定性不足时，应首先从施工工艺方面采取措施，不得已时再考虑加大截面尺寸。

顶升的机具主要是螺旋式千斤顶或液压式千斤顶等。各类千斤顶的行程和提升速度必须一致；这些机具必须经过现场检验认可后方可使用。顶升时网架能否同步上升是一个值得注意的问题，如果提升差值太大，不仅会使网架杆件产生附加内力，且会引起柱顶反力的变化，同时还可能使千斤顶的负荷增大和造成网架的水平偏移。

顶升时，每一顶升循环工艺过程如图 4-26、图 4-27 所示。顶升应做到同步，各顶升点的升差不得大于相邻两个顶升用的支承结构间距的 1/1 000，且不大于 30 mm，在一个支承结构上有两个或两个以上千斤顶时不大于 10 mm。当发现网架偏移过大，可采用在千斤顶座下垫斜垫或有意造成反向升差逐步纠正。同时，顶升过程中网架支座中心对柱基轴线的水平偏移值，不得大于柱截面短边尺寸的 1/50 及柱高的 1/500，以免导致支承结构失稳。

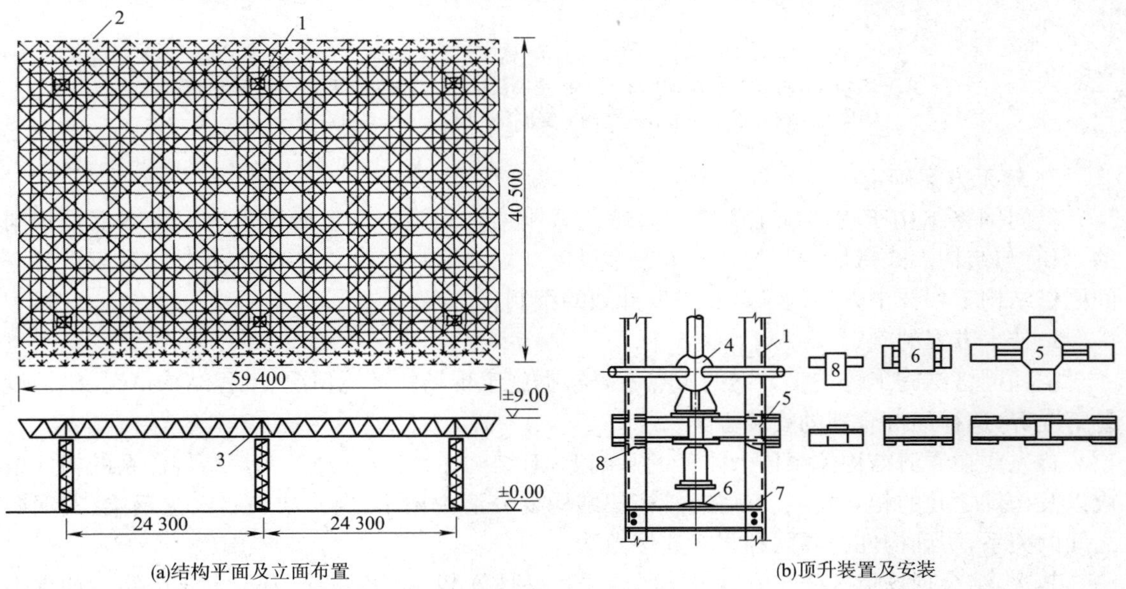

图 4-26 某网架顶升施工示意（单位：mm）

1—柱；2—网架；3—柱帽；4—球支座；5—十字梁；6—横梁；7—下缀板（16 号槽钢）；8—上缀板

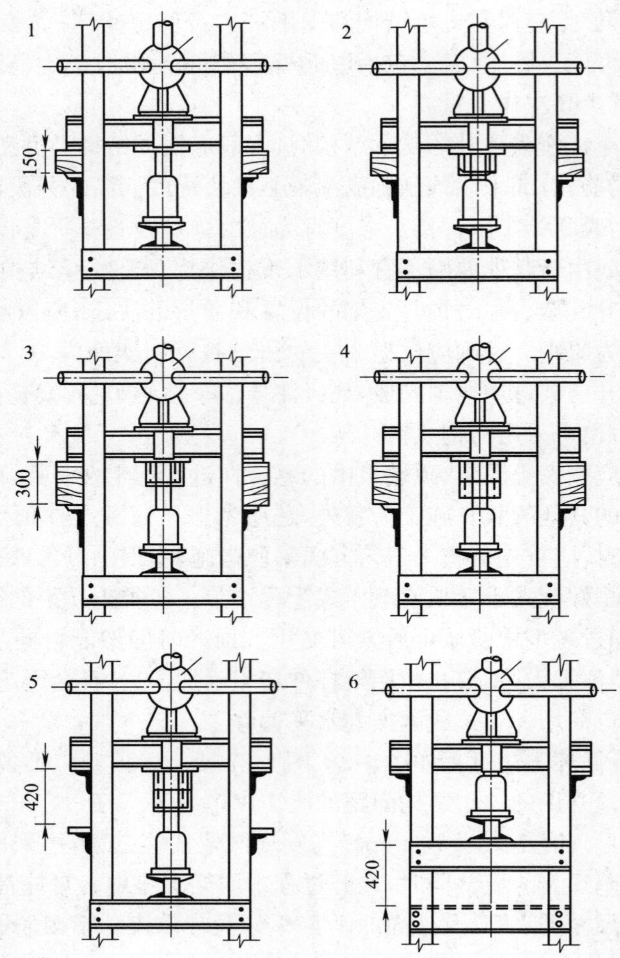

图 4-27　顶升工序示意(单位:mm)

1—顶升 150 mm,两侧垫方形垫块;2—回油,垫圆垫块;3—重复 1 过程;4—重复 2 过程;5—顶升 130 mm,安装两侧上缀板;6—回油,下缀板升一级

2. 施工方案确定

空间网格结构工程的施工方案与轻钢门式刚架结构施工方案所包含内容基本上是相同的,只有与结构形式密切相关的技术方案和进度计划的编制有较大的差别,此处将重点讲解空间网格结构工程技术方案的确定和进度计划的编制。

1)技术方案的确定

空间网格结构工程技术方案的重点就是根据施工现场的环境情况、工程结构情况、机械设备情况等,选择经济合理的安装方案。

首先要在弄清结构体系传力路径的基础上,对结构体系进行分解,明确结构体系的构件组成以及构件之间的相互关系。例如:管桁架结构要分清主桁架、次桁架、系杆、主钢梁、次钢梁之间的关系,明确构件的界限和相互连接做法。

其次,结合现场情况确定安装方案是否采用整体安装或高空散装,还是其他方案。如果不采用整体吊装或高空散装,就必须考虑结构体系的分块和构件的分段。无论是结构体系的分块,还是结构构件分段的确定,往往要考虑以下几个问题:

(1)结构和构件的受力特点,分块和分段单元,自身应是几何不变体系,同时还应有足够刚度,否则应加固,尽量把分段点设置在内力较小的位置处。

(2)分段处连接和拼装的方便,构件分段点处的连接做法应该比较容易实施,并且能够提供给工人拼装操作的工作面。

(3)结构分块和构件分段后的自重和尺寸,分块或分段后的结构或构件的自重、自身尺寸,以及吊装高度都要满足施工方所拥有的吊装设备和施工机械设备的条件。

再次,要对确定的方案进行计算。分块或分段吊装的方案计算内容包括结构分块和构件分段的吊装验算,临时支撑和支撑架的计算(包括安装过程和卸载过程两个阶段),合拢后卸载阶段的结构验算;高空滑移法的计算内容包括滑移轨道和支撑架的设计,滑移牵引力(或推力)的确定,滑移单元的吊装和滑移过程中的受力分析,以及滑移过程中的同步控制和挠度调整;提升法和顶升法的计算内容则主要验算提升(或顶升)单元(或整体)在移动过程中的稳定性,以及支撑结构的受力分析。

最后,技术方案的相关计算要得到设计单位的认可,大型项目还要经过专家论证,才可以应用到施工中。

2)进度计划

空间网格结构一般应用在一些大跨度、大空间的公共建筑中,施工流程复杂,往往采用双代号网络图来表达施工进度计划,此处对双代号网络图进行详细地介绍。

(1)双代号网络图三要素

以箭线及其两端节点的编号表示工作的网络图称为双代号网络图。即用两个节点一根箭线代表一项工作,工作名称写在箭线上方,工作持续时间写在箭线下方,在箭线前后的衔接处画上节点编上号码,并以节点编号 i 和 j 代表一项工作,如图 4-28 所示。

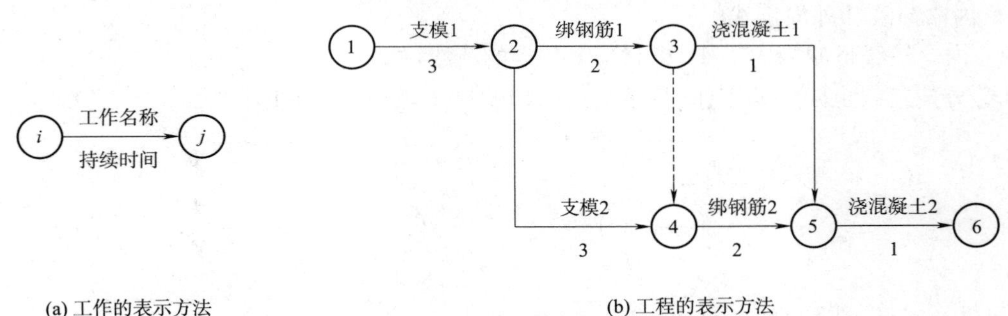

图 4-28　双代号网络图

①箭线(工作)

a. 网络图中一端带箭头的直线即为箭线。在双代号网络图中,它与其两端的节点表示一项工作。箭线表达的内容有以下几个方面:

(a)表示一项工作或一个施工过程。工作可大可小,既可以是一个简单的施工过程,如挖土、垫层等分项工程或者基础工程、主体工程等分部工程;也可以是一项复杂的工程任务,如教学楼土建工程等单位工程,如何确定一项工作的范围取决于所绘制的网络计划的作用。

(b)表示一项工作所消耗的时间和资源,分别用数字标注在箭线的下方和上方。一般而言,每项工作的完成都要消耗一定的时间和资源,如绑扎钢筋、支模板等;也存在只消耗时间而不消耗资源的工作,如混凝土养护等技术间歇,若单独考虑时,也应作为一项工作对待。

(c)箭线的长短，在无时间坐标的网络图中，长度不代表时间的长短，而在有时间坐标的网络图中，其箭线的长度必须根据完成该项工作所需时间长短按比例绘制。

(d)箭线的方向表示工作进行的方向和前进的路线，箭尾表示工作的开始，箭头表示工作的结束。

(e)箭线的形状可以任意画，可以是直线、折线或斜线，但不得中断。一般画成水平直线或带水平直线的折线。

(f)双代号网络计划中，还有一种工作叫虚工作，用虚箭线表示，只表示前后相邻工作之间的逻辑关系，既不占用时间，也不耗用资源，其表达形式可垂直向上或向下，也可水平向右，如图 4-28 中工作③→④。

b. 按照网络图中工作之间的相互关系，将工作分为以下几种类型。

(a)紧前工作

紧接于某工作箭尾端的各工作是该工作的紧前工作。双代号网络图中，本工作和紧前工作之间可能有虚工作。如图 4-28 中支模 1 是支模 2 的紧前工作；绑钢筋 1 和绑钢筋 2 之间虽有虚工作，但绑钢筋 1 仍然是绑钢筋 2 的紧前工作。

(b)紧后工作

紧接于某工作箭头的各工作是该工作的紧后工作。双代号网络图中，本工作和紧后工作之间可能有虚工作。如图 4-28 中支模 2 是支模 1 的紧后工作；绑钢筋 2 和浇混凝土 1 是绑钢筋 1 的紧后工作。

(c)平行工作

同一节点出发或者指向同一节点的工作是平行工作，如图 4-28 中支模 2 和绑钢筋 1 是平行工作。

c. 内向箭线和外向箭线

(a)内向箭线也叫内向工作，指向某个节点的箭线，如图 4-29(a)所示。

(b)外向箭线也叫外向工作，从某节点引出的箭线，如图 4-29(b)所示。

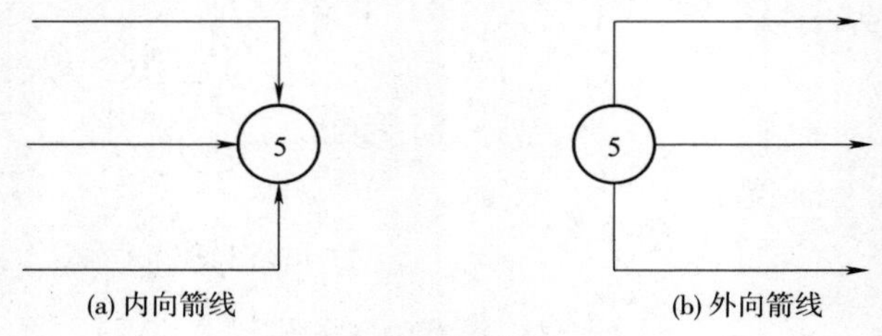

图 4-29　内向箭线和外向箭线

②节点

a. 网络图中箭线端部的圆圈或其他形状的封闭图形就是节点。在双代号网络图中，它表示工作之间的逻辑关系，节点表达的内容有以下几个方面：

(a)节点表示前面工作结束和后面工作开始的瞬间，所以节点不需要消耗时间和资源。

(b)箭线的箭尾节点表示该工作的开始，箭线的箭头节点表示该工作的结束。

(c)根据节点在网络图中的位置不同可以分为起点节点、终点节点和中间节点。起点节点是网络图的第一个节点，表示一项任务的开始。终点节点是网络图的最后一个节点，表示一个项目的结束。除起点节点和终点节点以外的节点称为中间节点，中间节点都有双重的含义，既是前面工作的箭头节点，也是后面工作的箭尾节点。

b. 节点编号。网络图中的每个节点都有自己的编号，以便赋予每项工作以代号，便于计算网络图的时间参数和检查网络图是否正确。

(a)节点编号必须满足两条基本规则，其一，箭头节点编号大于箭尾节点编号；其二，在一个网络图中，所有节点不能出现重复编号，可以连号也可以跳号，以便适应网络计划调整中增加工作的需要，编号留有余地。

(b)节点编号的方法有两种：一种是水平编号法，即从起点节点开始由上到下逐行编号，每行则自左到右按顺序编号，如图 4-30(a)所示；另一种是垂直编号法，即从起点节点开始自左到右逐列编号，每列则根据编号规则的要求进行编号，如图 4-30(b)所示。

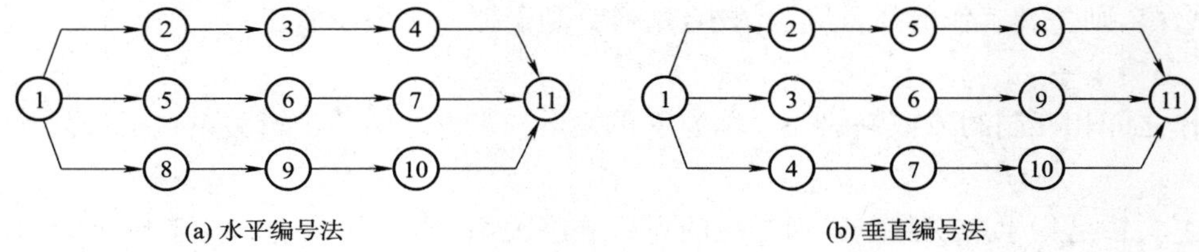

图 4-30　节点编号示意

③线路

网络图中从起点节点开始，沿箭头方向顺序通过一系列箭线与节点，最后达到终点节点的通路称为线路。一个网络图中，从起点节点到终点节点，一般都存在着许多条线路，每条线路都包含若干项工作，这些工作的持续时间之和就是该线路的长度，也就是完成这条线路上所有工作的计划工期。以图 4-31 为例，其网络图线路时间列表计算见表 4-1。

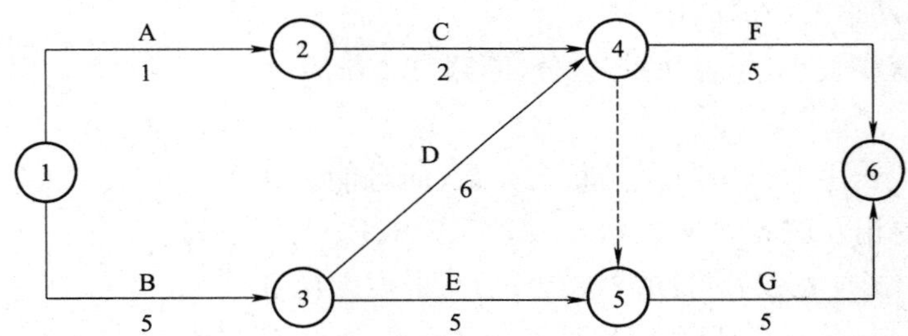

图 4-31　双代号网络图

表 4-1　网络图线路时间计算

序　号	线　　路	线　　长
1	①$\xrightarrow{1}$②$\xrightarrow{2}$④$\xrightarrow{5}$⑥	8
2	①$\xrightarrow{1}$②$\xrightarrow{2}$④$\xrightarrow{0}$⑤$\xrightarrow{3}$⑥	6
3	①$\xrightarrow{5}$③$\xrightarrow{6}$④$\xrightarrow{5}$⑥	16
4	①$\xrightarrow{5}$③$\xrightarrow{6}$④$\xrightarrow{0}$⑤$\xrightarrow{3}$⑥	14
5	①$\xrightarrow{5}$③$\xrightarrow{5}$⑤$\xrightarrow{3}$⑥	13

线路上总的工作持续时间之和最长的线路称为关键线路。如线路①→③→④→⑥的持续时间之和最长，即为关键线路，其余线路称为非关键线路。位于关键线路上的工作称为关键工作，关键工作完成快慢直接影响整个计划工期的实现。关键线路一般用粗线（或者双箭线、红线）来表示，以突出其在网络计划中的重要位置。

在网络图中关键线路有时不止一条，可能同时存在几条关键线路。但从管理的角度出发，为了实行重点管理，一般不希望出现太多的关键线路。

关键线路也不是一成不变的，在一定的条件下，关键线路和非关键线路会相互转化。例如，当采取技术组织措施，缩短关键工作的持续时间，或者非关键工作持续时间延长时，就有可能使关键线路发生转移。网络计划中，关键工作的比重往往不宜过大，网络计划愈复杂，工作节点就愈多，则关键工作的比重应该越小，这样有利于抓住主要矛盾。

（2）逻辑关系

工作之间相互制约或依赖的关系称为逻辑关系。工作之间的逻辑关系包括工艺关系和组织关系。

工艺关系是指生产工艺上客观存在的先后顺序关系，或者是非生产性工作之间由工作程序决定的先后顺序关系。例如，建筑工程施工时，先做基础，后做主体；先做结构，后做装修。工艺关系是不能随意改变的，当一个工程的施工方法确定之后，工艺关系也就随之被确定下来。如图 4-28 所示，支模 1→绑钢筋 1→混凝土 1 为工艺关系。

组织关系是指在不违反工艺关系的前提下，人为安排工作的先后顺序关系。例如，建筑群中各个建筑物的开工顺序的先后；施工对象的分段流水作业等。组织顺序可以根据具体情况，按安全、经济、高效的原则统筹安排。如图 4-28 所示，支模 1→支模 2；混凝土 1→混凝土 2 等为组织关系。

（3）虚工作在网络图中的应用

虚工作用虚箭线表示，起着联系、区分、断路三个作用。

①联系作用

虚工作不仅能表达工作间的逻辑联结关系，而且能表达不同幢号的房屋之间的相互联系。例如图 4-32，工作 A、B、C、D 之间的逻辑关系为：工作 A 完成后可同时进行 B、D 两项工作，工作 C 完成后进行工作 D。不难看出，A 完成后其紧后工作为 B，C 完成后其紧后工作为 D，很容易表达，但 D 又是 A 的紧后工作，为把 A 和 D 联系起来，必须引入虚工作，逻辑关系才能正确表达。

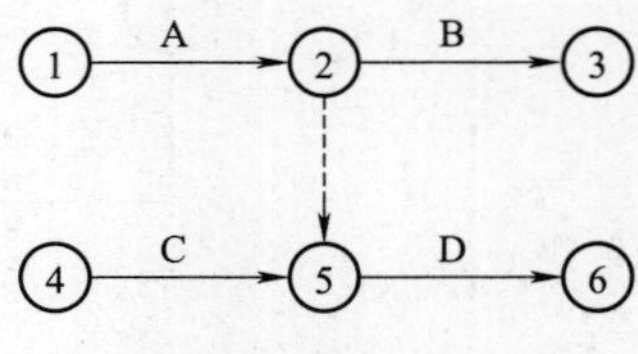

图 4-32　虚工作的应用

②区分作用

双代号网络计划是用两个代号表示一项工作。如果两项工作用同一代号，则不能明确表示出该代号表示哪一项工作。因此，不同的工作必须用不同代号，如图 4-33 所示。

③断路作用

绘制双代号网络图时，最容易产生的错误是把本来没有逻辑关系的工作联系起来了，使网络图发生逻辑上的错误。这时就必须使用虚箭线在图上加以处理，以切断不应有的工作联系。产生错误的地方总是在同时有多条内向和外向箭线的节点处，画图时应特别注意，只有一条内向或外向箭线之处是不易出错的。

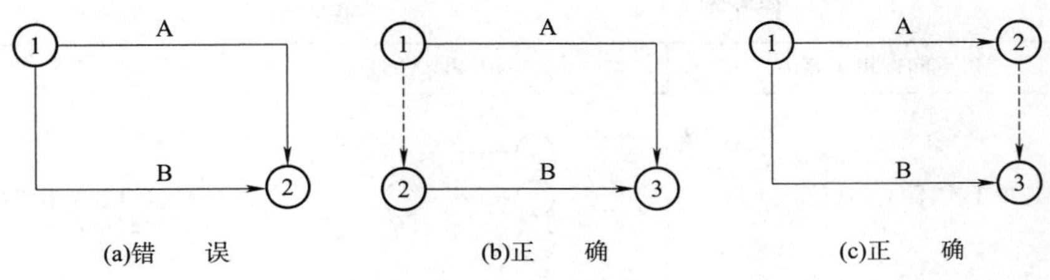

图 4-33　虚工作的区分作用

例:某工程由支模板、绑钢筋、浇混凝土等三个分项工程组成,它在平面上划分为Ⅰ、Ⅱ、Ⅲ三个施工阶段,已知其双代号网络图如图 4-34(a)所示,试判断该网络图的正确性。

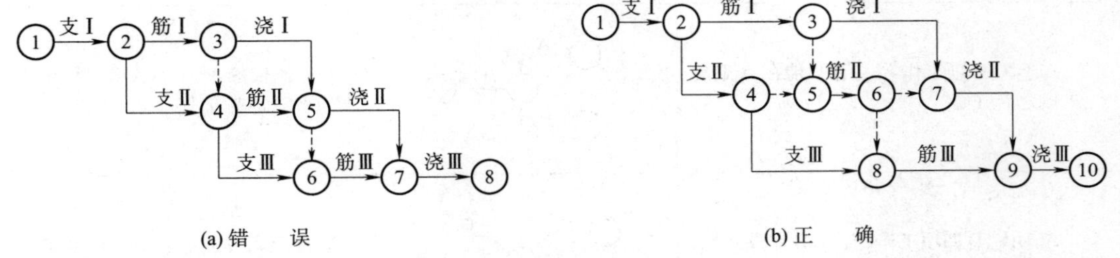

图 4-34　双代号网络图

判断网络图正确与否,应从网络图是否符合工艺逻辑关系要求,是否符合施工组织程序要求,是否满足空间逻辑关系要求三个方面分析。由图 4-34(a)可以看出,该网络图符合前两个方面要求,但不满足空间逻辑关系要求,因为第Ⅱ施工段支模板不应受到第Ⅰ施工段绑钢筋的制约,第Ⅲ施工段绑钢筋不应受到第Ⅰ施工段浇混凝土的制约,这说明空间逻辑关系表达有误。

在这种情况下,就应采用虚工作在线路上隔断无逻辑关系的各项工作,这种方法就是"断路法"。上述情况如要避免,必须运用断路法,增加虚箭线来加以分隔,使支模Ⅲ仅为支模Ⅱ的紧后工作,而与钢筋Ⅰ断路;使钢筋Ⅲ仅为钢筋Ⅱ的紧后工作,而与浇筑混凝土Ⅰ断路。正确的网络图应如图 4-34(b)所示。这种断路法在组织分段流水作业的网络图中使用很多,十分重要。

(4)双代号网络图绘制的基本规则

①双代号网络图必须正确表达已定的逻辑关系。在网络图中,各工作之间在逻辑上的关系是变化多端的,表 4-2 所列的是网络图中常见的一些逻辑关系及其表示方法。

表 4-2　网络图中各工作逻辑关系表示方法

序号	工作之间逻辑关系	网络图上表示方法	说　明
1	A、B 两项工作,依次进行施工	○—A→○—B→○	B 依赖 A、A 约束 B
2	A、B、C 三项工作,同时开始施工	A, B, C	A、B、C 三项工作为平行施工方式

续上表

序号	工作之间逻辑关系	网络图上表示方法	说　明
3	A、B、C 三项工作，同时结束施工	A B C	A、B、C 三项工作为平行施工方式
4	A、B、C 三项工作，只有 A 完成之后，B、C 才能开始	A B C	A 工作制约 B、C 工作的开始；B、C 工作为平行施工方式
5	A、B、C 三项工作，C 工作只能在 A、B 完成之后开始	A C B	C 工作依赖于 A、B 工作；A、B 工作为平行施工方式
6	A、B、C、D 四项工作，当 A、B 完成之后，C、D 才能开始	A C *j* B D	通过中间节点把四项工作的逻辑关系表达出来
7	A、B、C、D 四项工作；A 完成以后，C 才能开始，A、B 完成之后，D 才能开始	A C B D	A 制约 C、D 的开始，B 只制约 D 的开始；A、D 之间引入了虚工作
8	A、B、C、D、E 五项工作；A、B 完成之后，D 才能开始；B、C 完成之后，E 才能开始	A D B C E	D 依赖 A、B 的完成。E 依赖 B、C 的完成；双代号表示法以虚工作表达 A、B、C 之间上述逻辑关系
9	A、B、C、D、E 五项工作；A、B、C 完成之后，D 才能开始；B、C 完成之后，E 才能开始	A D 0 B E C	A、B、C 制约 D 的开始；B、C 制约 E 的开始；双代号表示法以虚工作表达上述逻辑关系
10	A、B 两项工作；按三个施工段进行流水施工	A_1 A_2 A_3 B_1 B_2 B_3	按工程建立两个专业工作队；分别在三个施工段上进行流水作业；双代号表示法以虚工作表达工程间的关系

②双代号网络图中，严禁出现循环回路。所谓循环回路是指从一个节点出发，顺箭线方向又回到原出发点的循环线路。如图 4-35 所示，就出现了循环回路 2→3→4→5→6→7→2，它表示的逻辑关系是错误的，在工艺关系上是矛盾的。

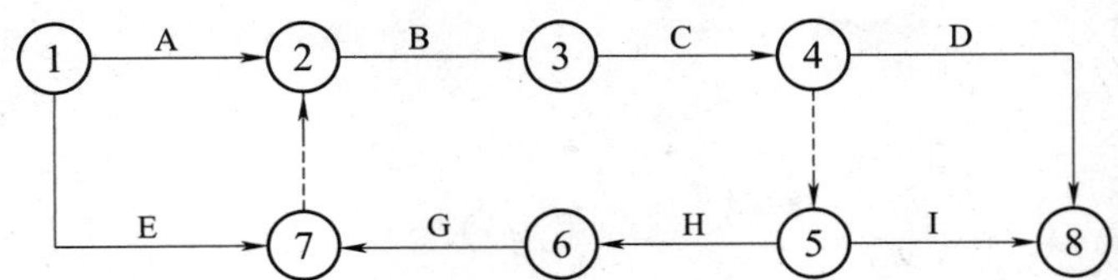

图 4-35　有循环回路的错误网络图

③双代号网络图中，在节点之间严禁出现带双向箭头或无箭头的连线，如图 4-36 所示。

图 4-36　错误的箭线画法

④双代号网络图中，严禁出现没有箭头节点或没有箭尾节点的箭线，如图 4-37 所示。同时严禁在箭线上引入或引出箭线，如图 4-38 所示。

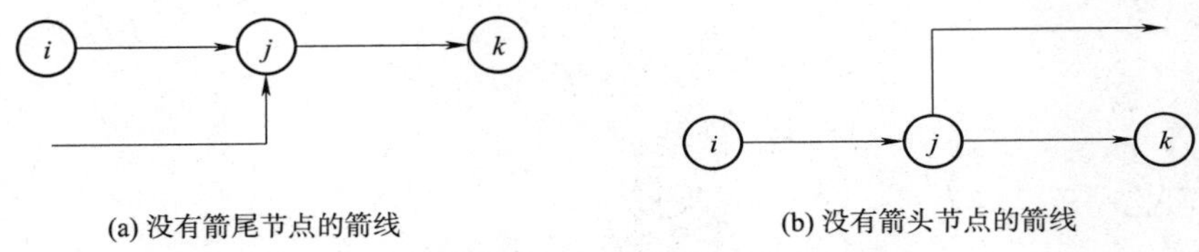

图 4-37　没有箭头节点或箭尾节点的错误画法

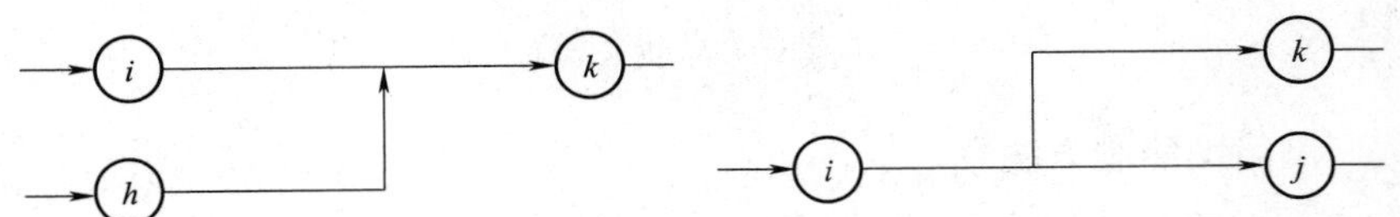

图 4-38　在箭线上引进、引出的错误画法

⑤同一个网络图中，同一项工作不能出现两次。如图 4-39(a)中活动 C 出现了两次是不允许的，应引进虚工作表达成图 4-39(b)所示。

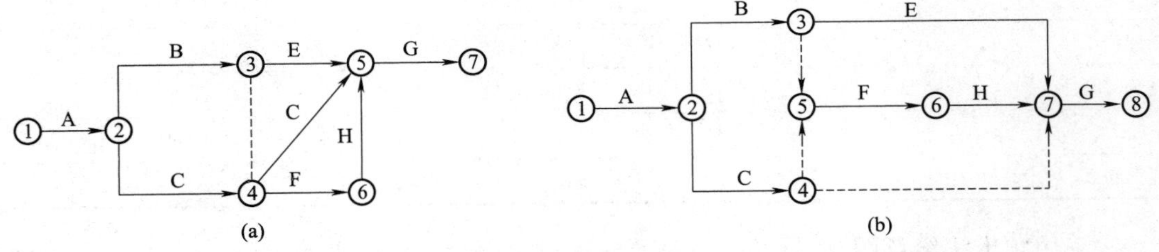

图 4-39　同一项工作不能出现两次

⑥当网络图的某些节点有多条外向箭线或有多条内向箭线时，为使图形简洁，在不违背“一项工作应只有唯一的一条箭线和相应的一对节点编号”规定的前提下，可用母线法绘制。当箭线线型不同时，可从母线上引出的支线上标出，如图 4-40 所示。

⑦绘制网络图时，尽可能在构图时避免交叉。当交叉不可避免且交叉少时，采用过桥法或指向法，如图 4-41 所示。

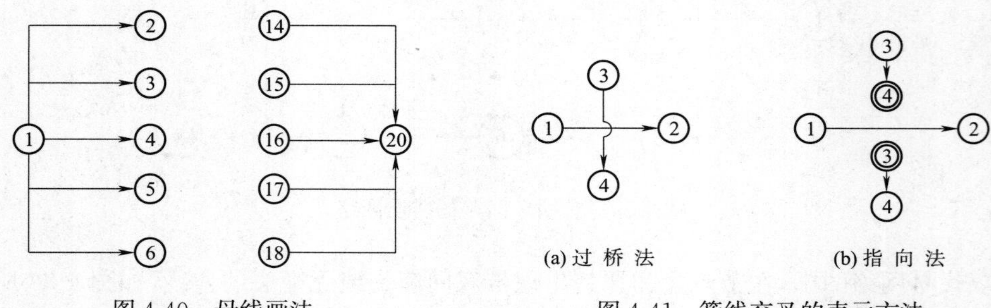

图 4-40　母线画法　　图 4-41　箭线交叉的表示方法

⑧双代号网络图中只允许有一个起点节点(该节点编号最小且没有内向箭线);不是分期完成任务的网络图中,只允许有一个终点节点(该节点编号最大且没有外向工作);而其他所有节点均是中间节点(既有内向箭线又有外向箭线)。如图 4-42(a)所示,网络图中有两个起点节点①和⑤,有两个终点节点④和⑩画法错误,正确画法如图 4-42(b)所示。

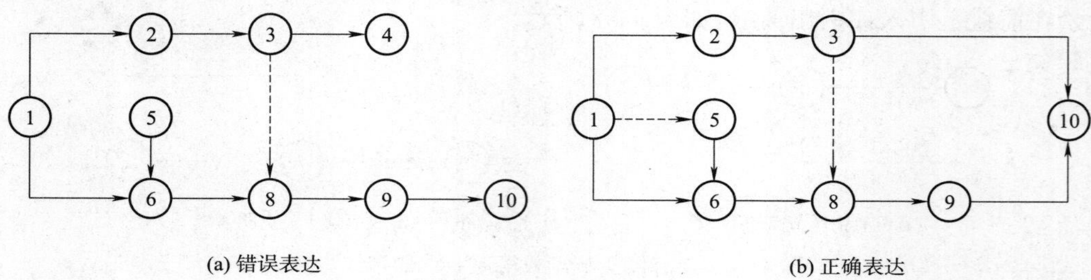

图 4-42　起点节点和终点节点表达

(5)双代号网络图绘制方法

①根据工程项目所采用的施工方法、施工工艺及施工组织的方法,进行逻辑关系的分析,列出一张明细表。表 4-3 为某钢筋混凝土工程划分为三个施工段时的工作明细表。

表 4-3　某钢筋混凝土工程划分为三个施工段时的工作明细表

工作名称	工作代号	紧前工作	工作时间	工作名称	工作代号	紧前工作	工作时间
支模 1	A	—	3	浇筑混凝土 2	F	C,E	1
绑钢筋 1	B	A	2	支模 3	G	D	3
浇筑混凝土 1	C	B	1	绑钢筋 3	H	G,E	2
支模 2	D	A	3	浇筑混凝土 3	I	F,H	1
绑钢筋 2	E	B,D	3				

②采用顺推法绘草图:以原始节点开始先确定由原始节点引出的工作,然后根据工作之间的逻辑关系,确定每项工作的紧后工作。以表 4-3 为例说明。

a. 当某项工作只存在一项紧前工作时,该工作可以直接从其紧前工作的结束节点连出,如图 4-43(a)所示。

b. 当某项工作存在多于一项以上紧前工作时,可从其紧前工作的结束节点分别画虚工作并汇交到一个新节点,然后从这一新节点把该项工作引出,如图 4-43(b)所示。

c. 在连接某工作时,若该工作的紧前工作没有全部给出,则该项工作不应画出。

③去掉多余虚箭线，并对网络图进行整理，如图 4-43(c)所示。

④检查、编号，如图 4-43(d)所示。

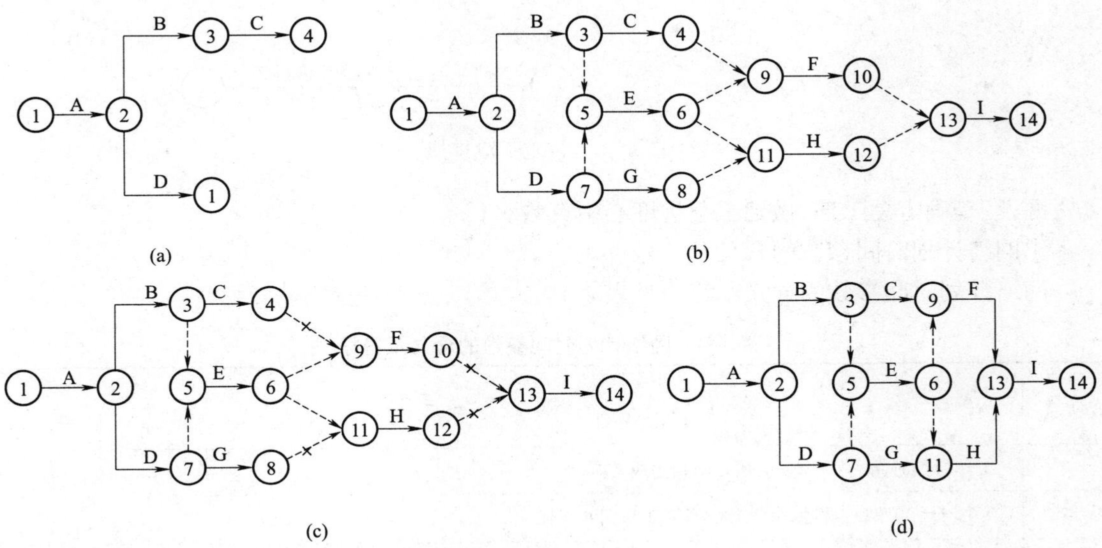

图 4-43　某钢筋混凝土工程划分为三个施工段时的网络图

(6)网络图的排列

网络图采用正确的排列方式，逻辑关系准确清晰，形象直观，便于计算与调整。

①施工段按水平方向排列

根据施工顺序把各施工过程按垂直方向排列，施工段按水平方向排列，如图 4-44 所示。其特点是相同工种在同一水平线上，突出不同工种的工作情况。

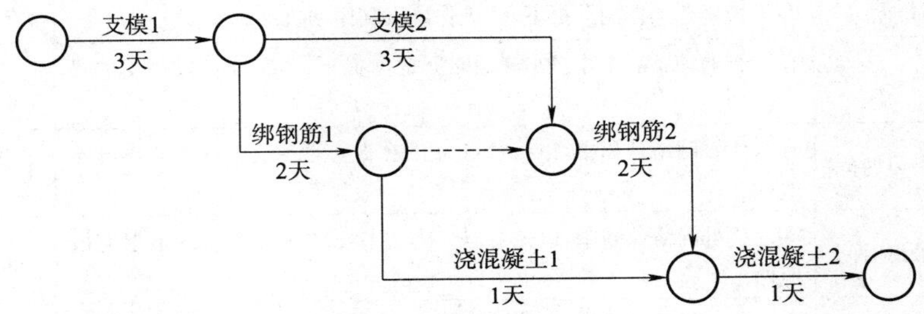

图 4-44　按施工过程排列

②工艺顺序按水平方向排列

同一施工段上的有关施工过程按水平方向排列，施工段按垂直方向排列，如图 4-45 所示。其特点是同一施工段的工作在同一水平线上，反映出分段施工的特征，突出工作面的利用情况。

(7)双代号网络图时间参数的计算

根据工程对象各项工作的逻辑关系和绘图规则绘制网络图是一种定性的过程，只有通过进行时间参数计算这样一个定量的过程，才使网络计划具有实际应用价值。计算网络计划时间参数的目的主要有三个：一是确定关键线路和关键工作，便于施工中抓住重点，向关键线路要时间；二是明确非关键工作及其在施工时间上有多大的机动性，便于挖掘潜力，统筹全局，部

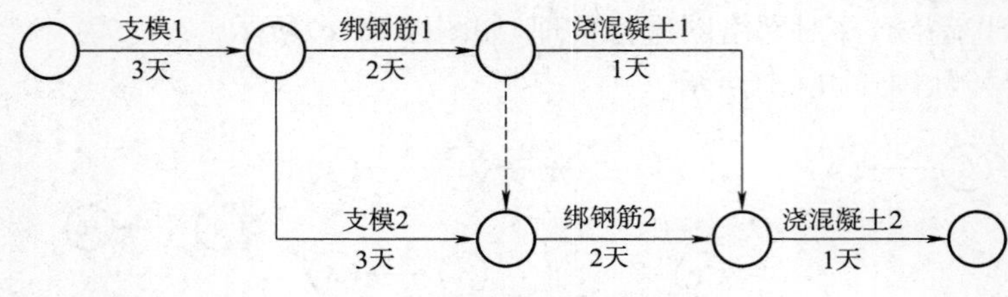

图 4-45　按施工段排列

署资源；三是确定总工期，做到工程进度心中有数。

①网络计划时间参数的含义及符号

网络计划时间参数的含义及符号见表 4-4。

表 4-4　网络计划时间参数的含义及符号

序号	参数名称		定　义	表示方法	
				双	单
1	工作持续时间		工作 i-j 从开始到完成的时间	D_{i-j}	D_i
2	工期	计算工期	根据时间参数计算所得到的工期	T_c	
3		要求工期	任务委托人提出的指令性工期	T_r	
4		计划工期	根据要求工期和计算工期所确定的作为实施目标的工期	T_p	
5	最早开始时间		所有紧前工作全部完成后，本工作有可能开始的最早时刻	ES_{i-j}	ES_i
6	最早完成时间		所有紧前工作全部完成后，本工作有可能完成的最早时刻	EF_{i-j}	EF_i
7	最迟完成时间		在不影响整个任务按期完成的前提下，工作必须完成的最迟时刻	LF_{i-j}	LF_i
8	最迟开始时间		在不影响整个任务按期完成的前提下，工作必须开始的最迟时刻	LS_{i-j}	LS_i
9	总 时 差		在不影响总工期的前提下，本工作可以利用的机动时间	TF_{i-j}	TF_i
10	自由时差		在不影响其紧后工作最早开始时间的前提下，本工作可以利用的机动时间	FF_{i-j}	FF_i
11	节点的最早时间		在双代号网络计划中，以该节点为开始节点的各项工作的最早开始时间	ET_i	ET_i
12	节点的最迟时间		在双代号网络计划中，以该节点为完成节点的各项工作的最迟完成时间	LT_j	LT_j
13	时间间隔		本工作的最早完成时间与其紧后工作最早开始时间之间可能存在的时间	LAG_{i-j}	

②双代号网络计划时间参数的计算

双代号网络计划时间参数的计算方法通常有工作计算法、节点计算法、图上计算法和表上计算法四种，本节主要介绍前三种。

a. 工作计算法

按工作计算法计算时间参数应在确定了各项工作的持续时间之后进行。虚工作也必须视同工作进行计算，其持续时间为零。时间参数的计算结果应标注在箭线之上，如图 4-46 所示。

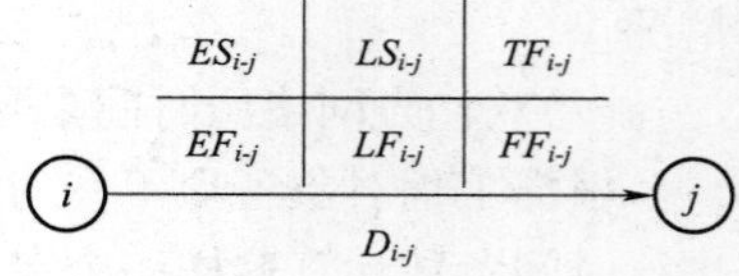

图 4-46　工作计算法的标注内容

下面以某双代号网络计划(图4-47)为例，说明其计算步骤，其结果如图4-48所示。

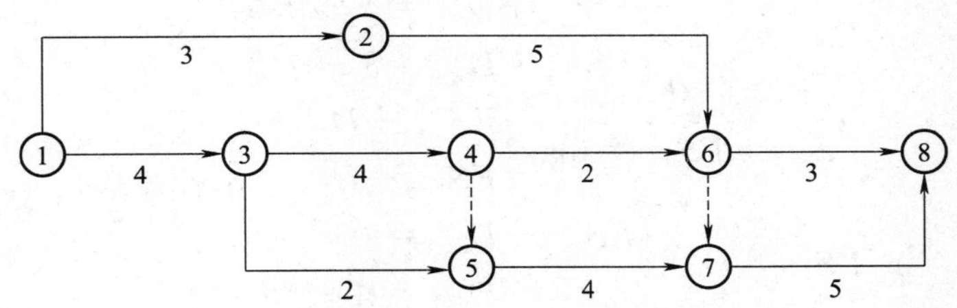

图4-47　某双代号网络计划

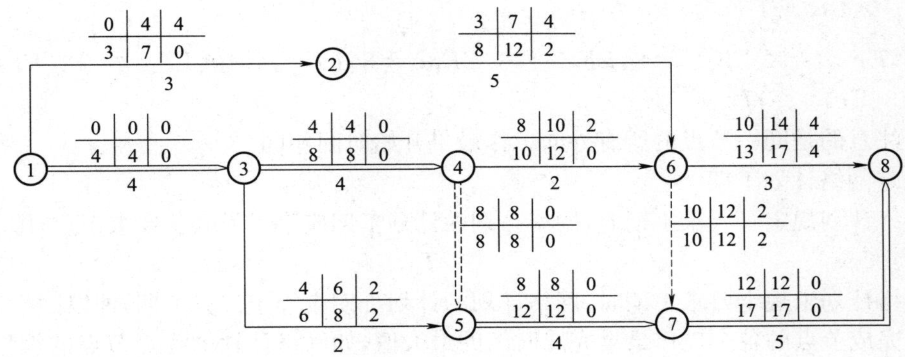

图4-48　工作计算法计算时间参数

a)计算最早开始时间和最早完成时间

这类时间参数的实质是提出了紧后工作与紧前工作的关系，即紧后工作若提前开始，也不能提前到其紧前工作未完成之前，就整个网络图而言，受到起点节点的控制。因此，其计算程序为自起点节点开始，顺着箭线方向，用累加的方法计算到终点节点。

各项工作的最早完成时间等于其最早开始时间加上工作持续时间，即

$$EF_{i-j}=ES_{i-j}+D_{i-j} \tag{4-1}$$

计算工作最早时间参数时，一般有以下三种情况：

Ⅰ. 当工作以起点节点为开始节点时，其最早开始时间为零(或规定时间)，即

$$ES_{i-j}=0 \tag{4-2}$$

Ⅱ. 当工作只有一项紧前工作时，该工作的最早开始时间应为其紧前工作的最早完成时间，即

$$ES_{i-j}=EF_{h-i}=ES_{h-i}+D_{h-i} \tag{4-3}$$

Ⅲ. 当工作有多个紧前工作时，该工作的最早开始时间应为其所有紧前工作最早完成时间最大值，即

$$ES_{i-j}=\max EF_{h-i}=\max\{ES_{h-i}+D_{h-i}\} \tag{4-4}$$

本例中，各工作的最早开始时间和最早完成时间计算如下：

工作的最早开始时间：

$$ES_{1-2}=ES_{1-3}=0$$

$$ES_{2-6}=ES_{1-2}+D_{1-2}=0+3=3$$

$$ES_{3-4}=ES_{3-5}=ES_{1-3}+D_{1-3}=0+4=4$$

$$ES_{4-5}=ES_{4-6}=ES_{3-4}+D_{3-4}=4+4=8$$

$$ES_{5-7}=\max\begin{Bmatrix}ES_{3-5}+D_{3-5}=4+2=6\\ES_{4-5}+D_{4-5}=8+0=8\end{Bmatrix}=8$$

$$ES_{6-7}=ES_{6-8}=\max\begin{Bmatrix}ES_{2-6}+D_{2-6}=3+5=8\\ES_{4-6}+D_{4-6}=8+2=10\end{Bmatrix}=10$$

$$ES_{5-7}=\max\begin{Bmatrix}ES_{5-7}+D_{5-7}=8+4=12\\ES_{6-7}+D_{6-7}=10+0=10\end{Bmatrix}=12$$

工作的最早完成时间：

$$EF_{1-2}=ES_{1-2}+D_{1-2}=0+3=3$$

$$EF_{1-3}=ES_{1-3}+D_{1-3}=0+4=4$$

同理，$EF_{2-6}=8$、$EF_{3-4}=8$、$EF_{3-5}=6$、$EF_{4-5}=8$、$EF_{4-6}=10$、$EF_{5-7}=12$、$EF_{6-7}=10$、$EF_{6-8}=13$、$EF_{7-8}=17$

需要注意的是同一节点的所有外向工作最早开始时间相同。

b)确定网络计划工期

当网络计划规定了要求工期时，网络计划的计划工期应小于或等于要求工期，即

$$T_p \leqslant T_r \tag{4-5}$$

当网络计划未规定要求工期时，网络计划的计划工期应等于计算工期，即以网络计划的终点节点为完成节点的各个工作最早完成时间的最大值，如网络计划的终点节点的编号为 n，则计算工期 T_c 为

$$T_p=T_c=\max\{EF_{i-n}\} \tag{4-6}$$

本例中，网络计划的计算工期为

$$T_c=\max\{EF_{6-8},EF_{7-8}\}=\max\{13,17\}=17$$

c)计算最迟完成时间和最迟开始时间

这类时间参数的实质是提出紧前工作与紧后工作的关系，即紧前工作要推迟开始，不能影响其紧后工作的按期完成。就整个网络图而言，受到终点节点(即计算工期)的控制。因此，其计算程序为自终点节点开始，逆着箭线方向，用累减的方法计算到起点节点。

各工作的最迟开始时间等于其最迟完成时间减去工作持续时间，即

$$LS_{i-j}=LF_{i-j}-D_{i-j} \tag{4-7}$$

计算工作最迟完成时间参数时，一般有以下三种情况：

Ⅰ. 当工作的终点节点为完成节点时，其最迟完成时间为网络计划的计划工期，即

$$LF_{i-n}=T_p \tag{4-8}$$

Ⅱ. 当工作只有一项紧后工作时，该工作的最迟完成时间应为其紧后工作的最迟开始时间，即

$$LF_{i-j}=LS_{j-k}=LF_{j-k}-D_{j-k} \tag{4-9}$$

Ⅲ. 当工作有多项紧后工作时，该工作的最迟完成时间应为其多项紧后工作最迟开始时间的最小值，即

$$LF_{i-j}=\min\{LS_{j-k}\}=\min\{LF_{j-k}-D_{j-k}\} \tag{4-10}$$

本例中，各工作的最迟完成时间和最迟开始时间计算如下：

工作的最迟完成时间：

$$LF_{7-8}=LF_{6-8}=T_p=17$$

$$LF_{6-7}=LF_{5-7}=LF_{7-8}-D_{7-8}=17-5=12$$

$$LF_{4-6}=LF_{2-6}=\min\begin{Bmatrix}LF_{6-7}-D_{6-7}=12-0=12\\LF_{6-8}-D_{6-7}=17-3=14\end{Bmatrix}=12$$

$$LF_{4-5}=LF_{3-5}=LF_{5-7}-D_{5-7}=12-4=8$$

$$LF_{4-6}=\min\begin{Bmatrix}LF_{4-6}-D_{4-6}=12-0=12\\LF_{4-5}-D_{4-5}=8-0=8\end{Bmatrix}=8$$

$$LF_{1-3}=\min\begin{Bmatrix}LF_{3-4}-D_{3-4}=8-4=4\\LF_{3-5}-D_{3-5}=8-2=6\end{Bmatrix}=4$$

$$LF_{1-2}=LF_{2-6}-D_{2-6}=12-5=7$$

工作的最迟时间：

$$LS_{1-2}=LF_{1-2}-D_{1-2}=7-4=3$$
$$LS_{1-3}=LF_{1-3}-D_{1-3}=4-4=0$$

同理，$LS_{2-6}=7$、$LS_{3-4}=4$、$LS_{3-5}=6$、$LS_{4-5}=8$、$LS_{4-6}=10$、$LS_{5-7}=8$、$LS_{6-7}=12$、$LS_{6-8}=14$、$LS_{7-8}=12$。

需要注意的是同一节点的所有内向工作最迟完成时间相同。

d)计算总时差

如图 4-49 所示，在不影响总工期的前提下，一项工作可以利用的时间范围是从该工作最早开始时间到最迟完成时间，即工作从最早开始时间或最迟开始时间开始，均不会影响总工期。而工作实际需要的持续时间是 $D_{i\text{-}j}$，扣去 $D_{i\text{-}j}$ 后，余下的一段时间就是工作可以利用的机动时间，即为总时差。所以总时差等于最迟开始时间减去最早开始时间，或最迟完成时间减去最早完成时间，即：

$$TF_{i-j}=LF_{i-j}-EF_{i-j}$$
或
$$TF_{i-j}=LS_{i-j}-ES_{i-j} \tag{4-11}$$

本例中，各工作的总时差计算如下：

$TF_{1-2}=LS_{1-2}-ES_{1-2}=4-0=4$　　$TF_{1-3}=LS_{1-3}-ES_{1-3}=0-0=0$

$TF_{2-6}=LS_{2-6}-ES_{2-6}=7-3=4$　　$TF_{3-4}=LS_{3-4}-ES_{3-4}=4-4=0$

$TF_{3-5}=LS_{3-5}-ES_{3-5}=6-4=2$　　$TF_{4-5}=LS_{4-5}-ES_{4-5}=8-8=0$

$TF_{4-6}=LS_{4-6}-ES_{4-6}=10-8=2$　　$TF_{5-7}=LS_{5-7}-ES_{5-7}=8-8=0$

$TF_{6-7}=LS_{6-7}-ES_{6-7}=12-10=2$　　$TF_{6-8}=LS_{6-8}-ES_{6-8}=14-10=4$

$TF_{7-8}=LS_{7-8}-ES_{7-8}=12-12=0$

e)计算自由时差

如图 4-50 所示，在不影响其紧后工作最早开始时间的前提下，一项工作可以利用的时间范围是从该工作最早开始时间至其紧后工作最早开始时间。而工作实际需要的持续时间是 $D_{i\text{-}j}$，那么扣去 $D_{i\text{-}j}$ 后，尚有的一段时间就是自由时差。

当工作有紧后工作时，该工作的自由时差等于紧后工作的最早开始时间减本工作最早完成时间，即

$$FF_{i-j}=ES_{j-k}-Es_{i-j}-D_{i-j}$$
或
$$FF_{i-j}=ES_{j-k}-EF_{i-j} \tag{4-12}$$

当以终点节点 $j=n$（n 为终点结点）为箭头节点的工作，其自由时差应按网络计划的计划

工期 T_p 确定，即

$$FF_{i-n}=T_p-ES_{i-n}-D_{i-n}$$

或

$$FF_{i-n}=T_p-EF_{i-n} \tag{4-13}$$

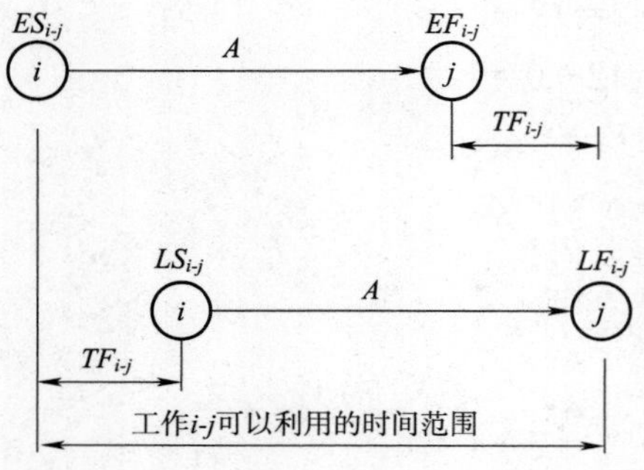

图 4-49　总时差的计算简图

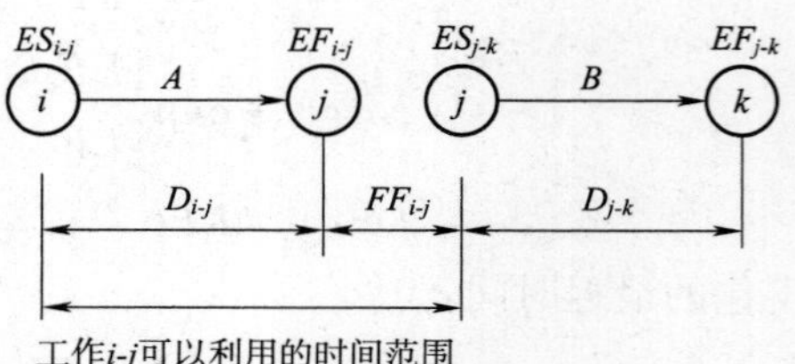

图 4-50　自由时差的计算简图

本例中，各工作的自由时差计算如下：

$FF_{1-2}=ES_{2-6}-EF_{1-2}=3-3=0$　　$FF_{1-3}=ES_{3-4}-EF_{1-2}=4-4=0$

$FF_{2-6}=ES_{6-8}-EF_{2-6}=10-8=2$　　$FF_{3-4}=ES_{4-6}-EF_{3-4}=8-8=0$

$FF_{3-5}=ES_{5-7}-EF_{3-5}=8-6=2$　　$FF_{4-5}=ES_{5-7}-EF_{4-5}=8-8=0$

$FF_{4-6}=ES_{6-8}-EF_{4-6}=10-10=0$　　$FF_{5-7}=ES_{7-8}-EF_{5-7}=12-12=0$

$FF_{6-7}=ES_{7-8}-EF_{6-7}=12-10=2$　　$FF_{6-8}=ES_{7-8}-EF_{6-8}=17-13=4$

$FF_{7-8}=T_p-EF_{7-8}=17-17=0$

③节点计算法

网络计划中节点的时间参数有节点最早时间和节点最迟时间。

节点最早时间是指以该节点为开始节点的各项工作的最早开始时间，节点 i 的最早时间用 ET_i 表示。其计算程序为自起点节点开始，顺着箭线方向，用累加的方法计算到终点节点。

节点最迟时间是指以该节点为完成节点的各项工作的最迟完成时间，节点 i 的最迟时间用 LT_i 表示。其计算程序为自终点节点开始，逆着箭线方向，用累减的方法计算到起点节点。

按节点计算法计算时间参数，其计算结果应标注在节点之上，如图 4-51 所示。

图 4-51　按节点计算法的标注内容

仍以图 4-47 为例，说明其计算步骤：

a. 计算节点最早时间

当起点节点 i 如未规定最早时间，其值应等于零，即

$$ET_i=0\quad(i=1) \tag{4-14}$$

当节点 j 只有一条内向箭线时，最早时间应为

$$ET_j=ET_i+D_{i-j} \tag{4-15}$$

当节点 j 有多条内向箭线时，其最早时间应为

$$ET_j=\max\{ET_i+D_{i-j}\} \tag{4-16}$$

终点节点 n 的最早时间即为网络计划的计算工期，即

$$ET_n=T_c \tag{4-17}$$

如图 4-47 所示的网络计划中，各节点最早时间计算如下：

$ET_1=0$　　$ET_2=ET_1+D_{1-2}=0+3=3$

$ET_3=ET_1+D_{1-3}=0+4=4$　　$ET_4=ET_3+D_{3-4}=4+4=8$

$ET_5=\max\{ET_3+D_{3-5},ET_4+D_{4-5}\}=\max\{4+2,8+0\}=8$

其余节点的最早时间如图 4-52 所示。

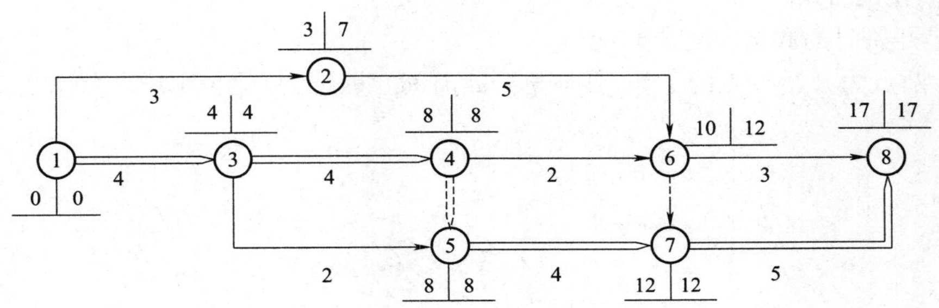

图 4-52　节点计算法计算时间参数

b. 计算节点最迟时间

终点节点的最迟时间应等于网络计划的计划工期，即

$$LT_n=T_p \tag{4-18}$$

若分期完成的节点，则最迟时间等于该节点规定的分期完成的时间。

当节点 i 只有一个外向箭线时，最迟时间为

$$LT_i=LT_j-D_{i-j} \tag{4-19}$$

当节点 i 有多条外向箭线时，其最迟时间为

$$LT_i=\min\{LT_j-D_{i-j}\} \tag{4-20}$$

本例中，各节点的最迟时间计算如下：

$LT_8=T_p=17$　　$LT_7=LT_8-D_{7-8}=17-5=12$

$\mathrm{LT}_6=\min\{LT_7-D_{6-7},LT_8-D_{6-8}\}=\min\{12-0,17-3\}=12$

其余节点的最迟时间如图 4-52 所示。

c. 根据节点时间参数计算工作时间参数

工作最早开始时间等于该工作开始节点的最早时间，即

$$ES_{i-j}=ET_i \tag{4-21}$$

工作的最早完成时间等于该工作开始节点的最早时间加上持续时间，即

$$EF_{i-j}=ET_i+D_{i-j} \tag{4-22}$$

工作最迟完成时间等于该工作完成节点的最迟时间，即

$$LF_{i-j}=LT_j \tag{4-23}$$

工作最迟开始时间等于该工作完成节点的最迟时间减去持续时间，即

$$LS_{i-j}=LT_j-D_{i-j} \tag{4-24}$$

工作总时差等于该工作的完成节点最迟时间减去该工作开始节点的最早时间再减去持续时间。

$$TF_{i-j}=LT_j-ET_i-D_{i-j} \tag{4-25}$$

工作自由时差等于该工作的完成节点最早时间减去该工作开始节点的最早时间再减去持续时间。

$$FF_{i-j}=ET_j-ET_i-D_{i-j} \tag{4-26}$$

本例的计算结果见图 4-52，过程略。

④图上计算法

图上计算法是根据工作计算法或节点计算法的时间参数计算公式，在图上直接计算的一种较直观、简便的方法。

a. 最早开始时间和最早完成时间

以起点节点为开始节点的工作，其最早开始时间一般记为 0，如图 4-53 所示的工作 1-2 和工作 1-3。

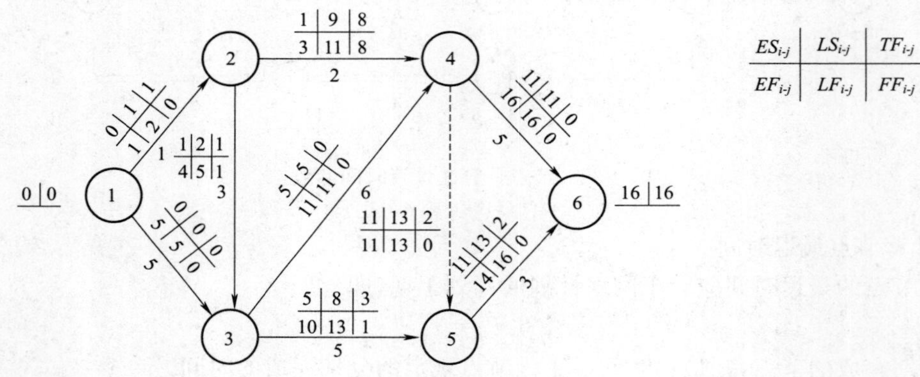

图 4-53　图上计算法

其余工作的最早开始时间可采用“沿线累加，逢圈取大”的计算方法求得。即从网络图的起点节点开始，沿每一条线路将各工作的作业时间累加起来，在每一个圆圈（节点）处，取到达该圆圈的各条线路累计时间的最大值，就是以该节点为开始节点的各工作的最早开始时间。

工作的最早完成时间等于该工作最早开始时间与本工作持续时间之和，结果见图 4-53。

b. 最迟完成时间和最迟开始时间

以终点节点为完成节点的工作，其最迟完成时间就等于计划工期，如图 4-53 所示的工作 4-6 和工作 5-6。

其余工作的最迟完成时间可采用“逆线累减，逢圈取小”的计算方法求得。即从网络图的终点节点逆着每条线路将计划工期依次减去各工作的持续时间，在每一个圆圈处取后续线路累减时间的最小值，就是以该节点为完成节点的各工作的最迟完成时间。

工作的最迟开始时间等于该工作最迟完成时间与本工作持续时间之差，见图 4-53。

c. 工作总时差

工作总时差可采用“迟早相减，所得之差”的计算方法求得。即工作的总时差等于该工作的最迟开始时间减去工作的最早开始时间，或者等于该工作的最迟完成时间减去工作的最早完成时间，见图 4-53。

d. 工作自由时差

工作自由时差等于紧后工作的最早开始时间减去本工作的最早完成时间。可在图上相应位置直接相减得到，见图 4-53。

e. 节点最早时间

起点节点的最早时间一般记为 0，如图 4-54 所示的①节点。

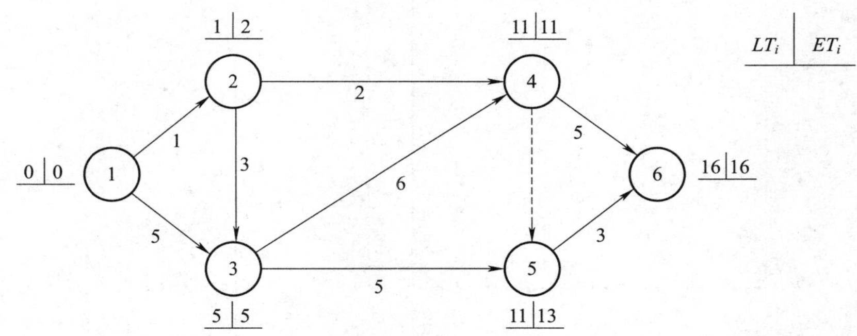

图 4-54 网络图时间参数计算

其余节点的最早时间也可采用“沿线累加，逢圈取大”的计算方法求得。将计算结果标注在相应节点图例对应的位置上，见图 4-54。

f. 节点最迟时间

终点节点的最迟时间等于计划工期。当网络计划有规定工期时，其最迟时间就等于规定工期；当没有规定工期时，其最迟时间就等于终点节点的最早时间。其余节点的最迟时间也可采用“逆线累减，逢圈取小”的计算方法求得。将计算结果标注在相应节点图例对应的位置上，见图 4-54。

⑤关键线路的确定

网络计划中，自始至终全部由关键工作(必要时经过一些虚工作)组成的线路或线路上总的工作持续时间最长的线路应为关键线路。如图 4-54 中线路 1-3-4-6 为关键线路。

(8)工程案例

在一些大型的空间网格结构工程中，经常使用网络图来表达工程的进度计划。图 4-55 是某体育中心钢桁架屋面结构的施工进度计划图。

3. 分项或专项施工方案的确定

空间网格结构工程主要的分项施工方案包括钢结构焊接、零部件加工、钢结构涂装、钢构件组装、钢构件预拼装、钢网架结构安装、压型金属板安装等。在确定了总体施工方案的基础上，应对各分项施工方案进行细化和确定。

例如空间管桁架结构工程中的“钢构件组装”分项，则主要针对构件组装时的拼装胎架设计和组装要点进行描述，具体包括拼装胎架的设计与制作，桁架的拼装顺序，桁架拼装方法及注意事项。

(1)拼装胎架的设计与制作

可根据构件的分段情况、吊装要求、施工周期等因素来确定胎架的形状和尺寸以及胎架的数量；布置拼装胎架时，其定位必须考虑预放出焊接收缩量及加工余量，胎架梁柱连接节点为刚性连接，柱间距随着主桁架的高度变化而变化，但胎架立柱顶应超过主桁架下弦上皮 300 mm

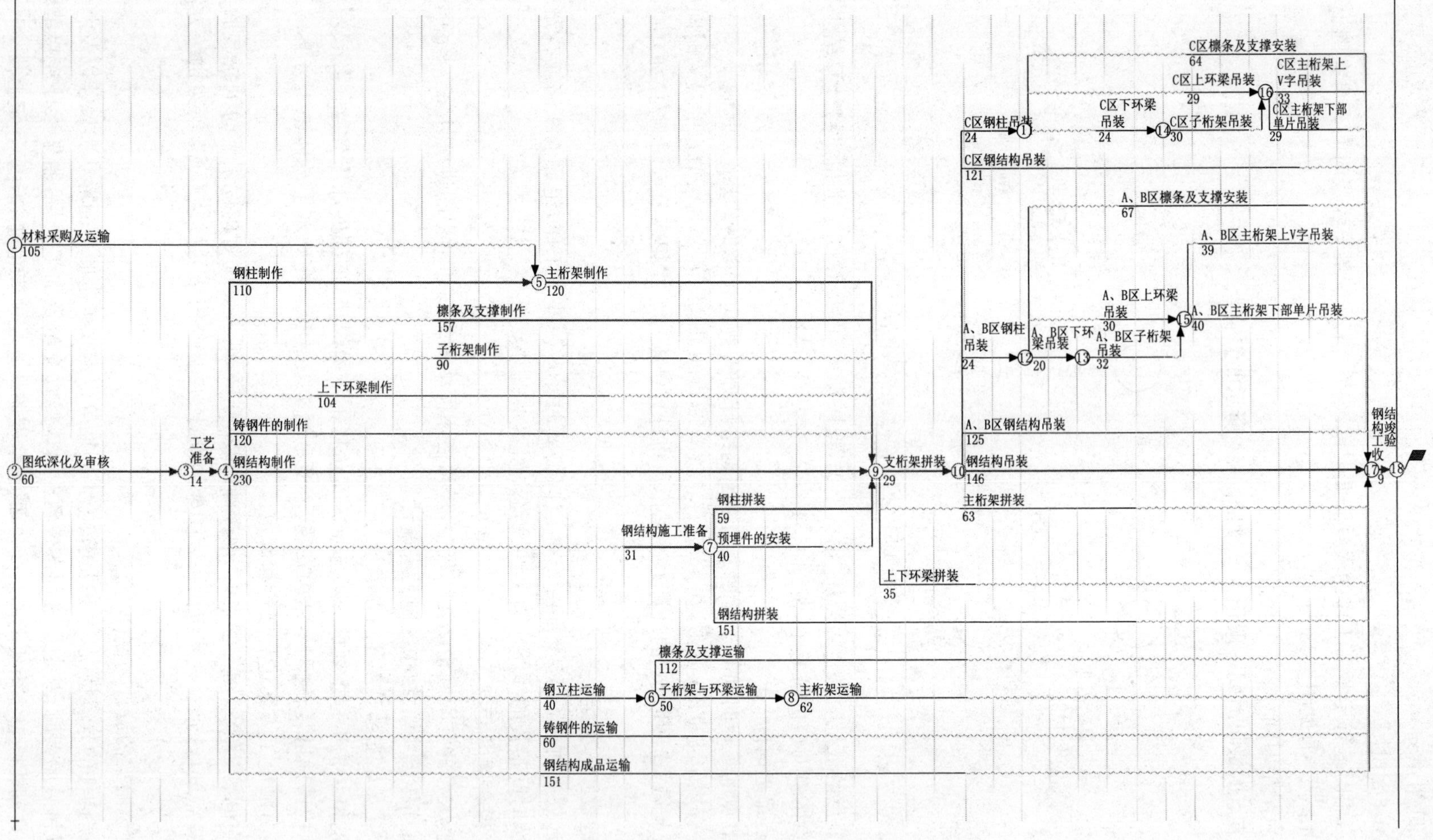

图 4-55 某体育中心屋面结构的施工进度计划网络图

以上,安装间距约 5 000 mm。当主桁架的下弦杆放在胎架上定位后,在胎架的横梁上,于下弦杆的两侧焊接 14 mm 厚卡板卡住下弦杆。图 4-56 为某管桁架工程主桁架的胎架制作大样图。

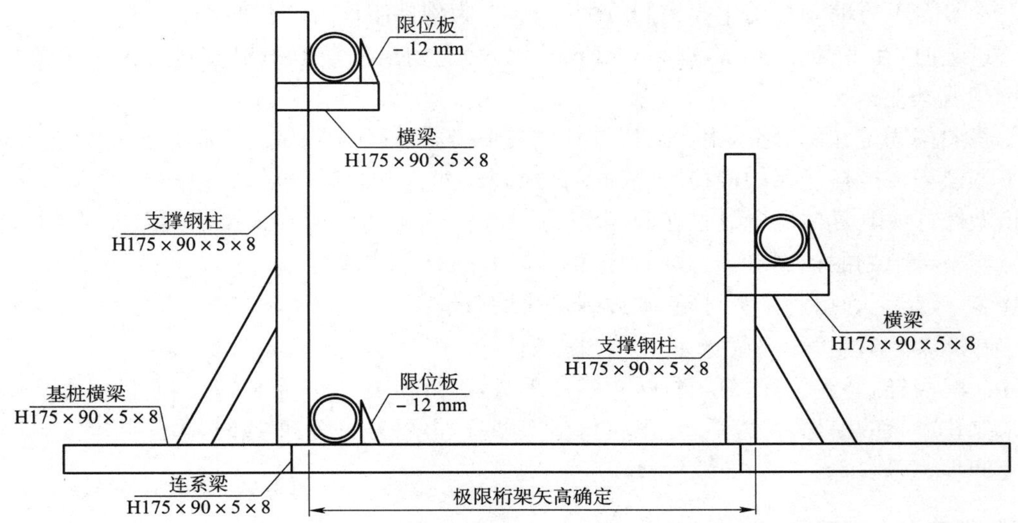

图 4-56　主桁架拼装胎架制作大样图(单位:mm)

(2)桁架的拼装顺序

通常情况下桁架的拼装顺序为:拼接上弦杆—拼接下弦杆—拼接下弦杆之间的腹杆—拼接上弦杆之间的腹杆—拼接上下弦杆之间的腹杆—完成该段拼装,如图 4-57 所示。

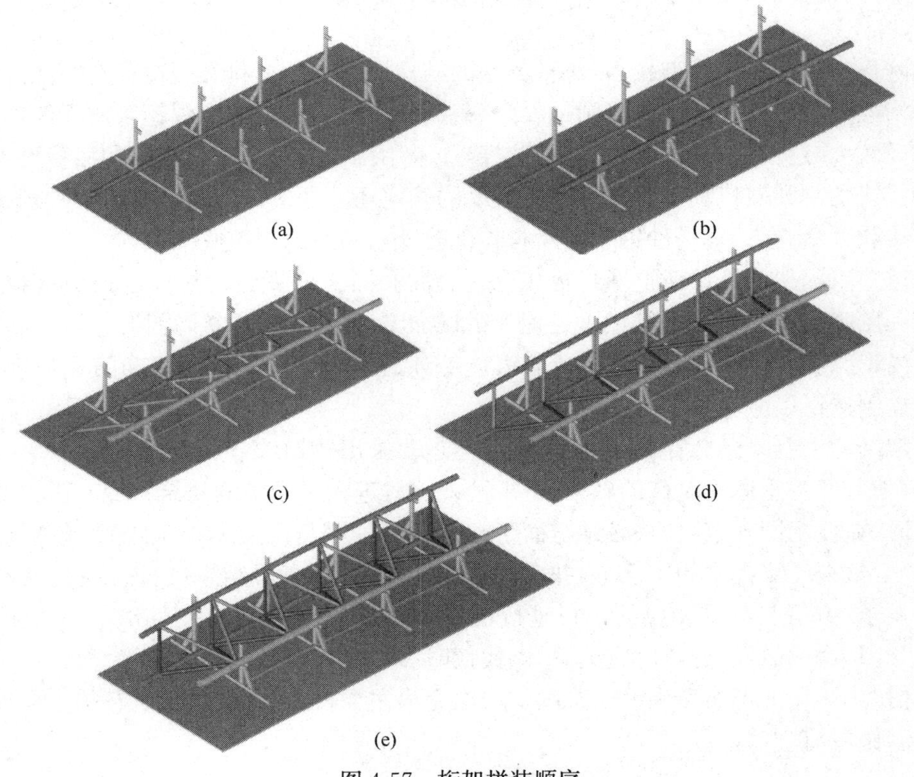

图 4-57　桁架拼装顺序

(3)桁架拼装方法及注意事项

①平台及胎架支撑必须有足够的刚度。

②在平台上应明确标明主要控制点的标记,作为构件制作时的基准点。

③拼装时,在平台(已测平,误差在 2 mm 以内)上划出三角形桁架控制点的水平投影点,打上钢印或其他标记。

④将胎架固定在平台上,用水准仪或其他测平仪器对控制点的垂直标高进行测量,通过调节水平调整板或螺栓确保构件控制点的垂直标高尺寸符合图纸要求,偏差在 2.0 mm 内。然后将桁架弦杆按其具体位置放置在胎架上,通过挂锤球或其他仪器确保桁架上控制点的垂直投影点与平台上划的控制点重合,固定定位卡,确保弦杆位置的正确。

注意:确定主管相对位置时,必须放焊接收缩余量。

⑤在胎架上对主管各节点的中心线进行划线。

⑥装配腹杆,并定位焊,对腹杆接头定位焊时,不得少于 4 点;定位好后,对桁架进行焊接,先焊未靠住胎架的一面,焊好后,用吊机将桁架翻身,再焊另一面,焊接时,为保证焊接质量,尽量避免仰焊、立焊。

4.2.3 进度及资源配置计划(施工计划)

空间网格结构工程施工计划编制与轻钢门式刚架结构工程施工计划编制的注意事项在很多方面是相似的。例如:工程量的计算,两种类型的结构都是根据施工图中的材料表作为基本依据来进行统计的;还有总体进度计划的确定,所考虑的问题和流程基本一致。本节只将空间网格结构工程与轻钢门式刚架结构工程的施工不同点进行详细介绍。

1. 材料计划

空间网格结构工程的类型较多,每种类型的结构所用到的材料类型也各有不同。网架、网壳结构和桁架结构的杆件一般选择圆钢管,当截面较小时采用高频电焊钢管或无缝钢管;只有当圆管直径较大时(例如大跨度管桁架的弦杆)才采用钢板卷管。但是圆管的用量要考虑到下料时的相贯线切割和破口加工。杆件切割长度的确定还要通过试验事先确定各种规格的杆件预留的焊接收缩量,在计算杆件钢管的断料长度时计入预留的焊接收缩量。

螺栓球节点网架的杆件还包括封板、锥头、套筒和高强度螺栓。封板经钢板下料、锥头经钢材下料和胎膜锻造毛坯后进行正火处理和机械加工,再与钢管焊接,焊接时应将高强度螺栓放在钢管内;套筒制作需经钢材下料、胎膜锻造毛坯、正火处理、机械加工和防腐处理;高强度螺栓由螺栓制造厂供应。

管桁架结构中有时还会存在一些复杂的节点,要采用铸钢件节点。

另外,随着经济全球化时代的到来,不少国外钢材进入了中国的建筑领域。由于各国的钢材标准不同,在使用国外钢材时,必须全面了解不同牌号钢材的质量保证项目,包括化学成分和机械性能,检查厂家提供的质保书,并应进行抽样复验,其复验结果应符合现行国家产品标准和设计要求,方可与我国相应的钢材进行代换。表 4-5 给出了以强度指标为依据的各国钢材牌号与我国钢材牌号的近似对应关系,供代换时参考。

通常情况下,在工程的深化设计阶段就应该完成主要材料的订货,而所有的工程原材料应该在加工制作之前全部到位。

表 4-5 国内外钢材牌号对应关系

国别	中国	美国	日本	欧盟	英国	俄罗斯	澳大利亚
钢材牌号	Q235	A36	SS400 SM400 SN400	Fe360	40	C235	250 C250
	Q345	A242，A441， A572-50，A588	SM490 SN490	Fe510 FeE355	50B，C，D	C345	350 C350
	Q390				50F	C390	400 Hd400
	Q420	A572-60	SA440B SA440C			C440	

2. 劳动力计划

空间网格结构工程需要的劳动力主要包括起重工、电焊工、钳工、铆工、测量工、电工、油漆工、屋面安装工等。施工阶段的劳动力计划考虑到空间网格结构的施工特点往往划分为验收及二次倒运、钢结构拼装、钢结构安装和特殊施工(例如：滑移施工、顶升施工、预应力张拉施工)等几个阶段，按照各阶段的任务量和具体施工阶段来进行安排。表 4-6 是某弧形空间管桁架结构的体育馆项目的施工阶段的劳动力计划，该工程总用钢量约 2 200 t，整个结构为双轴对称结构，平面投影是直径为 116 m 的圆，屋盖高为 27.6 m，跨度为 97.2 m。整个屋盖结构由沿圆周均匀分布的 24 榀径向桁架和 6 榀环向桁架或环向钢梁，布置于径向桁架根部的 24 组V 字形支撑钢柱和外围的 40 个人字形钢柱及其间的连系杆件组成。

表 4-6 某工程施工阶段劳动力计划

序号	工种	钢结构现场施工				
		2009.10	2009.11	2009.12	2010.1	2010.2
1	项目管理人员	10	15	19	15	5
2	验收及二次倒运	8	13	13	3	
3	工长	1	1	1	1	
4	技术员	1	2	2	2	
5	起重工	2	4	4	4	
6	钢结构拼装	80	110	115	110	
7	工长	2	2	2	2	
8	技术员	6	6	6	6	
9	焊工	20	30	30	30	
10	铆工	10	12	13	12	
11	起重工	6	8	10	8	
12	油漆工	8	10	10	10	
13	测量工	8	10	12	10	
14	架子工	6	8	8	8	
15	无损探伤	4	6	6	6	
16	钢结构安装	100	126	146	106	
17	工长	6	6	6	4	

续上表

序号	工　种	钢结构现场施工				
		2009.10	2009.11	2009.12	2010.1	2010.2
18	技术员	8	8	4	4	
19	焊　工	20	32	42	30	
20	铆　工	15	22	22	20	
21	安装钳工	4	4	4	4	
22	起重工	6	6	10	6	
23	油漆工	6	6	6	4	
24	测量工	8	8	8	6	
25	架子工	8	10	10	6	
26	无损探伤	4	4	4	2	
27	普　工	18	20	26	20	5
28	滑移施工			20	20	
29	负责人			1	1	
30	技术员			4	4	
31	预应力张拉施工				15	
32	负责人				1	
33	技术员				3	

3. 机具设备计划

空间网格结构在现场施工阶段所用的机械设备，除了像轻钢门式刚架结构工程一样需要吊装设备、焊接设备、测量仪器和维护结构安装的工具以外，由于其焊接作业量大，且焊接质量要求高，还需要焊缝检测设备，以及滑移或顶升所用的千斤顶等设备。表4-7是某体育馆工程的施工阶段机械设备。

表4-7　现场安装投入主要施工机械设备

名　称	拟投入的现场安装设备满足要求					
	机械最少投入数量	投入本项目施工机械的情况(台套)				
	数量(台套)	小计	新购	自有	租赁	型　号
250 t履带吊	2	2			2	SCX2500型
50 t履带吊	2	2			2	
80 t汽车吊	1	1			1	AC80-2型
25 t汽车吊	1	1			1	QY25C型
平板车	1	1			1	30 t
滑　轮	40	40		40		
CO_2焊机	20	20		20		CPXS-500
直流焊机	50	50		50		ZX7-400
空压机	2	2		2		XF200
碳弧气刨	6	6		6		ZX5-630

续上表

名　　称	拟投入的现场安装设备满足要求					
	机械最少投入数量	投入本项目施工机械的情况(台套)				
	数量(台套)	小计	新购	自有	租赁	型　号
角向砂轮机	16	16		16		JB1193-71
保 温 箱	5	5		5		—
高温烘箱	2	2		2		YGCH-×－400
空气打渣器	3	3		3		—
火焰喷枪	10	10		10		SQP-1
螺旋千斤顶	28	28		28		—
手拉葫芦	20	20		20		—
照明设备	30	30	30	30		
全 站 仪	2	2		2		TCA2003
经 纬 仪	3	3		3		J2 级
水 准 仪	4	4		4		DS1 级
拉 力 磅	4	4		4		—
扭矩扳手	1	1		1		—
高强度螺栓电动扳手	1	1		1		YJ-A24
磁粉探伤仪	3	3		3		MT-2000
普通探伤仪	4	4		4		CTS-22B
振弦式应变仪	1	1			1	VSM-4000
振弦传感应变仪	1	1			1	—
读 数 仪	1	1			1	BGK-408

4.3　施工组织与协调

空间网格结构工程的施工现场由于结构复杂,施工过程多样,其具体的施工组织与协调就显得尤为重要。

4.3.1　施工质量与技术岗位职责及管理措施

空间网格结构工程的施工质量和技术岗位的设置与其他结构工程一样,由项目经理、项目技术负责人(或项目工程师)和施工员等九大员组成。尽管工程特点不一,但其具体的岗位职责是一样的。

空间网格结构工程现场的管理措施一般都是按照企业自身的项目管理经验以及国际惯例来运作和管理该项目,形成以项目经理负责制为核心,以项目合同管理和成本控制为主要内容,以科学系统管理和先进技术为手段的项目管理机制。严格按照以 GB/T 19001-ISO9001 组织模式标准建立的质量保证体系来运作,形成以全面质量管理为中心环节,以专业管理和计算机辅助管理相结合的科学化管理体制，实现具体质量方针和本工程质量目标，以及对业主的承诺。近年来，BIM 技术也被广泛的应用到了许多大型复杂的钢结构工程管理中，为降低成本和提高工程质量提供了保障。

要保证工程顺利实施，一个高效地项目管理机构是十分必要的。图 4-58 为某复杂空间网格结构工程项目部组织架构图，通过工程的实施验证是非常有效的。

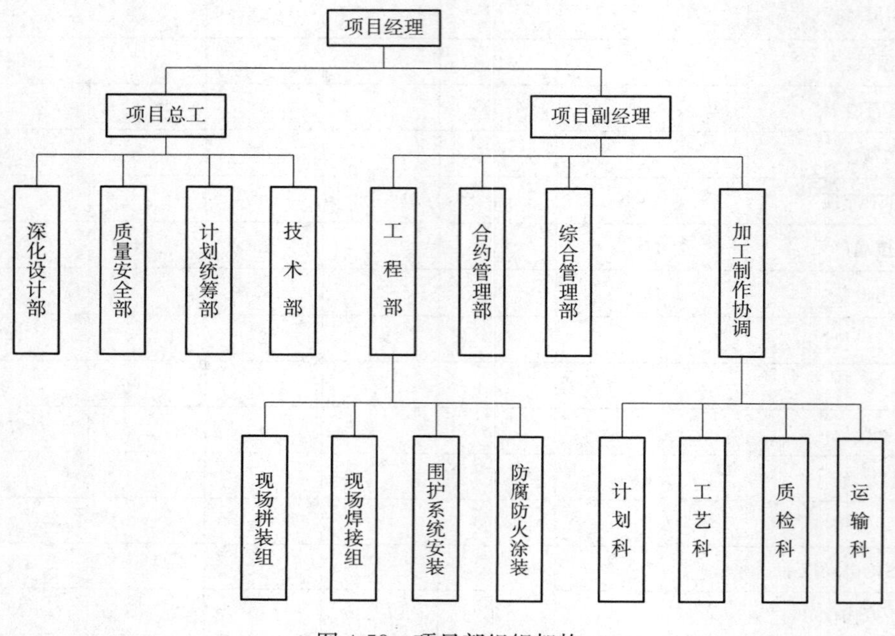

图 4-58　项目部组织架构

4.3.2　施工资源环境准备

空间网格结构一般作为屋面结构来使用，其施工现场往往还要和土建结构交叉，而且空间网格结构工程自身对施工现场的要求较高，因此空间网格结构工程施工资源环境准备则显得尤为重要。

1. 施工环境准备

施工环境准备的合理与否，将直接关系到施工进度的快慢和安全文明施工管理水平的高低。为保证现场施工顺利进行，具体的施工环境准备原则如下：

(1)在总承包的统一布置协调下进行钢结构施工的现场平面布置设计。

(2)紧凑有序，节约用地，尽可能避开拟建工程用地，在满足施工的条件下，尽量节约施工用地。

(3)适应各施工区生产需要，利于现场施工作业，尤其是拼装场地的设计，既要满足自身平整坚实的要求，又要考虑到安装方法和吊装位置的需要。

(4)满足施工需要和文明施工的前提下，尽可能减少临时设施的投资，对于空间网格结构工程中临时支撑的投入也是一笔不小的开支，因此要合理的进行安装方案的确定和结构体系的分解，尽量降低施工综合成本。

(5)尽量避免对周围环境的干扰和影响，尤其是钢结构的涂装作业。

(6)符合施工现场卫生及安全技术要求和防火规范。

2. 材料验收、试验与存储

钢材的验收是保证钢结构工程质量的重要环节，应该按照规定执行。钢材验收应达到以下要求：钢材的品种和数量应与订货单一致；钢材的质量保证书应与钢材上打印的记号相符；测量钢材尺寸，尤其是钢板厚度的偏差应符合标准规定；钢材表面不允许有结疤、裂纹、折叠和分层等缺陷，钢材表面的锈蚀深度不得超过其厚度负偏差值的一半。

空间网格结构常用材料的验收和试验主要包括钢管、焊接球以及各类焊缝等。

(1)钢管

钢管有无缝钢管和焊接钢管两种。由于回转半径较大，常用作桁架、网架、网壳等空间网格结构的杆件，型号可用代号"D"或"Φ"后加"外径 $d\times$壁厚 t"表示，如 D180×8 等。国产热轧无缝钢管的最大外径可达 630 mm，供货长度为 3～12 m。焊接钢管的外径可以做得更大，一般由施工单位卷制。

钢管材料检验应送交有相应检测资质的第三方检测机构进行。若受检单位能够提供法定单位出具的，能够证明该批质量的全项检测报告原件，则只需检验拉伸(抗拉强度、延伸率)、弯曲(50 mm≤外径≤219.1 mm 的钢管)、压扁(50 mm<外径<219.1 mm 的钢管)等必检项目；若不能提供或必检项目的检测指标与所提供的报告有较大差异的，应进行全项检测，包括化学成分、拉伸(抗拉强度、延伸率)、弯曲、压扁、液压试验、涡流探伤、扩口试验、尺寸和表面项目。

钢管取样方法：对于外径小于 30 mm 的钢管，应取整个管段作试样；当外径大于 30 mm 时，应剖管取纵向或横向试样；对大口径钢管，其壁厚小于 8 mm 时，应取条状试样；当壁厚大于 8 mm 时，也可加工成圆形比例试样，如图 4-59 所示。

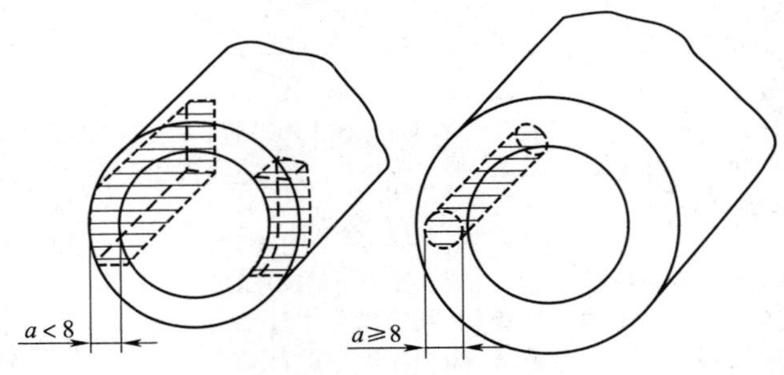

图 4-59　管材试样切取位置(单位：mm)

各类钢材取样方法及要求见表 4-8，化学成分分析检验取样方法及要求见表 4-9，金属材料试样规格见表 4-10。

表 4-8　各类钢材取样方法及要求

试验项目	取样要求	取样方法	取样数量	备　注
碳素结构钢、低合金钢	同一牌号、同炉罐号、同等级、同品种、同交货状态，每 60 t 为一批，不足此数也按一批计	在外观及尺寸合格的钢产品上取样，取样的位置具有代表性	拉伸、弯曲各一支：长度 40～60 cm 冲击：3 件带 V 型缺口尺寸：10 mm×10 mm×55 mm	制样时宜采用机械切削方法，避免用烧割、打磨去加工试样，质量等级为 B、C、D、E 的钢材需做冲击试验

续上表

试验项目	取样要求	取样方法	取样数量	备　注
钢板焊接	同一批钢板、同一焊接工艺制作的钢板为一验收批	在外观合格试样中随机截取试样，截取样坯时，尽量采用机械切削的方法；用其他方法时须保证受试部分的金属不在切割影响区内	拉伸：2 支 面弯：2 支 背弯：2 支	有特殊要求时需做侧弯、冲击试验
结构用无缝钢管	同一钢号、炉号、规格、热处理制度的钢管为一批，每批数量不超过以下规定：外径小于等于 76 mm，壁厚小于等于 3 mm 400 根，外径大于 351 mm 50 根，其他尺寸 200 根	每根在两根钢管上各取一个拉伸试样，各取一个压扁试样	拉伸：40～50 cm 板条或棒条 2 件 压扁：4 cm 长钢管圈 2 个	表面质量不合格的钢管要先剔除，再组批取样
球墨铸铁管件	同一批	用锯床切割，火焰切割须刨掉热影响区	拉伸：40～50 mm 板条 2 件(一件备用)	

表 4-9　化学成分分析检验取样方法及要求

试验项目	取样要求	取样方法	取样数量	备　注
无缝钢管	同一钢号、炉号、规格、热处理制度的钢管一批，每批数量不超过以下规定：外径≤76 mm，壁厚≤3 mm 400 根，外径＞351 mm 50 根，其他尺寸 200 根	在每批试样中随机抽取两根	从每根试样各截取 5 cm 的1 段	
碳素钢低合金钢	同一牌号、同一炉罐号、同等级、同一品种、同一尺寸、同一交货状态组成。每 60 t 为一批，不足此数也按一批计	在每批试样中随机抽取 2 根	从每根试样上各截取 15 cm 的 1 段	
不 锈 钢	每批由一牌号、同一炉罐号、同一加工方法、同一尺寸和同一交货状态(同一热处理炉次)的多材组成	在需要分析的试样的不同的部位用钻床钻取成碎屑。试样不少于 5 g	试样不少于 5 g	

表 4-10　金属材料试样规格

拉伸试样(GB/T 228—2002)		压扁试样(GB/T 246—1997)
金属管材 壁厚＞0.5 mm 外径 30～50 mm 外径 50～70 mm 外径＞70 mm 外径≤100 mm 外径 100～200 mm 外径＞200 mm	纵向弧形试样 10 mm×原壁厚×400 mm 15 mm×原壁厚×400 mm 20 mm×原壁厚×400 mm 19 mm×原壁厚×400 mm 25 mm×原壁厚×400 mm 38 mm×原壁厚×400 mm	试样长度大致等于金属管外径，外径小于 20 mm 者应为 20 mm，其最大长度则不超过 100 mm

续上表

拉伸试样(GB/T 228—2002)		压扁试样(GB/T 246—1997)
管外径<30 mm 的管材	管段试样两端夹持部分加塞头或压扁，加塞头或压扁的长度为≥50 mm，一段为 100 mm	
管壁厚<3 mm 管壁厚≥3 mm	加工的横向试样 10 mm(12.5 mm、15 mm、20 mm)×原厚度×400 mm 12.5 mm(15 mm、20 mm、30 mm、38 mm、40 mm)×原厚度×400 mm	
管壁厚度	管壁厚度机加工的纵向圆形截面试样 5 mm×400 mm 8 mm×400 mm 10 mm×400 mm	

(2)焊接空心球

焊接空心球节点是用两块圆钢板(Q235 钢或 Q345 钢)经热压或冷压成两个半球后对焊而成的，钢球外径一般为 160～500 mm，分加肋和不加肋两种(图 4-60)，肋板厚度与球壁等厚；肋板可用平台或凸台，当采用凸台时，其高度应≤1 mm。

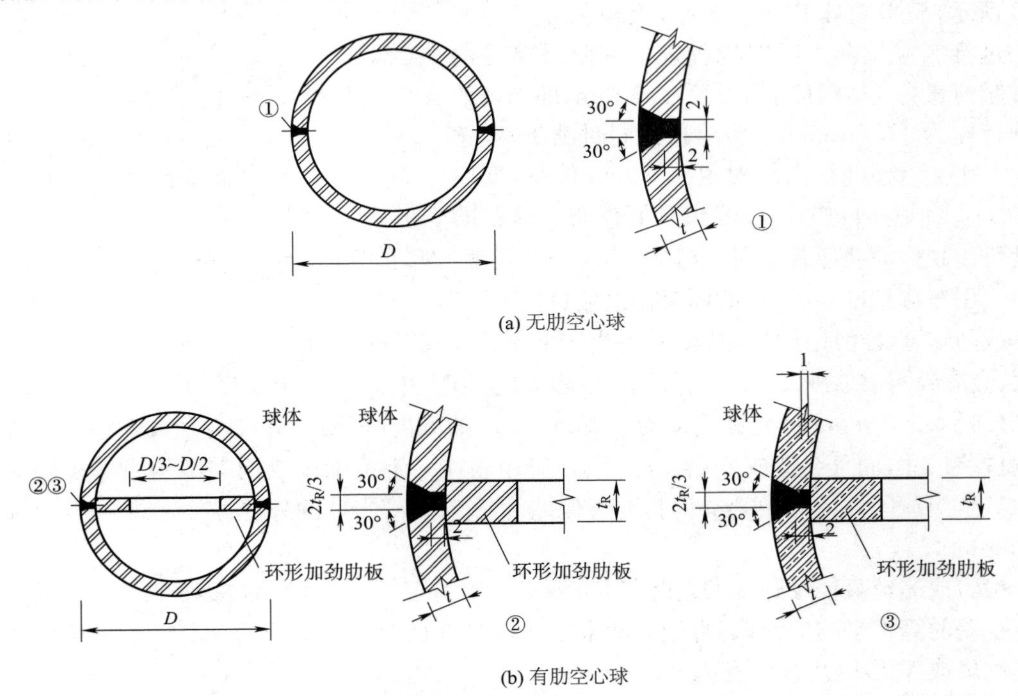

(a) 无肋空心球

(b) 有肋空心球

图 4-60 焊接空心球节点(单位：mm)

焊接球的加工有热轧和冷轧两种方法，目前生产的球多为热轧。热轧半圆球的下料尺寸约为$\sqrt{2}D$(D 为球的外径)。轧制球的模子，其下模有漏模和底模两种，为简化工艺，降低成本，多用漏模生产，半圆球轧制过程如图 4-61 所示。上下模的材料可用具有一定硬度的铸钢或铸铁，上下模尺寸应考虑球的冷却收缩率。下模的圆角宜适中；圆角太小容易拉薄，圆角太大，钢板容易折皱。制球时对圆钢板加热应均匀;如果加热不均匀,热轧后球壁会发生厚度不匀和拉裂等弊病。加热温度为 700 ℃～800 ℃,呈暗淡的枣红色。

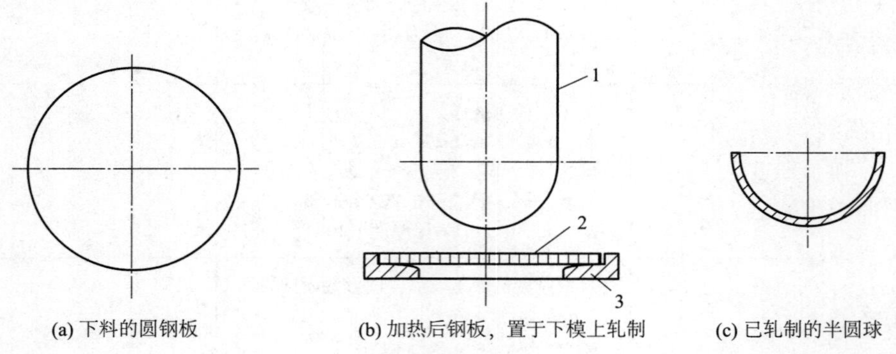

图 4-61　半圆球轧制过程示意

1—上模;2—加热后的圆钢板;3—下模(漏模)

热轧球容易产生以下弊病:壁厚不均匀;“长瘤”,即局部凸起;带“荷叶边”,即边缘有较大的折皱。用漏模热轧的半圆球,其壁厚不均匀规律如图 4-62 所示,靠半圆球的上口偏厚,上模的底部与侧边的过渡区域偏薄。网架规程规定壁厚最薄处的允许减薄量为 13%,且不得大于 1.5 mm,即当球的设计壁厚为 11.5 mm 时,两个条件同时满足,当壁厚大于 11.5 mm 时,由绝对值 1.5 mm 控制,壁厚小于 11.5 mm 时,由 13%的相对值控制。球壁的厚度可用超声波测厚仪测量。球体不允许有“长瘤”现象,“荷叶边”应在切边时切去。半圆球切口应用车床切削,在切口的同时作出坡口。

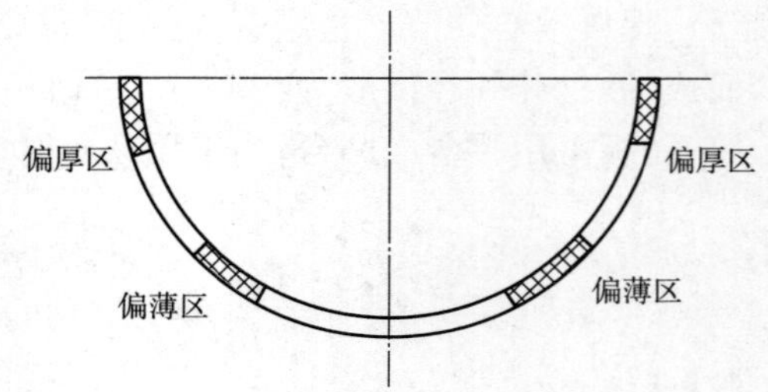

图 4-62　半圆球壁厚不均匀规律

成品球直径经常有偏小现象,这是由于上模磨损或考虑冷却收缩率不够等所至。如负偏差过大,会造成网架总拼尺寸偏小,故网架规程规定:当球外径＜300 mm 时,允许偏差为 1.5 mm;当球外径＞300 mm 时,允许偏差为 2.5 mm。球的圆度(即最小外径与最大外径之差),不仅影响拼装尺寸,而且会造成节点偏心,误差应控制在一定范围内,《网架结构质量检验评定标准》规定,当球的外径＜300 mm 时,允许偏差为 1.5 mm;当球的外径＞300 mm 时,允许偏差为 2.5 mm。

检验成品球直径及圆度偏差时,每球测量三对直径(六个直径),每对互成 90°;圆度用三对直径差的算术平均值计取;直径值即采用此六个直径的算术平均值。测量工具可以采用卡钳及钢尺或 V 形块及百分表。

焊接球节点是由两个热轧后经机床加工的半圆球相对焊成的。如果两个半圆球互相对接的接缝处是圆滑过渡的(即在同一圆弧上),则不产生对口错边量,如果两个半圆球对得不准,或大小不一,则在接缝处将产生错边。不论球大小,错边值一律不得大于 1 mm。

(3)焊缝

空间网格结构工程的安装现场有大量的焊接作业,主要包括相贯线焊缝和对接焊缝。

钢管对接焊接操作流程为焊前清理、组对—校正复检、预留焊接收缩余量—定位焊—焊前保护—焊前清理—焊接—焊后清理与外观检查—UT 探伤与缺陷返修。

用角磨机作 UT 探伤前应清理，注意不得出现深刻磨痕。经 UT 探伤检验焊缝符合规范及设计要求，方允许拆除防护措施。探伤不合格的焊缝采用气刨对缺陷部分进行刨除，并用角磨光机打磨清除渗碳及熔渣，确认缺陷清除后，采用与正式焊接相同的工艺进行修复，24 h 后进行 UT 复检。同一部位返修次数不得超过 2 次。

钢管相贯线焊接操作之焊前清理、定位焊、焊前保护等与钢管对接焊缝方法相同。

管桁架斜腹杆与上下弦杆相贯及主桁架相贯焊接的焊前检查十分重要，部分构件由于制作误差、构件少量变形、拼装误差造成焊接接头间隙较大，间隙在 20 mm 以内时，可逐渐堆焊填充间隙，待冷却到常温，打磨清理干净，确认无焊接缺陷后再正常施焊，不得添加任何填料，对间隙严重超标的接头应重新加工、焊接。

斜腹杆上口与上弦杆相贯处呈全位置倒向环焊，焊接时从焊缝的最低位置起弧，在横角焊的中心收弧，焊条呈斜线运行，使熔池保持水平状态。斜腹杆下口与下弦管相贯处应从仰角焊位置超越中心 5～10 mm 处起弧，在平角焊位置收弧，焊条呈斜线和直线运行，使熔池保持水平状态。次桁架弦杆与主桁架弦杆相贯处的焊接从坡口的仰角部位超越中心 5～10 mm 处起弧，在平焊位置中心线收弧，焊接时尽量使熔池保持水平状态，注意左右两边的熔合，确保焊缝几何尺寸的外观质量。当相贯线夹角小于 30°时，采用角焊缝形式进行焊接，焊接尺寸为 1.5 倍较薄钢管壁厚。

相贯线焊缝的质量检查包括焊缝的外观检验和 UT 探伤检验。焊缝外观不允许有裂纹、熔穿、缺陷和弧坑等缺陷。焊缝 UT 探伤按《钢结构工程施质量验收规范》(GB 50205—2001)表 5.2.4 的规定，一般情况下工程全熔透焊缝质量等级为二级，焊缝 UT 探伤比例为 20%，探伤的点数应均匀，部位要覆盖所有全熔透焊接接头形式。

空间网格结构工程的“机具准备与管理”和“人员配备与培训”的注意事项与轻钢门式刚架结构工程的相应条目是基本一致的，此处不再详述。

4.3.3 施工质量技术工作准备

空间网格结构工程一般都用于公共建筑，其施工质量要求往往较高，施工技术难度较大，因此必须做好相关的施工质量技术工作准备。

1. 技术交底的编写

技术交底主要是针对技术含量较高的施工项目和特殊的施工工艺进行的。空间网格结构工程的技术交底主要包括支撑、胎架的技术交底；拼装、组装技术交底；钢结构吊装技术交底；钢结构滑移技术交底；钢结构顶升技术交底；钢结构焊接技术交底；钢结构测量技术交底；预应力安装与张拉技术交底等。

在编写技术交底时，首先要明确交底部位，然后对具体的施工工艺详细说明，尤其是工艺关键点的注意事项，另外还要说明应达到的质量要求和验收标准。以某体育馆工程比赛馆三角桁架的拼装技术交底进行说明，仅作参考。

(1)拼装前的准备

①钢构件现场拼装(即组装)场地的技术要求

根据现场情况，比赛馆三角桁架现场拼装场地选择位置在比赛馆南侧三号塔吊楼层处，拼装前经验收楼层混凝土满足承载力要求。

根据三角桁架构件散件运输至现场重量、现场拼装场地的布置情况及本工程工期的要求，钢结构的拼装设置 2 台 25 t 汽车吊，1 台 50 t 汽车吊，构件翻身采用 1 台 280 t 履带吊。为了满足吊装需求，本工程在每个拼装场地设置两组拼装胎架，为吊装顺利进行提供了保障。

②拼装胎架的搭设要求

拼装胎架采用工字钢焊接而成，胎架主要构件采用 H200 mm×300 mm×12 mm×8 mm 的焊接 H 型钢制成，胎架底座与拼装场地铺设的钢板连接。

搭设胎架前，必须用水平仪测量平台基准面的水平度，并做好记录，根据测量数据和实际情况，确定测量基准面的位置，并做好标志。在确定支架点的高度时根据水平度测量的数据进行调整，标高误差≤±1.0 mm。并用全站仪测量胎架的垂直度，垂直度<h/1 000，且不大于 3 mm。

(2)拼装的技术要求

现场拼装的焊接工艺符合规范设计要求；焊接技术措施满足现场技术要求，要专人进行监控；钢结构焊接冬雨季施工措施符合规定。焊接检验分外规检验和无损检验。

外观检验：所有焊缝均进行 100%外观检查，外观检查应符合规范的有关的规定。

无损检测：无损检测在外观检查合格后进行；Q345 钢焊缝焊接完毕 24 h 后方可进行无损检测，Q420、Q460、S460ML 高强钢、铸钢 GS-20Mn5V 焊缝焊接完毕 48 h 后方可进行无损检测。

焊缝表面缺陷超标时对气孔、夹渣、焊瘤、余高差过大等缺陷应用砂轮打磨、铲凿、钻、铣等方法去除，必要时进行补焊，对焊缝尺寸不足、咬边、弧坑未填满等进行补焊。

组拼单元就位时采用同时在地面和胎架上设置边线投影对准线，必要时设置其边线引出线在地面上的投影线，通过铅垂投影进行构件的初定位。所有构件采用耳板临时连接。同一吊装单元的所有需要组拼的构件全部初定位后，采用在胎架外围设置光学测量设备，检测各个基准点和外形线的实际位置，同理论位置进行比较后，进行构件的精确调整，达到误差要求后，按照既定的焊接顺序对该吊装段的构件进行焊接固定。

桁架地面拼装的主要工作流程如图 4-63 所示。

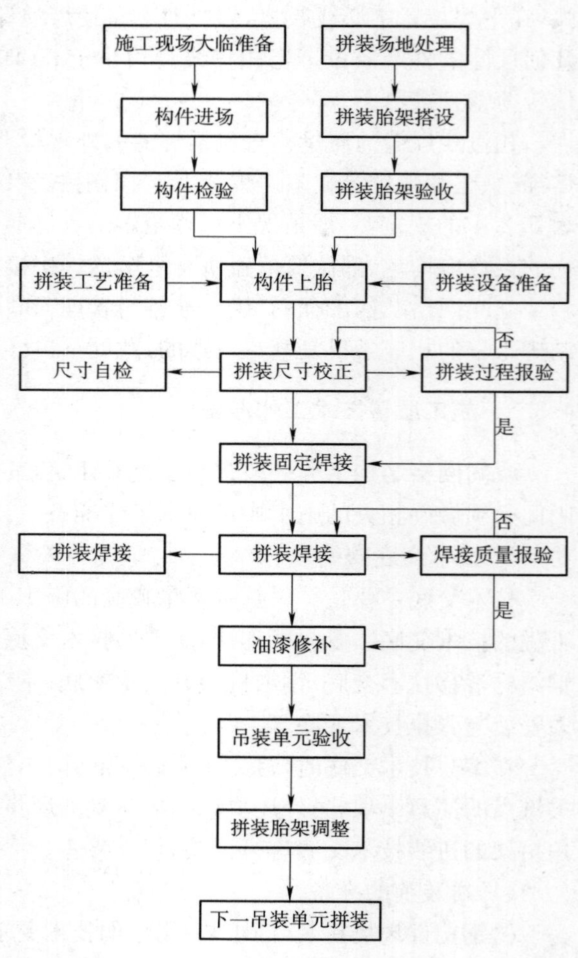

图 4-63　桁架地面拼装流程

2. 施工质量的控制与措施

建立空间网格结构工程的施工质量控制措施，首先应有完善的质量管理体系；其次还应建立质量管理组织机构；再次要明确管理人员的质量控制职责；最后还要形成标准的质量控制程序。

1）质量管理体系

（1）工厂加工质量检验保证体系

按工艺规程内容，每道工序后都有检验工序，即制作过程中的自检、互检以及巡检，制作过程中，各工位必须对本工序半成品的产品质量进行检查，合格后方可转入下道工序，同时，下道工序对上道工序的半成品进行检查，合格后接收，否则，退回上道工序，由上道工序负责进行返修，产品制作过程中，由质检科进行产品制作质量的巡检，成品构件制作完毕后，由质检科进行成品终检。

工厂加工质量的监测内容主要包括以下几个方面。

①以现行 ISO9000 质量保证体系为基础，对每道工序的生产人员制订质量责任制，对违反作业程序、工艺文件的情况进行经济处罚，对造成批量报废的，将由制造中心追查责任事故，并对直接和间接责任人进行经济处罚。

②严格按规定要求进行检验，每道工序生产过程都需有车间检验员首检、质检巡检和完工检，生产人员必须全过程全数检查，加工完毕后由专职检验员专检，确保加工的几何尺寸、形位公差等符合规定要求。

③每道工序制作完毕后，必须进行自检，自检合格后才准入下道工序。

④严格按规定进行试验、化验，特别是对原材料、电焊等应进行必要的工艺评定、机械性能测试。

⑤对深化图纸质量进一步进行控制，要求深化设计做到翻样、校对、审批各负其责。

⑥对原材料采用必须满足用户和规范要求，除用户规定的原材料外，其余都必须从合格分承包方处采购，对到厂的材料均应严格按程序审核质保资料、外观、检验、化验、力学性能试验，且抽样比例必须达到规范要求。

⑦厂内制作应严格管理，质量应达到内控标准要求，用户指定的特殊精度要求应充分满足，所以生产装备应全面检验和测试，有关机床和夹具、模具的加工精度须评定其工艺能力，确保工艺能力满足精度要求。

⑧工艺部门对本工程钢柱及其零部件加工等工艺文件进行交底、指导。

⑨检验人员应严格把关，工艺人员在加工初期勤指导、多督促。

⑩严格按规定要求进行焊接探伤试验、节点抗拉强度试验、摩擦面试验。

⑪对编号、标识、包装、堆放进行规划，应做到编号准确、包装完好、堆放合理、标识明确。

（2）现场施工质量检验保证体系

在工程实施过程中，要执行以下质量控制和保证的原则：

①严格执行“过程控制”，树立创“工程精品”、“业主满意工程”的质量意识。

②制定分项质量目标，将目标层层分解，质量责任到人。

③根据业主要求制定严格的质量管理条例，并在工程项目上坚决贯彻执行。

④严格执行“样板制、三检制、工序交接制”制度及质量检查和审批等制度。

⑤在施工过程中大力推行“一案三工序”管理措施，即“质量设计方案、监督上工序、保证本工序、服务下工序”。形成一个完整的质量监控循环程序，保证在投入相应人力、物力情况下对

整个施工过程进行全程的质量监控，达到最佳的效果。

⑥利用计算机等先进的管理手段进行项目管理和质量管理，强化质量检测和验收系统。

⑦大力加强图纸会审、图纸深化设计、详图设计及综合配套图的设计和审核工作，通过控制设计图纸的质量来保证工程施工质量。

⑧严把原材料、成品、半成品、设备的进场质量关。

⑨确保检验、试验和验收与工程进度同步；工程资料与工程进度同步。

2)质量管理组织机构

为了使项目施工质量达到较高标准，必须对整个施工项目实行全面质量管理，建立行之有效的质量保证体系，成立以项目经理为首的质量管理组织(图 4-64)，通过全面、综合的质量管理以预控深化设计、材料采购、制作、安装、涂装等工序过程中各种不同的质量要求和工艺标准。

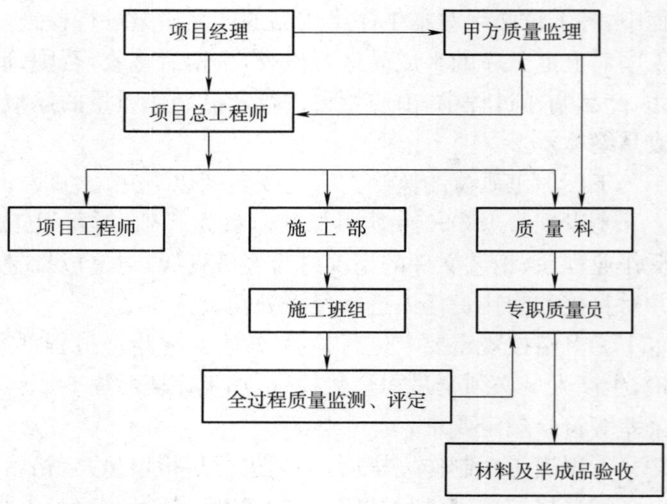

图 4-64　质量管理组织

3)管理人员质量职责

(1)项目经理的质量职责

①代表公司履行同业主的工程承包合同，执行公司的质量方针，实现工程质量目标。

②确定项目质量目标、组织项目员工学习，要求项目员工按规定的职责及工作程序工作。

③对重大问题包括施工方案、人事任免、技术措施、设备采购、资源调配、进度计划安排、合同及设计变更等会同上级主管部门进行决策，组织项目有关人员制订《项目质量保证计划》。

④协调各生产工种之间关系。

⑤监督执行质量检查规程，对不合格的工序负有直接责任，及时制定纠正措施并找出失误的原因。

(2)项目总工的质量职责

①负责项目质量保证体系的建立及运行。

②统筹项目质量保证计划及有关工作的安排，开展质量教育，保证各项制度在项目得以正常实施。

③负责项目工程技术管理工作。

④参与《项目质量保证计划》的编制、修改及实施工作，主持项目《生产组织设计》的编制、修订及实离工作。

(3)质量总监的质量职责

①依据相关规范、法规及公司质量管理文件，全面负责项目的质量安全监督管理工作，监督不合格品的整改，参加项目的质量改进工作。

②参与进场职工安全教育，督促执行安全责任制及安全措施，定期组织质量安全检查，并发出质量安全检查通报。调查处理违章事故，提交项目质量安全报告。

③负责设置现场安全标志,监督项目的各种安全质量措施及操作规程的执行。

(4)专职质量员的质量职责

①负责项目生产技术管理工作。

②参加设计交底和图纸会审,并作好会审记录。

③深入生产现场参加生产中的技术问题,参加质量事故的处理和一般质量事故技术处理方案的编制。

④负责责任范围内质量记录的编制与管理。

(5)班组长的质量职责

①参与生产方案的编制及实施。

②掌握设计图纸、生产规范、规程、质量标准和生产工艺,向班组职工进行技术交底,监督指导职工的实际操作。

③合理使用劳动力,掌握工作中的质量动态情况,组织操作人员进行质量的自检、互检。

④检查班组的生产质量,制止违反生产程序和规范的行为。

(6)材料采购员的质量职责

①负责落实原材料、半成品的外加工定货的质量和供应时间,并做好原材料、半成品的保护。

②规定现场材料使用办法及重要物资的贮存保管计划。

③对进场材料的规格、质量、数量进行把关。

④及时收集资料和原始记录,按时、全面、准确上报各项资料。

4)质量控制程序与措施

质量的保证依赖于科学的管理和严格的要求及措施,为此特制定本工程钢结构原材料、制作、预拼装、安装、焊接以及油漆工程质量控制程序图,并为分项工程制定了质量控制措施,如图 4-65～图 4-70 所示。

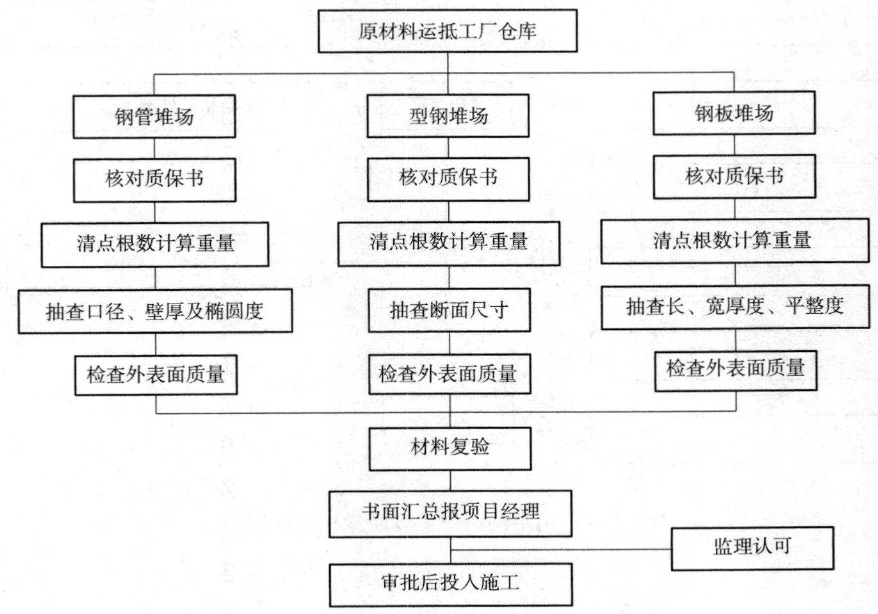

图 4-65 钢结构原材料质量控制程序

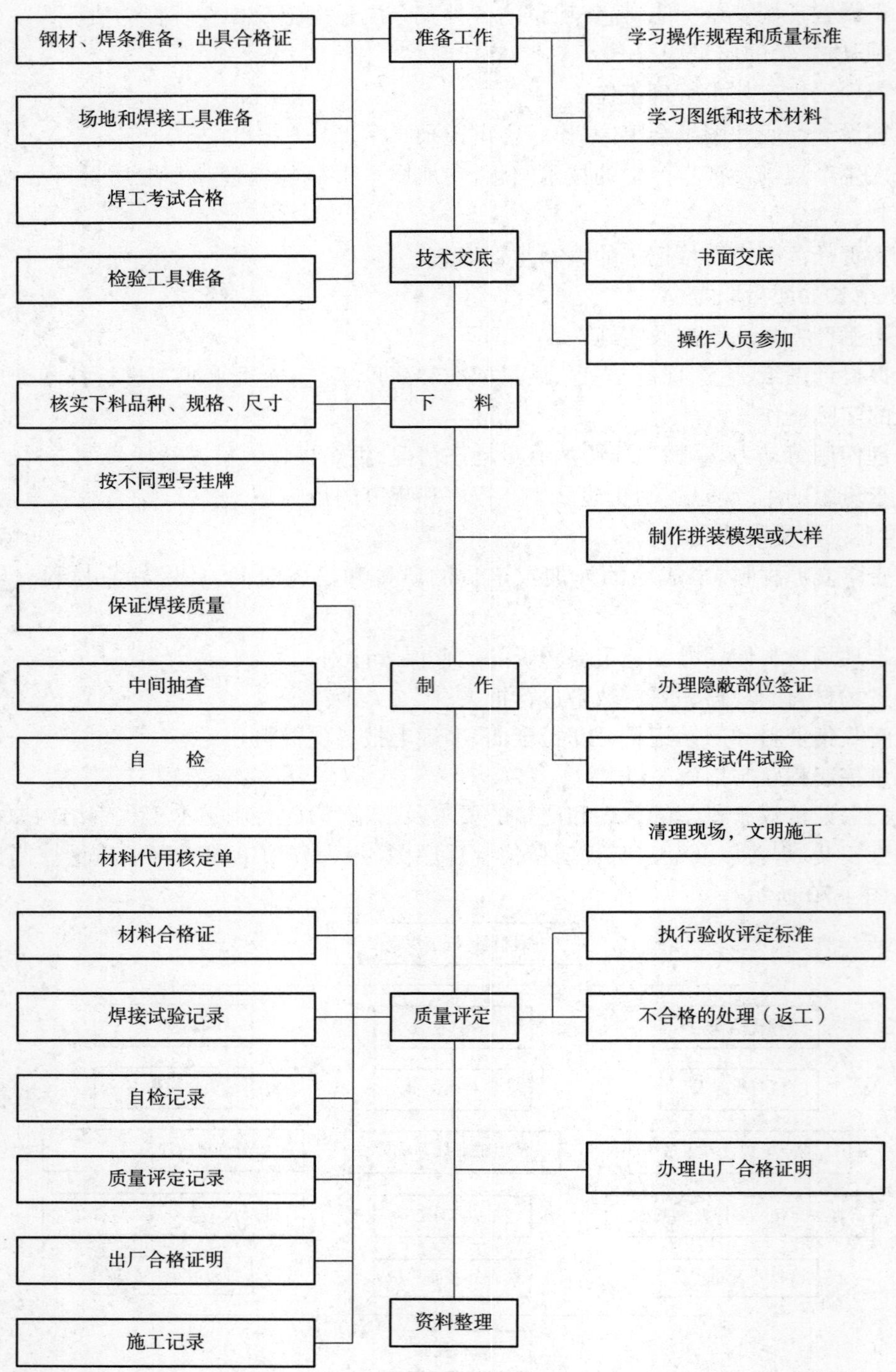

图 4-66　钢结构制作工程质量控制程序

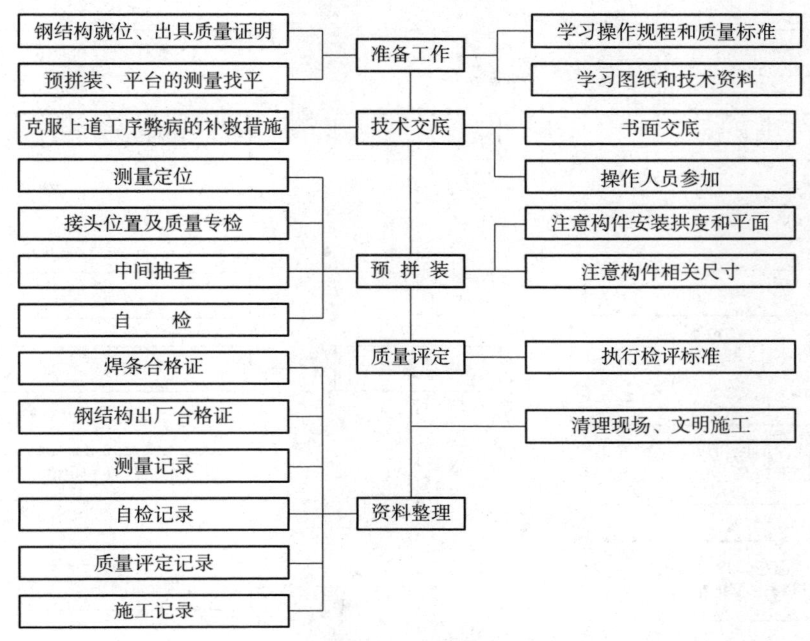

图 4-67 钢结构拼装工程质量控制程序

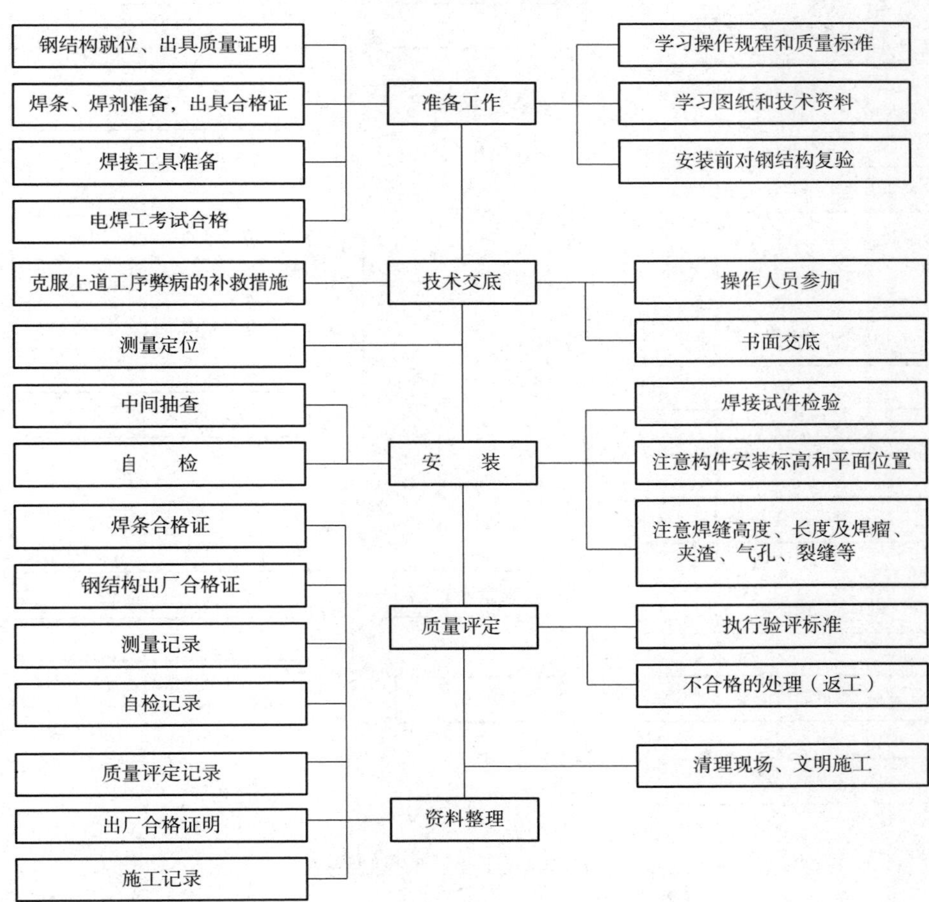

图 4-68 安装工程质量控制程序

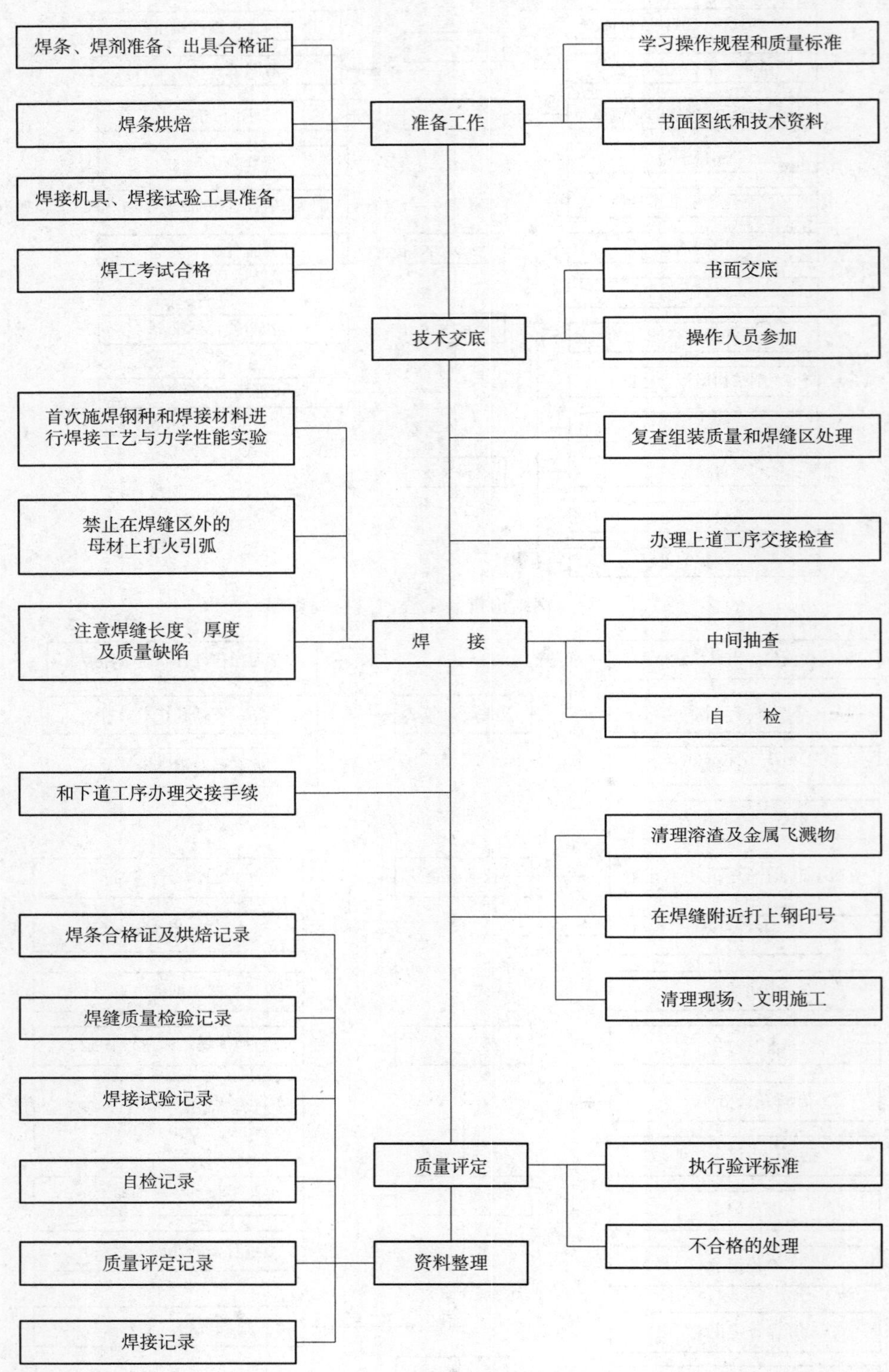

图 4-69　焊接工程质量控制程序

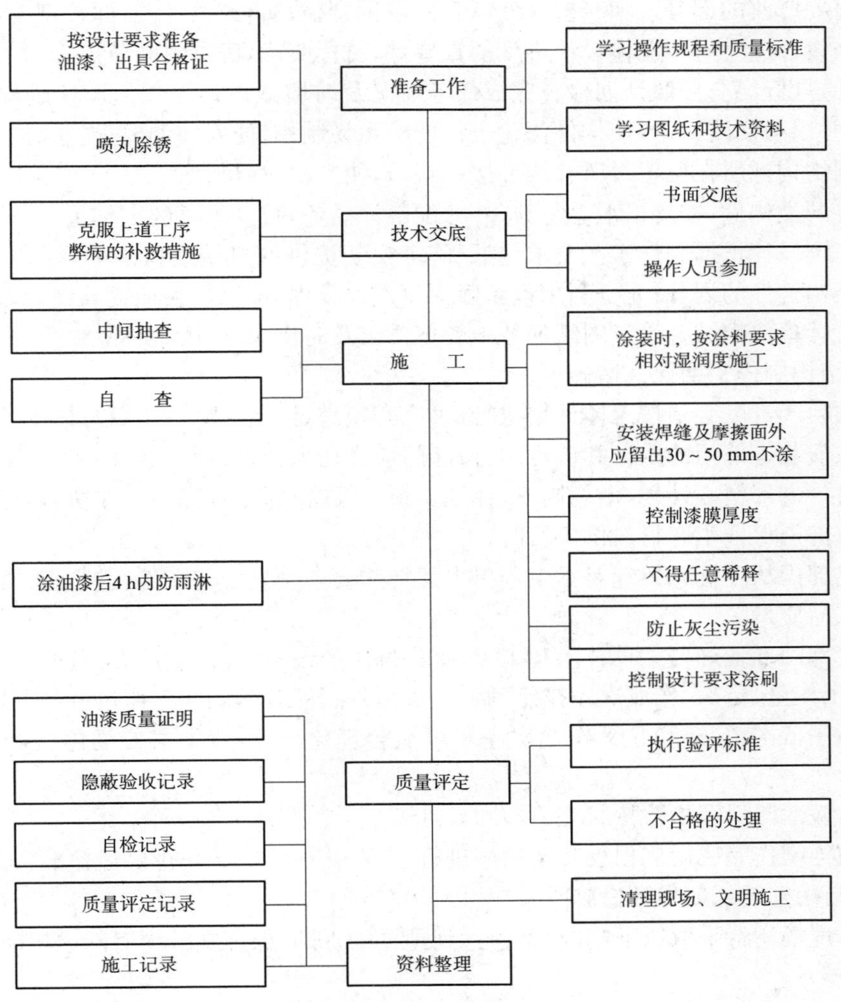

图 4-70　油漆工程质量控制程序

3. 施工进度的控制与措施

对于复杂的空间网格结构工程，要进行施工进度的控制，首先必须要确定工程关键节点工期。钢结构工程可以划分为设计阶段、加工制作阶段和安装阶段，每个阶段根据工程特点又可以细分成多个关键节点，每个阶段的进度保证措施也各有不同。

(1)钢结构设计工期保证措施

①确认中标后，企业根据工程总进度和资源情况排出“深化设计进度计划图”，明确工程各结构设计进度节点，确保满足工程总体制作进度。为确保设计不对工程进度产生负面影响，真正做到“设计为制作服务、制作为安装准备”的要求。在接到工程项目建筑施工文件和设计图后，公司应立即组织有关技术人员对图纸进行研究深化，对钢结构施工图的深化设计工作进行部署，以确保工期。

②在业主委托的工程设计院提交总体设计资料前，组建专项设计组，派 1～2 名加工图设计人员到该设计院提前熟悉设计内容，领会设计意图，以确保深化设计按照总体设计进行。

③设计转化工作，在完成每分项设计后，即刻向设计院上报并申请深化设计图纸的审批，

对审批后需要修改的部分，及时进行修改，直到审批合格；实行“设计倒计时”制度，使每个人明确自己分项设计进度对于总体设计进度的重要性，目标明确，确保时间节点。

④设计进度计划，按照计划检查完成任务情况及时增减设计人员。设计过程中及时与设计院联络，并组织交流讨论，使构件深化设计能满足易制作、便安装的要求。

⑤根据钢构件所在位置对所有构件按序编号，使其能对号入座。

⑥汇总同类构件，按规格汇总总数，并分配翻样任务，减少重复的工作量。

⑦加工图设计根据制作工艺要求，参照施工安装提供的机械设备能力，结合运输的限制，确定单元结构构件的划分；充分利用最新版深化设计软件，可以极大地提高设计效率。

⑧对设计单位钢结构设计图纸的技术变更作出及时反应。

(2)钢结构制作工期保证措施

工程的生产进度必须按总体计划执行，生产必须满足安装要求，所以总体进度计划应得到生产、质量、安装等部门的论证和认可，其他部门应密切配合，各司其职。

①项目计划部精心计划，做到周密、仔细、可行、及时，保证各部门工作协调一致。

②供应部门保证生产材料供应及时。

③工艺部门从中标开始起对本工程提出的特殊要求制订工艺文件，进行工艺评定，确保加工进度和产品质量。

④生产部门准备好各工种技术和工人，维护好生产设备，确保生产顺利进行。同时把生产作业计划、工作量、定额、作业次序排定到各个零部件、各工序，确保工作量按计划进行。

⑤各工序依次、穿插和交叉作业次序尽可能合理化，以减少不必要的停机和变换生产原材料。

⑥各质检部门保证质检按时完成，及时转序。

⑦钢结构制作完成后应根据安装顺序进行堆放，并提前 7 天安排好运输准备。

(3)钢结构安装工期保证措施

在安装现场还将采取以下措施，确保达到预计的工期，保证在计划时间内按时竣工交付给业主使用。

①根据施工进度计划配套制订旬、周、日计划，利用各级网络计划进行施工进度管理，并对设备、劳动力安排实施动态管理。

②合理安排施工进度和交叉流水工作，通过各控制点工期目标的实现来确保总工期控制目标的实现。

③成熟的施工工艺与新工艺方法相结合，尽可能缩短工期。

④准备好预备零部件，备足备件、施工机械和工具，以保证现场发生的问题能在现场解决，不因资源问题或组织问题造成脱节而影响工期。

⑤所有构件编号有检验员专门核对，确保安装质量一次成功到位。

⑥严格完成当日施工计划，不完成不收工，现场人员可适当加班加点，管理人员应及时分析工作中存在的问题并采取对策。

⑦准备好照明灯具和线缆，以确保在夜间加班时有充分的照明。

⑧做好与总承包方、业主、监理、外围护结构等单位沟通、协调，以便各方能提供有关配合及服务设施，确保工程如期完工。

(4)设计、制作、安装协调保证措施

除了上述各项工期保证措施以外，根据以往的施工经验，将采用“对号入座”法进行设计、制作、施工。即根据钢构件所在位置在设计、翻样过程中就对所有构件按序编号，使其能对号入座。所有构件在设计、制作、运输及安装过程中均采用同一编号，方便查找，以加快施工安装的进度。

另外，对于空间网结构工程的质量技术工作还包括施工成本的控制与措施、安全管理措施、文明施工与现场环境保护的措施及施工技术资料管理。但这几项内容与其他钢结构工程的做法和注意事项基本相同，此处不再赘述。

4.3.4 施工现场协调与管理

空间网格结构工程的施工现场协调与管理，大多数内容和注意事项与其他钢结构类型是相同的。例如：合同、技术交底；人员现场管理与作业指导；资源配备协调；环境安全管理和资料管理等。此处，只对空间网格结构工程需要特殊考虑的问题进行详述。

1. 各工种作业协调与管理

空间网格结构通常作为建筑物的屋面结构，因此空间网格结构工程的施工要和下部主体结构(多为钢筋混凝土结构)工程进行配合、交叉施工，这就要求必须做好各工种作业协调与管理。

(1)做好与土建单位的配合工作

钢结构施工企业从进场开始就同土建单位建立良好的合作关系，事先将土建需要配合的事宜罗列出来，会知土建单位。在施工过程中，密切关注土建施工的进展情况，及时将预埋件加工制作运抵现场，在土建施工的间隙，利用一切可以利用的时间和资源，安装预埋件。对于要求土建预留的施工通道，在施工完成以后及时通知土建单位；对于要求土建预先施工的区域，根据双方认可的时间节点进行移交。

(2)处理好交叉施工作业的问题

事先制定详尽地工期计划，注意各专业工种的工序交接。在工程实施过程中，强化工期计划的管理。对于不可避免交叉施工区域，做好安全保证措施。对于屋面金属安装单位等相关单元，要求其提供可行的工期计划，根据其工期计划，制定工序交接的时段和节点，尽量避免交叉施工。

2. 成品与半成品质量检验

1)半成品质量检验

空间网格结构的半成品主要指的是在工地现场拼装成型的桁架或网架的安装单元。为保证拼装单元的质量，往往要采取以下措施。

①采用必要的拼装胎具，拼装胎架设置后要根据施工图核对胎模具的位置、弧度、角度等情况，复测后才能进行构件拼装。

②做焊接工艺试验，测出实际焊接收缩系数，指导实际焊接工艺。

③预先计算各类变形量，并采取反变形措施。

④采用先进的加工设备，保证下料精度。

⑤采用全站仪对网壳各个节点的坐标进行精确定位。

⑥分离面组装点焊定位后，必须先对网壳进行几何尺寸的检查，确认后方可开始焊接，焊接要严格按焊接工艺要求进行。拼装焊接完毕后进行检查，并采用各类矫正措施，保证产品使用精度。

⑦在胎架上拼装完成后，解除桁架上的所有约束，使桁架处于自由状态，并在此状态下测量桁架的各部位尺寸，提交监理进行分段验收。

⑧按合同规定或设计要求预拼装的构件在出厂前应进行自由状态预拼装。

(1)桁架结构拼装单元的检测措施

①建立测量控制点

制作胎具之前，必须用水平仪全面测量平台基准面的水平，并做好记录，根据数据及实际情况，确定测量基准面的位置，并做好标志。在确定支架点的高度时将该点的测量值考虑其中，标高误差≤±3.0 mm。用全站仪测量胎具的垂直度，垂直度≤h/1 000，且不大于5 mm，主要控制点为定位点的标高。

用水平仪、全站仪、水平尺、钢尺对上述项目进行实际复查。

②矫正和调整用器具

矫正主要采用拉马(电动液压拉顶多用机)、千斤顶，必要时拆下使用火工(对特定板材进行热变形处理的一门工艺技术)。

③检测方法

a. 跨距：钢尺。

b. 中心线及位移：经纬仪器、水准仪、全站仪、钢尺。

c. 标高：经纬仪器、水准仪、全站仪、钢尺。

d. 起拱度：经纬仪器、水准仪、全站仪、钢尺。

(2)网架结构的拼装单元验收注意事项

①拼装单元网架应检查网架长度尺寸、宽度尺寸、对角线尺寸是否在允许偏差范围之内。

②检查焊接球的质量以及试验报告。

③检查杆件质量与杆件抗拉承载试验报告。

④检查高强度螺栓的硬度试验值，检查高强度螺栓的试验报告。

⑤检查拼装单元的焊接质量、焊缝外观质量，咬肉深度不能超过0.5 mm；24 h后用超声波探伤检查焊缝内部质量情况。

⑥小拼单元的允许偏差应符合表4-11的规定。

表4-11　小拼单元的允许偏差

<table>
<tr><th colspan="3">项　　目</th><th>允许偏差(mm)</th><th>检查方法</th><th>检查数量</th></tr>
<tr><td colspan="3">节点中心偏移</td><td>2.0</td><td rowspan="8">用钢尺和拉线等辅助量具实测</td><td rowspan="8">按单元数抽查5%，且不应少于5个</td></tr>
<tr><td colspan="3">焊接球节点与钢管中心的偏移</td><td>1.0</td></tr>
<tr><td colspan="3">杆件轴线的弯曲矢高</td><td>L_1/1 000，且不应大于5.0</td></tr>
<tr><td rowspan="3">锥体型小拼单元</td><td colspan="2">弦杆长度</td><td>±2.0</td></tr>
<tr><td colspan="2">锥体高度</td><td>±2.0</td></tr>
<tr><td colspan="2">上弦杆对角线长度</td><td>±3.0</td></tr>
<tr><td rowspan="2">平面桁架型小拼单元</td><td rowspan="2">跨　　长</td><td>≤24 m</td><td>+3.0
−7.0</td></tr>
<tr><td>＞24 m</td><td>+5.0
−10.0</td></tr>
<tr><td rowspan="3">平面桁架型小拼单元</td><td colspan="2">跨中高度</td><td>3.0</td><td rowspan="3">用钢尺和拉线等辅助量具实测</td><td rowspan="3">按单元数抽查5%，且不应少于5个</td></tr>
<tr><td rowspan="2">跨中拱度</td><td>设计要求起拱</td><td>±L/5 000</td></tr>
<tr><td>设计未要求起拱</td><td>+10.0</td></tr>
</table>

注：L_1为杆件长度；L为跨长。

⑦中拼单元的允许偏差应符合表 4-12 规定。

表 4-12 中拼单元的允许偏差

项目		允许偏差(mm)	检查方法	检查数量
单元长度≤20 m,拼接长度	单跨	±10.0	用钢尺和辅助量具实测	全数检查
	多跨连续	±5.0		
单元长度>20 m,拼接长度	单跨	±20.0		
	多跨连续	±10.0		

⑧网架结构地面总拼装的允许偏差项目和检验方法应符合表 4-13 的规定。

表 4-13 网架结构地面总拼装的允许偏差项目和检验方法

项目	允许偏差(mm)	检验方法	检查数量
纵向、横向长度	±L/2 000 ±30.0	用钢尺检查	全数检查
支座中心偏移	L/3 000 30.0	用钢尺、经纬仪检查	
周边支承网架相邻支座高差	L/400 15.0	用钢尺、水准仪检查	
支座最大高差	30.0		
多点支承网架相邻支座高差	l_1/800 30.0		
杆件弯曲矢高	l_2/1 000 5.0	用拉线和钢尺检查	

注:L 为纵横向长度,l_1 为相邻支座间距,l_2 为杆件长度。

2)成品质量检验

空间网格结构的成品质量检验,主要指桁架和网架安装后的验收问题。

(1)桁架安装验收

①一般规定

a. 管桁架结构安装工程可按变形缝或空间刚度单元等划分成一个或若干个检验批。

b. 安装检验批应在进场验收和焊接连接、紧固件连接、制作等分项工程验收合格的基础上进行验收。

c. 负温度下进行管桁架结构安装施工及焊接工艺等,应在安装前进行工艺试验或评定,并应在此基础上制定相应的施工工艺或方案。

d. 管桁架结构安装偏差的检测,应在结构形成空间刚度单元并连接固定后进行。

e. 管桁架结构安装时,必须控制屋面、楼面、平台等的施工荷载,施工荷载和冰雪荷载等严禁超过梁、桁架、楼面板、屋面板、平台铺板等的承载能力。

②主控项目

a. 管桁架及受压杆件的垂直度和侧向弯曲矢高的允许偏差应符合表 4-14 的规定。检查数量为按同类构件数抽查 10%,且不应少于 3 个。检验方法为用吊线、拉线、经纬仪和钢尺现场实测。

表 4-14 桁架及受压杆件垂直度和侧向弯曲矢高的允许偏差(mm)

项　目	允许偏差		图　例
跨中的垂直度	h/250，且不应大于 15.0		
向弯曲矢高 f	l≤30 m	l/1 000，且不应大于 10.0	
	30 m<l≤60 m	l/1 000，且不应大于 30.0	
	l >60 m	l/1 000，且不应大于 50.0	

b. 当钢桁架安装在混凝土柱上时，其支座中心对定位轴线的偏差不应大于 10 mm；当采用大型混凝土屋面板时，钢桁架间距的偏差不应大于 10 mm。检查数量为按同类构件数抽查 10%，且不应少于 3 榀。检验方法为用拉线和钢尺现场实测。

c. 现场焊缝组对间隙的允许偏差应符合表 3-15 的规定。检查数量为按同类节点数抽查 10%，且不应少于 3 个。检验方法为尺量检查。

表 4-15 现场焊缝组对间隙的允许偏差(mm)

项　目	允许偏差
无垫板间隙	+3.0 0.0
有垫板间隙	+3.0 −2.0

d. 钢结构表面应干净，结构主要表面不应有疤痕、泥沙等污垢。检查数量为按同类构件数抽查 10%，且不应少于 3 件。检验方法为观察检查。

(2)网架结构安装检验

①网架安装规定。安装的测量校正、高强度螺栓安装、负温度下施工及焊接工艺等，应在安装前进行工艺试验或评定，并应在此基础上制订相应的施工工艺或方案。安装偏差的检测，应在结构形成空间刚度单元并连接固定后进行。安装时，必须控制屋面、楼面、平台等的施工荷载，施工荷载和冰雪荷载等严禁超过梁、桁架、楼面板、屋面板、平台铺板等的承载能力。

②钢网架结构支座定位轴线的位置、支座锚栓的规格应符合设计要求。

③支撑面顶板的位置、标高、水平度以及支座锚栓位置的允许偏差应符合表 4-16 的规定。

表 4-16　支撑面顶板、支座锚栓位置的允许偏差

项　　目		允许偏差(mm)
支承面顶板	位　　置	15.0
	顶面标高	$^{0}_{-3.0}$
	顶面水平度	1/1 000
支座锚栓	中心偏移	±5.0

④支承垫块的种类、规格、摆放位置和朝向，必须符合设计要求和国家现行有关标准的规定。橡胶垫块与刚性垫块之间或不同类型刚性垫块之间不得互换使用。

⑤网架支座锚栓的紧固应符合设计要求。

⑥支座锚栓尺寸的允许偏差应符合表 4-17 的规定，支座锚栓的螺纹应受到保护。

表 4-17　锚栓尺寸的允许偏差

项　　目	允许偏差(mm)
螺栓(锚栓)露出长度	$^{+30.0}_{0.0}$
螺纹长度	$^{+30.0}_{0.0}$

⑦对建筑结构安全等级为一级、跨度 40 m 及以上的公共建筑钢网架结构，且设计有要求时，应按下列项目进行节点承载力试验，其结果应符合以下规定：

a. 焊接球节点应按设计指定规格的球及其匹配的钢管焊接成试件，进行轴心拉、压承载力试验，其试验破坏荷载值大于或等于 1.6 倍设计承载力为合格。

b. 螺栓球节点应按设计指定规格球的最大螺栓孔螺纹进行抗拉强度保证荷载试验，当达到螺栓的设计承载力时，螺孔、螺纹及封板仍完好无损为合格。

⑧钢网架结构总拼完成后及屋面工程完成后应分别测量其挠度值，挠度值不应超过相应设计值的 1.15 倍。

⑨钢网架结构安装完成后，其节点及杆件表面应干净，不应有明显的疤痕、泥沙和污垢。螺栓球节点应将所有接缝用油腻子嵌填严密，并应将多余螺孔封口。

⑩钢网架结构安装完成后，其安装的允许偏差应符合表 4-18 的规定。

表 4-18　钢网架结构安装的允许偏差

项　　目	允许偏差(mm)	检验方法
纵向、横向长度	L/2 000，且不应大于 30.0 $-L$/2 000，且不应小于$-$30.0	用钢尺实测
支座中心偏移	L/3 000，且不应大于 30.0	用钢尺和经纬仪实测
周边支承网架相邻支座高差	L/400，且不应大于 15.0	用钢尺和水准仪实测
支座最大高差	30.0	
多点支承网架相邻支座高差	L/800，且不应大于 30.0	

⑪网架安装质量控制与验收要点

钢网架安装质量控制与验收要点见表 4-19。

表 4-19　钢网架安装质量控制与验收要点

项　目	质量控制与验收要点
焊接球、螺栓球及焊接钢板，等节点及杆件制作精度	①焊接球：半圆球宜用机床加工制作坡口。焊接后的成品球，其表面应光滑平整，不能有局部凸起或折皱。直径允许误差为±2 mm；不圆度为 2 mm，厚度不均匀度为 10%，对口错边量为 1 mm。成品球以 200 个为一批(当不足 200 个时，以一批处理)，每批取两个进行抽样检验，如其中有 1 个不合格，则双倍取样，如其中又有 1 个不合格，则该批球不合格 ②螺栓球：毛坯不圆度的允许制作误差为 2 mm，螺栓按 3 级精度加工，其检验标准按《钢网架螺栓球节点用高强度螺栓》(GB/T 16939)技术条件进行 ③焊接钢板节点的成品允许误差为±2 mm，角度可用角度尺检查，其接触面应密合 ④焊接节点及螺栓球节点的钢管杆件制作成品长度允许误差为±1 mm，锥头与钢管同轴度偏差不大于 0.2 mm ⑤焊接钢板节点的型钢杆件制作成品长度允许误差为±2 mm
钢管球节点焊缝收缩量	钢管球节点加套管时，每条焊缝收缩应为 1.5～3.5 mm；不加套管时，每条焊缝收缩应为 1.0～2.0 mm，焊接钢板节点，每个节点收缩量应为 2.0～3.0 mm
管球焊接	①钢管壁厚 4.9 mm 时，坡口不小于 45°为宜。由于局部未焊透，所以加强部位高度要大于或等于 3 mm。钢管壁厚不小于 10 mm 时，采用圆弧坡口如图 4-71 所示，钝边不大于 2 mm，单面焊接双面成型易焊透 ②焊工必须持有钢管定位位置焊接操作证 ③严格执行坡口焊接及圆弧形坡口焊接工艺 ④焊前清除焊接处污物 ⑤为保证焊缝质量，对于等强焊缝必须符合《钢结构工程施工质量验收规范》(GB 50205—2001)一级焊缝的质量，除进行外观检验外，对大中跨度钢管网架的拉杆与球的对接焊缝，应做无损探伤检验，其抽样数不少于焊口总数的 20%。钢管厚度大于 4 mm 时，开坡口焊接钢管与球壁之间必须留有 3～4 mm 间隙，以便加衬管焊接时根部易焊透，但是加衬管给拼装带来很大麻烦，故一般在合拢杆件情况下加衬管
焊接球节点的钢管布置	①在杆件端部加锥头(锥头比杆件细)，另加肋焊于球上 ②可将没有达到满应力的杆件直径改小 ③两杆件距离不小于 10 mm，否则开成马蹄形，两管间焊接时须在两管间加肋补强 ④凡遇有杆件相碰，必须与设计单位研究处理
螺栓球节点	①螺栓球节点的螺纹应按 6H 级精度加工，并符合国家标准的规定。球中心至螺孔端面距离偏差为±0.20 mm，螺栓球螺孔角度允许偏差为±30° ②螺栓球节点如图 4-72 所示，钢管杆件成品是指钢管与锥头或封板的组合长度，其允许偏差值指组合偏差，为±1 mm ③钢管杆件宜用机床、切管机、爬管机下料，也可用气割下料，其长度都应考虑杆件与锥头或封板焊接收缩量值。影响焊接收缩量的因素较多，如焊缝长度和厚度、气温的高低、焊接电流大小、焊接方法、焊接速度、焊接层次、焊工技术水平等，具体收缩值可通过试验和经验数值确定 ④拼装顺序应从一端向另一端，或者从中间向两边，以减少累积偏差；先拼下弦杆，将下弦的标高和轴线校正后，全都拧紧螺栓定位。安装腹杆必须使其下弦连接端的螺栓拧紧，如拧不紧，当周围螺栓都拧紧后，因锥头或封板孔较大，螺栓有可能偏斜，将难以处理。连接上弦时，开始不能拧紧，如此循环，部分网架拼装完成后，要检查螺栓，对松动螺栓，再复拧一次 ⑤螺栓球节点安装时，必须将高强度螺栓拧紧，螺栓拧进长度为该螺栓直径的 1 倍时，可以满足受力要求，按规定拧进长度为直径的 1.1 倍，并随时复拧 ⑥螺栓球与钢管特别是拉杆的连接，杆件在承受拉力后即变形，必然产生缝隙，在南方或沿海地区，水气有可能进入高强度螺栓或钢管中，易腐蚀，因此网架的屋盖系统安装后，再对网架各个接头用油腻子将所有空余螺孔及接缝处嵌填密实，补刷防腐漆两道

续上表

项　目	质量控制与验收要点
焊接顺序	①网架焊接顺序应为先焊下弦节点，使下弦收缩向上拱起，然后焊腹杆及上弦。焊接时应尽量避免形成封闭圈，否则焊接应力加大，产生变形；一般可采用循环焊接法 ②节点板焊接顺序如图 4-73 所示，节点带盖板时，可用夹紧器夹紧后点焊定位，再进行全面焊接
拼装顺序	①大面积拼装一般采取从中间向两边或向四周顺序拼装，杆件有一端是自由端，能及时调整拼装尺寸，以减小焊接应力与变形 ②螺栓球节点总拼顺序一般从一边向另一边，或从中间向两边顺序进行。只有螺栓头与锥筒(封板)端部齐平时，才可以跳格拼装，其顺序为下弦→斜杆→上弦
高空散装法标高	①采用控制屋脊线标高的方法拼装，一般从中间向两侧发展，以减小累积偏差和便于控制标高，使误差消除在边缘上 ②拼装支架应进行设计，对重要的或大型工程，还应进行试压，使其具有足够的强度和刚度，并满足单肢和整体稳定的要求 ③悬挑拼装时，由于网架单元不能承受自重，所以对网架要进行加固，即在拼装过程中网架必须是稳定的。支架承受荷载，必然产生沉降，就必须采取千斤顶随时进行调整，当调整无效时，应会同技术人员解决，否则影响拼装精度。支架总沉降量经验值应小于 5 mm
高空滑移法安装挠度	①适当增大网架杆件断面，以增强其刚度 ②拼装时增加网架施工起拱数值 ③大型网架安装时，中间应设置滑道，以减小网架跨度，增强其刚度 ④在拼接处可临时加反梁办法或增设三层网架加强刚度 ⑤为避免滑移过程中，因杆件内力改变而影响挠度值，必须控制网架在滑移过程中的同步数值，其方法可采用在网架两端滑轨上标出尺寸，也可以利用自整角机代替标尺
整体顶升位移	①顶升同步值按千斤顶行程而定，并设专人指挥顶升速度 ②顶升点处的网架做法可做成上支承点或下支承点形式，并有足够的刚度，如图 4-74 所示。为增加柱子刚度，可在双肢柱间增加缀条 ③顶升点的布置距离，应通过计算，避免杆件受压失稳 ④顶升时，各顶点的允许高差值应满足以下要求：相邻两个顶升支承结构间距的 1/1 000，且不大于 30 mm；在一个顶升支承结构上，有两个及以上千斤顶时，为千斤顶间距的 1/200，且不大于 10 mm ⑤千斤顶合力与柱轴线位移允许值为 5 mm，千斤顶应保持垂直 ⑥顶升前及顶升过程中，网架支座中心对柱轴线的水平偏移值，不得大于截面短边尺寸的 1/50 及柱高的 1/500 ⑦支承结构如柱子刚性较大，可不设导轨；如刚性较小，必须加设导轨 ⑧已发现位移，可以把千斤顶用楔片垫斜或人为造成反向升差，或将千斤顶平放水平支顶网架支座
整体提升柱的稳定性	①网架提升吊点要通过计算，尽量与设计受力情况相接近，避免杆件失稳；每个提升设备所受荷载尽量达到平衡；提升负荷能力，群顶或群机作业，按额定能力乘以折减系数，电力螺杆升板机为 0.7～0.8，穿心式千斤顶为 0.5～0.6 ②不同步的升差值对柱的稳定有很大影响，当用升板机时允许差值为相邻提升点距离的 1/400，且不大于 15 mm；当用穿心式千斤顶时，为相邻提升点距离的 1/250，且不大于 25 mm ③提升设备放在柱顶或放在被提升重物上应尽量减少偏心距 ④网架提升过程中，为防止大风影响，造成柱倾覆，可在网架四角拉上缆风，平时放松，风力超过 5 级应停止提升，拉紧缆风绳 ⑤采用提升法施工时，下部结构应形成稳定的框架结构体系，即柱间设置水平支撑及垂直支撑，独立柱应根据提升受力情况进行验算 ⑥升网滑模提升速度应与混凝土强度相适应，混凝土强度等级必须达到 C10 级 ⑦不论采用何种整体提升方法，柱的稳定性都直接关系到施工安全，因此，必须做好施工组织设计，并与设计人员共同对柱的稳定性进行验算

续上表

项　　目	质量控制与验收要点
整体安装空中移位	①由于网架是按使用阶段的荷载进行设计的，设计中一般难以准确计入施工荷载，所以施工之前应按吊装时的吊点和预先考虑的最大提升高度差，验算网架整体安装所需要的刚度，并据此确定施工措施或修改设计 ②要严格控制网架提升高差，尽量做到同步提升，提升高差允许值(指相邻两拔杆间或相邻两吊点组的合力点间相对高差)，可取吊点间距的 1/400，且不大于 100 mm，或通过验算而定 ③采用拔杆安装时，应使卷扬机型号、钢丝绳型号以及起升速度相同，并且使吊点钢丝绳相通，以达到吊点间杆件受力一致；采取多机抬吊安装时，应使起重机型号、起升速度相同，吊点间钢丝绳相通，以达到杆件受力一致 ④合理布置起重机械及拔杆 ⑤缆风地锚必须经过计算，缆风初拉应力控制到 60%，施工过程中应设专人检查 ⑥网架安装过程中，拔杆顶端偏斜不超过 1/1 000(拔杆高)且不大于 30 mm

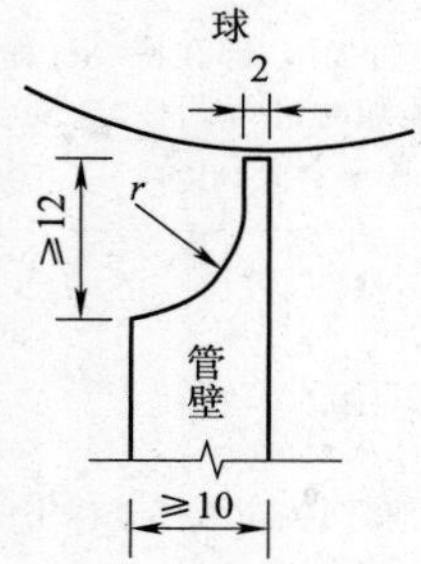

图 4-71　圆弧形坡口(单位：mm)

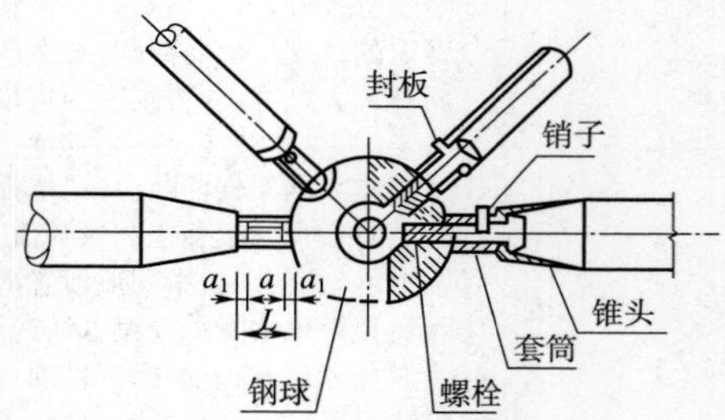

图 4-72　螺栓球节点

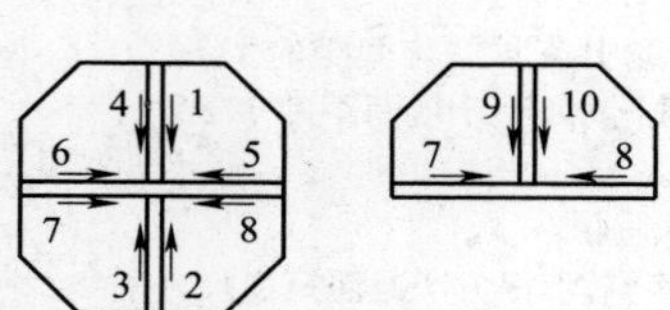

图 4-73　节点板焊接顺序

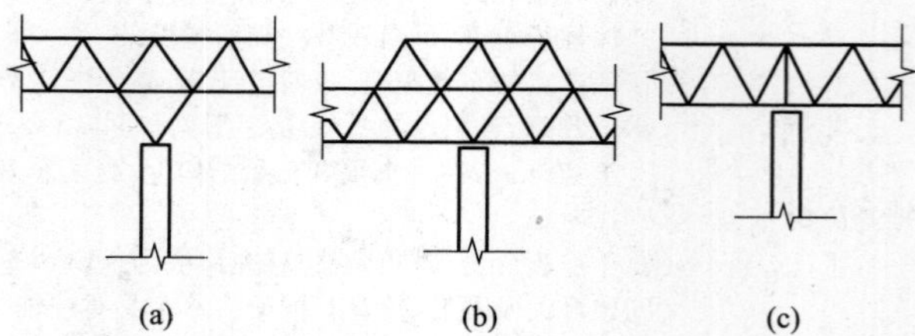

图 4-74　点支承网架柱帽设置

5 钢框架结构工程施工计划与组织

多层钢框架结构是钢结构民用建筑和多层厂房最常用的结构型式，也是将来建筑钢结构产业发展的一个重点。框架结构体系横向刚度较好，横梁高度也较小，是比较经济的结构形式。本章将对钢框架结构工程的施工计划与组织内容做具体介绍。

5.1 施工图会审与深化

工程各参建单位（建设单位、监理单位、施工单位）及加工单位，在收到设计院施工图设计文件后，对图纸进行全面细致的熟悉，审查出施工图中存在的问题及不合理情况并提交设计院进行处理。图纸会审由建设单位负责组织并记录，通过图纸会审可以使各参建单位特别是施工单位熟悉设计图纸、领会设计意图、掌握工程特点及难点，找出需要解决的技术难题并拟定解决方案，从而将因设计缺陷而存在的问题消灭在施工之前。

5.1.1 施工图案例

钢框架结构设计图是由设计单位根据建筑要求、工艺要求进行初步设计，并经施工设计方案与计算等工作而编制的较高阶段施工设计图，内容一般包括基础平面布置图及详图、结构布置图和节点详图。而施工详图，则由施工单位或建造厂，直接根据设计图编制的施工及安装详图，只对深化设计负责。本工程为某钢框架结构设计图，其图纸具体包括结构设计说明、基础平面布置图及基础详图、柱脚锚栓布置图、各层结构平面布置图、楼板配筋图、节点详图、楼梯结构详图及雨篷结构详图，如附图 5-1～附图 5-15 所示。

5.1.2 施工图会审

1. 施工图会审程序如图 5-1 所示，钢框架结构在进行图纸会审时，主要审核以下几方面。

(1)钢结构设计时，是否采用了最新的资料（下料单，焊缝要求，规范，设计图等）。

(2)尺寸标注是否正确，所有必要的尺寸是否表示清楚。

(3)是否所有的详图都遵循规范要求，注释清晰易读。

(4)连接件、节点详图、焊缝表示是否清楚正确。

(5)杆件的规格型号、螺栓的型号等级、构件的数量是否正确。

(6)材料表和详图是否一致。

(7)是否有构件超出了工厂的加工能力或者镀锌要求，所有的构件是否都有方法安装。

(8)组合楼板是否按有关标准采用抗剪件与钢梁连接（叠合板及预制板应设预埋件与钢梁焊接，板缝宜按抗震构造埋设钢筋；混凝土叠合板的现浇层不宜小于 5 cm，界面应有可靠的结合；各种楼板均应与剪力墙或核心筒有可靠的传力连接）。

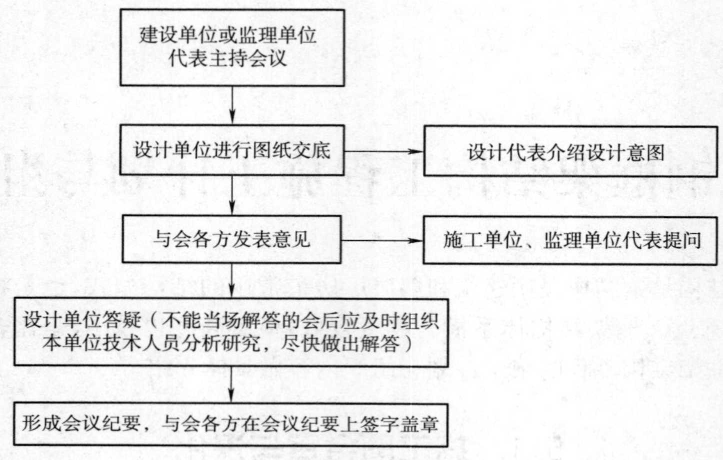

图 5-1　施工图会审程序

(9)节点的形式和构造是否遵从标准化和通用化的原则。

(10)框架结构梁与柱的连接,是否采用翼缘焊接腹板并用高强度螺栓连接,还是通过梁的悬臂段在现场进行梁的拼接。

(11)有抗震设防要求的构件连接,是否根据《钢结构设计规范》按最不利荷载组合效应进行弹性设计,及根据《建筑抗震设计规范》或《高层民用建筑钢结构技术规程》进行了极限承载力计算。

(12)钢结构的防火设计是否采用喷涂防火涂料或其他有效外包覆防火措施;采用钢管混凝土构件和耐火耐温钢是否进行了钢结构的抗火设计,并满足国家有关消防规范的要求。

(13)防腐设计是否根据环境和使用要求做好了涂装设计(应综合考虑钢构件的基材种类、表面除锈等级、涂层结构、涂层厚度、涂装工艺、使用状况和预期耐蚀寿命等,提出合理的除锈方法和涂装方法,且除锈等级宜为 $Sa2.5$)。

2. 对于本套钢框架施工图(附图 5-1～附图 5-15)的会审,施工单位需要从以下几方面来审查图纸。

(1)钢结构设计总说明:明确框架柱、框架梁采用的钢材材质为 Q235B,设计依据所采用的规范是否为新规范;工程概况的数据与工程实际情况是否吻合;设计荷载取值是否符合结构荷载规范和工程实际;结构材料的选取是否满足规范和工程实际,并与施工图一致;表面处理方法、焊缝检验等级和涂装等级是否满足工程实际情况。

(2)在保证建筑施工图尺寸一致无误的基础上,审查结构施工图尺寸是否与建筑施工图一致,尤其是各图之间的定位轴线与同一个构件的相对位置是否一致。

(3)基础平面布置图尺寸是否齐全,是否都有详图;基础的埋深和持力土层的承载力是否清楚;地勘资料是否齐全;地梁位置是否合理等。

(4)柱脚锚栓平面布置图上,柱脚锚栓的位置与基础图及钢柱柱脚详图是否吻合。还应考虑柱锚栓的埋设做法、埋置深度,锚栓下部锚固长度、锚固做法,锚栓和柱脚地板的孔是否匹配。

(5)在钢框架平面布置图中,首先要查明共有多少种编号不同的柱和主次梁,并明确梁柱节点、梁梁节点的刚接铰接情况,特别是楼梯间位置各梁所处的标高不同。同时根据平面布置图上的节点编号,对应查看节点详图。

(6)在节点详图中,要注意节点详图数量是否齐全,梁柱节点、梁梁节点、柱脚节点的构造做法及连接形式是否符合要求。特别是采用劲性柱和劲性梁的结构中，要查看柱子钢筋和梁钢筋以及栓钉安装时是否会发生碰撞。连接位置的套筒、连接板等是否准确。

(7)楼梯图纸中，还要考虑楼梯的结构布置能否满足建筑要求，和其他图纸能否对应。

5.1.3 施工图深化设计

深化设计的内容主要为根据业主提供的图纸和技术要求，结合加工单位工厂制作条件、运输条件、现场拼装方案等技术要求，对每一个节点及杆件进行实体放样下料，以便工厂加工使用，对部分节点图纸不详的位置进行设计和对不合理的节点及杆件进行重新计算以达到结构优化，并完成钢结构加工详图的绘制。

加工单位将根据设计文件、钢结构加工详图、吊装施工要求，并结合本公司制作厂的条件，编制钢结构制作工艺书，其内容包括制作工艺流程图、每个零部件的加工工艺及涂装方案。

加工详图及制作工艺书在开工前将由钢结构分包委派的项目部报送钢结构施工主承包单位审批，图纸由设计单位确认和批准后才开始正式实施。

设计单位仅就深化设计未改变原设计意图和设计原则进行确认，深化单位对深化设计的构件尺寸和现场安装定位等设计结果负责。

附图 5-16～附图 5-21 为某工程的部分深化设计图纸。

5.2 施工方案与计划的编制

施工方案和施工计划，通常在进行完图纸会审和深化设计后进行编制。

5.2.1 工程概况

通常在施工方案编制时，首先要对工程的总体情况作概括说明。

1. 工程总体概述

用简洁概括性的语言介绍工程的总体概况，包括工程名称、工程地点、建筑的用途、建筑的组成，如包括几个塔楼、几个裙楼，或分成几部分，并说明层高、建筑平面形状、建筑面积等。

除此之外，还可以介绍结构形式、结构组成，如是钢筋混凝土核心筒加钢框架还是纯钢框架结构，梁柱采用哪种规格型号的钢材等，并介绍工程的总用钢量。

必要时附三维轴测图加以说明。

2. 工程设计简介

在工程总体概况介绍完后，还需对建筑概况、结构概况、钢结构概况加以说明。

建筑概况主要介绍：建筑功能布局，通常钢框架结构会用作多高层，特别是高层或超高层，每个区域的用途会不同，可以辅以图示说明；建筑性质，是公共建筑还是居住建筑；耐火等级；屋面防水等级；设计年限；人防工程抗力等级；标高；建筑层数高度；装饰部分组成做法；防水部分组成做法等。

结构概况主要介绍：基础形式，如采用条形基础还是桩基础，或桩加筏板基础，规格尺寸如何；主体结构形式，可分为地上结构、地下结构，对于地上结构，主楼的结构形式重点介绍，如主楼采用钢管混凝土叠合柱框架＋钢筋混凝土核心筒结构，附楼采用现浇钢筋混凝土框架结构等；抗震设防类别；基本地震加速度；场地类别；抗震等级；组合结构需说明混凝土强度等级；主要结构尺寸。

钢结构概况主要介绍：钢结构包括那些施工内容；钢构件主要截面信息。

3. 工程施工条件说明

对工程所在地周边及现场情况做说明，主要包括施工所在地施工期的气候条件；可用施工场地的面积；施工场地的地形情况；施工场地的土质情况；施工场地周围的交通情况；施工场地周围的建筑环境；施工场地有几个出入口，材料运输主输入口；施工场地水电的接入等。

5.2.2 施工部署与施工方案

明确了工程的基本概况后，就可以着手分析工程的施工总体部署和施工方案的编制了。施工部署一般应包括以下内容：施工目标、施工总平面部署，确定工程的总体顺序、拟定主要工程项目的施工方案、明确施工任务划分与组织安排，编制分项或专项施工方案等。

1. 施工区域的划分和工艺流程的安排

施工部署的主要内容包括施工区域及施工阶段的划分、各工序施工的流程安排、各分区及各施工阶段的施工衔接等。

结合工程总工期的要求，可以将工程划分为若干作业区域，在不同区域之间组织流水施工。划分作业区段时要考虑后浇带的位置、工期要求、工序要求、运输条件等。平面流水段的划分主要考虑安装过程中的整体稳定性和对称性，协调各工序之间、场地与构件堆放及吊装计划之间、土建与钢结构交叉作业之间等的矛盾。安装顺序采取由中央到四周扩散的主体思想，以减少焊接等安装误差对施工质量的影响。在立面结构施工过程中，核心筒筒体、外框架结构、压型钢板楼承板铺设、楼板浇筑等工序穿插进行，才能有效缓解交叉作业的矛盾。其中，核心筒的施工是影响整个工程进度的关键，需领先外框架安装，为爬模、爬架及筒体混凝土施工创造条件。另外，钢结构施工以一节钢柱高度为划分单元，柱段内的所有构件施工工序作为流水段组织施工作业。

工艺流程安排时需考虑工序之间的关系、采取的具体施工工艺、运输条件、材料加工及堆场和劳动力投入等。

施工工艺流程编制时，可以给出总体施工工艺流程和各分部分项工程施工工艺流程。

2. 施工总平面部署

简要说明可供使用的土地、设施，周围环境、环保要求，附近房屋、农田、鱼塘，需要保护或注意的情况。施工总平面布置图必须以平面布置图表示，并应标明拟建工程平面位置、生产区、生活区、拼装场、材料厂，吊车停机点的位置。还应标明施工道路及要求、供用电设施布置及负荷要求，施工给排水、现场消防设施布置等。如果是扩建工程，应考虑新区与旧区的隔离措施，需防火的还应有专设防火墙及隔离带的方案。

3. 施工方案的确定

(1)管理重难点分析

重难点分析部分需要根据工程具体情况做具体分析，罗列出管理过程中的重难点，并给出解决方案。例如：安全文明施工方面，工程的安全文明施工标准较高，要满足当地的要求。解决方法：在总包进场后沿用地红线搭设 2.2 m 围墙，以防止外部人员随意进入施工场区，并阻止随意的倾倒垃圾或污水；在塔吊安装以后，需在场地内搭设宽为 3 m 的人行防护通道以保护高空坠物等对路人的伤害；在施工方案的选择上尽量使用噪声小、粉尘少、无有毒气体产生、安全系数高、操作可控性高的方案，特别是不选择对周边环境存在潜在损害性的方案；选择一切施工机械与设备以在操作及维修时产生的噪声最小、烟尘及异味最少为原则。除此之外，还可以考虑工程是否涉及立体交叉作业，组织管理如何安排；交通组织是否存在困难；总承包方管理时如何做好总承包管理与配合服务工作等。

(2)施工重难点分析

施工重难点分析需要根据具体工程情况进行分析。钢框架结构施工时，通常会遇到的困难有高层及超高层的测量控制；高支模；型钢混凝土柱的施工；型钢混凝土梁的施工；梁柱连接节点的施工等。

(3)施工方案编制

高层及超高层建筑通常都以钢和混凝土组合结构居多。施工方案包括测量工程施工方案、土方回填施工方案、模板工程施工方案、钢筋工程施工方案、混凝土工程施工方案、砌体工程施工方案、门窗工程施工方案、幕墙工程施工方案、钢结构工程施工方案等。

钢框架结构多采用吊装法施工，在编制施工方案时，主要包括以下几部分。

①钢柱分段

钢柱分段时应满足塔吊吊装范围及最大起重能力；钢柱分段长度不易长于运输车辆长度，便于构件运输；钢柱分段于结构楼层上 1.2 m 处，便于焊接施工，如图 5-2 所示。

②吊机的选择与布置

钢框架结构中，通常用塔吊作为主要构件的吊装，必要的话也可选择汽车吊、履带吊辅助吊装。塔吊的位置主要考虑该塔吊在吊装过程中所需负责的吊装范围、结构高度、构件的吊装重量，构件的起吊点位置等因素影响，同时还要考虑塔吊的类型、塔身的截面尺寸和附着方式。

组合结构中，钢结构使用的塔吊通常采用土建的塔吊进行吊装。具体的吊车型号的选择则要根据吊装构件(或是吊装单元)的重量、起吊高度和吊装半径等参数来考虑，除此之外，还应考虑整体的施工过程、现场的道路土质情况、吊机的工作效率等情况，绘制吊机的平面布置图。

③钢结构预埋件的安装

柱脚锚栓的安装：地下室基础浇注施工顺序为桩基础—安装定位螺栓—安装环形钢板(锚筋预先焊接完毕)—绑扎底板钢筋—环形钢板调平—装钢筋笼—浇底板混凝土至距板面 400 mm 处—柱脚安装—柱脚与环形钢板焊接—浇混凝土至底板面。

测量放线：首先根据原始轴线控制点及标高控制点对现场进行轴线和标高控制点的加密，然后根据控制线测放出的轴线再测放出每一个埋件的中心十字交叉线和至少两个标高控制点。

预埋钢板和栓钉的埋设：根据所测放出的轴线，将预埋钢板和栓钉整体就位，找准水平钢板的纵横向中心线，使其与测量定位的基准线吻合，然后用水准仪测出水平钢板顶标高，标高利用垫铁进行调整。在水平钢板上弹出竖向钢管柱脚的位置线，经校正后将水平钢板与竖向钢管柱脚焊接牢固，以竖向钢管柱脚作为吊装第一节钢管柱的定位措施。

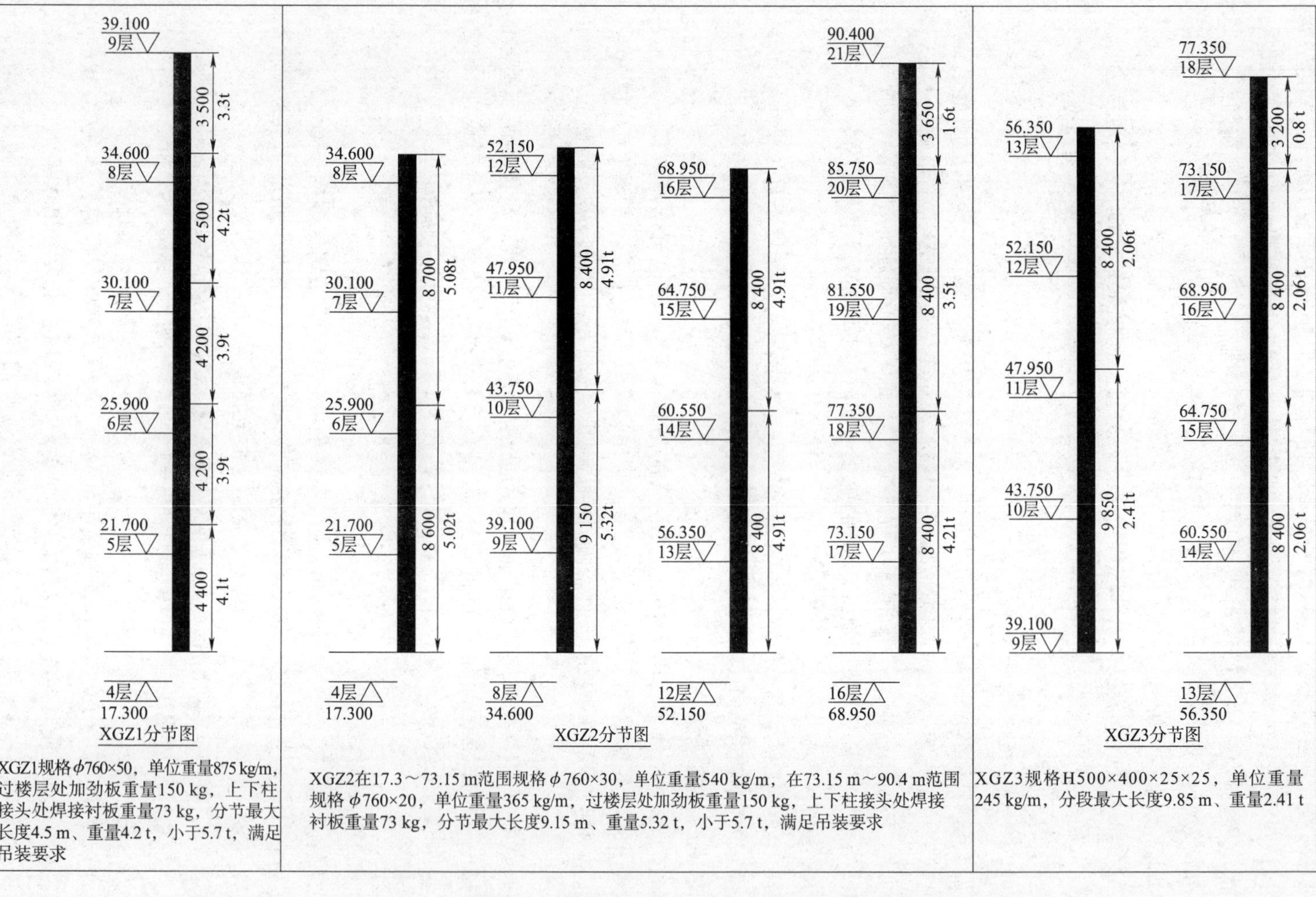

图 5-2　深圳某高层4～22层楼面钢柱分节(单位：mm)

为防止在浇灌混凝土时埋件产生位移和变形，应把预埋件与底板钢筋焊牢固定，如图5-3所示。在高层钢框架结构中，核心筒与钢框架梁的连接靠预埋件来实现，同一标高位置，预埋件的数量很多，保证预埋件的安装质量是保证钢梁安装质量的关键点。安装预埋件需先测量定位，从核心筒高程记录点引出标高，校核水平度，多次复测无误后，标记出定位预埋件的位置。预埋位置的混凝土钢筋绑扎完毕后，预埋钢板整体装入预埋位置。把预埋钢板与核心筒钢筋焊接牢固。核心筒混凝土浇注时，派专人看护预埋件，确保混凝土浇注和振捣过程中不会对埋件位置产生影响。

图 5-3 核心筒预埋件

④其他构件的安装

在施工方案中还需详细介绍钢柱、钢梁等主要构件的安装方法。由于钢框架结构层数较多，钢柱通常情况下要分段。因此，方案中要给出钢柱的吊装图（注明分段钢柱的最大重量、塔吊的吊装半径、起重能力），确保所有分段均在塔吊的起重能力之内。除此之外还应考虑钢柱吊点的设置、起吊方式、安装方法及校正。对于钢梁而言，要特别注意钢梁的安装顺序，一般来说，劲性钢梁的安装随劲性钢柱的安装顺序进行，先主梁后次梁，先下层后上层。

相应钢柱安装完毕后，及时连接柱间钢梁使安装的构件及时形成稳定的框架，并且每天安装完的钢柱必须用钢梁连接起来，不能及时连接的应拉设缆风绳进行临时固定。为了保证结构稳定、便于校正和精确安装，对于一段三个楼层高的钢柱，应首先固定顶层梁，再固定下层梁，最后固定中间梁。当一个钢柱层的钢梁安装完毕后，及时对此进行测量校正。

4. 分项或专项施工方案的确定

钢框架结构工程的主要分项施工方案包括高强度螺栓的连接、高空焊接、钢结构涂装，钢构件组装，钢构件预拼装，楼承板安装等，需要制定各分项工程的施工方案。

如高强度螺栓分项，要说明高强度螺栓的保管要求，并对其进行性能试验，试验应合格。还需详细介绍其安装的流程，就高强度螺栓的安装步骤、高强度螺栓替换临时螺栓、接触面的处理、高强度螺栓的检测等关键步骤重点说明。

5.2.3 进度及资源配置计划（施工计划）

1. 工程量计算

在指导性施工组织设计中，通常是根据概算定额或类似工程计算工程量，不要求很精确，也不要求作全面的计算，只要抓住主要项目就基本满足要求；而实施性施工组织设计则要求计算准确，这样才能保证劳动力和资源需求量计算的准确，便于设计合理的施工组织和作业方式，保证施工生产有序、均衡的进行。钢框架结构工程，可以根据其结构施工图中的各材料表初步计算出用钢量的信息。

2. 材料计划

材料需求量计划表是作为备料、供料，确定仓库、堆场面积及组织运输的依据，其编制方法是根据施工预算的工料分析表、施工进度计划表，材料的储备和消耗定额，将施工中所需材料按品种、规格、数量、使用时间计算汇总。

实际施工时，周转材料的配置是否合理，是影响工程能否正常运行的重要环节。周转材料配置过少，则周转不及时，导致工程进度慢、生产效率低下；周转材料配置过多，则会引起现场过于堆积，材料保管困难，项目成本增加；周转材料质量不过关，则会引起工程施工质量差，甚至出现返工，导致项目施工成本增加，影响工期，损害企业形象。因此，科学合理的配置周转材料，是保证项目正常运作的一个重要环节。

3. 劳动力计划

劳动力计划主要作为安排劳动力，调配和衡量劳动力消耗指标，安排生活及福利设施等依据。劳动力需要量是根据工程的工程量和规定使用的劳动定额及要求的工期计算完成工程所需要的劳动力。钢框架结构需要的工种包括起重工、电焊工、测量工、架子工、电工等。钢框架结构工程的劳动力计划主要按照土建部分施工、钢结构部分施工分别统计。表 5-1 是某钢框架结构工程的劳动力计划表，该工程为 43 层钢框架结构，建筑面积十万多平方米，计划 737 日历天完成安装。

表 5-1 某钢框架结构劳动力计划(人)

安装阶段劳动力组织配备情况															
日期/工种	2012 年								2013 年						
	5 月	6 月	7 月	8 月	9 月	10 月	11 月	12 月	1 月	2 月	3 月	4 月	5 月	6 月	7 月
起重工	0	4	4	4	4	4	4	4	4	4	4	4	4	4	4
电焊工	0	6	8	8	8	8	8	8	8	8	8	8	8	4	3
测量工	2	2	2	2	2	2	2	2	2	2	2	2	2	2	2
架子工	0	2	2	2	2	2	2	2	2	2	2	2	2	2	2
电工	1	1	1	1	1	1	1	1	1	1	1	1	1	1	1
探伤工	0	1	1	1	1	1	1	1	1	1	1	1	1	1	1
铆工	0	2	2	2	2	2	2	2	2	2	2	2	2	2	2
普工	3	3	3	3	3	3	3	3	3	3	3	3	3	1	1
小计	6	21	23	23	23	23	23	23	23	23	23	23	23	17	16

4. 机具设备计划

施工机具需求量计划主要用于确定施工机具类型、数量、进场时间，以及落实机具来源，其编制方法是将施工进度计划表中的每一个施工过程，每天所需的机具类型、数量、时间进行汇总。表 5-2 为表 5-1 所述工程的施工机具设备。

表 5-2 钢框架结构工程施工主要机具设备

序号	设备名称	规格型号	数量	制造年份	功率(kW)	生产能力	施工部位
1	塔吊	TC8039	1 台	2012	90.5	正常	塔楼钢结构安装
2	塔吊	TC7035B	1 台	2012	80.5	正常	塔吊钢结构安装
3	逆变电焊机	ZX-400	2 台	2005	26	正常	钢结构
4	二氧化碳焊机	CPXS-600	6 台	2002	36	正常	钢结构

续上表

序号	设备名称	规格型号	数量	制造年份	功率(kW)	生产能力	施工部位
5	半自动切割机	CG1-30	1 台	2004	15	正常	钢结构
6	电焊条烘箱	YGCH-X400	1	2005	16	正常	钢结构
7	焊条保温筒	TRB	10	2005	—	正常	钢结构
8	砂轮切割机	SQ-40-1Q	2	2005	3	正常	钢结构
9	加热、气割设备		40	2005	—	正常	钢结构
10	空气压缩机	XF200	2	2005	7.5	正常	钢结构
11	碳弧气刨	TH-10	8 台	2005	—	正常	钢结构
12	对 讲 机	MOTORALA	20	2005	—	正常	钢结构
13	角向磨光机	ϕ100 mm	20	2005	0.53	正常	钢结构
14	螺旋千斤顶	10 t/20 t	20/10	2005	—	正常	钢结构
15	倒　　链	2 t/3 t/5 t/10 t	30/40/30/30	2005	—	正常	钢结构
16	焊接工具房	—	2	2006	—	正常	钢结构
17	其他工具房	—	1	2006	—	正常	钢结构

5. 总体进度计划

施工进度计划是在选定施工方案的基础上，根据规定工期和各种资源供应条件，按照施工过程的合理施工顺序及组织施工的原则，用横道图或网络图，对工程项目从开工到竣工的全部施工过程在时间和空间上的合理安排。

施工进度计划编制的目的是要确定各个项目的施工顺序和开工、竣工日期。一般以月、旬、周为单位进行安排，从而据此计算人力、机具、材料等的分期需要量，进行整个施工场地的布置和编制施工预算。

编制施工进度计划的基本要求：保证拟建工程在规定期限内完成；迅速发挥投资效益；保证施工的连续性和均衡性；节约施工费用。

施工进度计划的编制依据有：

(1)合同规定的开工和竣工日期。

(2)工程图纸。熟悉设计文件、图纸，全面了解工程情况、设计工程数量、工程所在地资源供应情况等；掌握工程中各分部、分项、单位工程之间的关系，避免影响施工进度计划。

(3)有关水文、地质、气象和技术经济资料。对施工调查所得的资料和工程本身内部联系，进行综合分析和研究，掌握其间的关系和联系，了解其发展变化的规律。

(4)主导工程的施工方案。根据主导工程的施工方案(施工顺序、施工方法、作业方式)和配备的人力、机械数量，计算完成施工项目的工作时间，排出施工进度计划图。编制施工进度计划必须紧密联系所选定的施工方案，这样才能合理安排施工。

(5)定额。编制施工组织设计时，收集有关的定额及概算资料，有关定额是计算各施工过程持续时间的主要依据。

(6)劳动力、材料、机械供应情况。施工进度直接受到资源供应的限制，施工时可能调用的资源包括劳动力数量及技术水平；施工机具的类型和数量；外购材料的来源和数量；各种资源的供应时间。资源的供应情况直接决定了各施工过程持续时间长短。

图 5-4 为某购物中心高层框架结构主体部分钢结构工程施工进度计划。

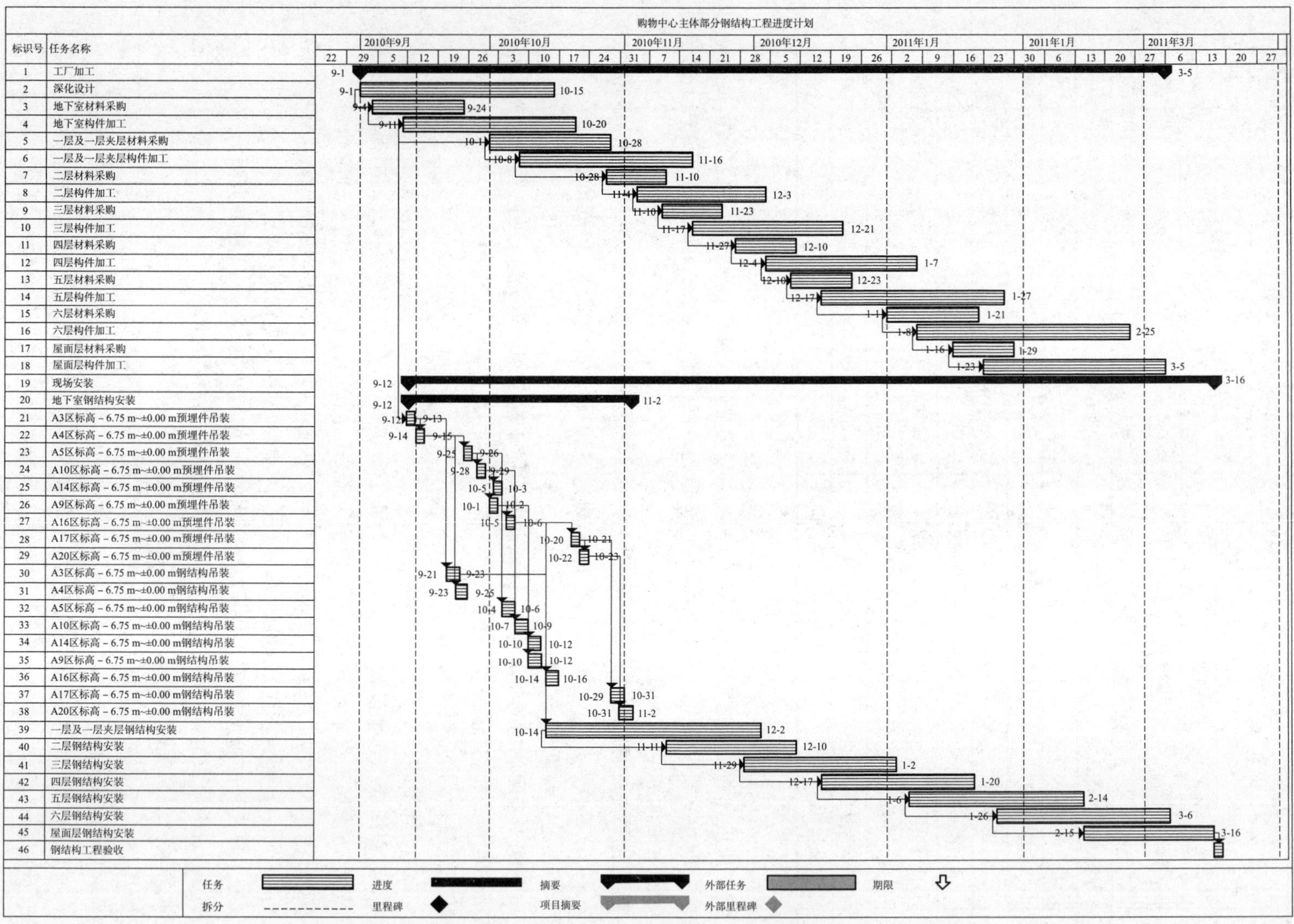

图 5-4　某购物中心高层框架结构主体部分钢结构工程施工进度计划

5.3 施工组织与协调

5.3.1 施工质量与技术岗位职责及管理措施

应先根据业主施工质量要求，确定工程质量目标，成立质量管理组织机构，建立质量保证体系，明确质量管理制度。项目质量管理委员会成员组成包括项目经理、项目总工程师、项目副总工程师（土建、机电、钢结构）、项目副经理（土建、机电、钢结构、协调管理）、质量总监、专业分包及专业设备供应商负责人。

在多层与高层钢结构工程现场施工中，节点处理直接关系结构安全和工程质量，必须合理处理，严把质量关。对焊接节点处必须严格按无损检测方案进行检测，必须做好高强度螺栓连接副和高强度螺栓连接件抗滑移系数的试验报告。对钢结构安装的每一步都应做好测量监控。

本节主要对钢框架结构中的钢结构工程质量保证措施进行介绍。

（1）钢结构测量及变形监测质量保证措施

在施工过程中设置沉降、位移和变形监测系统进行自检及动态控制，对钢结构施工过程进行系统监测，见表5-3。

表5-3 测量及变形监测质量保证措施

序号	保证措施
1	对关键构件在施工过程的沉降、位移和变形情况进行连续监测，以便及时对支撑系统和重要杆件的位移、变形量及其对设计参数的符合程度进行评估
2	对结构构件、节点、支撑的损伤进行监测
3	对结构的变形状态和整体振动进行实测
4	对部分构件的应力进行监测

（2）钢结构预埋件安装质量保证措施

钢结构预埋件安装质量保证措施见表5-4。

表5-4 预埋件安装质量保证措施

序号	保证措施
1	为保证螺栓安装精度，在螺栓安装前应先设置固定支架。在固定支架立柱上投上相对标高点，底部同混凝土柱中主筋焊接牢固，形成稳固体系，并且固定架应有足够刚度和稳定性
2	塔楼核心筒埋件与墙体钢筋同步安装，并随时检查调整。墙体封模前焊接定位钢筋固定埋件，防止混凝土浇筑造成埋件偏移
3	核心筒墙体内的劲性连梁钢骨，悬挑钢梁预埋钢骨埋件均采用定位钢筋与墙体钢筋笼固定

（3）钢结构安装质量保证措施

钢结构安装质量保证措施见表5-3。

表5-5 钢结构安装质量保证措施

序号	保证措施
1	安装前，应对构件的外形尺寸、螺栓孔径及位置、连接件位置及角度、焊缝、拴钉焊、高强度螺栓接头摩擦面加工质量、栓件表面的油漆进行全面检查，在符合设计文件和有关标准的要求后，才能进行安装
2	钢构件定位采用空间坐标控制，由杆件拼接焊接引起的收缩变形或其他压缩变形，应在制作时加以考虑并调整杆件的实际长度

续上表

序号	保 证 措 施
3	构件安装顺序应认真设计，尽快形成一个刚体以便保持稳态，也利于消除安装误差
4	结构安装时，应注意日照、焊接等温度变化引起的热影响对构件的伸缩和弯曲，如果超出允许范围，应采取相应的措施
5	利用已安装好的结构吊装其他构件和设备时，应进行必要的验算
6	钢结构安装前，应根据定位轴线、标高基准点复核和验收预埋件或预埋螺栓的平面位置及标高
7	钢结构的安装允许偏差应符合《钢结构工程施工质量验收规范》、《高层民用建筑钢结构技术规程》的要求

(4)钢结构焊接施工质量保证措施

钢结构焊接施工质量保证措施见表 5-6。

表 5-6　钢结构焊接施工质量保证措施

序号	保 证 措 施
1	对首次采用的钢材、焊接材料、接头形式、坡口形式、焊接方法、焊后热处理和不同品种钢材之间的焊接等，应进行焊接工艺评定，并应根据评定报告确定焊接工艺
2	所有焊工必须经考试合格并取得合格证书，持证焊工必须在其考试合格项目及认可范围内施焊
3	钢结构构件在受力状态下不得施焊
4	焊缝坡口形状、尺寸参照设计图纸和《钢结构焊接规范》的相关规定
5	对于 30 mm 及以上厚板的焊件，焊接前宜对母材焊道中心线两侧各 2 倍厚板加 30 mm 的区域进行超声波探伤检查，母材中不得有裂纹、夹层及分层等缺陷存在
6	不同厚度的钢板、钢管对接时，应将较厚板件焊前倒角，坡度不大于 1∶4(板厚差值∶倒角长度)
7	焊接工作应在焊接工程师指导下进行，编织焊接工艺文件，并采取相应措施使结构的焊接变形和残余应力减到最小。厚板焊接时，应注意严格控制焊接顺序，防止产生厚度方向上的层状撕裂。在施工中严格按照工艺文件中规定的焊接方法、工艺参数、施焊顺序等进行，并应符合现行国家标准《钢结构焊接规范》的规定
8	对接接头、T 形接头和要求全焊透的角部焊接，应在焊缝两边配置引弧板和引出板，其材质应与焊件相同或通过试验选用
9	引弧板、引出板、垫板的固定焊缝应焊在接头焊接坡口内和垫板上，不应在焊缝以外的母材上焊接定位焊缝。焊接完成后应割除全部长度的垫板及引弧板、引出板，打磨消除未融合或夹渣等缺陷后，再封底焊成平缓过渡形状
10	主杆件工地接头焊接，应由两名及以上焊工在相互对称的位置以相等速度同时施焊。发现焊接母材裂纹或层状撕裂时，应更换母材，经设计和质量检查部门同意，也可进行局部处理
11	现场进行手工电弧焊时风速大于 8 m/s，进行气体保护焊风速大于 2 m/s，均应采取防风措施方能施焊。另外，下雨或相对湿度大于等于 90%又无防护措施时，不得施焊
12	当工厂采用气体保护焊时，焊接区的风速应加以限制。风速在 2 m/s 以上时，应设置防风装置，对焊接现场进行保护
13	应先焊一端，焊缝冷却常温后，再焊另一端；先焊下翼缘，再焊上翼缘
14	焊后热处理应在焊接完成后立即进行。焊后加热温度为 200 ℃～250 ℃。加热完成后用石棉包裹焊缝，使焊缝温度缓慢降低。焊接完成 24 h 后方可进行焊缝无损检测。焊接残余应力通过火烤及超声波振动消除

(5)钢结构防腐质量保证措施

钢结构防腐质量保证措施见表 5-7。

表 5-7　钢结构防腐质量保证措施

序号	保 证 措 施
1	钢构件出厂前不需要涂漆部位有钢结构埋入式柱脚的埋没部分,高强度螺栓节点摩擦面、矩形构件(方管)内的封闭区。当方管构件采用螺栓连接、封闭钢管时内部不干燥等情况时,矩形构件(方管)内也应作防腐处理。箱型梁内部不做任何防腐保护,应采取措施达到完全密封
2	除上述所列范围以外的钢构件表面,钢构件出厂前需喷涂部位,除锈后喷涂底漆、中层漆和面漆,焊接区清锈后涂专用坡口焊保护漆两道
3	构件安装后需补涂漆部位有高强度螺栓未涂漆部分、工地焊接区以及经碰撞脱落的工厂油漆部分,均涂防锈漆底漆一道
4	所使用的涂料应经具资质的检测部门进行第三方检测,并进行涂层附着力、防腐油漆的机械性能(柔韧性能、耐磨性能、耐冲击力性能)、环保性能、锌粉(或金属锌)含量测试
5	针对现场焊缝位置、易积水(灰)等部位的防腐,提出防腐涂装的专项方案,报监理审批后实施
6	涂装前钢材表面除锈应符合设计要求和国家现行有关标准的规定。处理后的钢材表面不应有焊渣、焊疤、灰尘、油污、水和毛刺等
7	涂料、涂装遍数、涂层厚度均应符合设计要求
8	涂装时的环境温度和相对湿度应符合涂料产品说明书的要求,当产品说明书无要求时,环境温度宜在 5 ℃～38 ℃之间,相对湿度不应大于 85%,涂装时构件表面不应有结露,涂装后应保护免受雨淋
9	构件表面不应误涂、漏涂,涂层不应脱皮和返锈等,涂层应均匀、无明显皱皮、针眼和气泡等
10	涂装完成后,构件的标志、标记和编号应清晰完整
11	钢结构应先涂防腐底漆,表面处理后到底漆的时间间隔不超过 6 h
12	为了确保钢结构防腐的质量,在业主指定位置制作样板一块。样板应经业主、监理确认,所用涂料、干膜厚度、施工方式等均满足设计要求后再开始大面积施工

(6)钢结构防火涂料施工质量保证措施

钢结构防火涂料施工质量保证措施见表 5-8。

表 5-8　钢结构防火质量保证措施

序号	保 证 措 施
1	有防火要求的钢结构应涂防火保护层,使其达到相应的耐火极限要求
2	防火涂料应与所选用的中层漆和面漆有良好的相容性和良好的附着力
3	为了确保钢结构防腐、防火涂装的质量,在业主指定位置制作样板一块。样板应经业主、监理确认,所用涂料、干膜厚度、施工方式等均满足设计要求后再开始大面积施工

5.3.2　施工资源环境准备

1. 施工环境准备

施工现场是施工参与人员为优质、安全、低成本、高速度完成施工任务而进行的活动空间;施工现场准备工作是为拟建工程创造有利的施工条件和物质保证的基础。其主要内容包括拆除障碍物,搞好“三通一平”;做好施工场地的控制网测量与防线;搭设临时设施;安装调试施工机具,做好建筑材料、构配件等的存放工作;做好冬季、雨季施工安排;设置消防、保安设施和机构。

2. 材料验收、试验与存储

在多层和高层钢结构工程现场施工中安装用的材料，如焊接材料、高强度螺栓、压型钢板、栓钉等应符合现行国家产品标准和设计要求，焊接、切割用的二氧化碳、乙炔、氧气等应符合钢结构焊接规范的要求，并按要求进行必要的检验，如焊缝检测、工艺评定、高强度螺栓检测及抗滑移系数检测、钢材质量复测等。

1)钢材检验

(1)钢材的品种、规格、性能等应符合现行国家产品标准和设计要求。检查数量：全数检查；检查方法：检查质量合格证明文件、中文标志及检验报告。

(2)钢管柱和钢梁主要采用的钢材，其质量标准应符合《低合金高强度结构钢》(GB/T 1591—2008)、《建筑结构用钢板》(GB/T 19879—2005)的要求，应保证抗拉强度、伸长率、屈服强度、冷弯试验和碳、硫、磷含量的限值。

(3)钢材应满足《建筑抗震设计规范》(GB 50011—2010)的要求，钢材的屈服强度实测值与抗拉强度实测值比值对Q235B、Q345B钢不应大于0.85；钢材应有明显的屈服强度台阶，且伸长率应大于20%；钢材应有良好的可焊性(碳当量≤0.43%)和合格的冲击韧性(20 ℃时夏比冲击吸收功不小于34 J)；同时应具有冷弯试验的合格保证。

(4)钢材冲击韧性的要求：Q345B钢材，20 ℃时冲击功不小于34 J；Q235B钢材，20 ℃时冲击功不小于27 J。

(5)钢板厚度方向性能要求：厚度大于等于25 mm，尚应满足《厚度方向性能钢板》(GB/T 5313—2010)有关Z15级的断面收缩率指标。

(6)钢板复验。当钢材属于下列情况之一时，加工下料前应进行复验：国外进口钢材；不同批次混合的钢材；对质量有疑义的钢材；板厚大于等于40 mm，承受沿板厚方向拉力作用，且设计有要求的厚板；建筑结构安全等级为一级，大跨度钢结构、钢网架和钢桁架结构中主要受力构件所采用的钢材；现行设计规范中未含的钢材品种及设计有复验要求的钢材。

复验结果中钢材的化学成分、力学性能及设计要求的其他指标应符合国家现行有关标准的规定，进口钢材应符合供货国相应标准的规定。

由于《钢结构工程施工质量验收规范》中没有对复验钢材的组批吨位作具体要求，参考以往工程经验，可按以下组批原则：钢材应成批验收，主体结构的钢材按60 t为一批取样抽查验收(按同一厂家生产、同一牌号、同一质量等级、同一厚度或规格、同一交货状态的钢材组成检验批)；鉴于工程用钢量大，在首批检验合格且质量稳定后，以后允许按同一钢厂生产、同一牌号、同一质量等级、同一冶炼和浇铸方法、同一厚度、不同炉罐号组成混合检验批，对Q235B、Q345B取每400 t为一个批号取样复验。复验时的取样和复验内容应按有关国家标准执行。

对设计要求有厚度方向性能且探伤的钢板，钢结构制作厂应订购探伤合格的钢板。钢板进厂后，制作厂应逐张进行超声波探伤复查，抽查检验按《厚钢板超声波检验方法》标准质量等级执行。厚度方向断面收缩率的复验，应按25 t同一厂家生产、同一牌号、同一质量等级、同一厚度或规格、同一交货状态的钢材为一批取样抽查验收。

2)焊接材料

(1)焊接材料的品种、规格、性能等应符合现行国家产品标准和设计要求。检查数量：全数检查；检验方法：检查焊接材料的质量合格证明文件、中文标志及检验报告等。

(2)焊接材料的匹配宜符合《钢结构设计规范》(GB 50017—2014)的要求，但应根据焊接工艺评定结果最后确定。不同牌号钢材的焊接，应按强度等级低的钢材选用焊接材料。

(3)手工焊接用的焊条,应符合《碳钢焊条》(GB/T 5117)和《低合金钢焊条》(GB/T 5118)的规定,选用焊条应与焊接构件的金属相匹配。

(4)自动焊、半自动焊的焊丝和焊剂,应符合下列要求:焊剂应符合《埋弧焊用碳钢焊丝和焊剂》(GB/T 5293)及《埋弧焊用低合金钢焊丝和焊剂》(GB/T 12470)的规定;焊丝应符合《熔化焊用钢丝》(GB/T 14957)、《气体保护焊用钢丝》(GB/T 14958)和《气体保护电弧焊用碳钢、低合金钢焊丝》(GB/T 8110)的规定;CO_2气体保护焊应优先选用药芯焊丝,并应符合《碳钢药芯焊丝》(GB/T 10045)和《低合金钢药芯焊丝》(GB/T 17493)的规定。

(5)CO_2气体应符合《焊接用 CO_2》(HG/T 2537)的规定。

(6)焊接材料应按生产批号进行抽样复验。复验由具有国家建设工程质量检测资质的检测机构检测,复验结果应符合现行国家产品标准和设计要求。

3)涂装材料

防腐涂装材料的品种、规格、性能等应符合现行国家产品标准和设计要求。

(1)防腐涂料的组成和作用

防腐涂料一般由不挥发组分和挥发组分(稀释剂)两部分组成。防腐涂料刷在钢材表面后,挥发组分逐渐挥发逸出,留下不挥发组分干结成膜。不挥发组分的成膜物质分为主要、次要和辅助成膜物质三种,主要成膜物质可以单独成膜,也可以粘结颜料等物质共同成膜,是涂料的基础,也常称基料、添料或漆基。次要成膜物质包含颜料和体质颜料。涂料组成中没有颜料和体质颜料的透明体称为清漆,具有颜料和体质颜料的不透明体称色漆,加有大量体质颜料的稠原浆状体称为腻子。

涂料经涂敷施工形成漆膜后,具有保护作用、装饰作用、标志作用和特殊作用。涂料在建筑防腐蚀工程中的功能则以保护作用为主,兼考虑其他作用。

(2)防腐涂料的分类

我国涂料产品按《涂料产品分类、命名和型号》的规定进行分类,以涂料基料中主要成膜物质为基础。根据成膜物质的分类,涂料品种分为 17 类。辅助材料按其不同用途分 5 类。

(3)涂装前钢材表面处理

发挥涂料的防腐效果重要的是漆膜与钢材表面的严密贴敷,若在基底与漆膜之间夹有锈、油脂、污垢及其他异物,不仅会妨害防锈效果,还会起反作用而加速锈蚀。因而,钢材的表面处理和控制钢材表面的粗糙度,在涂料涂装前是必不可缺少的。

a. 锈蚀等级划分

钢材表面分 A、B、C、D 四个锈蚀等级:全面地覆盖着氧化皮而几乎没有铁锈;已发生锈蚀,并且部分氧化皮剥落;氧化皮因锈蚀而剥落,或者可以剥除,并有少量点蚀;氧化皮因锈蚀而全面剥落,并普遍发生点蚀。

b. 喷射或抛射除锈等级划分

喷射或抛射除锈用 Sa 表示,分四个等级。*S*a1—轻度的喷射或抛射除锈,钢材表面应无可见的油脂或污垢,没有附着不牢的氧化皮、铁锈和油漆涂层等附着物。*S*a2—彻底的喷射或抛射除锈,钢材表面无可见的油脂和污垢,氧化皮、铁锈等附着物已基本清除,其残留物应是牢固附着的。*S*a2.5—非常彻底的喷射或抛射除锈,钢材表面无可见的油脂、污垢、氧化皮、铁锈和油漆涂层等附着物,任何残留的痕迹应仅是点状或条状的轻微色斑。*S*a3—使钢材表观洁净的喷射或抛射除锈,钢材表面无可见的油脂、污垢、氧化皮、铁锈和油漆涂层等附着物,该表面应显示均匀的金属光泽。

c. 手工和动力工具除锈等级划分手工和动力工具除锈用 St 表示，分三个等级：

St1——一般的手工和动力工具除锈，钢材表面应无可见的油脂和污垢，没有附着不牢的氧化皮、浮锈和浮尘等附着物。

St2—彻底的手工和动力工具除锈，钢材表面应无可见的油脂和污垢，没有附着不牢的氧化皮、铁锈和油漆涂层等附着物。

St3—非常彻底的手工和动力工具除锈，钢材表面应无可见的油脂和污垢，没有附着不牢的氧化皮、铁锈和油漆涂层等附着物。除锈应比 St2 更为彻底，底材显露部分的表面应具有金属光泽。

d. 火焰除锈等级划分

火焰除锈用 F1 表示，它包括在火焰加热作业后，以动力钢丝刷清除加热后附着在钢材表面的产物，只有一个等级。

(4)钢材表面处理方法

钢材表面处理方法见表 5-9。

表 5-9　除锈方法及特点

除锈方法	设备工具	优　点	缺　点
手工、机械	砂布、钢丝刷、铲刀、尖锤、平面砂轮机、动力钢丝刷	工具简单、操作方便、费用低	劳动强度大、效率低、质量差，只能满足一般的涂装要求
喷　射	空气压缩机、喷射机、油水分离器等	能控制质量、获得不同要求的表面粗糙度	设备复杂、需要一定操作技术、劳动强度较高、费用高、污染环境
酸　洗	酸洗槽、化学药品、厂房等	效率高、适用大批件、质量较高、费用较低	污染环境、废液不易处理，工艺要求较严

(5)涂装底漆与其相适应的除锈等级

涂装底漆与其相适应的除锈等级见表 5-10。

表 5-10　涂装底漆与其相适应的除锈等级

底　漆	喷射或抛射除锈			手工除锈		酸洗除锈
	Sa3	Sa2.5	Sa2	St3	St2	
油基漆	1	1	1	2	2	1
酚醛漆	1	1	1	2	3	1
醇酸漆	1	1	1	2	3	1
磷化底漆	1	1	1	2	4	1
沥青漆	1	1	1	2	3	1
聚氨酯漆	1	1	2	3	4	2
氯化橡胶漆	1	1	2	3	4	2
氯磺化聚乙烯漆	1	1	2	3	4	2
环氧漆	1	1		2	3	1
环氧煤焦漆	1	1		2	3	1
有机富锌漆	1	1	2	3	4	3
无机富锌漆	1	1	2	4	4	4
无机硅底漆	1	2	3	4	4	2

注：1——好；2——较好；3——可用；4——不可用。

(6)防腐涂料涂装

钢结构涂装工序为刷防锈漆、局部刮腻子、涂料涂装、漆膜质量检查。涂料涂装方法有刷涂法、滚涂法、浸涂法、空气喷涂法、高压无气喷涂法。

(7)涂装检查

涂装应全数检查,检查质量合格证明文件、中文标志及检验报告应齐全。

4)焊缝检测

钢结构焊接应符合《钢结构焊接规范》以及设计图纸的规定。

(1)焊缝的外观检查

普通碳素结构钢 Q235B 应焊接冷却到工作环境温度,低合金结构钢 Q345B 应在焊接 24 h 后进行 100%的外观检查。焊缝外观要求如下:一级焊缝不得存在未焊满、根部收缩、咬边和接头不良等缺陷;一级焊缝和二级焊缝不得存在表面气孔、夹渣、裂纹和电弧擦伤等缺陷;焊缝金属表面应焊波均匀。

(2)超声波探伤检验

工厂制作及现场安装在设计要求焊缝等级为一级要求的焊缝,按每条焊缝长度 100%进行超声波探伤检测。

二级焊缝按同一类型、同一施焊条件焊缝数量的 50%进行超声波探伤检测。

对除一、二级焊缝外的三级焊缝均应对外观及外型尺寸进行检查。

5)焊接工艺评定

(1)工厂焊接

焊接作业前对首次采用的钢材、焊接材料、焊接方法、焊后热处理等进行焊接工艺评定,并根据评定报告确定焊接工艺。

(2)现场焊接

现场的焊接工艺评定根据现场对接节点形式,重新进行焊接工艺评定并应根据评定报告确定焊接工艺。

工艺评定的理化试验选用在当地具备相应资质的单位进行。

6)防腐涂料涂装检测

(1)涂装前钢材表面除锈,应符合设计要求和国家现行有关标准的规定。处理后的钢材表面,不应有焊渣、焊疤、油污、水和毛刺等。

检查数量:按构件数抽查 10%,且同类构件不应小于 3 件。

检验方法:用铲刀检查和用《涂装前钢材表面锈蚀等级和除锈等级》规定的图片对照观察检查。

(2)涂料、涂装遍数、涂层厚度均应符合设计要求。

检查数量:按构件数抽查 10%,且同类构件不应小于 3 件。

检验方法:用干漆膜测厚仪检查,每个构件检测 5 处,每处的数值为 3 个相距 50 mm 测点涂层干漆膜厚度的平均值。

3. 机具准备与管理

进场的机具设备必须检查验收,产品的规格、型号、生产厂家和地点、出厂日期,必须与设计要求完全一致。机械设备要试运行,确保能正常使用。

4. 人员配备与培训

(1)建立拟建工程项目的领导机构

根据拟建工程项目的规模、结构特点和复杂程度,确定拟建工程项目施工的领导机构人选和名额;把有施工经验、有创新精神、有工作效率的人选入领导机构。

(2)建立精干的施工队

施工队的组建要认真考虑专业、工程的合理配合,专业工种工人要持证上岗,要符合流水施工组织方式的要求。

(3)组织劳动进场,妥善安排各种教育,做好职工生活后勤服务

施工前,企业要对施工队伍进行劳动纪律、施工质量及安全教育,注意文明施工,而且还要做好职工、技术人员的培训工作,使之达到标准后再上岗工作。

(4)进行施工组织设计、计划和技术交底

施工组织设计、计划和技术交底的目的是把拟建工程的设计内容、施工计划和施工技术等要求,详细的向施工对组和工人讲解交代。

(5)建立管理制度

应建立健全各项管理制度。

5.3.3　施工质量技术工作准备

技术准备主要包括设计交底和图纸会审、钢结构安装施工组织设计、钢结构及构件验收标准及技术要求、计量管理和测量管理、特殊工艺管理等。

1. 技术准备内容

技术准备内容与前述章节基本相同,主要有以下不同之处。

(1)编制分项工程作业指导书。分项工程作业指导书可以细化为作业卡,主要用于指导作业流程,使作业人员明确相应工序的操作步骤、质量标准、施工工具、检测方法、检测标准。

(2)确定专项工程施工工艺,编制具体的吊装方案、测量监控方案、焊接及无损检测方案、高强度螺栓施工方案、塔吊装拆方案、临时用电用水方案、质量安全环保方案。

(3)组织必要的工艺试验,如焊接工艺试验、压型钢板施工及栓钉焊接检测工艺试验。尤其要做好新工艺、新材料的工艺试验,作为指导生产的依据。对于栓钉焊接工艺试验,根据栓钉的直径、长度及焊接类型(穿透压型钢板焊或直接焊在钢梁上的栓钉焊接),要做相应的电流大小、通电时间长短的调试。对于高强度螺栓,要做好高强度螺栓连接副扭矩系数、预拉力和摩擦面抗滑移系数的检测。

2. 施工进度的控制与措施

建筑工程项目进度管理方法包括行政方法、经济方法和管理技术方法。建筑工程项目进度管理的措施有组织措施、技术措施、合同措施和经济措施。

(1)组织措施

组织措施主要包括建立进度管理目标体系,落实现场管理机构中进度管理人员及其具体职责分工;建立工程进度报告制度及信息沟通网络;建立进度计划审核制度及实施中的检查分析制度;建立进度协调会议制度。

(2)技术措施

技术措施主要包括采用网络计划技术、流水作业方法和施工作业计划体系,采用高效能施工机械和施工新工艺、新技术,缩短施工时间;编制进度管理工作细则,指导管理人员实施进度管理。

(3)合同措施

对主体结构及各专业项目分别发包、分段施工;协调合同工期与进度计划之间的关系,确

保合同进度目标的实现;工程变更和设计变更,须经监理工程师审查后,才可列入合同文件中;加强索赔管理和风险管理。

(4)经济措施

经济措施主要包括及时支付工程预付款及进度款,对工期提前给以奖励,对工期延误给以惩罚。

3. 施工成本的控制与措施

(1)施工成本控制的步骤

①比较:按照某种确定的方式将成本实际值与计划值进行比较,以发现是否超支。

②分析:在比较的基础上进行分析,以确定偏差产生的原因及程度。

③预测:根据项目实施的情况估算整个项目完成时的费用。

④纠偏:当工程项目的实际成本出现了偏差,应当根据工程的具体情况、偏差分析和预测的结果采取适当的措施,以达到使各种偏差尽可能小的目的。

⑤检查:对工程进展进行跟踪和检查,及时了解工程进展状况及纠偏措施的执行情况及效果。

(2)降低施工成本措施

①认真会审图纸,积极提出修改意见。

②加强合同预算管理,增创工程预算收入。

③制定先进的、经济合理的施工方案。

④落实技术组织措施。

⑤组织均衡施工,加快施工速度。

⑥降低材料成本。

⑦提高机械利用率。

⑧用好用活激励机制。

4. 安全管理措施

高层、超高层钢框架结构施工时,要做好安全工作。

(1)钢结构施工内部安全防护:钢结构施工(安装)一般每柱在工厂按照1~2层的高度制作,到现场施工(安装)速度较快,在安装完第一节柱时应在首层建筑物内部张挂双层水平安全网进行防护,并在每安装一节主体结构柱时增加一层水平安全防护网,水平安全防护网与高空作业人员的防护距离一般不超过10 m。

(2)楼层内预留洞口、电梯井口、楼梯临边防护:钢结构施工对洞口的防护要求较高,在结构安装阶段,洞口一般随内部水平安全防护统一进行即可,在进入楼层板铺设阶段,必须逐层根据洞口的大小张挂水平安全网,水平安全网的张挂必须到边,可使用钢管做边框架与梁进行固定,但洞口的中心部位不得用钢管做骨架,大的洞口可用6号钢丝绳串接。当楼层混凝土浇筑完后应及时对洞口临边进行防护,防护高度应不低于1.2 m,防止高空掉物。

(3)首层外围安全棚的设置:首层安全网应根据建筑物的高度确定首层安全防护棚的搭设宽度,在现行规范没有具体规定的情况下,应按建筑物的高度和物体自由下落时的抛物线最远距离进行考虑。安全网应提前选择合格的生产厂家按照现场防护需要的尺寸定做。

(4)楼层临边安全防护:钢结构施工楼层临边防护是整个安全防护中的重要防护工作之一,不同于常规的临边防护。预埋十字底座时要求有电焊工配合,预埋时应考虑楼层混凝土浇筑的厚度,防护栏可与边柱固定,此种方法的好处是一次防护到位,减少重复返工。在进行防护时可根据现场情况进行选择。临边防护的高度应在 1.2 ～1.5 m 之间，但不得低于 1.2 m，上下两道水平杆刷红、白两色相间油漆表示禁止跨越，张挂密目式安全立网进行封闭。

(5)防坠器的使用：为确保操作者在上下钢柱时的人身安全，每根钢柱安装时都必须配备防坠器。安装人员上下时，必须将安全带挂在防坠器的挂钩上，避免发生坠落事故。安全防坠器必须安装在使用者的上部，即必须是高挂低用，禁止平挂或低挂高用。

(6)工具防坠链：钢结构安装作业人员所使用的各种手动工具必须使用安全绳与腰间的安全带相连接或将工具防坠落的安全绳与扶手绳相连接，防止手动工具在使用时脱手坠落；对轻型或小型电动工具也必须加设不同形式的防坠链和防滑脱挂钩，防止工具坠落发生伤人事故。

(7)钢柱安装安全措施：安装钢柱前应将钢柱上端缆风绳固定好，钢柱就位后将缆风绳与地脚预埋板固定，紧固地脚螺栓。四根钢柱安装完后再安装相应位置的钢梁，形成固定节间，以此固定节间为中心，向四周逐跨安装钢柱。钢柱焊接时在焊缝下 1 m 处搭设水平平台供焊工焊接操作时使用。施工人员应随身佩戴防坠器，人员在上下钢柱时防止坠落。高空作业时使用的所有工具都必须栓安全绳，施工人员操作时安全带必须挂在安全绳上防止发生高空坠落。

(8)塔机工作前必须严格按安全生产技术标准检查验收吊索具，吊索具的使用应符合工程吊装荷载要求，钢结构施工中对钢丝绳的要求较高，在吊装不同重量的构件时应使用不同型号的钢丝绳，坚决禁止小绳吊大物的情况发生，同时必须建立钢丝绳定期检查制度和每次吊装前的目测巡视检验制度，在定期检查时要注意对所检查的钢丝绳做好标记，如第一次检查时对合格的钢丝绳用蓝色做标记，对第二次检查合格的钢丝绳做绿色标记等，对不合格的钢丝绳如散股、断股、露芯、出现毛刺超过安全范围等用红色做标记并必须强制报废，对报废的钢丝绳必须当场进行销毁，不得与合格的钢丝绳混在一起。

(9)塔吊起吊重物离地面 500 mm 时应停止提升，检查物件的捆札牢固情况和构件的平直情况确认无误后，同时检查爬梯是否牢固或扭曲变形，在确认一切正常的情况下方可继续吊升。

(10)起重司机工作时应精神集中，服从信号工的指挥，同时地面指挥和楼层定位信号指挥与塔司的信号交接应清析，塔司在信号不明时不得进行起降、收勾、摆臂等吊装操作。停止作业时应关闭起动装置，吊钩不得悬挂物品。

5. 文明施工与现场环境保护措施

(1)现场道路管理

场区内施工主要通道硬化，并根据施工部署的需要对其进行保养，满足施工和行车需要，并配专人随时清扫、洒水，保持场区清洁卫生，避免扬尘。

工地设停车场，车辆进入现场必须停放在规定的停车区域。项目将根据车辆数量规划停车场位置，停车场地面一律做硬化处理。

运输车辆不超载，并覆盖严密，严防遗洒。密闭垃圾运输车、混凝土罐车、货物运输车辆每天保持车辆表面清洁，装料至货箱盖底并限制超载，车辆卸料溜槽处装设防遗撒的活动挡板。

(2)现场排水管理

施工现场排水根据总平面施工图统一规划。现场根据规范要求统一设置排水沟保证现场用水、雨水等得到有序的排放。办公区、生活区必须按规定设置排水沟，使生活用水排放有序，室内出现的各种用水，必须派专人处理。现场必须设集水井、沉沙池，使现场清洗车辆等的污水得到统一排放。项目安全环境管理部也要对现场排水设施进行全面的检查，保证现场排水正常。现场方案中涉及到排水工艺、工序时都必须进行排水设计说明。

(3)材料加工及堆场管理

材料加工及堆场管理措施见表 5-11。

表 5-11 材料加工及堆场管理措施

1	钢筋加工场及堆场的管理	钢筋加工场必须设加工棚,加工棚位置根据总平面设置,必须安全、方便操作,方便钢筋搬运、塔吊搬运;悬挂钢筋材料规格、使用性能、出厂日期
2	钢结构堆场的管理	钢结构材料统一堆放;做好防水措施;方便塔吊、吊车转移;分层堆放,堆放高度不得超过规范要求高度;保证周围排水顺畅;挂牌标明现场产品规格、型号
3	模板、木枋加工及堆场的管理	根据模板规格、大小堆放;高度符合要求;底部高出地面;防止雨水淋湿;方便塔吊转移
4	钢管、扣件等堆场的管理	根据长短、大小统一堆放;方便转移
5	各分包材料及半成品堆放的管理	各分包材料统一划地堆放,相互之间堆场不可冲突;分包必须服从总包的管理

(4)水体污染控制

运输车清洗处设置沉淀池,废水经二次沉淀后,方可排入市政污水管线。清洗机械排出的污水,要有组织地通过现场排水系统,经沉淀后排入市政排水管道。机械润滑油流入专设油池集中处理,不准直接排入下水道,铁屑杂物回收处理。

(5)扬尘控制

工地设置围挡和硬铺装,设置防车轮带泥污染道路措施。施工工地运输车辆是否办理渣土排放行政许可手续,做到一车一证,无洒漏扬尘污染现象;施工工地周边道路环境卫生是否干净整洁;车辆必须通过沉淀池清洗、严禁带泥上路,并要求其工地出入口进行硬化,设置环境保护监督栏。土方露天堆放必须采取保护措施,防止过往车辆引起扬尘,安排固定人员每日对工地道路进行清扫、洒水。

(6)固体废弃物污染控制

少量工程弃土可采用外运处理及现场就地挖坑处理,但必须保证废弃土中不含有害、有毒、辐射性物质。大量建筑废弃物应先分类,不同类型分别堆放,可以回收利用的进行再次利用,不可利用,对人们健康、环境有害的根据国家环保部门规定处理,严禁在现场处理及外运擅自处理。

生活垃圾的处理必须指定严格的处理线路,确保工地生活垃圾有序处理。

(7)噪声污染控制

施工时应搭设简易棚将混凝土泵及搅拌车围起来,并加强对混凝土泵的维修保养。禁止混凝土罐车高速运行,停车卸料时应熄火,并禁止鸣笛。混凝土施工作业层四周应设密目网防护,以减少噪声对周围环境的影响,振捣混凝土应采取措施降低振捣工具产生的噪音污染。严格强噪声控制作业时间,原则上夜间作业时间不超过 22:00,在 22:00 至次日 06:00 范围内,特殊情况需连续作业,采取降噪措施。钢结构运输、装卸、加工应防止不必要的噪声产生,最大限度减少施工噪声污染。

(8)大气污染控制

施工垃圾清理,使用封闭的专用垃圾设备,严禁随意凌空抛撒造成扬尘。施工现场要制定洒水降尘制度,配备专用洒水设备及指定专人负责,在易产生扬尘的季节,施工场地采取洒水降尘。运料车遮盖防止飞尘。场内临时施工道路,要随时洒水,减少道路扬尘。有毒、有害的气体严禁排放，必须采取燃烧、过滤等物理、化学处理措施后排放。

(9)光污染控制

夜间使用聚光灯照射施工点以防对环境造成光污染。现场使用照明灯具宜用定向可拆除灯罩型，使用时应防止光污染。

6. 施工技术资料管理

施工技术资料管理见表5-12。

表 5-12　施工技术段资料管理

序号	阶　段	内　容
1	工程开工前	1. 施工单位在与业主、设计、监理、分包、供货单位签订合同或协议时，对资料的技术标准、涉及内容、提供时间、套数及费用等问题予以明确。对物资进场报验的范围和要求、资料报验、报审的时间和验收、审批的时间及各自应当承担的责任予以约定 2. 由总承包技术负责人、分包单位技术负责人组织编写本单位施工范围内的施工资料目标设计，报上一级主管部门和领导审批。资料目标设计经审批合格后，资料员发放给各相关部门，由技术负责人组织进行交底
2	施工阶段	1. 施工单位各职能部门和分包单位随工程进度，按过程资料的填报时间要求在计算机上填写资料内容，通过网络，经相关人员确认无误后，提交给上级主管部门、监理单位审批。在提交电子版本的同时，将纸介资料打印输出，相关人员手写签字 2. 施工单位各职能部门和分包单位将形成的纸质资料及时交给资料员收集，资料员对资料的填写日期、内容、签字、文档等进行审核，合格的分类放置，填写目录、管理台账(包括收发文登记、试验、测量、计量器具检定、物资进场等)，以方便查找和统计。对不合格的资料退回并要求按时上交合格的资料 3. 每月中，分包单位技术负责人组织资料自查，做到尽早发现、掌握存在的不合格项，整改落实到人。检查结果填在《施工资料检查表》上，报送单位工程质量管理部 4. 施工单位质量管理人员对相关计划的资料准备情况进行预先评价，并及时督促总承包各施工管理部及分包单位完善相关资料。分包单位必须每天将发生的资料通过网络进行报送，总承包质量管理人员和资料管理人员监督其是否按要求进行报验和记录，并对违反规定的行为进行干预 5. 每月末，总承包工程质量管理部组织技术管理部、物资设备管理部、各施工管理部对分包单位的施工资料进行检查。发现问题，填写《施工资料检查表》，告知不合格资料原因，责令整改或重做。对问题严重且不改正的分包单位，根据相关规定予以处罚
3	施工结束	分包单位要在所承担的工程竣工验收前一周内，提出资料移交验收的计划(申请)，资料未经验收不得进行其他验收结算手续。分包单位分包的工程完工后，分包单位技术负责人对本单位形成的施工资料进行审查，在一周内将资料组织组卷装订，经总承包单位资料员验收合格后，填写《竣工资料备案表》，双方技术负责人签字，移交总承包相关部门保存。专业分包工程的资料由分包单位负责汇总整理，向业主办理移交。总承包部在工程竣工验收前，将施工资料整理汇总完成，交业主和监理单位验收，并提请业主组织档案馆进行工程档案预验收，取得《建设工程竣工档案预验收意见》。工程竣工后，在合同约定的时间内与业主办理施工资料移交

5.3.4　施工现场协调与管理

当工程的各项准备工作就绪以后，开始工程的实施。在工程的整个实施过程中，对于施工技术管理人员，最重要的就是要做好施工现场的协调与管理工作。此处重点介绍高层钢结构工程施工现场协调与管理工作与其他钢结构工程的不同之处。

1. 人员现场管理与作业指导

钢框架结构工程往往工程量大、工作面小，尤其是在一些超高层建筑中，现场人员(包括现场各类管理人员和施工现场的作业人员)数量众多，管理难度大。为提高企业主要负责人、项目负责人和专职安全生产管理人员的安全业务素质和安全生产管理水平，必须强化对其的动态管理，对劳务人员进行安全教育及确定考核制度，见表5-13和表5-14。

表5-13　管理人员安全教育

1	安全生产考核合格证书3年有效期内，持证人员必须至少接受一次由建设行政主管部门组织的安全继续教育，作为安全生产考核合格证书延期的基本条件
2	培训的知识包括国家和地方出台的安全生产法律法规及新颁布的有关安全生产法律法规；国家和地方制定发布的主要安全技术标准、规范及新发布的安全技术标准、规范；建设行政主管部门及有关管理部门印发的安全生产规范性文件；其他需要掌握的安全生产知识
3	要建立安全继续教育培训档案，做到内容完整、分类明确、查找方便、管理规范
4	在安全生产考核合格证书有效期内，有下列行为之一的，安全生产考核合格证书有效期届满时，应重新考核： A. 对于企业主要负责人：所在企业发生过较大及以上等级生产安全责任事故或两起及以上一般生产安全责任事故的；所在企业存在违法违规行为，或本人未依法认真履行安全生产管理职责，被处罚或通报批评的；未按规定接受企业年度安全生产培训教育和建设行政主管部门继续教育的；未按规定提出延期申请的 B. 对于项目负责人：承建的工程项目发生过一般及以上等级生产安全责任事故的；承建的工程项目存在违法违规行为，或本人未依法认真履行安全生产管理职责，被处罚或通报批评的；未按规定接受企业年度安全生产培训教育和建设行政主管部门继续教育的；未按规定提出延期申请的 C. 对于专职安全生产管理人员：企业安全管理机构的专职安全生产管理人员，其所在企业发生过较大及以上等级生产安全责任事故或两起及以上一般生产安全责任事故的；施工现场的专职安全生产管理人员，其所在工程项目发生过一般及以上等级生产安全责任事故的；所在企业或工程项目存在违法违规行为，或本人未依法履行安全生产管理职责，被处罚或通报批评的；未按规定接受企业年度安全生产培训教育和建设行政主管部门继续教育的；未按规定提出延期申请的

表5-14　劳务人员安全教育及考核制度

类　别	参 加 人	教育和考核内容	要　求
新工人安全教育	新参加施工的民工、徒工、合同工、外单位支援的工人	安全思想、安全知识、安全纪律教育；安全生产制度、安全技术教育；岗位安全生产知识、岗位安全操作规程教育	须经考试(核)合格后，方准进入操作岗位
特殊工种安全教育	从事电气、起重、受压容器、锅炉、焊接、车辆驾驶、爆破等工种工人	一般安全知识，安全技术教育；重点进行本工种安全知识、安全技术教育	进行理论与实际考试合格者，持合格证上岗，不合格者补考，仍不合格者取消特殊工种资格
新操作法新操作岗位安全教育	从事新操作法或新操作岗位的工人	重点进行新技术知识、新操作方法安全教育；注意事项	未经教育，不达标准不得上岗
从事尘毒危害作业工人安全教育	从事尘毒危害作业工人	重点进行认识尘毒危害、必要的防治知识、防治技术等方面的安全教育	未经教育不得上岗
项目各级干部安全教育	组织指挥领导人员：正、副经理、总工程师、技术负责人、施工队长等	熟悉掌握安全生产知识、安全技术业务知识、安全法规制度等	定期轮训

2. 各工种作业协调与管理

在钢框架结构中，特别是多、高层钢结构，涉及钢结构和土建的施工配合协调。

土建施工前，组织各专业负责人及有关人员进行图纸会审，找出图纸存在的问题及不明确的地方，在施工前予以消化。确定各施工阶段（基础施工、钢结构施工阶段、装饰施工阶段）的配合原则及插入时间。施工前明确各自的施工范围，并各自对其施工人员交底。

钢结构施工前，应与土建部门进行沟通。土建部门应以书面形式将各层的标高、轴线交于钢结构施工单位进行施工，并一起进行复核。在该阶段，土建施工应以钢结构施工为重点，并积极创造条件。为保证紧密结合，每周至少召开两次生产调度会，在会上明确施工配合的问题并在下一次会议前对上次会议确定的问题进行检查，同时做好专业会签工作，避免造成返工返修的现象。

3. 环境安全管理

高层钢结构施工中的环境安全管理还要注意以下几点。

(1)钢结构施工内部安全防护：钢结构施工(安装)一般每柱在工厂按照 1～2 层的高度制作，到现场施工(安装)速度较快，在安装完第一节柱时应在首层建筑物内部张挂双层水平安全网进行防护，并在每安装一节主体结构柱时增加一层水平安全防护网，水平安全防护网与高空作业人员的防护距离一般不超过 10 m。

(2)楼层内预留洞口、电梯井口、楼梯临边防护：钢结构施工对洞口的防护要求较高，在结构安装阶段，洞口一般随内部水平安全防护统一进行即可，在进入楼层板铺设阶段，必须逐层根据洞口的大小张挂水平安全网，水平安全网的张挂必须到边，可使用钢管做边框架与梁进行固定，但洞口的中心部位不得用钢管做骨架，大的洞口可用 6 号钢丝绳做经绳串接。当楼层混凝土浇筑完后应及时对洞口临边进行防护，防护高度应不低于 1.2 m，为防止高空掉物。

(3)首层外围安全棚的设置：首层安全网应根据建筑物的高度确定首层安全防护棚的搭设宽度，在现行规范没有具体规定的情况下，应按建筑物的高度和物体自由下落时的抛物线最远距离进行考虑。安全网应提前选择合格的生产厂家按照现场防护需要的尺寸进行定做。

(4)楼层临边安全防护：钢结构施工楼层临边防护是整个安全防护中的重要防护工作之一，它不同于常规的临边防护。预埋十字底座时要求有电焊工配合，预埋时应考虑到楼层混凝土浇筑的厚度，防护栏可与边柱固定，此种方法的好处是一次防护到位，减少重复返工。在进行防护时可根据现场情况进行选择。临边防护的高度应在 1.2～1.5 m 之间，但不得低于1.2 m，上下两道水平杆并刷红、白两色相间油漆表示禁止跨越，张挂密目式安全立网进行封闭。

(5)防坠器的使用：为确保操作者在上下钢柱时的人身安全，每根钢柱安装时都必须配备防坠器。安装人员上下时，必须将安全带挂在防坠器的挂钩上，避免发生坠落事故。安全防坠器必须安装在使用者的上部，即必须是高挂低用，禁止平挂或低挂高用。

(6)工具防坠链：钢结构安装作业人员所使用的各种手动工具必须使用安全绳子与腰间的安全带相连接或将工具防坠落的安全绳子与扶手绳子相连接，防止手动工具在使用时脱手坠落；对轻型或小型电动工具也必须加设不同形式的防坠链和防滑脱挂钩，防止工具坠落发生伤人事故。

(7)钢柱安装安全措施：安装钢柱前应将钢柱上端缆风绳固定好，钢柱就位后将揽风绳与地脚预埋板固定，紧固地脚螺栓。四根钢柱安装完后再安装相应位置的钢梁，形成固定节间。以此固定节间为中心，向四周逐跨安装钢柱。钢柱焊接时在焊缝下 1 m 处搭设水平平台供焊工焊接操作时使用。施工人员应随身佩带防坠器，人员在上下钢柱时防止坠落。高空作业时使用的所有工具都必须栓安全绳子，施工人员操作时安全带必须挂在安全绳子上防止发生高空坠落。

(8)塔机工作前必须严格按安全生产技术标准检查验收吊索具，吊索具的使用应符合工程吊装荷载要求，钢结构施工中对钢丝绳的要求较高，在吊装不同重量的构件时应使用不同型号的钢丝绳，坚决禁止使用小绳吊大物的情况发生，同时必须建立钢丝绳定期检查制度和每次吊装前的目测巡视检验制度，在定期检查时要注意对所检查的钢丝绳应做好标记，如第一次检查时对合格的钢丝绳用蓝色做标记，对第二次检查合格的钢丝绳做绿色标记等，对不合格的钢丝绳如：散股、断股、露芯、出现毛刺超过安全范围等的钢丝绳用红色做标记并必须强制报废，对报废的钢丝绳必须当场进行销毁，不得与合格的钢丝绳混在一起。蓝色做标记，对第二次检查合格的钢丝绳做绿色标记等，对不合格的钢丝绳如散股、断股、露芯、出现毛刺超过安全范围等的钢丝绳用红色做标记并必须强制报废，对报废的钢丝绳必须当场进行销毁，不得与合格的钢丝绳混在一起。

(9)塔吊起吊重物离地面 500 mm 时应停止提升，检查物件的捆札牢固情况和构件的平直情况确认无误后，同时应对爬梯进行检查是否牢固或扭曲变形，在确认一切正常的情况下方可继续吊升。

(10)起重司机工作时应精神集中，服从信号工的指挥，同时地面指挥与楼层定位信号指挥同塔司的信号交接应清析，塔司在信号不明时不得进行起降、收勾、摆臂等吊装操作。停止作业时应关闭起动装置，吊钩不得悬挂物品。

4. 成品与半成品保护

在施工过程中，有些分项、分部工程或部位已经完成，其他工程或部位尚在施工，如果对于已完成的成品不采取妥善的措施加以保护，就会造成损伤，影响质量。因此，搞好成品保护，是一项关系到确保工程质量、降低工程成本、按期竣工的重要环节，见表 5-15。

表 5-15 保护措施

序号	项目	保护措施
1	工厂制作	成品必须堆放在车间中的指定位置
		成品在放置时，在构件下安置一定数量的垫木，禁止构件直接与地面接触，并采取一定的防止滑动和滚动措施，如放置止滑块等；构件与构件需要重叠放置的时候，在构件间放置垫木或橡胶垫以防止构件间碰撞
		构件放置好后，在其四周放置警示标志，防止工厂其他吊装作业时碰伤本工程构件 在成品的吊装作业中，捆绑点均需加软垫，以避免损伤成品表面和破坏油漆
2	运输过程中	构件与构件间必须放置一定的垫木、橡胶垫等缓冲物，防止运输过程中构件因碰撞而损坏
		散件按同类型集中堆放，并用钢框架、垫木和钢丝绳进行绑扎固定，杆件与绑扎用钢丝绳之间放置橡胶垫之类的缓冲物
		在整个运输过程中为避免涂层损坏，在构件绑扎或固定处用软性材料衬垫保护
3	现场拼装及安装	构件进场应堆放整齐，防止变形和损坏，堆放时应放在稳定的枕木上，并根据构件的编号和安装顺序来分类
		构件堆放场地应做好排水，防止积水对构件的腐蚀
		在拼装、安装作业时，应避免碰撞、重击
		现场避免在构件上焊接辅助设施，以免对母材造成影响
		吊装时，在地面铺设刚性平台，搭设刚性胎架进行拼装，拼装支撑点的设置，要进行计算，以免造成构件的永久变形
4	涂装面摩擦面	避免尖锐的物体碰撞、摩擦
		在成品的吊装作业中，捆绑点均需加软垫，以避免损伤成品表面和破坏油漆 减少现场辅助措施的焊接量，尽量采用捆绑、抱箍
		现场焊接、破损的母材外露表面，在最短的时间内进行补涂装，除锈等级达到 St3 级，材料采用设计要求的原材料
		工厂涂装过程中应作好摩擦面的保护工作

参考文献

[1] 戚豹. 钢结构工程施工[M]. 北京：中国建筑工业出版社，2010.

[2] 李顺秋. 钢结构制造与安装[M]. 北京：中国建筑工业出版社，2005.

[3] 曹平周，朱召泉. 钢结构(第三版)[M]. 北京：中国电力出版社，2008.

[4] 孙韬. 帮你识读钢结构施工图[M]. 北京：人民交通出版社，2009.

[5] 刘声扬. 钢结构(第五版)[M]. 北京：中国建筑工业出版社，2011.

[6] 王要武. 工程项目管理百问[M]. 北京：中国建筑工业出版社，2010.

[7] 熊中实，倪文杰. 建筑与工程结构钢材手册[M]. 北京：中国建材工业出版社，1997.

[8] 周绥平. 钢结构[M]. 武汉：武汉理工大学出版社，2003.

[9]《建筑施工手册》编写组. 建筑施工手册 2(第四版)[M]. 北京：中国建筑工业出版社，2003.

[10] 王景文. 钢结构工程施工与质量验收实用手册[M]. 北京：中国建材工业出版社，2003.

[11] 中国钢结构协会. 建筑钢结构施工手册[M]. 北京：中国计划出版社，2002.

[12] 中华人民共和国建设部. 钢结构工程施工质量验收规范[S]. 北京：中国计划出版社，2002.

[13] 中华人民共和国建设部. 钢结构设计规范[S]. 北京：中国计划出版社，2003.

[14] 戚豹. 建筑结构选型[M]. 北京：中国建筑工业出版社，2008.

[15] 张其林. 轻型门式刚架[M]. 山东：山东科学技术出版社，2006.

[16] 中华人民共和国建设部. 屋面工程质量验收规范[S]. 北京：中国计划出版社，2002.

[17] 安沁丽，陈年和. 建筑工程施工准备[M]. 北京：中国建筑工业版社，2010.

[18] 中华人民共和国建设部. 玻璃幕墙工程质量检验标准[S]. 北京：中国建筑工业出版社，2001.

[19] 孙韬，李继才. 轻钢及围护结构工程施工[M]. 北京：中国建筑工业版社，2012.

结构设计总说明

1 设计依据：

1.1 国家现行建筑结构设计规范、规程。

1.2 钢结构设计、制作、安装、验收应遵循下列规范、规程：

1.2.1《钢结构设计规范》(GB 50017—2003)。

1.2.2《冷弯薄壁型钢结构技术规范》(GB 50018—2002)。

1.2.3《门式刚架轻型房屋钢结构技术规范》(CECS 102:2002)。

1.2.4《钢结构工程施工质量验收规范》(GB 50205—2001)。

1.2.5《建筑钢结构焊接技术规程》(JGJ 81—2002)。

1.2.6《钢结构高强度螺栓连接的设计、施工及验收规程》(JGJ 82—91)。

1.2.7《涂装前钢材表面锈蚀等级和除锈等级》(GB 8923)。

2 本说明为本工程钢结构部分说明，基础部分结构设计说明详见结施g-01。

3 主要设计条件：

3.1 按重要性分类,本工程结构安全等级为二级。

3.2 本工程主体结构设计使用年限为50年。

3.3 本地区50年一遇的基本风压值为0.75 kN/m, 地面粗糙度为B类。刚架、檩条、墙梁及围护结构体型系数按《门式刚架轻型房屋钢结构技术规程》。

3.4 本工程建筑抗震设防类别为丙类,抗震设防烈度为七度;设计基本加速度为0.10 g;所在场地设计地震分2组,为第一组,场地类别为Ⅱ类。

3.5 屋面荷载标准值：

3.5.1 屋面恒荷载(含檩条自重)：0.40 kN/m^2。

3.5.2 屋面活荷载：0.30 kN/m^2。

3.5.3 夹层屋面荷载：同上。

(未经设计单位同意,使用过程中荷载标准值不得超过上述荷载限值)

4 本工程室内±0.000 m相当于绝对标高××m。

本工程所有结构施工图中标注的尺寸除标高以米(m)为单位外,其他尺寸均以毫米(mm)为单位。所有尺寸均以标注为准，不得以比例尺量取图中尺寸。

5 结构概况：

5.1 本工程为单层钢结构门式刚架厂房,跨度为21 m,柱距为6 m。

5.2 局部一层带夹层，夹层跨度4.2 m，高度3.3 m。

5.3 屋面采用镀铝锌原色暗扣式屋面板，墙面采用螺钉穿透式固定波纹板。

5.4 基础采用柱下独立基础。

6 材料：

6.1 本工程钢结构材料应遵循下列材料规范：

6.1.1《碳素结构钢》(GB/T 700—88)。

6.1.2《低合金高强度结构钢》(GB/T 1591—94)。

6.1.3《钢结构用扭剪型高强螺栓连接副技术条件》(GB 3632~3633)。

6.1.4《熔化焊用钢丝》(GB/T 14957—94)。

6.1.5《碳素钢埋弧焊用焊剂》(GB/T 5293—85)。

6.1.6《低合金钢埋弧焊用焊剂》(GB/T 12470—90)。

6.1.7《碳钢焊条》(GB/T 5117—95)。

6.1.8《低合金钢焊条》(GB/T 5118—95)。

6.1.9《钢结构防火涂料应用技术规范》(CECS 24:90)。

6.2 本工程所采用的钢材除满足国家材料规范要求外，地震区尚应满足下列要求：

6.2.1 钢材的屈服强度实测值与抗拉强度实测值的比值不应大于0.85。

6.2.2 钢材应具有明显的屈服台阶，且伸长率应大于20%。

6.2.3 钢材应具有良好的可焊性和合格的冲击韧性。

6.3 本工程混凝土的环境类别为二b,最大水灰比为0.55,最小水泥用量275 kg/m^3,最低混凝土强度等级C30,最大氯离子含量0.2%,最大碱含量3.0 kg/m^3。

6.4 本工程所用钢筋均为HRB335热轧钢筋,钢筋的强度标准值应具有不小于95%的保证率。热轧钢筋的强度标准系值根据屈服强度确定。

6.5 本工程刚架梁、柱采用Q235B，梁柱端头板加劲肋采用Q235B。

6.6 本工程檩条及墙梁采用Q345冷弯薄壁型钢,连续热镀锌,镀锌量不少于275 g/m^2。隅撑、柱间支撑采用Q235。屋面横向水平支撑采用Q235,基础锚栓采用Q235。

6.7 高强螺栓、螺母和垫圈采用《优质碳素结构钢技术条件》(GB 699—88)中规定的钢材制作；其热处理、制作和技术要求应符合《钢结构用高强度大六角头螺栓、大六角头螺母、垫圈型式尺寸与技术条件》(GB/T 1228~1231—91)的规定,本工程刚架构件现场连接采用10.9级摩擦型高强螺栓。高强螺栓结合面不得涂漆,采用喷砂处理,摩擦面抗滑移系数为0.35。

6.8 檩条与檩托、隅撑,隅撑与刚架斜梁等次要连接采用普通螺栓,普通螺栓应符合现行国家标准《六角头螺栓—C级》(GB 5780)的规定。

6.9 压型钢板：

6.9.1 屋面采用0.53 mm BlueScope镀铝锌原色暗扣式屋面板，镀铝锌AZ150，屈服强度550 MPa。板型为DURO(坚润) Faslok660或BestSteel(钢之杰)CC—750型。

墙面板选用螺钉穿透式固定波纹板,厚度不低于0.476 mm,为BlueScope镀铝锌AZ150,屈服强度550 MPa,漆层不低于PE级,颜色为灰白色或钛白色。选用DURO(坚润) Fasdek760或BestSteel(钢之杰)TT—1000型。

6.9.2 零配件：固定屋、墙面钢板自攻螺丝应经热镀锌处理,螺丝帽盖用尼龙头覆著,且钻尾能够自行钻孔固定在钢结构上。

止水胶泥：应使用中性之止水胶泥(硅胶)。

7 钢结构制作与加工：

7.1 钢结构构件制作时，应按照《钢结构工程施工及验收规范》(GB 50205—2001)进行制作。

7.2 所有钢构件在制作前均放1：1施工大样，复核无误后方可下料。

7.3 钢材加工前应进行校正,使之平整,以免影响制作精度。

7.4 除地脚螺栓外,钢结构构件上螺栓钻孔直径比螺栓直径大1.5~2.0 mm。

7.5 檩条及墙梁：

7.5.1 打孔处理：全部在工厂预先冲孔,除图中特别注明外,打孔尺寸一律为13.5 mm,并与M12镀锌螺栓配合使用。

7.5.2 固定方式：以M12镀锌螺栓将檩固定于檩托板。

7.6 焊接：

7.6.1 焊接时应选择合理的焊接工艺及焊接顺序,以减小钢结构中产生的焊接应力和焊接变形。

7.6.2 组合H型钢的腹板与翼缘的焊接应采用自动埋弧焊机焊,且四道连接焊缝均应双面满焊,不得单面焊接。

7.6.3 组合H型钢因焊接产生的变形应以机械或火焰矫正调直,具体做法应符合GB 50205—2001的相关规定。

7.6.4 Q345与Q345钢之间焊接应采用E50型焊条。Q235与Q235钢间焊接应采用E43型焊条，Q345与Q235钢之间焊接应采用E43型焊条。

7.6.5 焊缝质量等级：端板与柱、梁翼缘和腹板的连接焊缝为全熔透坡口焊，质量等级为三级。

7.6.6 图中未注明的焊缝高度均为6 mm。

7.6.7 应保证切割部位准确、切口整齐,切割前应将钢材切割区域表面的铁锈、污物等清除干净,切割后应清除毛刺、熔渣和飞溅物。

8 钢结构的运输、检验、堆放：

8.1 在运输及操作过程中应采取措施防止构件变形和损坏。

8.2 结构安装前应对构件进行全面检查：如构件的数量、长度、垂直度,安装接头处螺栓孔之间的尺寸是否符合设计要求等。

8.3 构件堆放场地应事先平整夯实,并做好四周排水。

8.4 构件堆放时,应先放置枕木垫平,不宜直接将构件放置于地面上。

8.5 檩条卸货后,如因其他原因未及时安装,应用防水雨布覆盖,以防止檩条出现"白化"现象。

9 钢结构涂装：

9.1 除锈：除镀锌构件外,制作前钢构件表面均应进行喷砂(抛丸)除锈处理,不得手工除锈,除锈质量等级应达到国际中Sa2.5级标准。

9.2 防腐涂层：

9.2.1 底漆二遍，环氧树脂底漆。

9.2.2 面漆二遍，环氧树脂醇酸漆。

9.2.3 颜色为浅灰，漆膜总厚度不低于125 μm。

9.3 下列情况免涂油漆：

9.3.1 埋于混凝土中。

9.3.2 与混凝土接触面。

9.3.3 将焊接的位置。

9.3.4 螺栓连接范围内，构件接触面。

10 钢结构防火工程：

10.1 本工程防火等级为三级,要求钢构件耐火极限为钢柱2小时，钢梁1小时。

10.2 钢结构耐火防护做法：薄型聚氯橡胶防火漆，现场刷涂施工。

11 其他：

11.1 本设计未考虑雨季施工,雨季施工时应采取相应的施工技术措施。

11.2 未尽事宜应按照现行施工及验收规范、规程的有关规定进行施工。

图纸目录

序号	图号	图纸内容	图幅
1		结构设计总说明	A2
2	结施-01	基础平面布置图及详图	A2
3	结施-02	柱脚锚栓布置图	A2
4	结施-03	夹层屋面结构布置图	A2
5	结施-04	刚架平面布置图 柱间支撑布置图	A2
6	结施-05		A2
7	结施-06		A2
8	结施-07		A2
9	结施-08		A2
10	结施-09		A2

				建设单位		设计号	
				工程名称		图 别	
院 长		设 计		图纸内容		图 号	
审 定		制 图				比 例	1：20
审 核		校 对				日 期	
项目负责人		工种负责人				图档号	

附图 3-1 钢架结构设计总说明

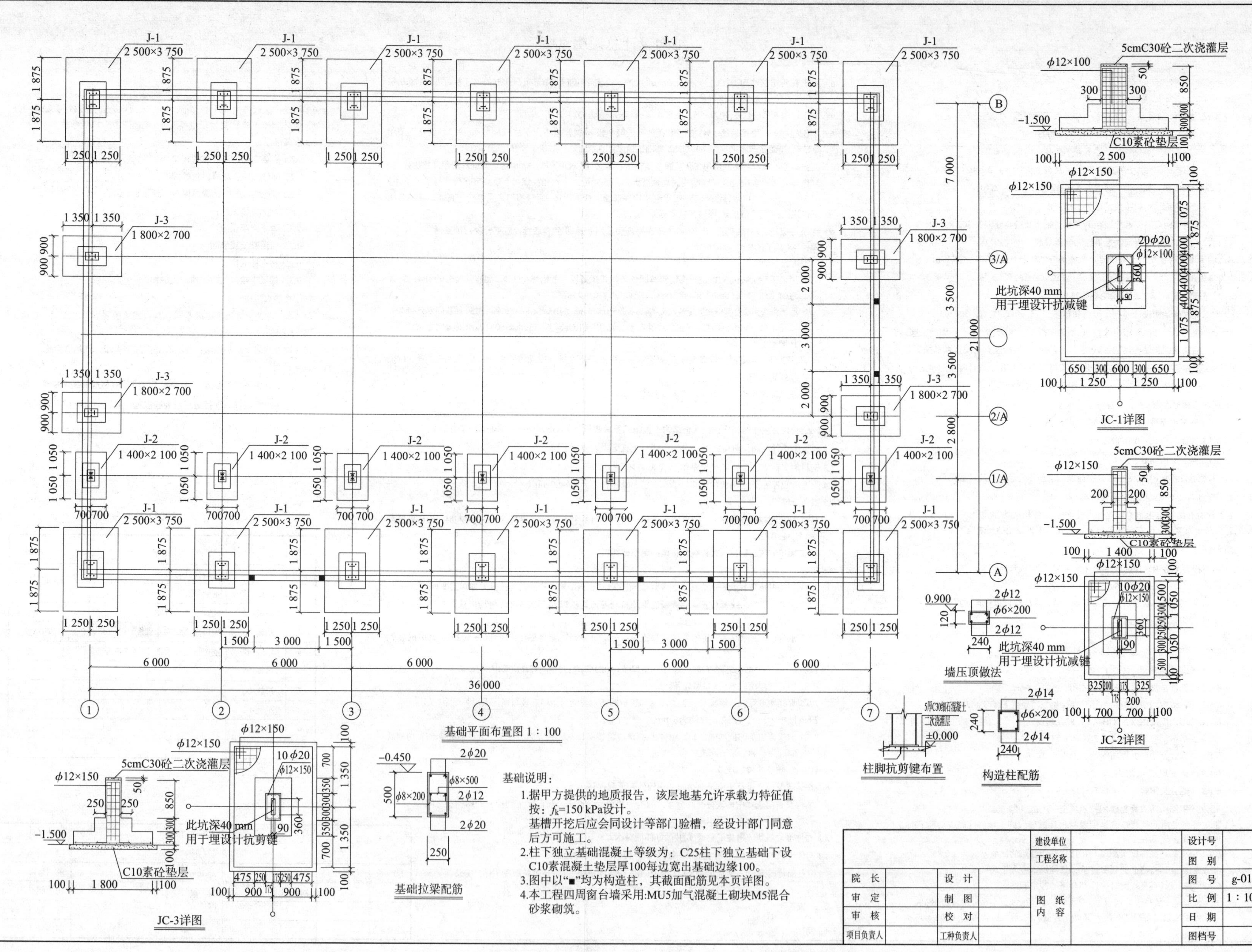

J-1
2 500×3 750
J-2
1 400×2 100
J-3
1 800×2 700
基础平面布置图 1：100
JC-1详图
JC-2详图
JC-3详图
5cmC30砼二次浇灌层
C10素砼垫层
此坑深40 mm
用于埋设计抗减键
用于埋设计抗剪键
墙压顶做法
柱脚抗剪键布置
构造柱配筋
基础拉梁配筋
基础说明：
1.据甲方提供的地质报告，该层地基允许承载力特征值
按：f_k=150 kPa设计。
基槽开挖后应会同设计等部门验槽，经设计部门同意
后方可施工。
2.柱下独立基础混凝土等级为：C25柱下独立基础下设
C10素混凝土垫层厚100每边宽出基础边缘100。
3.图中以"■"均为构造柱，其截面配筋见本页详图。
4.本工程四周窗台墙采用:MU5加气混凝土砌块M5混合
砂浆砌筑。
院 长
审 定
审 核
项目负责人
设 计
制 图
校 对
工种负责人
建设单位
工程名称
图 纸
内 容
设计号
图 别
图 号
g-01
比 例
1：100
日 期
图档号

附图 3-2 基础平面布置图及详图

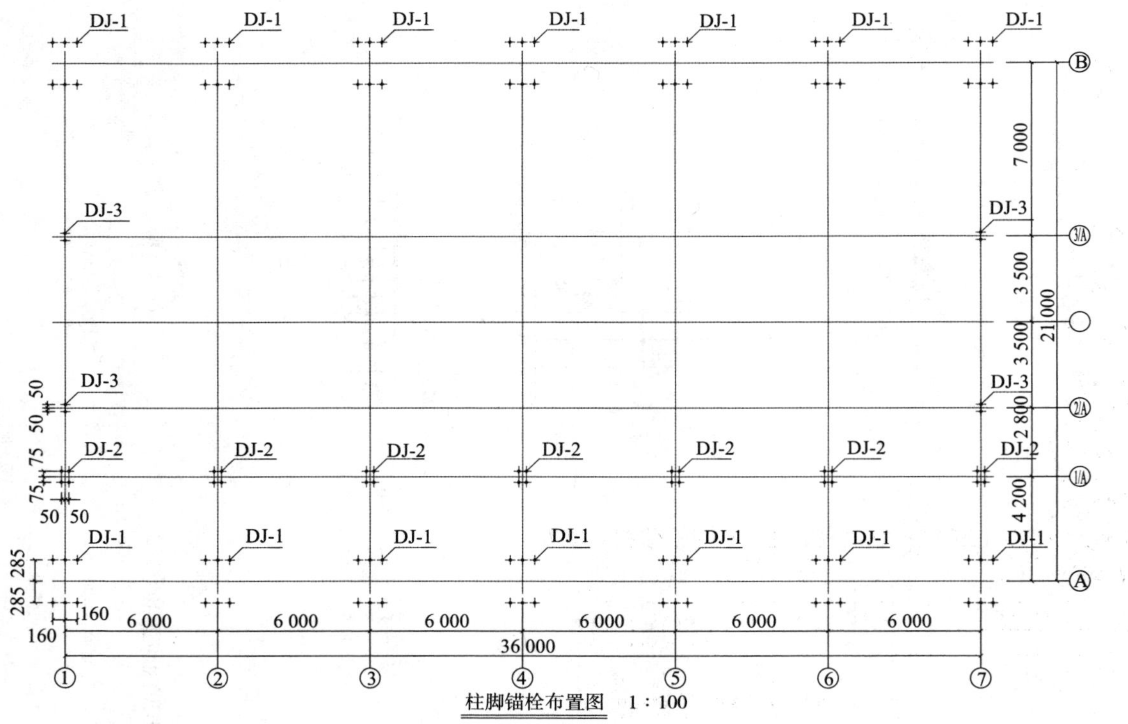

柱脚锚栓布置图　1：100

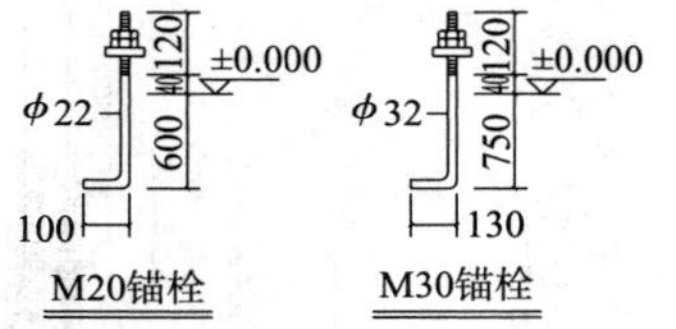

M20锚栓

M30锚栓

院　长		设　计		建设单位		设计号	
审　定		制　图		工程名称		图　别	
审　核		校　对		图　纸 内　容		图　号	g-02
项目负责人		工种负责人				比　例	1：100
						日　期	
						图档号	

附图 3-3　柱脚锚栓布置

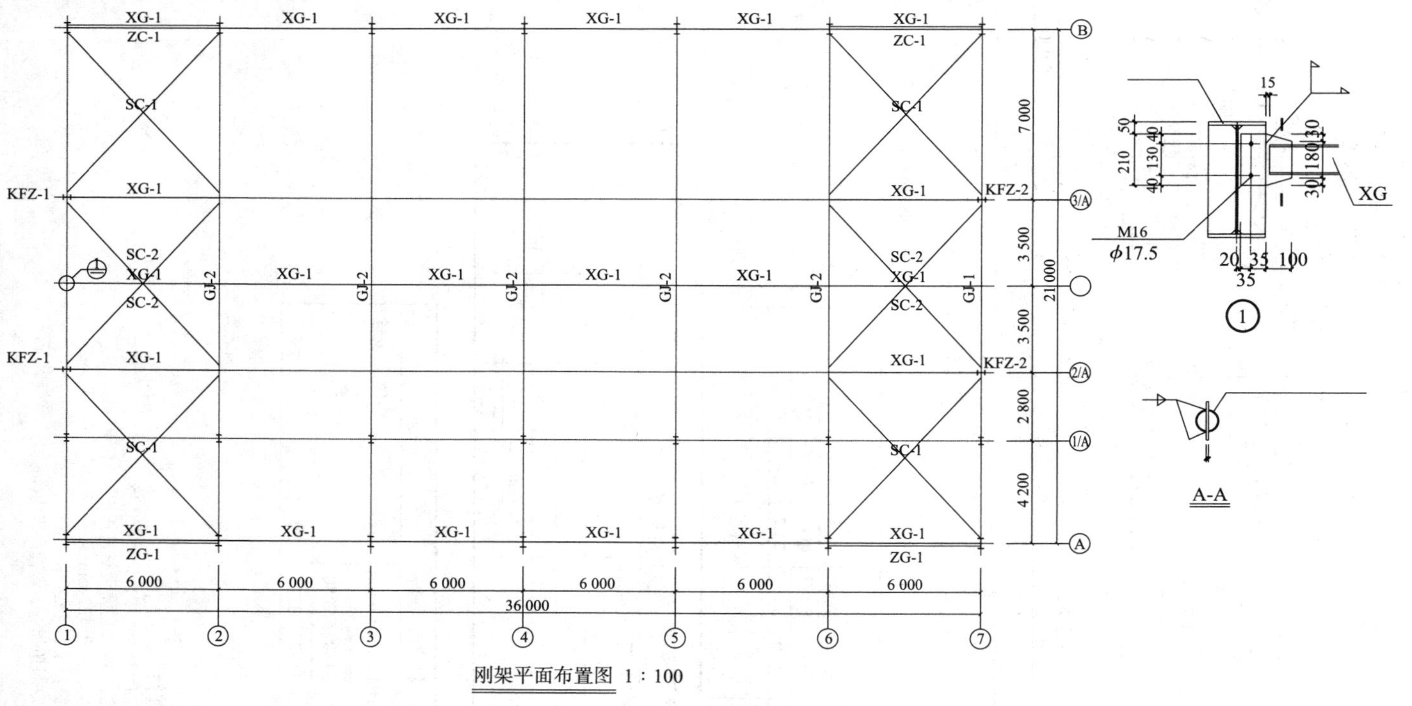

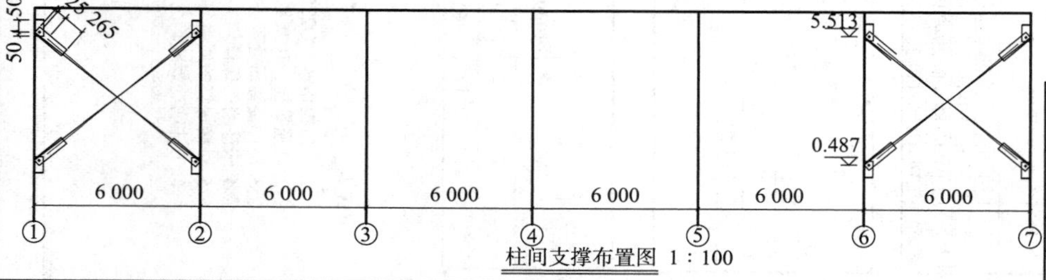

刚架平面布置图　1：100

A-A

柱间支撑布置图　1：100

院　长		设　计		建设单位		设计号	
审　定		制　图		工程名称		图　别	
审　核		校　对		图　纸 内　容	刚架平面布置图 柱间支撑布置图	图　号	g-04
项目负责人		工种负责人				比　例	1：100
						日　期	
						图档号	

附图 3-4　刚架平面布置图及柱间支撑布置

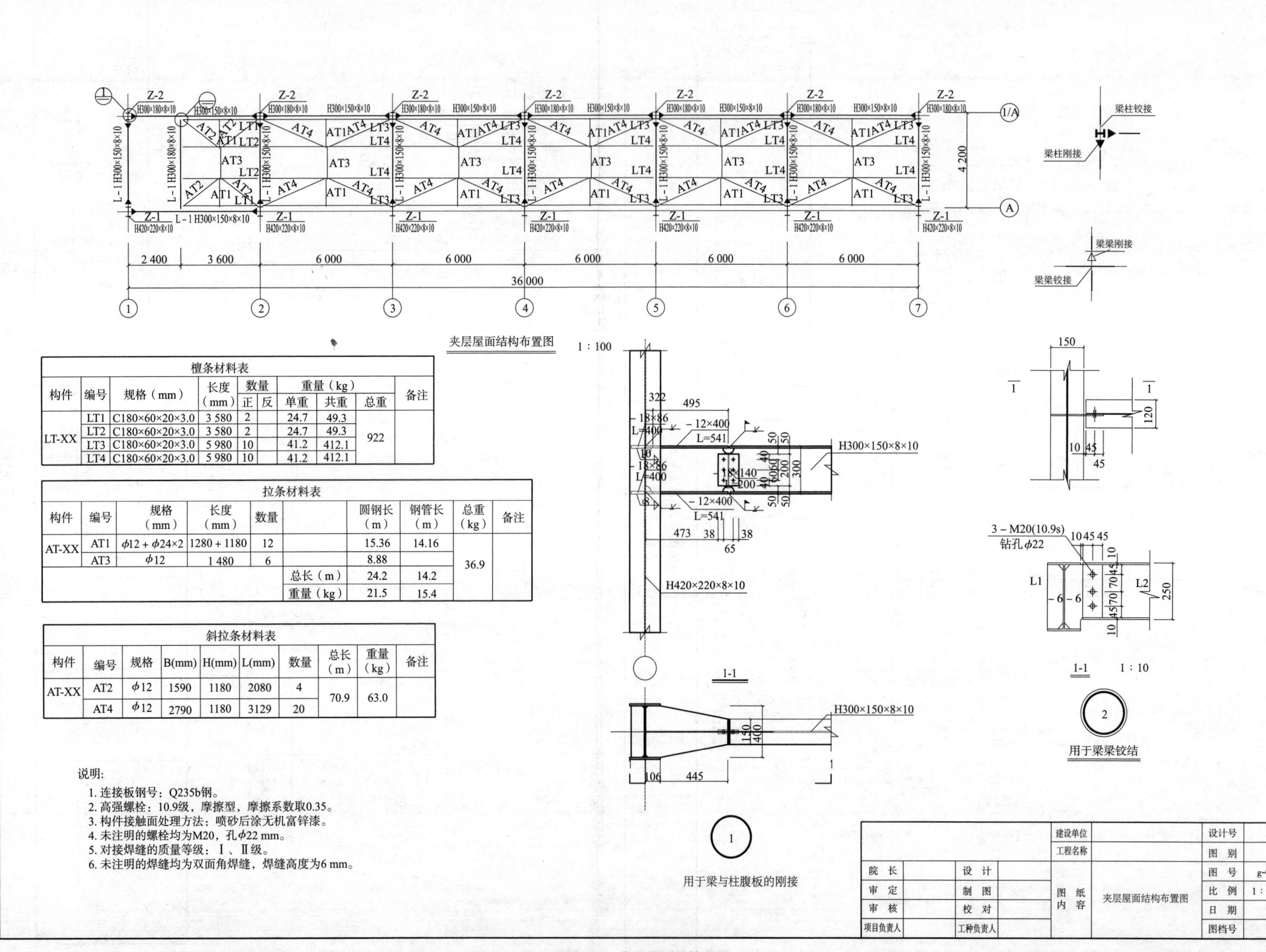

檩条材料表

构件	编号	规格（mm）	长度（mm）	数量 正	数量 反	重量（kg） 单重	重量（kg） 共重	重量（kg） 总重	备注
LT-XX	LT1	C180×60×20×3.0	3 580	2		24.7	49.3	922	
	LT2	C180×60×20×3.0	3 580	2		24.7	49.3		
	LT3	C180×60×20×3.0	5 980	10		41.2	412.1		
	LT4	C180×60×20×3.0	5 980	10		41.2	412.1		

拉条材料表

构件	编号	规格（mm）	长度（mm）	数量		圆钢长（m）	钢管长（m）	总重（kg）	备注
AT-XX	AT1	ϕ12＋ϕ24×2	1280＋1180	12		15.36	14.16	36.9	
	AT3	ϕ12	1 480	6		8.88			
					总长（m）	24.2	14.2		
					重量（kg）	21.5	15.4		

斜拉条材料表

构件	编号	规格	B(mm)	H(mm)	L(mm)	数量	总长（m）	重量（kg）	备注
AT-XX	AT2	ϕ12	1590	1180	2080	4	70.9	63.0	
	AT4	ϕ12	2790	1180	3129	20			

说明:

1. 连接板钢号：Q235b钢。
2. 高强螺栓：10.9级，摩擦型，摩擦系数取0.35。
3. 构件接触面处理方法：喷砂后涂无机富锌漆。
4. 未注明的螺栓均为M20，孔ϕ22 mm。
5. 对接焊缝的质量等级：Ⅰ、Ⅱ级。
6. 未注明的焊缝均为双面角焊缝，焊缝高度为6 mm。

院 长		设 计		建设单位		设计号	
审 定		制 图		工程名称		图 别	
审 核		校 对		图纸内容	夹层屋面结构布置图	图 号	g-03
项目负责人		工种负责人				比 例	1：100
						日 期	
						图档号	

附图 3-5 夹层屋面结构布置

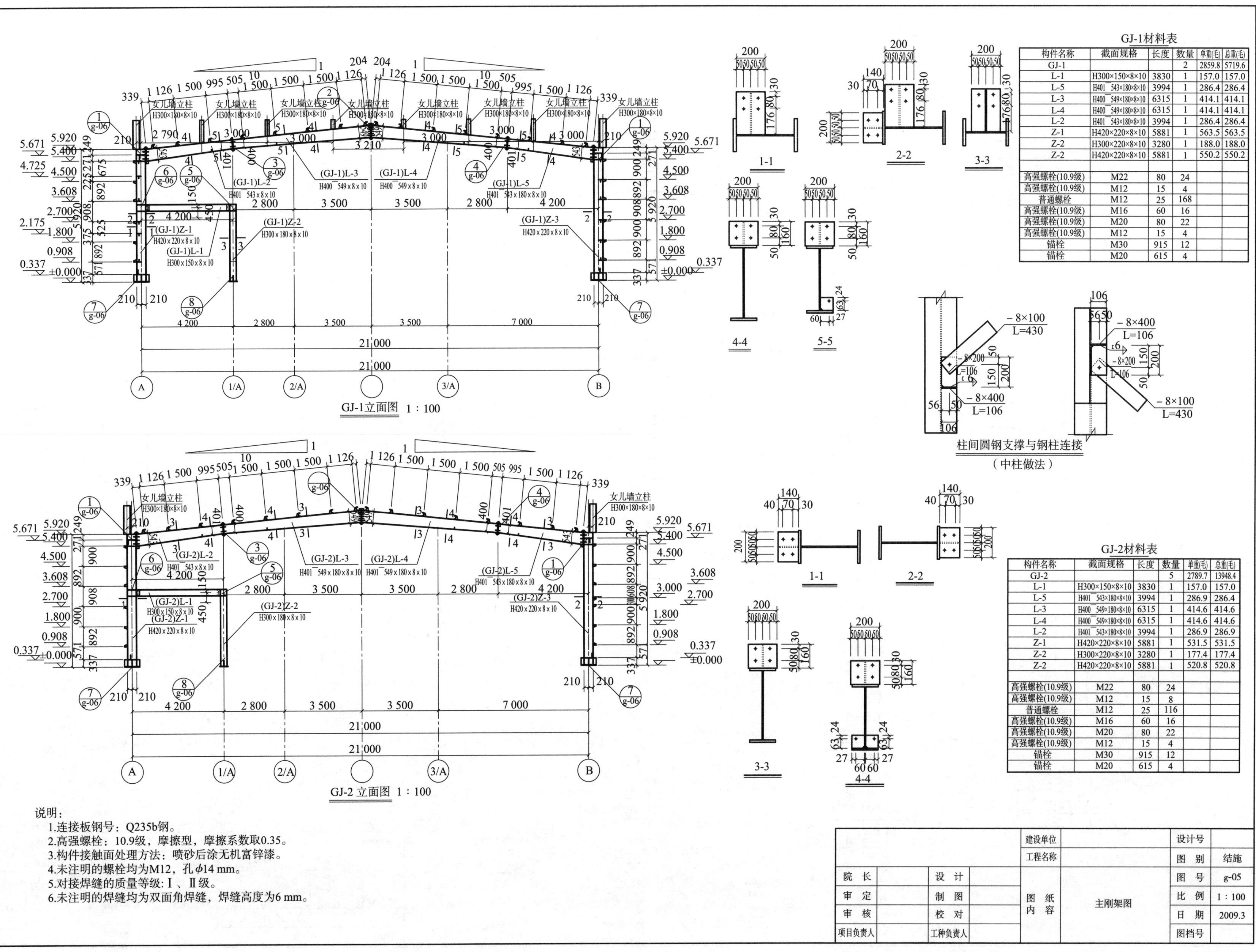

GJ-1材料表

构件名称	截面规格	长度	数量	单重(毛)	总重(毛)
GJ-1			2	2859.8	5719.6
L-1	H300×150×8×10	3830	1	157.0	157.0
L-5	H401 543×180×8×10	3994	1	286.4	286.4
L-3	H400 549×180×8×10	6315	1	414.1	414.1
L-4	H400 549×180×8×10	6315	1	414.1	414.1
L-2	H401 543×180×8×10	3994	1	286.4	286.4
Z-1	H420×220×8×10	5881	1	563.5	563.5
Z-2	H300×220×8×10	3280	1	188.0	188.0
Z-2	H420×220×8×10	5881	1	550.2	550.2
高强螺栓(10.9级)	M22	80	24		
高强螺栓(10.9级)	M12	15	4		
普通螺栓	M12	25	168		
高强螺栓(10.9级)	M16	60	16		
高强螺栓(10.9级)	M20	80	22		
高强螺栓(10.9级)	M12	15	4		
锚栓	M30	915	12		
锚栓	M20	615	4		

GJ-2材料表

构件名称	截面规格	长度	数量	单重(毛)	总重(毛)
GJ-2			5	2789.7	13948.4
L-1	H300×150×8×10	3830	1	157.0	157.0
L-5	H401 543×180×8×10	3994	1	286.9	286.4
L-3	H400 549×180×8×10	6315	1	414.6	414.6
L-4	H400 549×180×8×10	6315	1	414.6	414.6
L-2	H401 543×180×8×10	3994	1	286.9	286.9
Z-1	H420×220×8×10	5881	1	531.5	531.5
Z-2	H300×220×8×10	3280	1	177.4	177.4
Z-2	H420×220×8×10	5881	1	520.8	520.8
高强螺栓(10.9级)	M22	80	24		
高强螺栓(10.9级)	M12	15	8		
普通螺栓	M12	25	116		
高强螺栓(10.9级)	M16	60	16		
高强螺栓(10.9级)	M20	80	22		
高强螺栓(10.9级)	M12	15	4		
锚栓	M30	915	12		
锚栓	M20	615	4		

附图3-6 主钢架

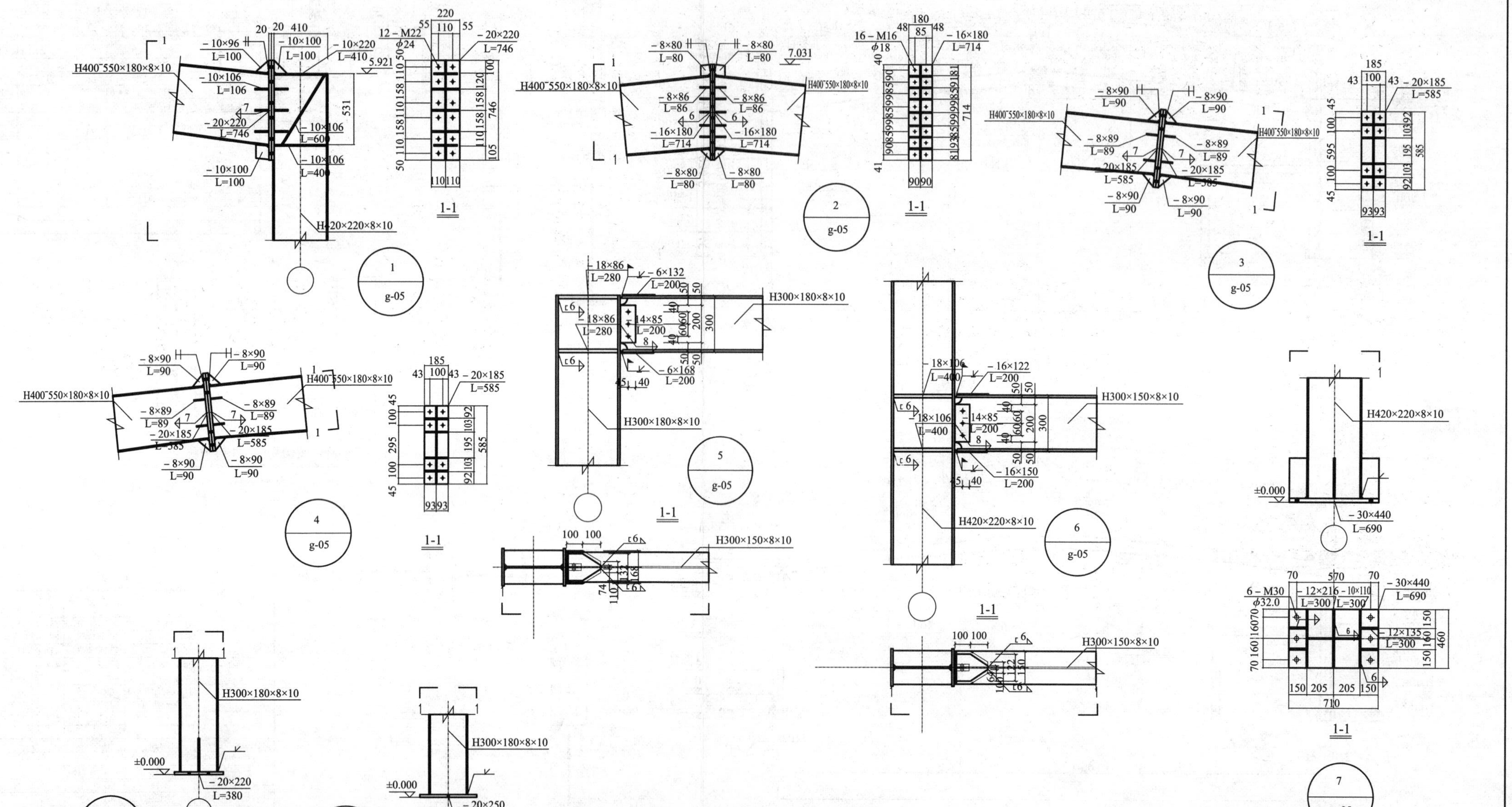

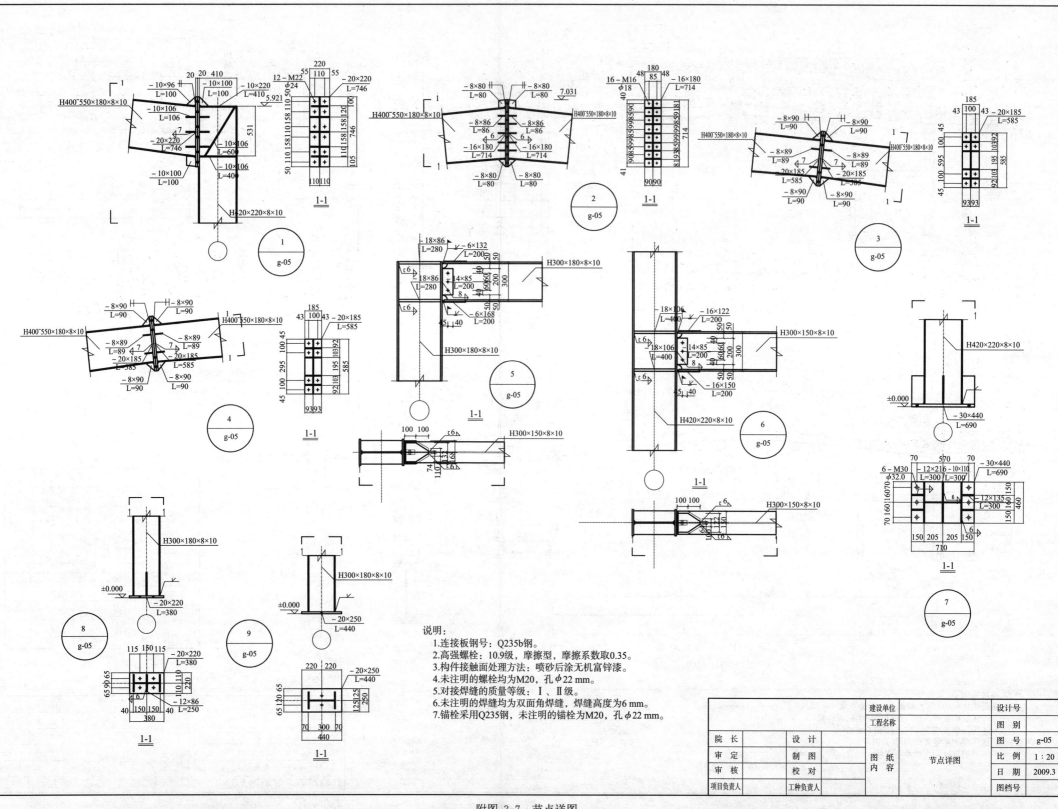

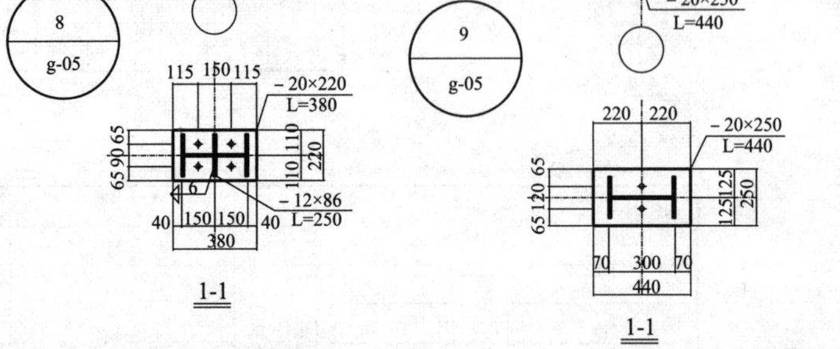

说明：

1.连接板钢号：Q235b钢。
2.高强螺栓：10.9级，摩擦型，摩擦系数取0.35。
3.构件接触面处理方法：喷砂后涂无机富锌漆。
4.未注明的螺栓均为M20，孔ϕ22 mm。
5.对接焊缝的质量等级：Ⅰ、Ⅱ级。
6.未注明的焊缝均为双面角焊缝，焊缝高度为6 mm。
7.锚栓采用Q235钢，未注明的锚栓为M20，孔ϕ22 mm。

<table>
<tr><td colspan="4"></td><td>建设单位</td><td></td><td>设计号</td><td></td></tr>
<tr><td colspan="4"></td><td>工程名称</td><td></td><td>图 别</td><td></td></tr>
<tr><td>院 长</td><td></td><td>设 计</td><td></td><td rowspan="4">图 纸
内 容</td><td rowspan="4">节点详图</td><td>图 号</td><td>g-05</td></tr>
<tr><td>审 定</td><td></td><td>制 图</td><td></td><td>比 例</td><td>1∶20</td></tr>
<tr><td>审 核</td><td></td><td>校 对</td><td></td><td>日 期</td><td>2009.3</td></tr>
<tr><td>项目负责人</td><td></td><td>工种负责人</td><td></td><td>图档号</td><td></td></tr>
</table>

附图 3-7 节点详图

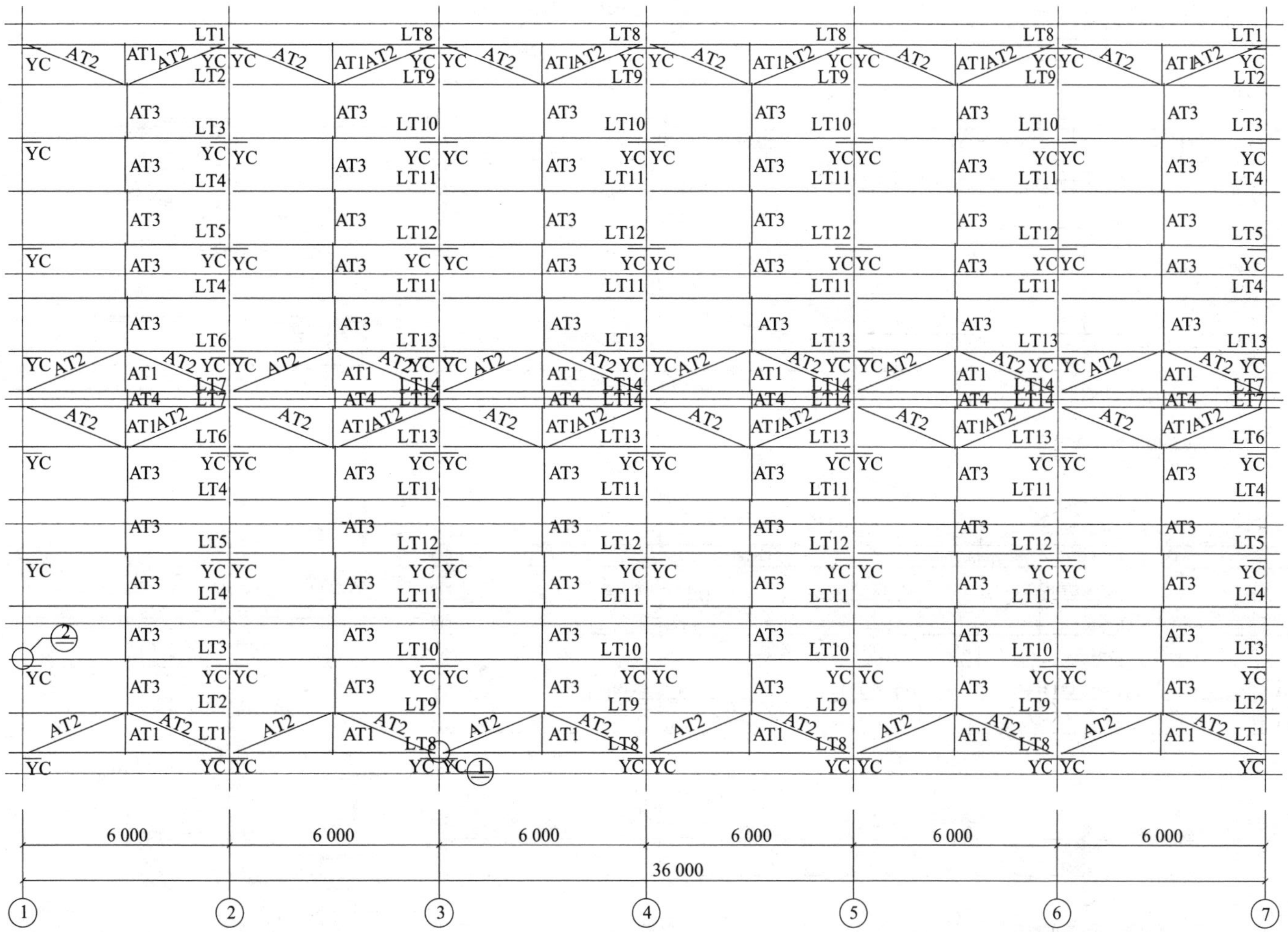

屋面檩条布置图　　1 : 100

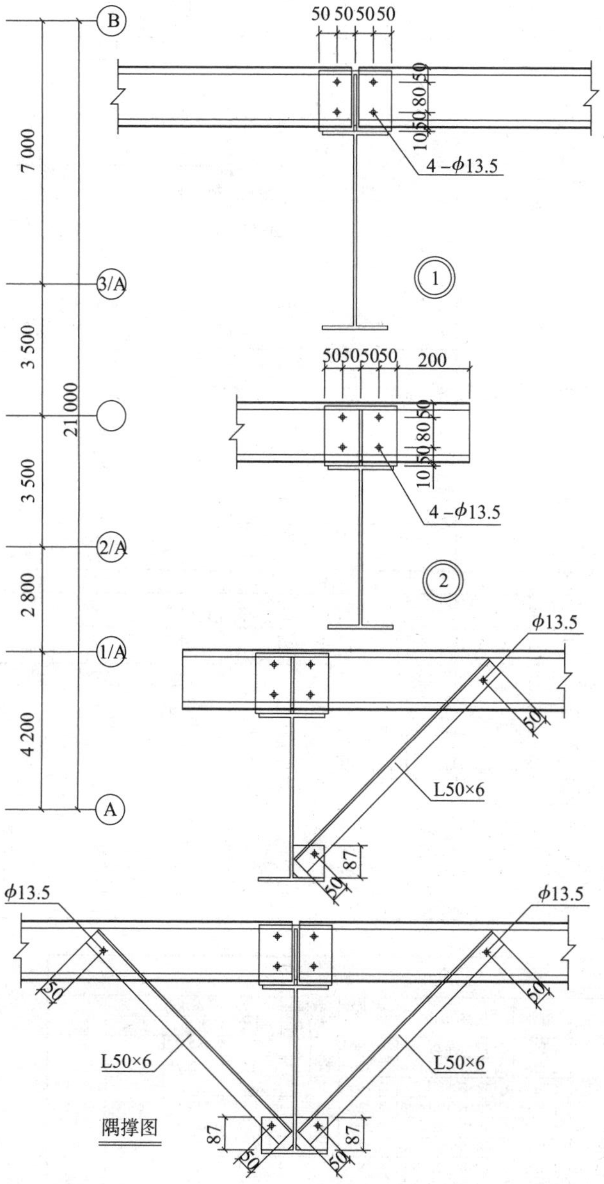

隅撑图

檩条材料表

构件	编号	规格(mm)	长度(mm)	数量		重量(kg)			备注
				正	反	单重	共重	总重	
LT-XX	LT1	C180×60×20×3.0	6290	4		43.3	173.4	3712	
	LT2	C180×60×20×3.0	6290	4		43.3	173.4		
	LT3	C180×60×20×3.0	6290	4		43.3	173.4		
	LT4	C180×60×20×3.0	6290	8		43.3	346.7		
	LT5	C180×60×20×3.0	6290	4		43.3	173.4		
	LT6	C180×60×20×3.0	6290	4		43.3	173.4		
	LT7	C180×60×20×3.0	6290	4		43.3	173.4		
	LT8	C180×60×20×3.0	5980	8		41.2	329.7		
	LT9	C180×60×20×3.0	5980	8		41.2	329.7		
	LT10	C180×60×20×3.0	5980	8		41.2	329.7		
	LT11	C180×60×20×3.0	5980	16		41.2	659.6		
	LT12	C180×60×20×3.0	5980	8		41.2	329.7		
	LT13	C180×60×20×3.0	5980	8		41.2	329.7		
	LT14	C180×60×20×3.0	5980	8		41.2	329.7		

拉条材料表

构件	编号	规格(mm)	长度(mm)	数量		圆钢长(m)	钢管长(m)	总重(kg)	备注
AT-XX	AT1	ϕ 12 +ϕ 24×2	1206 + 1106	24		28.95	26.55	187.7	
	AT3	ϕ 12	1580	60		94.80			
	AT4	ϕ 12	541	6		3.24			
	AT6	ϕ 12 +ϕ 24×2	1280 + 1180	12		15.36	14.16		
	AT7	ϕ 12	980	10		9.80			
	AT8	ϕ 12	680	14		9.52			
					总长(m)	161.7	40.7		
					重量(kg)	143.5	44.2		

				建设单位		设计号	
				工程名称		图　别	结施
院　长		设　计		图　纸 内　容	屋面檩条布置图	图　号	g-07
审　定		制　图				比　例	1 : 100
审　核		校　对				日　期	2009.3
项目负责人		工种负责人				图档号	

附图 3-8　屋面檩条布置

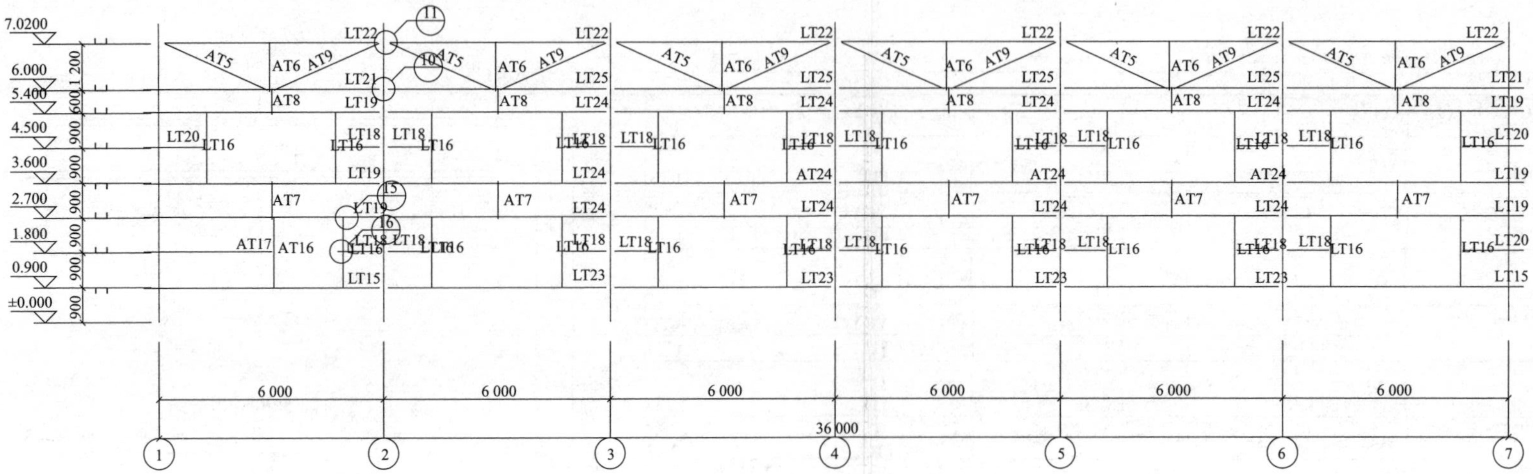

A 轴墙面檩条布置图

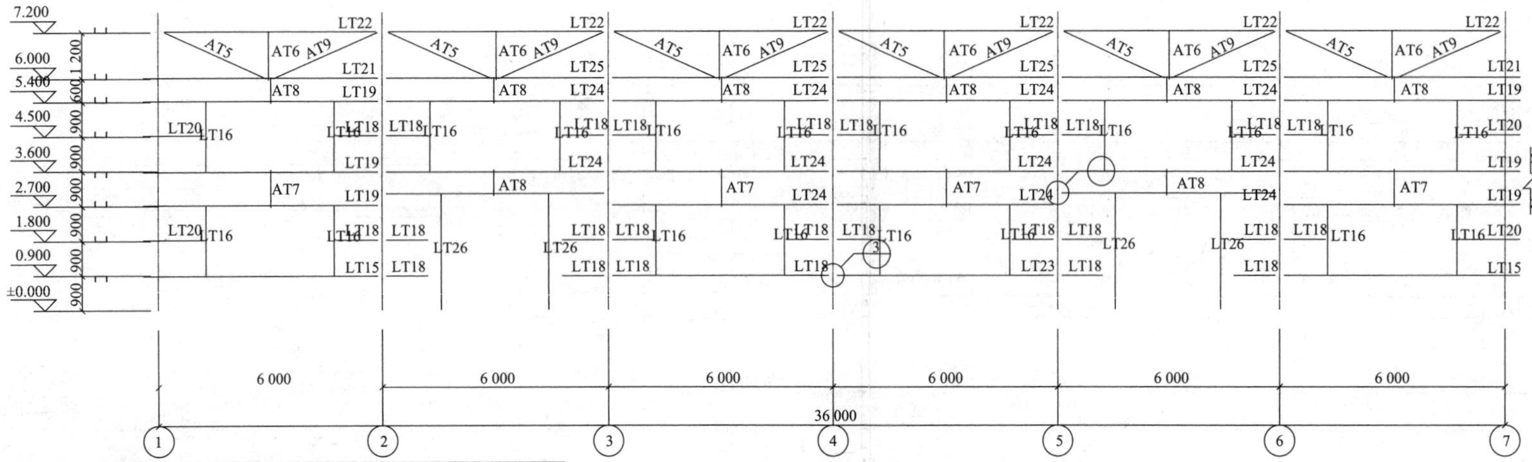

B 轴墙面檩条布置图

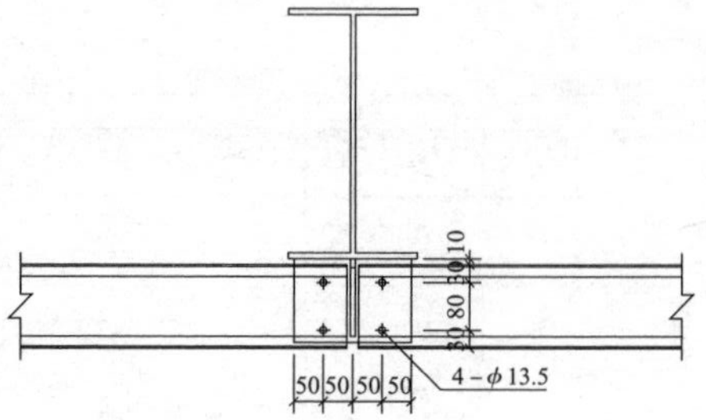

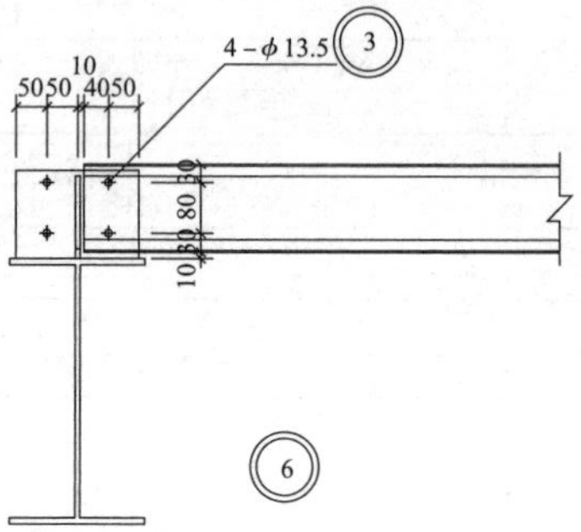

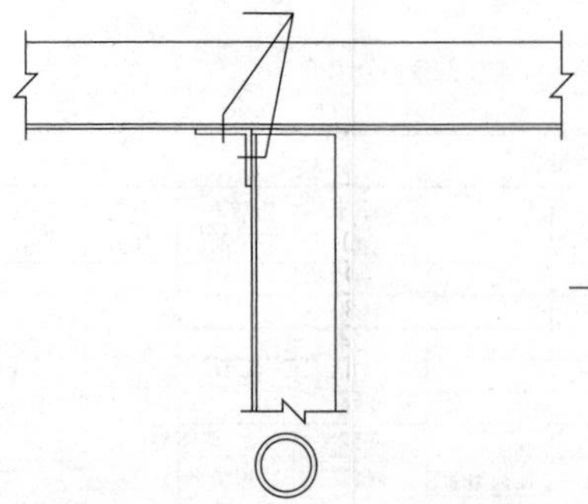

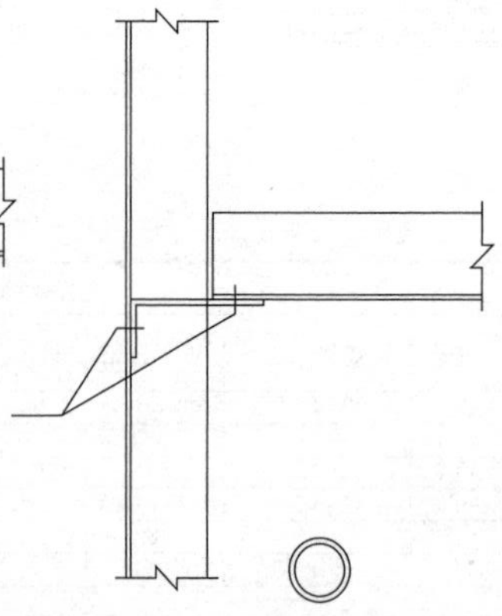

檩条材料表

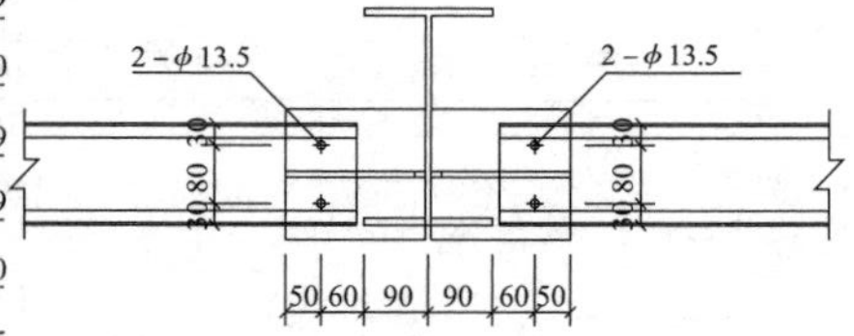

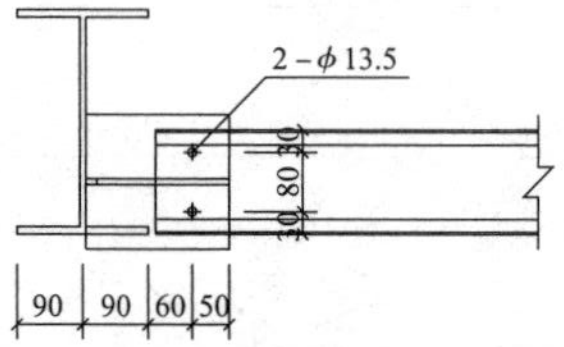

构件	编号	规格(mm)	长度(mm)	数量 正	数量 反	重量(kg) 单重	重量(kg) 共重	重量(kg) 总重	备注
LT-XX	LT15	C140×60×20×3.0	6 290	4		40.7	162.9	3 974	
	LT16	C140×60×20×3.0	1 800	44		11.7	512.9		
	LT17	C140×60×20×3.0	3 430	1		22.2	22.2		
	LT18	C140×60×20×3.0	1 120	44		7.3	319.1		
	LT19	C140×60×20×3.0	6 290	12		40.7	488.8		
	LT20	C140×60×20×3.0	1 430	7		9.3	64.8		
	LT21	C140×60×20×3.0	6 290	4		40.7	162.9		
	LT22	C140×60×20×3.0	5 880	12		38.1	457.0		
	LT23	C140×60×20×3.0	5 980	6		38.7	232.4		
	LT24	C140×60×20×3.0	5 980	22		38.7	852.0		
	LT25	C140×60×20×3.0	5 980	8		38.7	309.8		
	LT26	C140×60×20×3.0	3 000	4		19.4	77.7		

斜拉条材料表

构件	编号	规格	B(mm)	H(mm)	L(mm)	数量	总长(m)	总重(kg)	备注
AT-XX	AT2	ϕ12	2790	1 106	3 101	48	223.4	198.3	
	AT5	ϕ12	2740	1 180	3 083	12			
	AT9	ϕ12	2790	1 180	3 129	12			

院长		设计		建设单位		设计号	
审定		制图		工程名称		图别	结施
审核		校对		图纸内容	墙面檩条布置图	图号	g-08
项目负责人		工种负责人				比例	1 : 100
						日期	2009.3
						图档号	

附图 3-9 墙面檩条布置

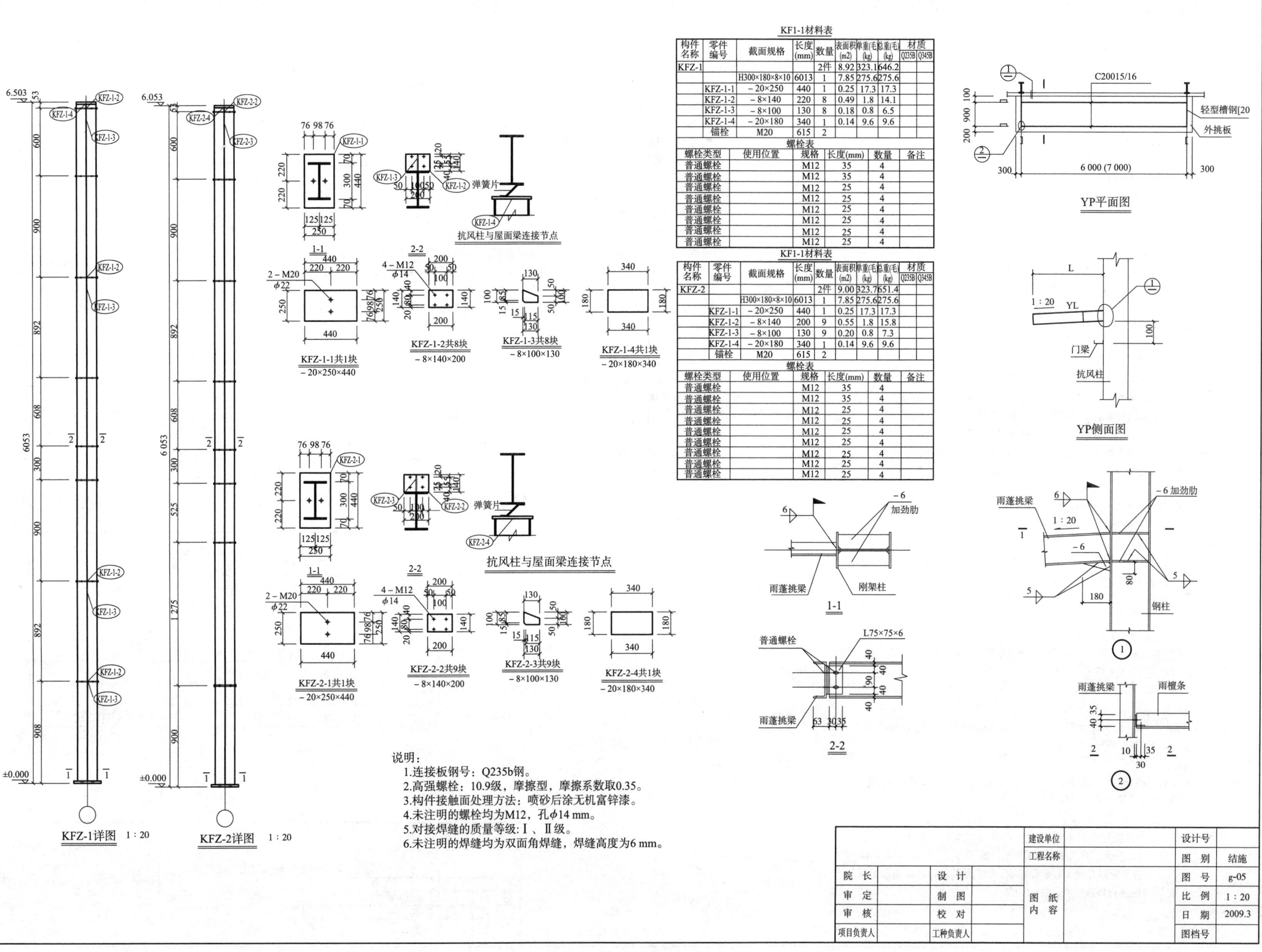

KF1-1材料表

构件名称	零件编号	截面规格	长度(mm)	数量	表面积(m2)	单重(毛)(kg)	总重(毛)(kg)	材质 Q235B	Q345B
KFZ-1				2件	8.92	323.1	646.2		
		H300×180×8×10	6013	1	7.85	275.6	275.6		
	KFZ-1-1	－20×250	440	1	0.25	17.3	17.3		
	KFZ-1-2	－8×140	220	8	0.49	1.8	14.1		
	KFZ-1-3	－8×100	130	8	0.18	0.8	6.5		
	KFZ-1-4	－20×180	340	1	0.14	9.6	9.6		
	锚栓	M20	615	2					

螺栓表

螺栓类型	使用位置	规格	长度(mm)	数量	备注
普通螺栓		M12	35	4	
普通螺栓		M12	35	4	
普通螺栓		M12	25	4	
普通螺栓		M12	25	4	
普通螺栓		M12	25	4	
普通螺栓		M12	25	4	
普通螺栓		M12	25	4	
普通螺栓		M12	25	4	

KF1-1材料表

构件名称	零件编号	截面规格	长度(mm)	数量	表面积(m2)	单重(毛)(kg)	总重(毛)(kg)	材质 Q235B	Q345B
KFZ-2				2件	9.00	323.7	651.4		
		H300×180×8×10	6013	1	7.85	275.6	275.6		
	KFZ-1-1	－20×250	440	1	0.25	17.3	17.3		
	KFZ-1-2	－8×140	200	9	0.55	1.8	15.8		
	KFZ-1-3	－8×100	130	9	0.20	0.8	7.3		
	KFZ-1-4	－20×180	340	1	0.14	9.6	9.6		
	锚栓	M20	615	2					

螺栓表

螺栓类型	使用位置	规格	长度(mm)	数量	备注
普通螺栓		M12	35	4	
普通螺栓		M12	35	4	
普通螺栓		M12	25	4	
普通螺栓		M12	25	4	
普通螺栓		M12	25	4	
普通螺栓		M12	25	4	
普通螺栓		M12	25	4	
普通螺栓		M12	25	4	
普通螺栓		M12	25	4	

说明：

1.连接板钢号：Q235b钢。
2.高强螺栓：10.9级，摩擦型，摩擦系数取0.35。
3.构件接触面处理方法：喷砂后涂无机富锌漆。
4.未注明的螺栓均为M12，孔ϕ14 mm。
5.对接焊缝的质量等级：Ⅰ、Ⅱ级。
6.未注明的焊缝均为双面角焊缝，焊缝高度为6 mm。

院长		设计		建设单位		设计号	
				工程名称		图别	结施
审定		制图		图纸内容		图号	g-05
审核		校对				比例	1 : 20
项目负责人		工种负责人				日期	2009.3
						图档号	

附图 3-10　抗风柱及雨篷详图

结构设计总说明

1 工程概况：

1.1 工程名称：某教学大楼多功能厅。

1.2 工程地点：徐州市。

1.3 网架结构形式：见图纸。

1.4 网架平面尺寸：见图纸。

1.5 网架结构荷载（标准值）

上弦：静载0.30 kN/m^2

活载0.5 kN/m^2

下弦：静载0.30 kN/m^2

基本风压：0.35 kN/m^2

基本雪压：0.35 kN/m^2

1.6 地震裂度：7°；抗震等级：二级。

2 设计依据：

2.1 根据现场丈量尺寸。

2.2 依据国家现行规范及规定：

2.2.1《网架结构设计与施工规程》（JGJ 7—91）。

2.2.2《建筑结构荷载规范》（GB 50009—2001）。

2.2.3《钢结构工程施工质量验收规范》（GB 50205—2001）。

2.2.4《钢网架螺栓球节点》（JG 10—1999）。

2.2.5《钢网架检验及验收标准》（JG 12—1999）。

2.2.6《建筑工程施工质量验收统一标准》（GB 50300）。

2.2.7《涂装前钢材表面锈蚀等级和除锈等级》（GB 8923）。

2.2.8《普通螺纹基本尺寸》（GB 196）。

2.2.9《普通螺纹公差配合》（GB 197）。

2.2.10《冷弯薄壁型钢结构技术规范》（GB 50018—2002）。

3 网架结构设计和计算：

3.1 网架的计算采用SFCAD设计软件进行满应力优化设计，并符合《网架结构设计与施工规程》。

3.2 杆件设计强度200 N/mm^2，受压杆长细比不大于180，其他杆件长细比不大于200。

3.3 网架结构自重由计算机程序自动生成。

3.4 网架平面布置图中标有“□”为支座位置，R_x、R_y、R_z分别为横、纵、竖向支座反力，单位为千牛。

3.5 图中几何尺寸为mm。

4 材料：

杆件，封板，锥头无纹螺母，支托支座为Q235AF钢材；球为45号钢，高强螺栓，顶丝40Cr。

5 制作：

5.1 球，封板锥头，无纹螺母，高强螺栓的制作均应符合《网架结构工程质量检验评定标准》（JGJ 78—91）的规定。

5.2 钢管下料应采用机床下料，允许偏差为±1 mm。

5.3 钢管与封板锥头间对接焊缝应符合《钢结构工程验收规范》（GBJ 205）规定的二级质量检验标准的要求，以保证封板，锥头与钢管的等强焊接，其余焊缝按三级质量检验标准的要求，所有焊缝均进行外观检查，并做记录。

5.4 高强螺栓必须进行表面硬度试验，10.9S高强螺栓其硬度为HRC3236，严禁有裂纹或损伤。

5.5 螺栓球采用45号圆钢锻打而成，其表面严禁有过烧、裂纹、砂眼或其他缺陷。

5.6 螺纹尺寸必须符合国家标准《普通螺纹基本尺寸》（GBJ 196—81）粗牙螺纹的规定，螺纹公差必须符合《普通螺纹与配合》（GB 197—81）中6H级粗度规定，球中心至螺孔端面距离偏差为±0.2 mm，螺栓球螺栓孔角度允许偏差为±0.3°。

5.7 各种钢管所对应的锥头必须经过破坏强度检验，未经破坏强度检验前，不得批量生产。

5.8 封板、锥头、无纹螺母外观不得有裂纹、过烧及氧化皮。

6 安装：

6.1 网架安装应严格遵守《网架结构工程质量检验评定标准》（JGJ 78—91）的规定，并编制施工方案。

6.2 网架杆件在运输、拼装过程中发生的变形，在网架安装前应修正。

6.3 网架在正式安装前，应进行试拼及试安装，当确有把握方可进行正式施工。

6.4 网架安装采用高空散装，并按照《网架结构工程质量检验评定标准》安装验收。

7 验收：

网架施工验收应严格遵守《网架结构工程设计与施工规程》（JGJ 7—91）中的第5.10.1条，第5.10.2条，第5.10.3条，第5.10.4条的规定。

8 表面处理：

8.1 钢管表面应进行防锈处理，等级达到GBJ 205—83中表3.5.2的二级标准。

8.2 钢管外表面刷两遍防锈底漆。

8.3 网架表面涂刷防火涂料，防火等级为二级。

9 主要计算结果：

9.1 杆件最大拉力：65.2 kN；杆件最大压力：–76.0 kN

9.2 网架最大挠度：D_z=–35.6 mm。

注：吊顶及悬挂物应作用在节点上，严禁外力作用在杆件上。

目录表

序号	图纸名称	图号	规格	备注
1	网架结构设计说明~图纸目录	结　施1	A3	
2	网架平面布置图	结　施2	A3	
3	网架安装图	结　施3	A3	
4	球加工图1	结　施4	A3	
5	球加工图2	结　施5	A3	
6	支座详图	结　施6	A3	
7	支托详图	结　施7	A3	
8	材　料	结　施8	A3	

设　计		标　准		网架结构设计说明图纸目录	某教学大楼多功能厅		
制　图		审　定			图样标记	重　量	比例
审　核		批　准			共　张	第　张	
工　艺		日　期			结　施1		

附图 4-1　网架结构设计总说明

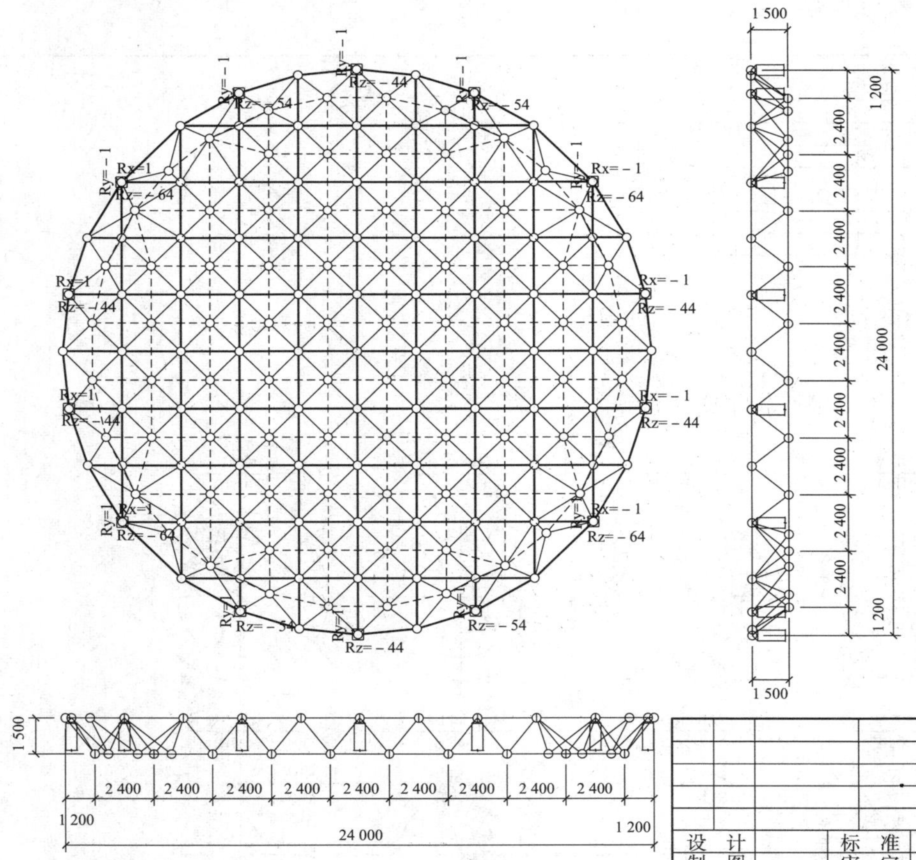

设　计		标　准		网架平面布置图	某教学大楼多功能厅		
制　图		审　定			图样标记	重　量	比例
审　核		批　准			共　张	第　张	
工　艺		日　期			结　施2		

附图 4-2　网架平面布置

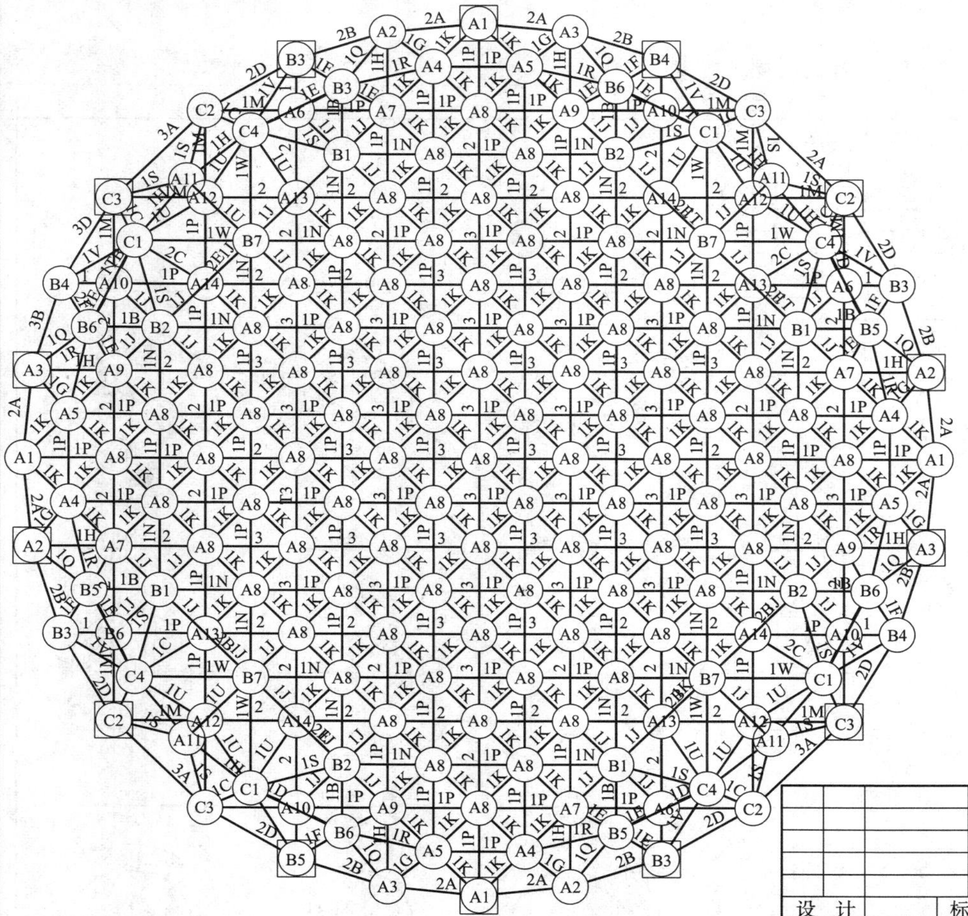

设　计		标　准		网架安装图	某教学大楼多功能厅		
制　图		审　定			图样标记	重　量	比例
审　核		批　准			共　张	第　张	
工　艺		日　期			结　施3		

附图 4-3　网架安装

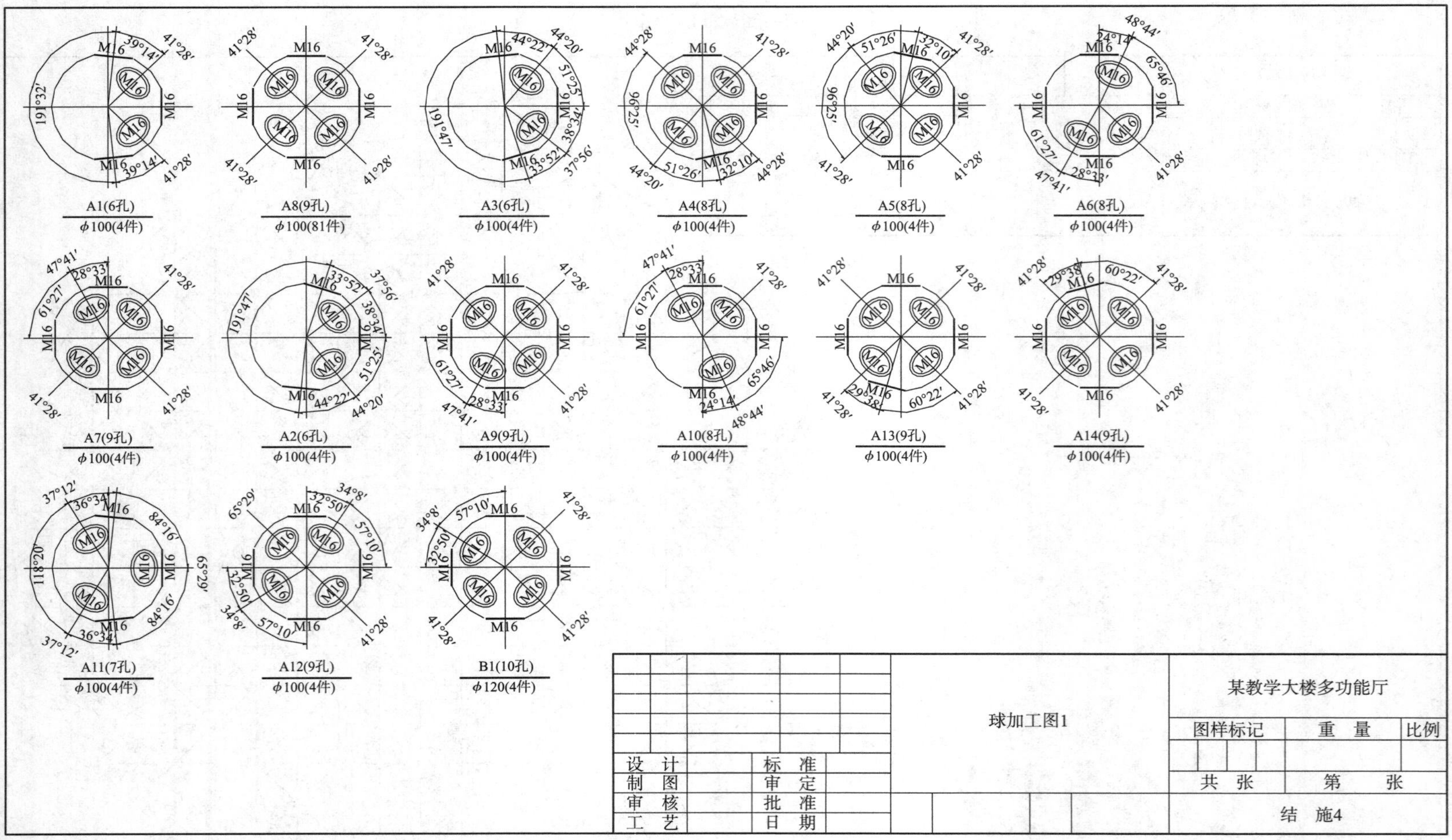

A1(6孔) ϕ100(4件)

A8(9孔) ϕ100(81件)

A3(6孔) ϕ100(4件)

A4(8孔) ϕ100(4件)

A5(8孔) ϕ100(4件)

A6(8孔) ϕ100(4件)

A7(9孔) ϕ100(4件)

A2(6孔) ϕ100(4件)

A9(9孔) ϕ100(4件)

A10(8孔) ϕ100(4件)

A13(9孔) ϕ100(4件)

A14(9孔) ϕ100(4件)

A11(7孔) ϕ100(4件)

A12(9孔) ϕ100(4件)

B1(10孔) ϕ120(4件)

					球加工图1	某教学大楼多功能厅				
						图样标记		重　量	比例
设　计		标　准				共　张		第　张	
制　图		审　定							
审　核		批　准				结　施4			
工　艺		日　期							

附图 4-4　球加工图1

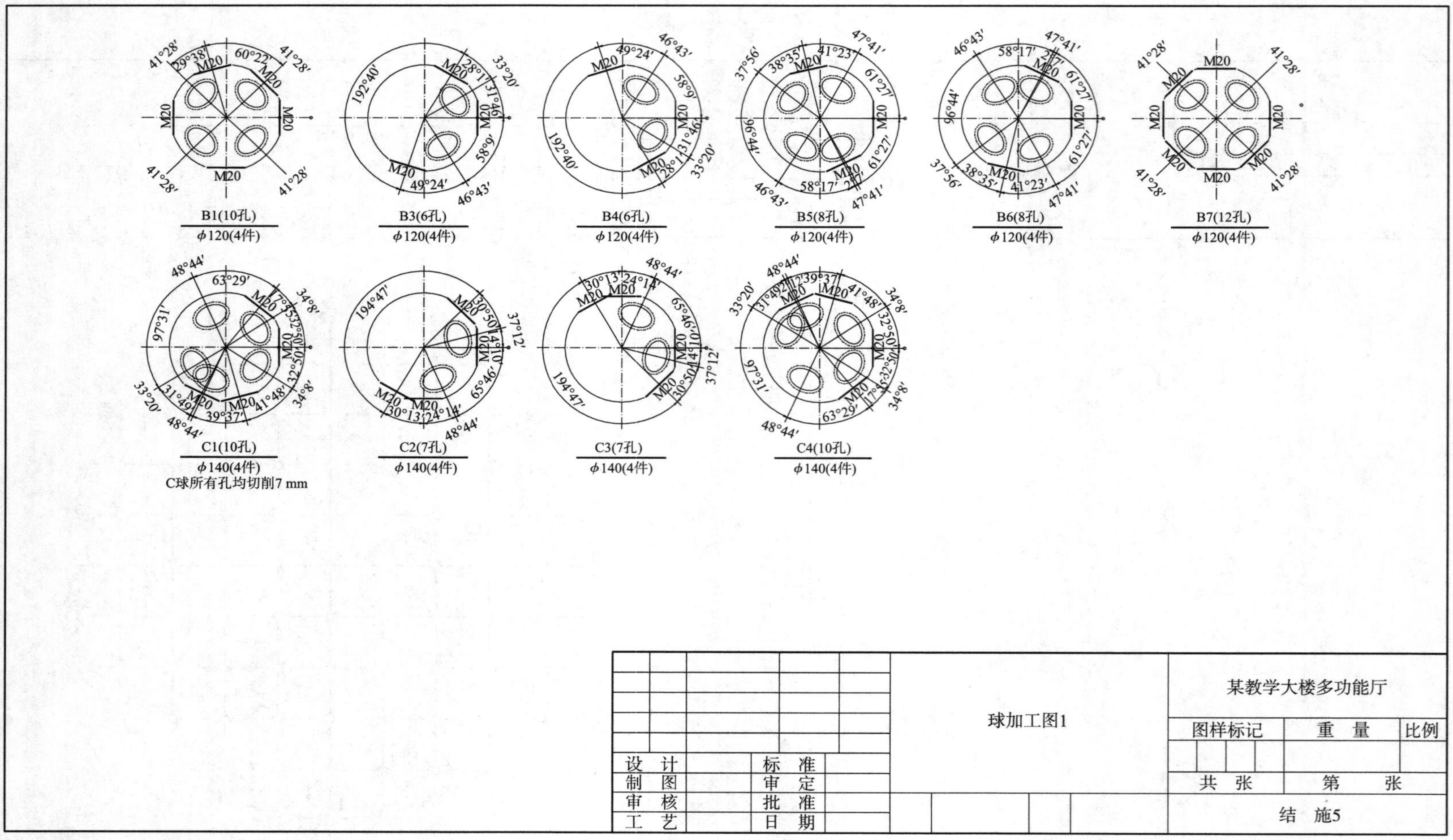

B1(10孔) ϕ120(4件)

B3(6孔) ϕ120(4件)

B4(6孔) ϕ120(4件)

B5(8孔) ϕ120(4件)

B6(8孔) ϕ120(4件)

B7(12孔) ϕ120(4件)

C1(10孔) ϕ140(4件)

C球所有孔均切削7 mm

C2(7孔) ϕ140(4件)

C3(7孔) ϕ140(4件)

C4(10孔) ϕ140(4件)

					球加工图1	某教学大楼多功能厅				
						图样标记		重　量	比例
设　计		标　准				共　张		第　张	
制　图		审　定							
审　核		批　准				结　施5			
工　艺		日　期							

附图 4-5　球加工图2

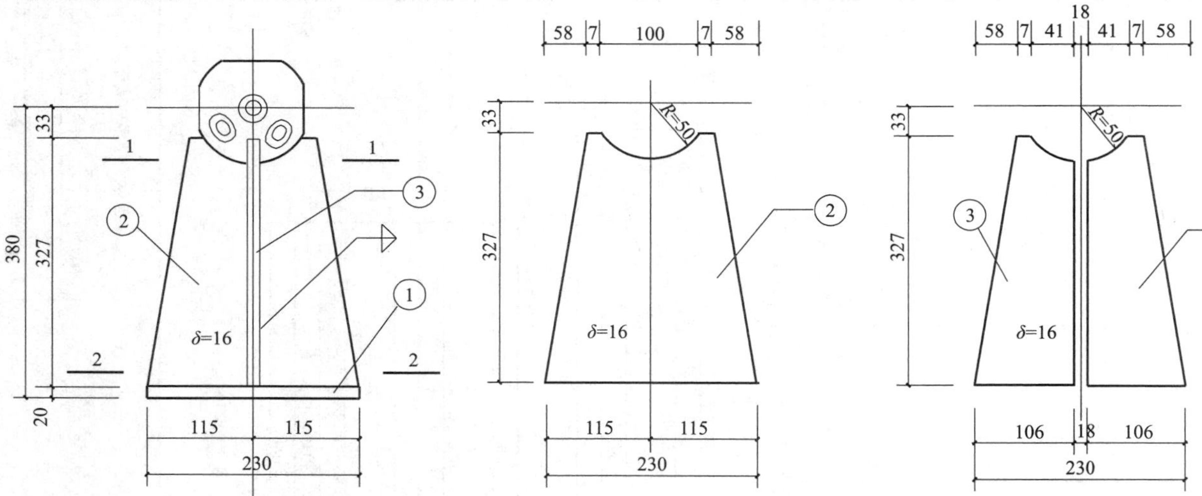

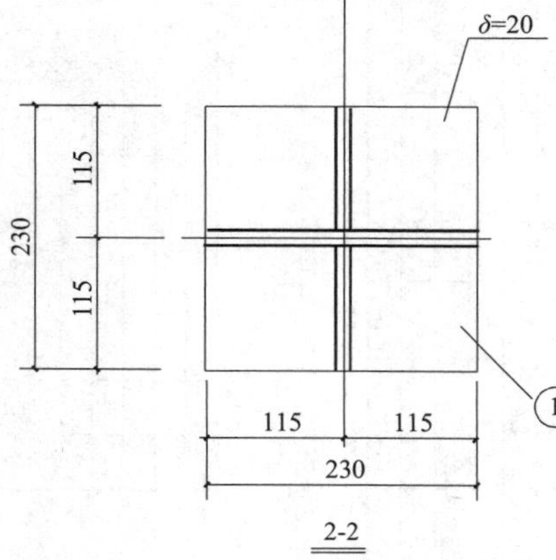

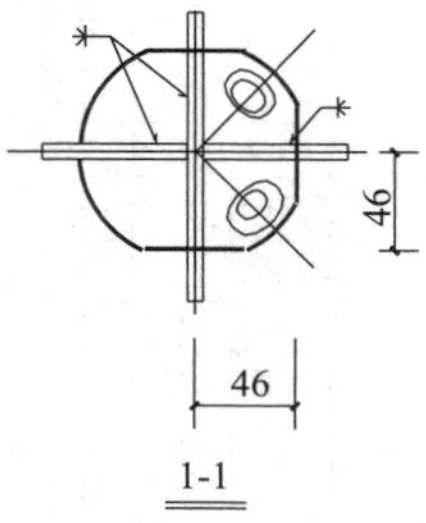

说明：

1.未注明的焊缝高度为12 mm，一律满焊。

2.螺栓球与十字钢板的焊缝用E5016焊条，并且将球预热150 ℃~200 ℃再施焊。

3.为保证螺栓球与十字钢板尺寸和角度的准确性，要用专门定位架。

4.本支座为上弦支撑，2件。

设计		标准		支座加工图	某教学大楼多功能厅
制图		审定			图样标记 | 重量 | 比例
审核		批准			共 张 | 第 张
工艺		日期			结施6

附图 4-6　支座加工

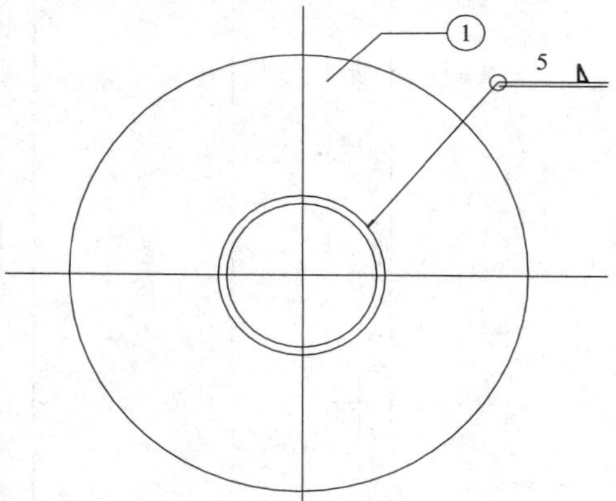

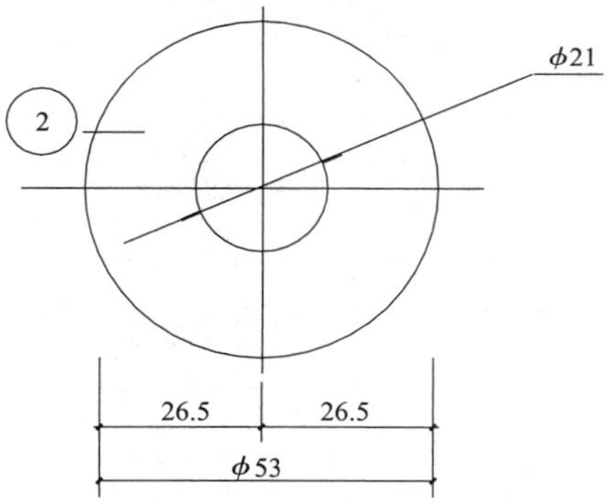

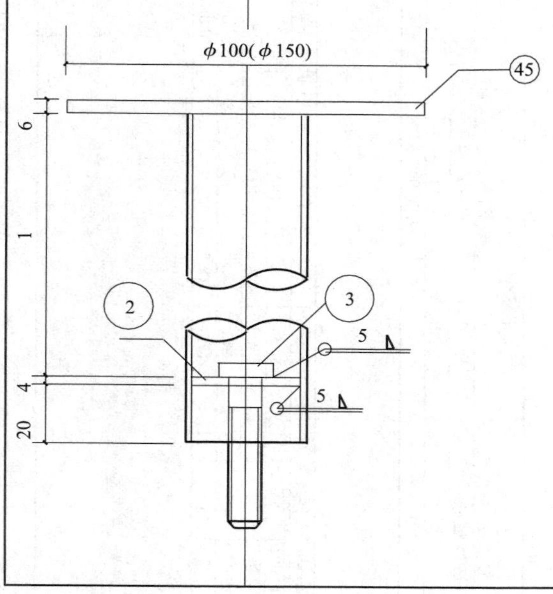

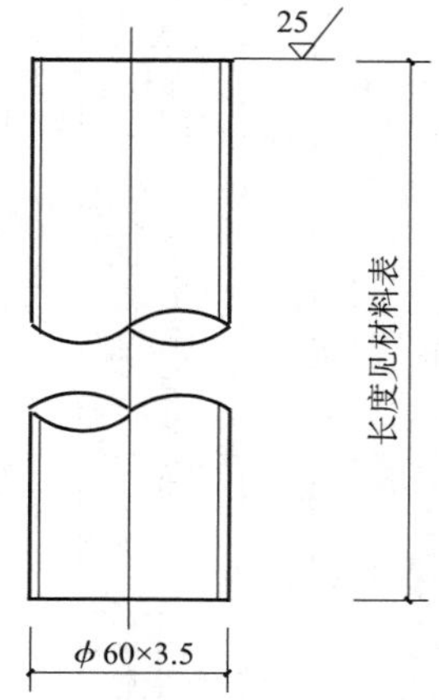

零件号	断面尺寸	长度	数量	重量		
				单重	共计	合计
1	ϕ100(ϕ150)		1	0.4		0.77
2	ϕ53×4		1	0.17		
3	螺栓M20	45	1	0.20		

说明：

1.支托圆盘要平整，立管与圆盘垂直度为ϕ2，中心偏移≤2 mm。

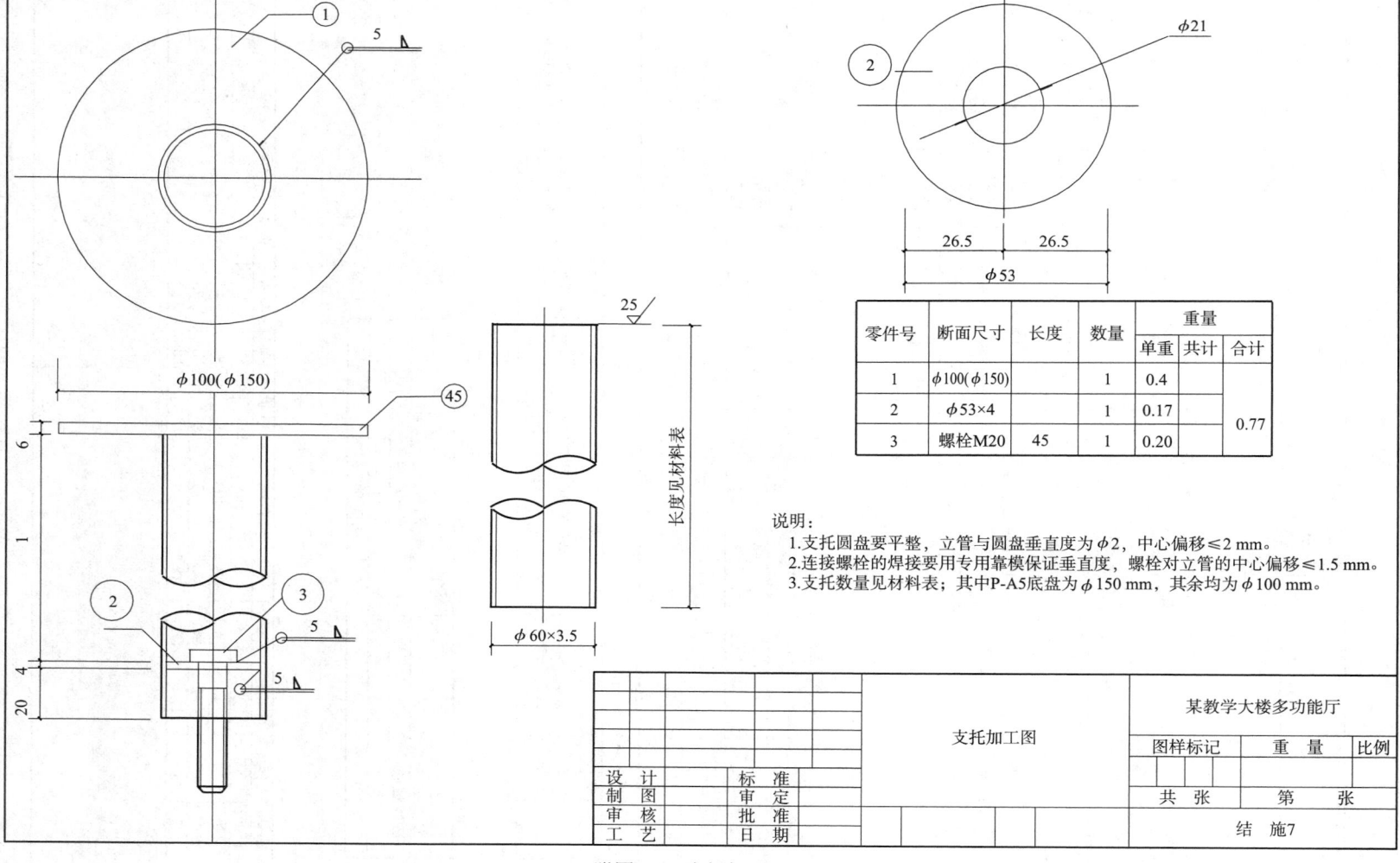

2.连接螺栓的焊接要用专用靠模保证垂直度，螺栓对立管的中心偏移≤1.5 mm。

3.支托数量见材料表；其中P-A5底盘为ϕ150 mm，其余均为ϕ100 mm。

设计		标准		支托加工图	某教学大楼多功能厅
制图		审定			图样标记 | 重量 | 比例
审核		批准			共 张 | 第 张
工艺		日期			结施7

附图 4-7　支托加工

一.杆件

序号	杆件编号	杆件规格	下料长度	焊接长度	数量	螺栓	螺母	封板或锥头	单重	合重	备注
			(mm)	(mm)			对边/长度		(kg)	(kg)	
1	1	ϕ 48×3.5	1 208	1228	8	M20	32/35	48×14	4.64	37.1	
2	1A		1 467	1 487	4				5.63	22.5	
3	1B		1 655	1 675	8				6.36	50.9	
4	1C		1 779	1 799	8				6.83	54.7	
5	1D		1 796	1 816	8				6.90	55.2	
6	1E		1 839	1 859	16				7.06	113.0	
7	1F		1 862	1 882	8				7.15	57.2	
8	1G		1 964	1 984	8				7.54	60.4	
9	1H		1 975	1 995	16				7.59	121.4	
10	1J		2 075	2 095	48				7.97	382.6	
11	1K		2 083	2 103	184				8.00	1472.2	
12	1L		2 191	2 211	4				8.42	33.7	
13	1M		2 201	2 221	16				8.45	135.3	
14	1N		2 210	2 230	24				8.49	203.7	
15	1P		2 218	2 238	106				8.52	903.1	
16	1Q		2 250	2 270	8				8.64	69.1	
17	1R		2 272	2 292	8				8.73	69.8	
18	1S		2 282	2 302	16				8.77	140.2	
19	1T		2 473	2 493	8				9.50	76.0	
20	1U		2 475	2 495	12				9.51	114.1	
21	1V		2 522	2 542	8				9.69	77.5	
22	1W		2 853	2 873	8				10.96	87.7	
23	2	ϕ 60×3.5	2 218	2 238	52	M20	32/35	60×14	10.82	562.5	
24	2A		2 230	2 250	8				10.88	87.0	
25	2B		2 327	2 347	8				11.35	90.3	
26	2C		2 475	2 495	4				12.07	48.3	
27	2D		2 571	2 591	8				12.54	100.3	
28	2E		3 196	3 216	8				15.59	124.7	
29	3	ϕ 75.5×3.75	2 126	2 238	42	M20	32/35	76×60/14	14.11	592.5	
30	3A		3 086	3 198	4				20.48	81.9	
					668					6025	

二.螺栓 螺母 顶丝

序号	螺栓	数量	单重	合重	螺母	长度	数量	单重	合重	顶丝	数量	单重	合重
			(kg)	(kg)	对边/孔径	(mm)		(kg)	(kg)			(kg)	(kg)
1	M20	1 336	0.25	334.0	32/21	35	1 336	0.24	325.6	M6×13	1 336	0.002 4	3.2
		1 336		334.0			1 336		326.0		1 336		3.2

三.螺栓球

编号	规格	数量	孔别	M20		单重	合重
	(mm)			每件	合计		
A1	100	4	6	6	24	4.11	16.4
A2		4	6	6	24		16.4
A3		4	6	6	24		16.4
A4		4	8	8	32		16.4
A5		4	8	8	32		16.4
A6		4	8	8	32		16.4
A7		4	9	9	36		16.4
A8		81	9	9	729		322.9
A9		4	9	9	36		16.4
A10		4	8	8	32		16.4
A11		4	7	7	28		16.4
A12		4	9	9	36		16.4
A13		4	9	9	36		16.4
A14		4	9	9	36		16.4
B1	120	4	10	10	40	7.10	28.4
B2		4	10	10	40		28.4
B3		4	6	6	24		28.4
B4		4	6	6	24		28.4
B5		4	8	8	32		28.4
B6		4	8	8	32		28.4
B7		4	12	12	48		28.4
C1	140	4	10	10	40	11.28	45.1
C2		4	7	7	28		45.1
C3		4	7	7	28		45.1
C4		4	10	10	40		45.1
		177			1513		926.0

四.封板 锥头

封板序号	外径x厚度	内孔	数量	单重	合重	锥头序号	外径x长度/厚度	内孔	数量	单重	合重
				(kg)	(kg)					(kg)	(kg)
1	48×14	21	1 068	0.25	267.0	1	76×60/14	21	92	1.50	138.0
2	60×14	21	176	0.36	63.4						
			1 244		330.0				92		138.0

五.支座

编号	焊螺栓球	数量	板厚	单重	合重	
			(mm)	(kg)	(kg)	
J-A2	A2	2	8	15.00	30.0	
J-A3	A3	2	8	15.00	30.0	
J-A1	A1	2	8	15.00	30.0	
J-B4	B4	2	8	15.00	30.0	
J-B3	B3	2	8	15.00	30.0	
J-C3	C2	2	8	15.00	30.0	
J-C3	C3	2	8	15.00	30.0	
		14			210.0	

六.垫板

	数量	单重	合重	
过度板	14	6.07	85.0	
M24 螺母	28	0.21	5.9	
小方垫	28	0.31	8.7	
	70		100.0	

七.支托

编号	P-1	P-1A	P-1B	P-2	P-3A	P-4A	P-6A	P-7A	P-7B	P-10B	P-12	
长度	55	59	63	85	103	133	151	187	199	247	295	
数量	2	4	4	4	10	4	14	4	18	22	11	97
单重	4.39	4.42	4.44	4.58	4.70	4.89	5.00	5.23	5.31	5.61	5.92	
合重	8.8	17.7	17.8	18.3	47.0	19.5	70.0	20.9	95.5	123.5	65.1	504.0

设 计		标 准		材料表	某教学大楼多功能厅		
制 图		审 定			图样标记	重 量	比例
审 核		批 准			共 张	第 张	
工 艺		日 期			结 施8		

附图4-8 材 料 表

结构设计总说明

1 工程概况及基本规定

1.1 该建筑为六层钢框架结构。

1.2 建筑结构安全等级为二级，结构设计使用年限为50年。

2 设计依据

结构设计遵循标准、规范、规程：

2.1《房屋建筑制图统一标准》(GB/T 50001—2001)。

2.2《建筑结构制图标准》(GB/T 50105—2001)。

2.3《钢结构设计规范》(GB/T 50017—2003)。

2.4《建筑结构荷载规范》(GB/T 50009—2002)。

2.5《混凝土结构设计规范》(GB/T 50010—2010)。

2.6《建筑抗震设计规范》(GB/T 50011—2010)。

2.7《建筑地基基础设计规范》(GB/T 50007—2011)。

3 主要材料

3.1 混凝土强度等级：基础垫层为C15；基础为C40，其他除注明者外均为C30。

3.2 钢筋：Φ为HPB235，f_{yk}=235 N/mm^2，$f_y = f_y'$=210 N/mm^2。

Φ为HRB335，f_{yk}=335 N/mm^2，$f_y = f_y'$=300 N/mm^2。

Φ为RRB400，f_{yk}=400 N/mm^2，$f_y = f_y'$=360 N/mm^2。

3.3 钢筋的强度标准值应具有不小于95%的保证率。

3.4 本工程框架梁柱，节点板采用Q235B钢，所采用的钢材除满足国家材料规范要求外，地震区尚应满足下列要求：钢材的屈服强度实测值与抗拉强度实测值的比值不应大于0.85；钢材应具有明显的屈服台阶，且伸长率应大于20%；钢材应具有良好的可焊性和合格的冲击韧性。

3.5 高强螺栓、螺母和垫圈采用《优质碳素结构钢技术条件》(GB 699—88)中规定的钢材制作，其热处理制作和技术要求应符合《钢结构用高强度大六角头螺栓，大六角头螺母，垫圈型式尺寸与技术条件》(GB/T 1228~1231—91)的规定，本工程框架构件现场连接采用10.9级。

3.6 摩擦型高强螺栓，高温螺栓结合面不得涂漆，采用喷砂处理，摩擦面抗滑移系数为0.35。

4 钢结构

4.1 钢结构制作与加工

4.1.1 钢结构构件制作时，应按照《钢结构工程施工及验收规范》(GB 50205—2001)进行制作。

4.1.2 所有钢构件在制作前均放1∶1施工大样，复核无误后方可下料。

4.1.3 钢材加工前应进行校正，使之平整，以免影响制作精度。

4.1.4 除地脚螺栓外，钢结构构件上螺栓钻孔直径比螺栓直径大1.5~2.0 mm。

4.1.5 焊接：

（1）焊接时应选择合理的焊接工艺及焊接顺序，以减小钢结构中产生的焊接应力和焊接变形。

（2）组合H型钢的腹板与翼缘的焊接应采用自动埋弧焊机焊，且四道连接焊缝均应双面满焊，不得单面焊接。

（3）组合H型钢因焊接产生的变形应以机械或火焰矫正调直，具体做法应符合GB 50205—2001的相关规定。

（4）焊缝质量等级：端板与柱，梁翼缘和腹板的连接焊缝为全熔透坡口焊，质量等级为二级。

（5）应保证切割部位准确，切口整齐，切割前应将钢材切割区域表面的铁锈，污物等清除干净，切割后应清除毛刺、熔渣和飞溅物。

4.2 钢结构的运输，检验，堆放：

4.2.1 在运输及操作过程中应采取措施防止构件变形和损坏。

4.2.2 结构安装前应对构件进行全面检查，如构件的数量，长度，垂直度，安装接头处螺栓孔之间的尺寸是否符合设计要求等。

4.2.3 构件堆放场地应事先平整夯实，并做好四周排水。

4.2.4 构件堆放时，应先放置枕木垫平，不宜直接将构件放置于地面上。

4.3 钢结构涂装：

4.3.1 除锈：除镀锌构件外，制作前钢结构构件表面均应进行喷砂(抛丸)除锈处理，不得手工除锈，除锈质量等级应达到国标中Sa2.2级标准。

4.3.2 除腐涂层：底漆二遍，环氧树脂底漆二遍，环氧树脂醇酸漆；颜色为浅灰，漆膜总厚度不低于125 μm。

4.3.3 下列情况免涂油漆：埋于混凝土中，与混凝土接触面，将焊接位置螺栓连接范围内，构件接触面。

4.4 钢结构防火工程：

4.4.1 本工程防火等级为二级，要求钢构件耐火极限为：钢柱2.5 h，钢梁1.5 h。

4.4.2 钢结构耐火保护，防火涂料由甲方指定，施工方按产品要求施工。

5 其他：

5.1 本设计未参考雨季施工，雨季施工时采取相应的施工技术措施。

5.2 未尽事宜应按照现行施工及验收规范，规程的有关规定进行施工。

5.3 设计图所有构件的重量及尺寸仅供参考，实际以最后放样下料为准。

图例：

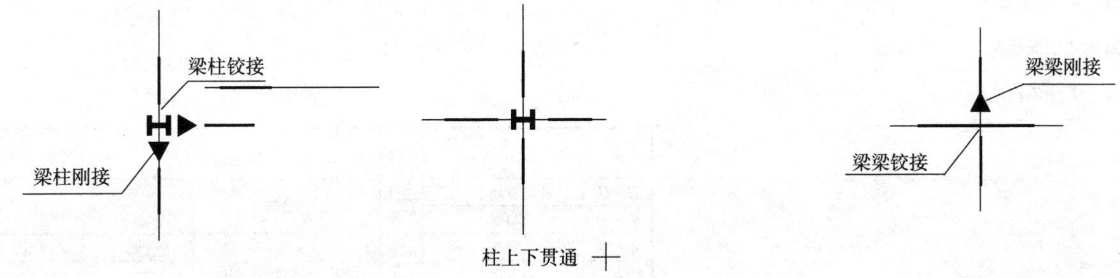

图纸目录

图纸目录

序号	图纸内容	图纸规格	图号 新制	图号 采用
01	结构总说明图纸目录	1 #	G01	
02	基础图平面布置图及基础详图	2 #	G02	
03	柱脚锚栓布置图	2 #	G03	
04	3.800 m结构平面布置图	2 #	G04	
05	7.100 m结构平面布置图	2 #	G05	
06	10.400 m结构平面布置图	2 #	G06	
07	13.700 m结构平面布置图	2 #	G07	
08	17.000 m结构平面布置图	2 #	G08	
09	屋面结构平面布置图	2 #	G09	
10	一、二层构件表	2 #	G10	
11	三、四层构件表	2 #	G11	
12	五、六层构件表	2 #	G12	
13	柱子分段表	2 #	G13	
14	二层楼板配筋图	2 #	G14	
15	三、四、五层楼板配筋图	2 #	G15	
16	屋面板配筋图	2 #	G16	
17	楼梯乙屋面板配筋图	2 #	G17	
18	楼梯结构详图、钢针大样详图	2 #	G18	
19	雨篷结构施工图	2 #	G19	
20	节点连接施工图-1	2 #	G20	
21	节点连接施工图-2	2 #	G21	
22	节点连接施工图-3	2 #	G22	
23	节点连接施工图-4	2 #	G23	
24	节点连接施工图-5	2 #	G24	
25	节点连接施工图-6	2 #	G25	
26	梁构件施工图-1	1 #	G26	
27	梁构件施工图-2	1 #	G27	
28	梁构件施工图-3	1 #	G28	
29	梁构件施工图-4	1 #	G29	
30	梁构件施工图-5	1 #	G30	
31	梁构件施工图-6	1 #	G31	
32	柱构件施工图-1	1 #	G32	
33	柱构件施工图-2	1 #	G33	
34	柱构件施工图-3	1 #	G34	
35	柱构件施工图-4	1 #	G35	
36	柱构件施工图-5	1 #	G36	
37	柱构件施工图-6	1 #	G37	
38	柱构件施工图-7	1 #	G38	
39	柱构件施工图-8	1 #	G39	
40	柱构件施工图-9	1 #	G40	
41	柱构件施工图-10	1 #	G41	
42	柱构件施工图-11	1 #	G42	
43	柱构件施工图-12	1 #	G43	
44	柱构件施工图-13	1 #	G44	

			工程名称			
设 计		日期	项目名称	办公楼		
校 对		日期				
审 核		日期	图纸类别	结构总说明图纸目录	第01页	比例
项目负责人		日期				
批 准		日期	结施			

附图 5-1 框架结构设计总说明

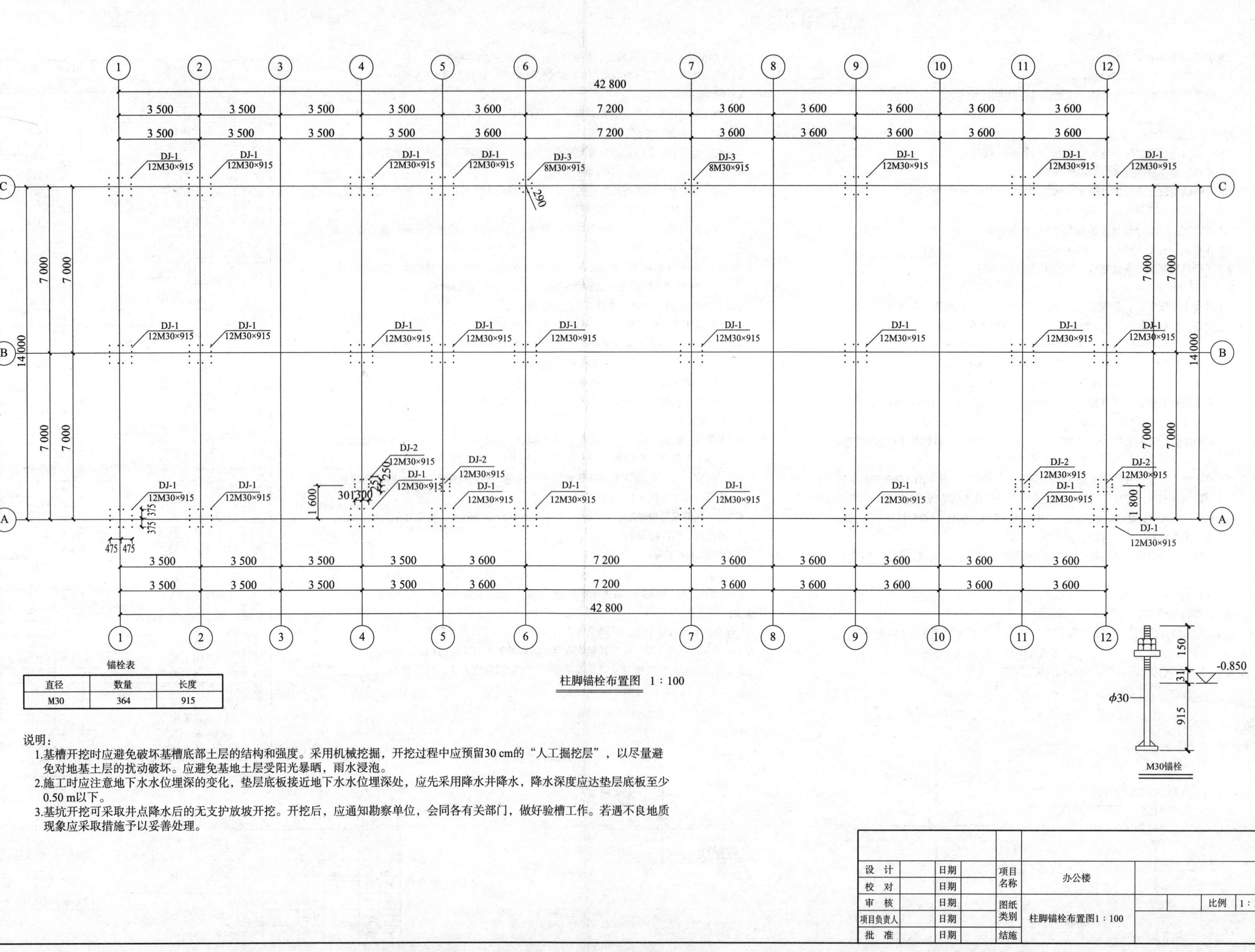

42 800
3 500 3 500 3 500 3 500 3 600 7 200 3 600 3 600 3 600 3 600 3 600
14 000
7 000 7 000
DJ-1 12M30×915
DJ-2 12M30×915
DJ-3 8M30×915
290
1 600
301300
251
250
1 800
475 475
375 375
锚栓表
直径 数量 长度
M30 364 915
柱脚锚栓布置图 1：100
ϕ30
150
31
915
-0.850
M30锚栓
说明：
1.基槽开挖时应避免破坏基槽底部土层的结构和强度。采用机械挖掘，开挖过程中应预留30 cm的“人工掘挖层”，以尽量避免对地基土层的扰动破坏。应避免基地土层受阳光暴晒，雨水浸泡。
2.施工时应注意地下水水位埋深的变化，垫层底板接近地下水水位埋深处，应先采用降水井降水，降水深度应达垫层底板至少0.50 m以下。
3.基坑开挖可采取井点降水后的无支护放坡开挖。开挖后，应通知勘察单位，会同各有关部门，做好验槽工作。若遇不良地质现象应采取措施予以妥善处理。
设 计 日期
校 对 日期
审 核 日期
项目负责人 日期
批 准 日期
项目名称 办公楼
图纸类别 结施
柱脚锚栓布置图1：100
比例 1：100

附图 5-2 柱脚锚栓布置

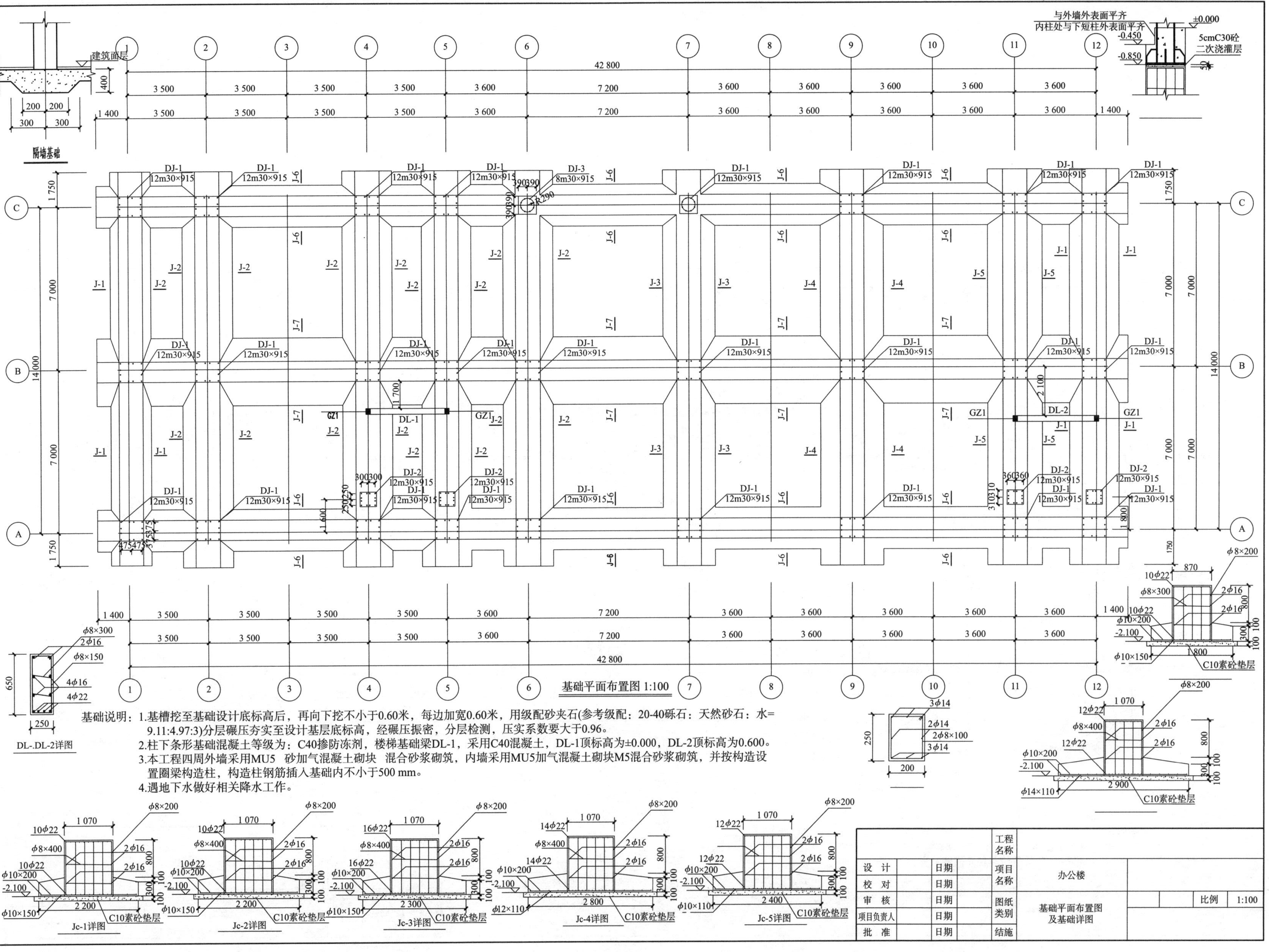

附图 5-3　基础图布置图及基础详图

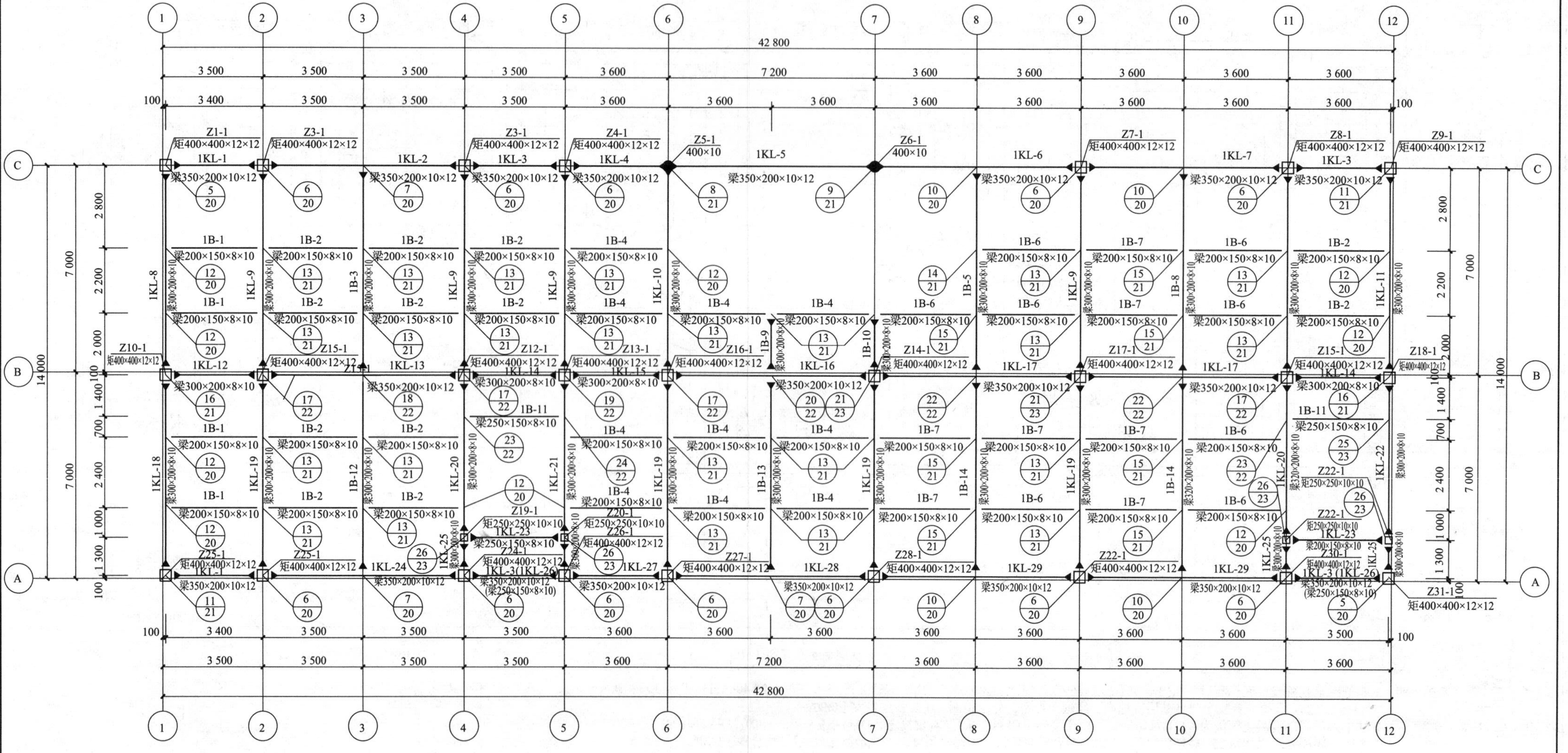

3.800 m结构平面布置图 1:100

说明：
1. 1KL-23和1KL-26的梁顶标高为1.980。
2. 1KL-26安装时使梁翼缘与柱子内侧平齐。

			工程名称		
设　计		日期	项目名称	办公楼	
校　对		日期			
审　核		日期	图纸类别	3.800 m结构平面布置图	比例
项目负责人		日期			
批　准		日期	结施		

附图 5-4　3.800 m结构平面布置

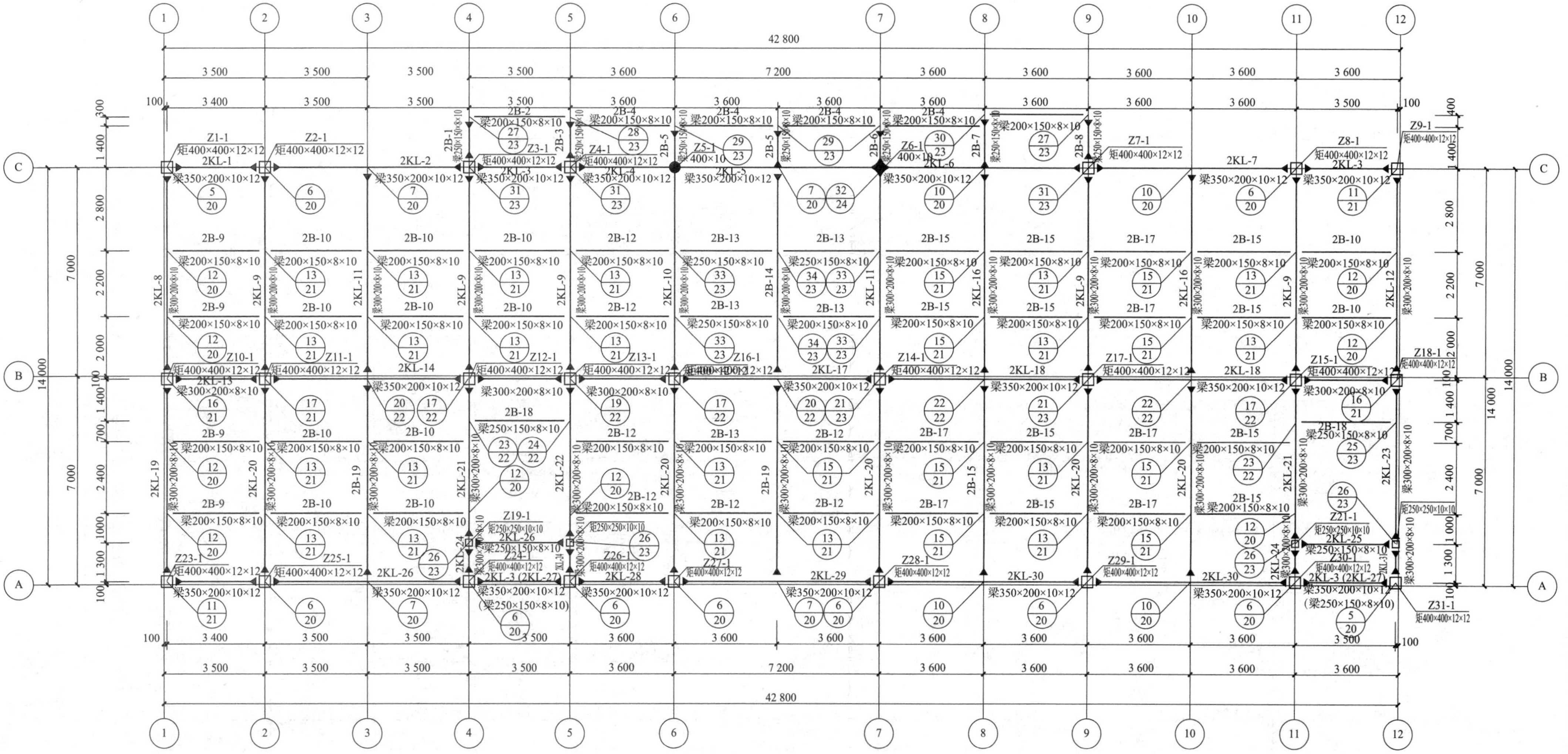

7.100 m结构平面布置图 1:100

说明：

1. 2KL-25和2KL-27的梁顶标高为5.450。

2. 2KL-27安装时使梁翼缘与柱子内侧平齐。

设 计		日期		项目名称	办公楼			
校 对		日期						
审 核		日期		图纸类别	7.100 m结构平面布置图		比例	1 : 100
项目负责人		日期						
批 准		日期		结施				

附图 5-5 7.100 m结构平面布置

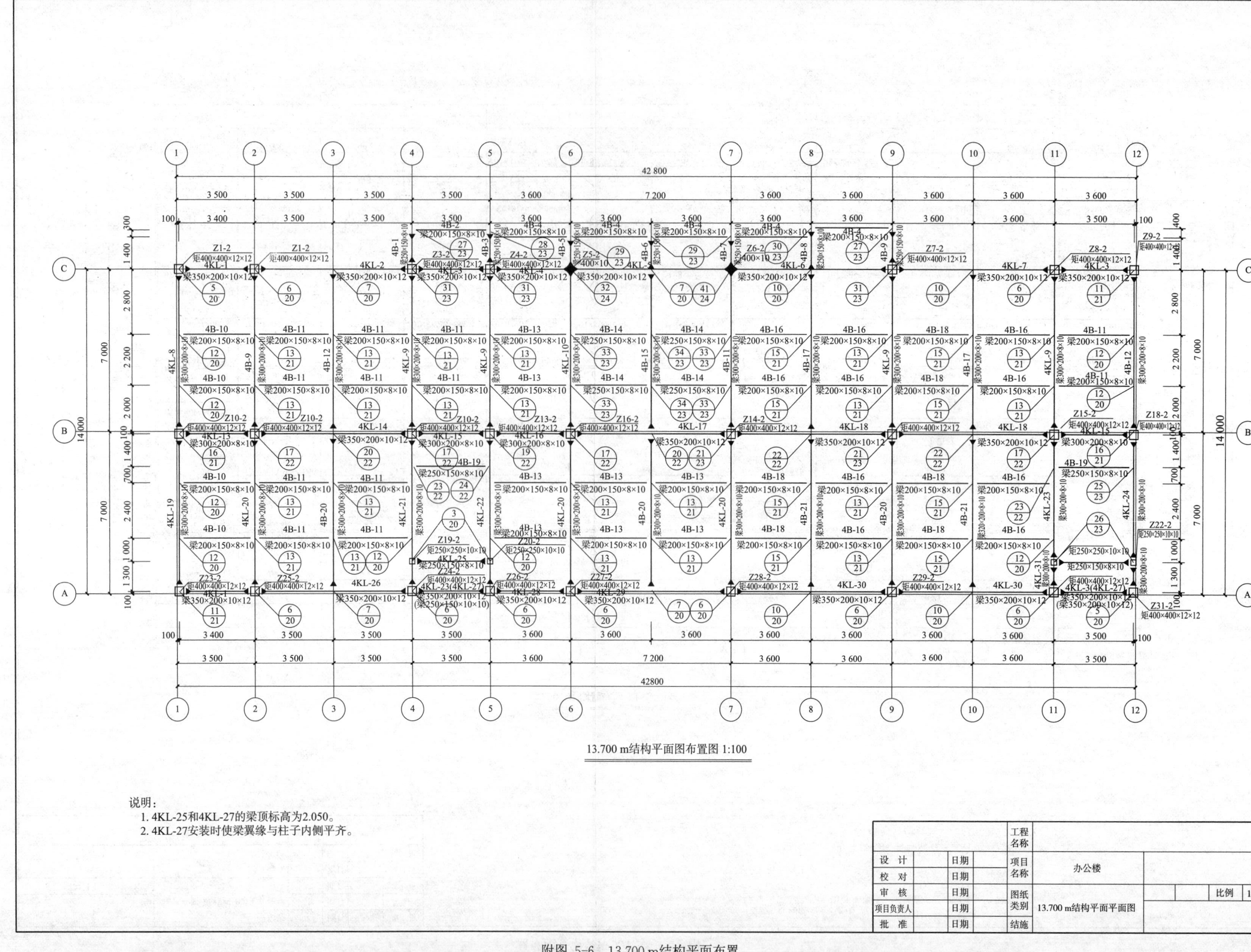

附图 5-6 13.700 m结构平面布置

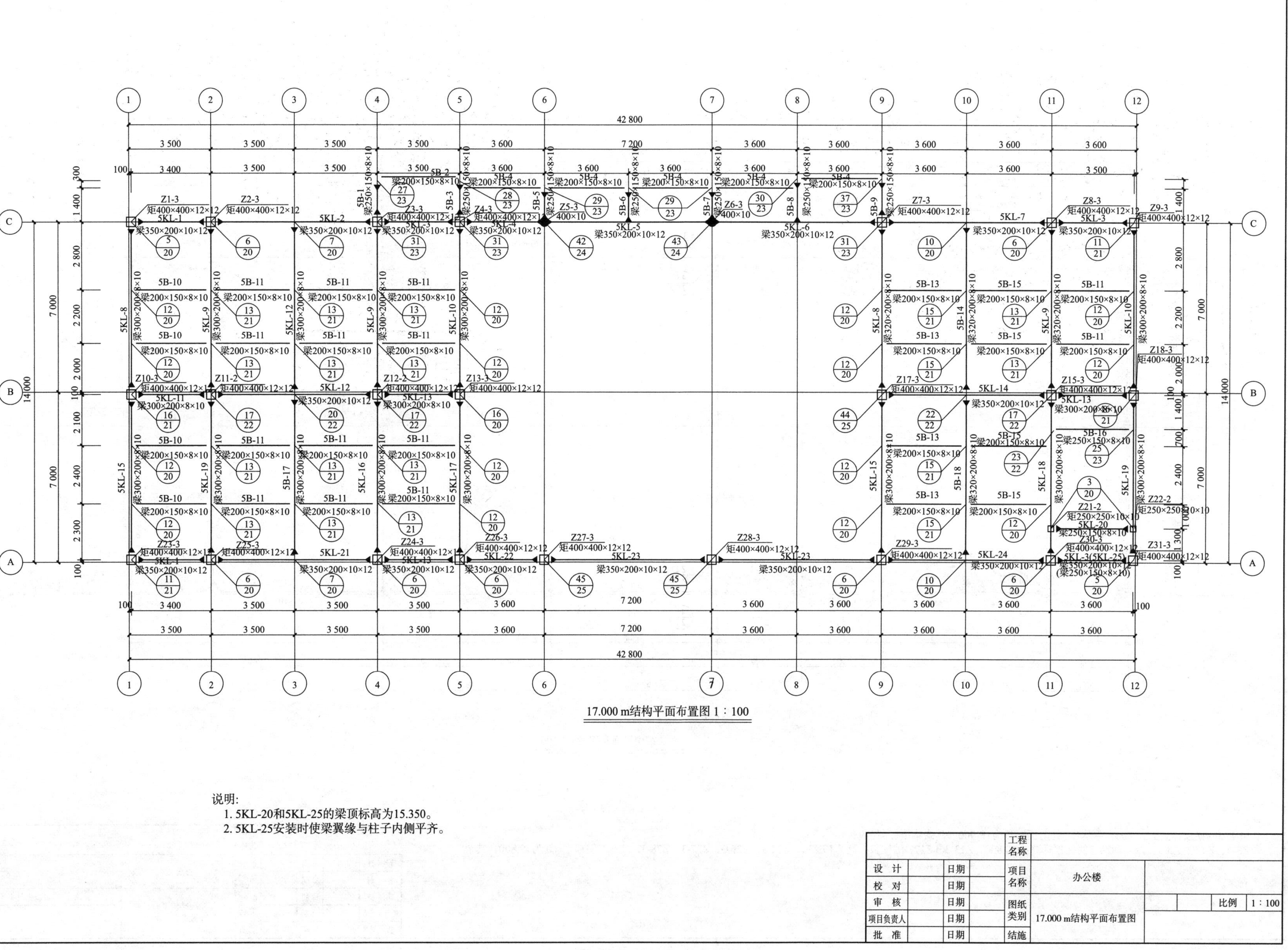

附图 5-7　17.000 m结构平面布置

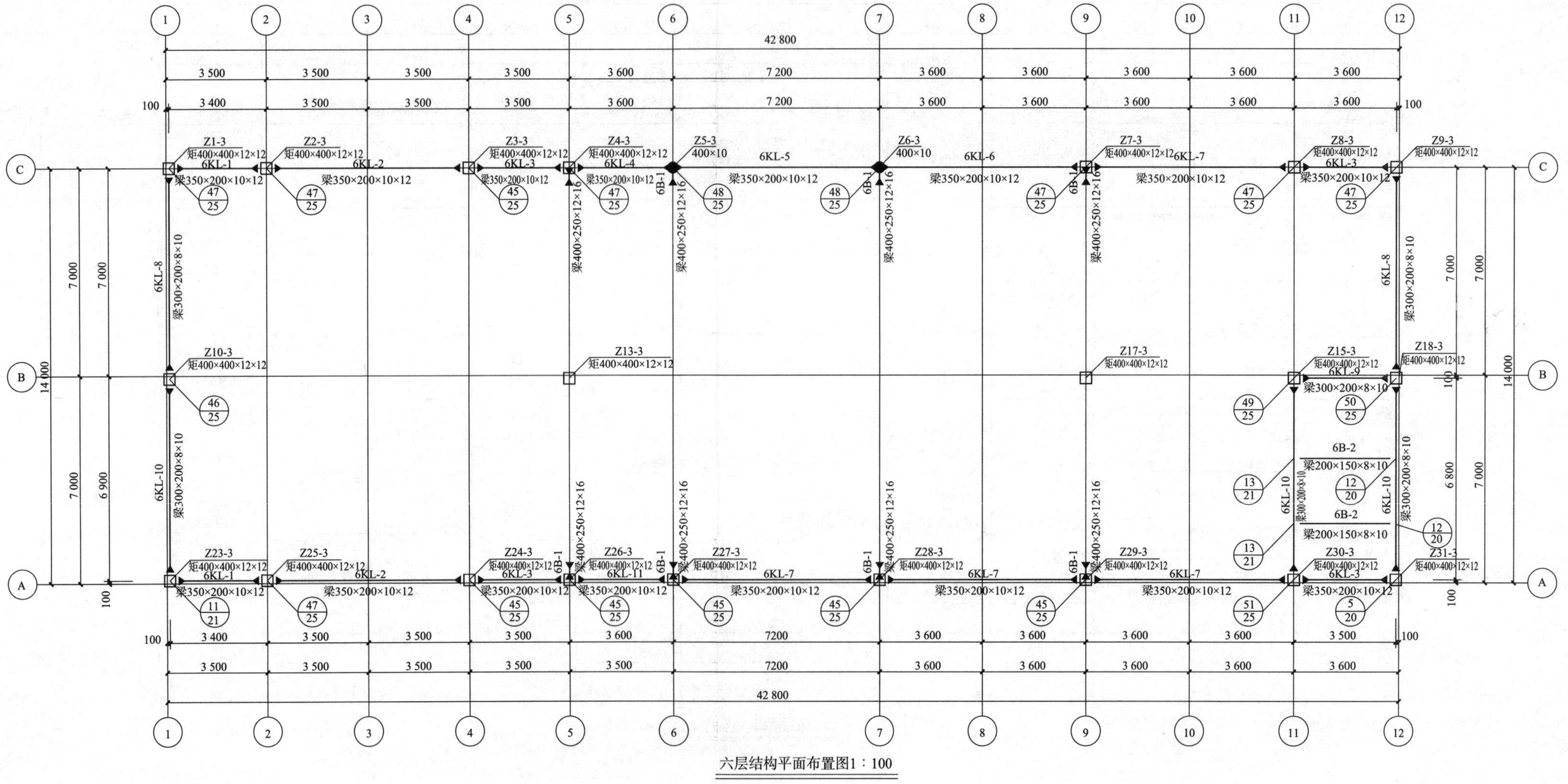

六层结构平面布置图1：100

说明：

1. 6KL-5的梁顶标高为20.800，牛腿B-1的梁顶标高为18-900，其余梁顶标高为9.800。
2. Z3-3，Z4-3，Z5-3，Z6-3和Z7-3的柱顶标高为20.800，Z13-3和Z17-3的柱顶标高为19.230，Z24-3，Z26-3，Z27-3，Z28-3，Z29-3的柱顶标高为19.800，其余为20.300。

				工程名称		
设　计		日期		项目名称	办公楼	
校　对		日期				
审　核		日期		图纸类别	屋面结构平面布置图1：100	比例 1：100
项目负责人		日期				
批　准		日期		结施		

附图 5-8　屋面结构平面布置

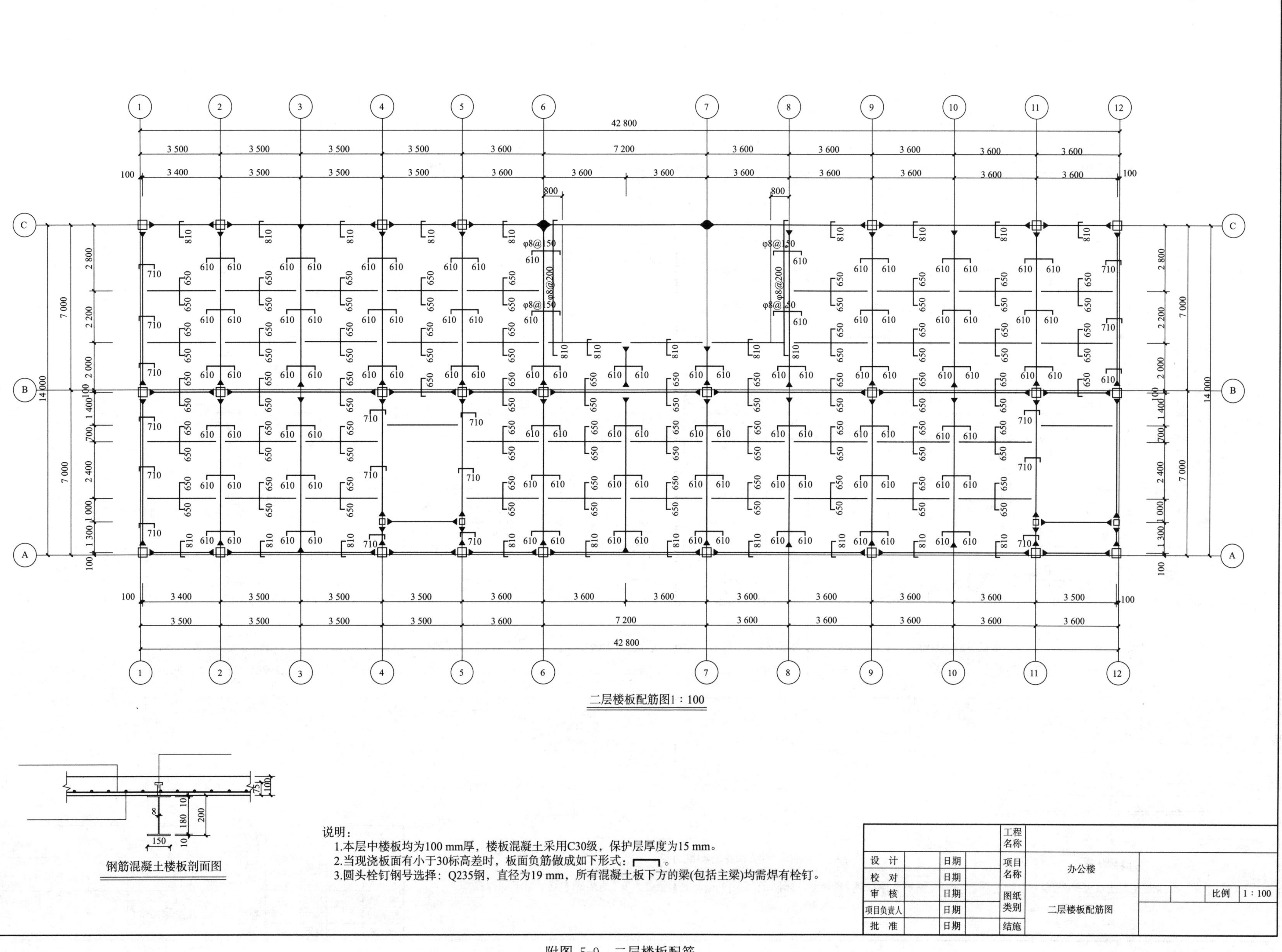

二层楼板配筋图1：100
钢筋混凝土楼板剖面图
说明：
1.本层中楼板均为100 mm厚，楼板混凝土采用C30级，保护层厚度为15 mm。
2.当现浇板面有小于30标高差时，板面负筋做成如下形式：
3.圆头栓钉钢号选择：Q235钢，直径为19 mm，所有混凝土板下方的梁(包括主梁)均需焊有栓钉。
工程名称
设计 日期
校对 日期
审核 日期
项目负责人 日期
批准 日期
项目名称 办公楼
图纸类别 结施
二层楼板配筋图
比例 1：100

附图 5-9 二层楼板配筋

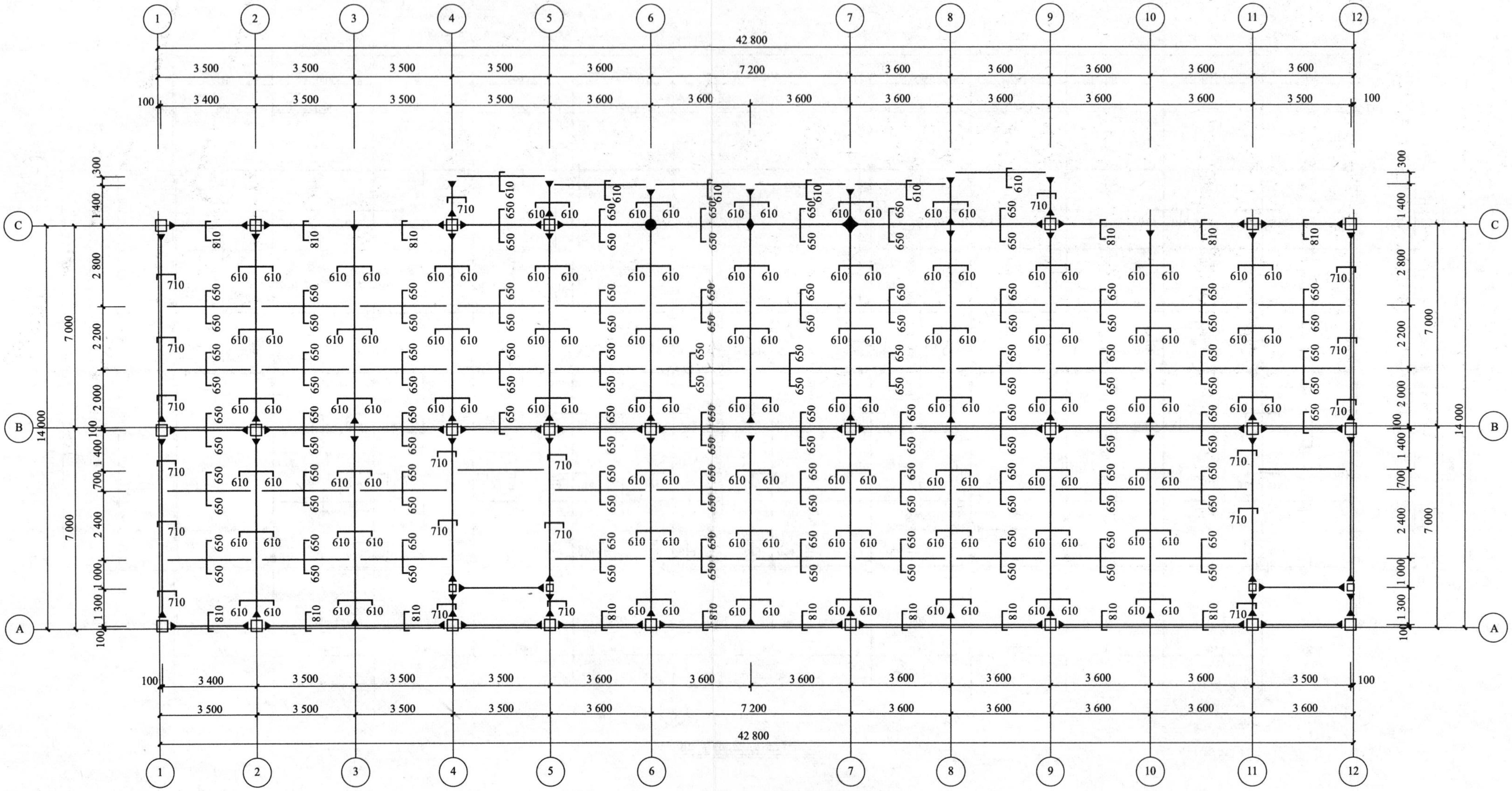

三、四、五层楼板配筋图1：100

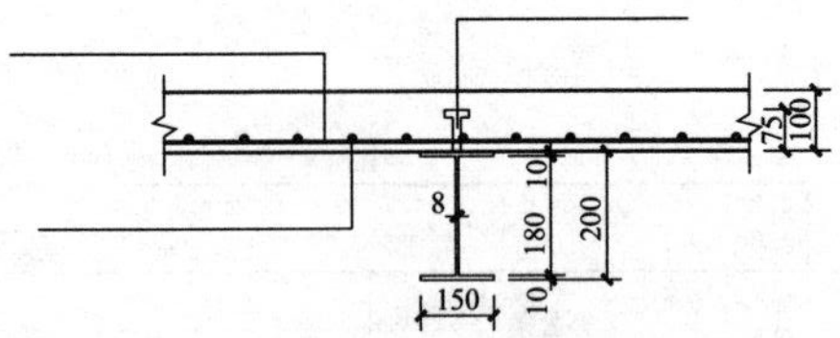

钢筋混凝土楼板剖面图

说明：

1.本层中楼板均为100 mm厚，楼板混凝土采用C30级，保护层厚度为15 mm。
2.当现浇板面有小于30标高差时，板面负筋做成如下形式：
3.圆头栓钉钢号选择：Q235钢，直径为19 mm，所有混凝土板下方的梁(包括主梁)均需焊有栓钉。

设计		日期		工程名称			
校对		日期		项目名称	办公楼		
审核		日期		图纸类别	三、四、五层楼板配筋图	比例	1：100
项目负责人		日期		结施			
批准		日期					

附图5-10　三、四、五层楼板配筋

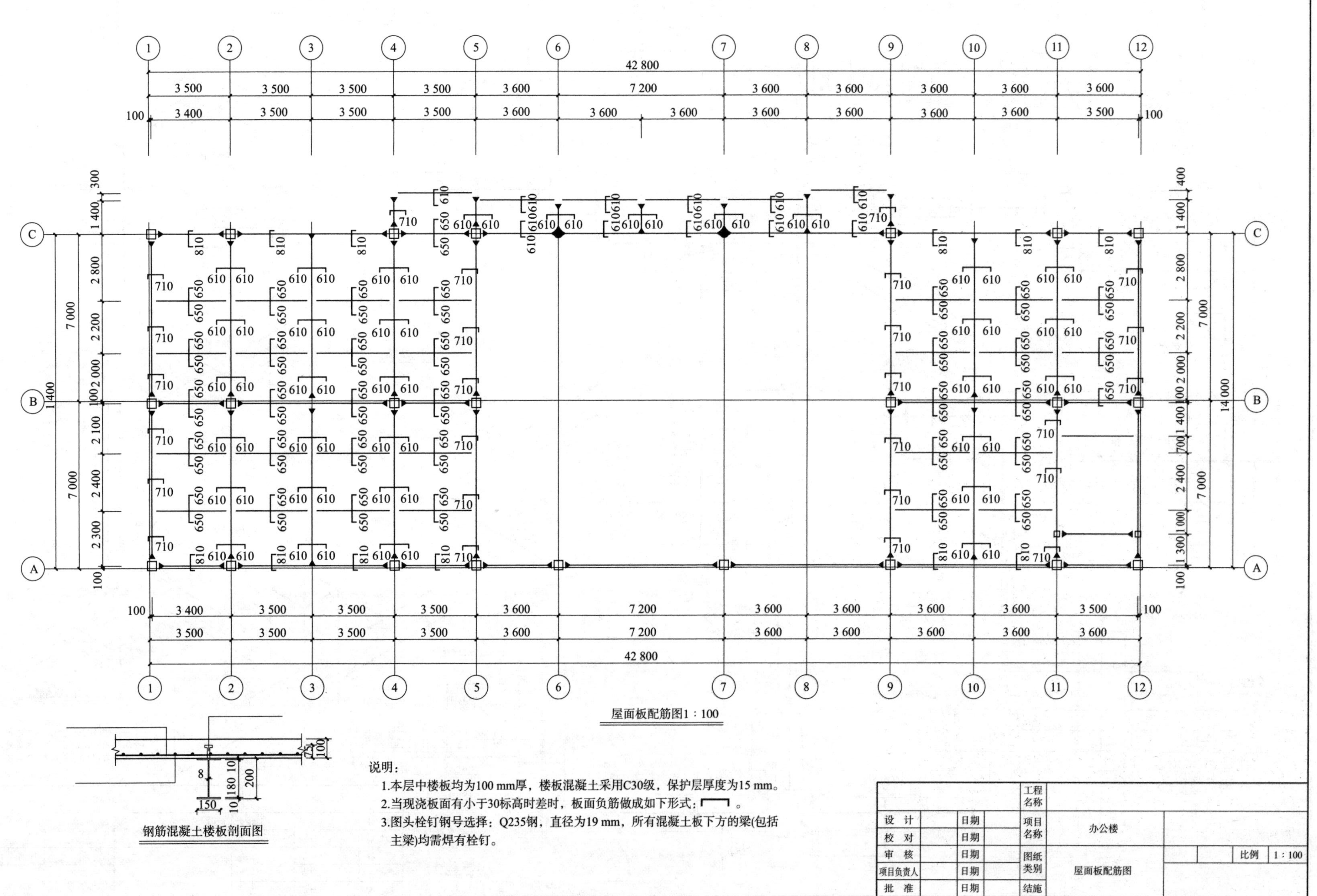
屋面板配筋图1：100
钢筋混凝土楼板剖面图
说明：
1.本层中楼板均为100 mm厚，楼板混凝土采用C30级，保护层厚度为15 mm。
2.当现浇板面有小于30标高时差时，板面负筋做成如下形式：
3.图头栓钉钢号选择：Q235钢，直径为19 mm，所有混凝土板下方的梁(包括主梁)均需焊有栓钉。
工程名称
设计 日期
校对 日期
审核 日期
项目负责人 日期
批准 日期
项目名称 办公楼
图纸类别 结施
屋面板配筋图
比例 1：100

附图 5-11 屋面板配筋图

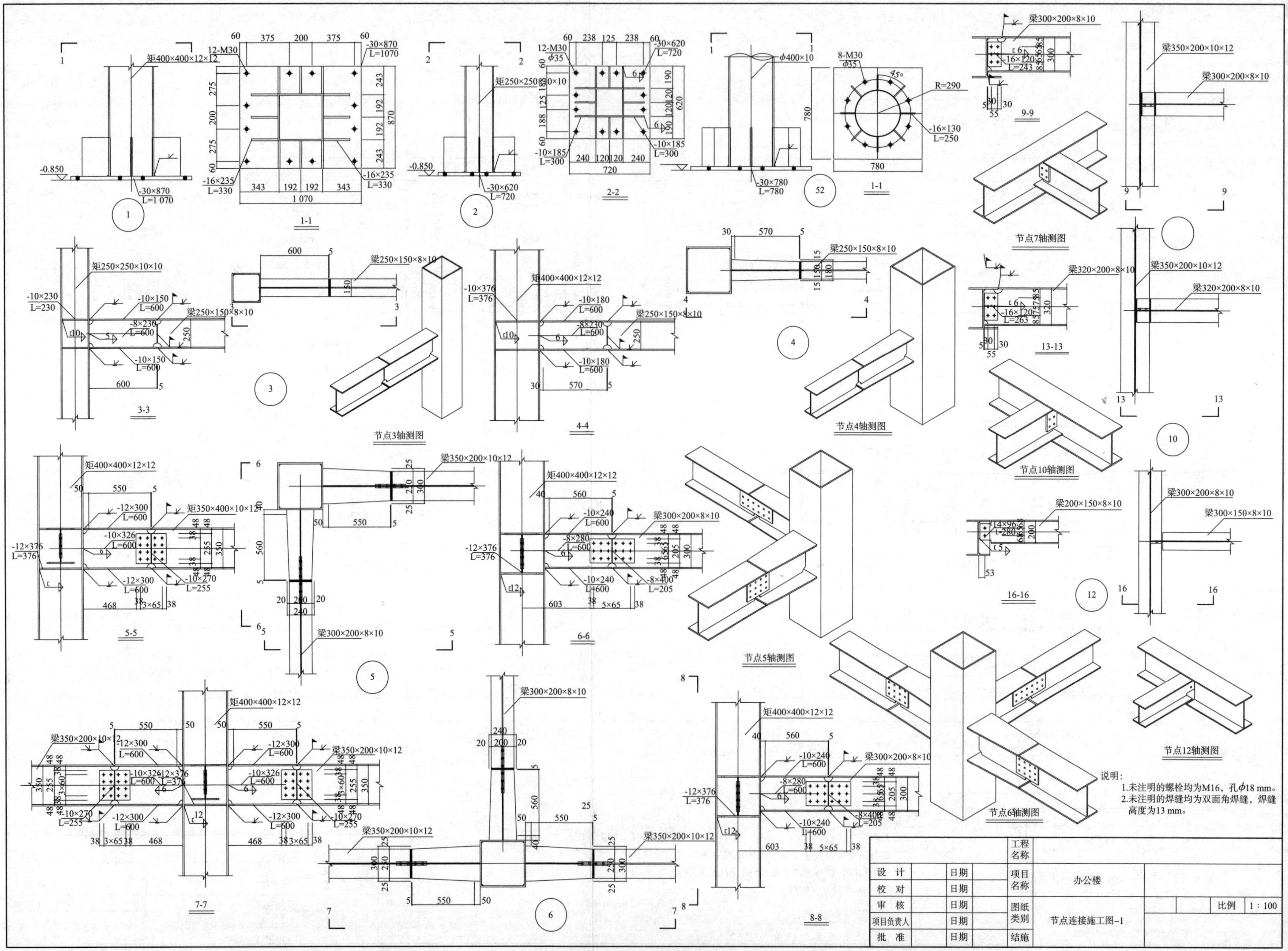

1-1　2-2　1-1　9-9　3-3　4-4　13-13　5-5　6-6　16-16　7-7　8-8

节点3轴测图　节点4轴测图　节点5轴测图　节点6轴测图　节点7轴测图　节点10轴测图　节点12轴测图

说明：

1.未注明的螺栓均为M16，孔ϕ18 mm。

2.未注明的焊缝均为双面角焊缝，焊缝高度为13 mm。

设　计		日期		工程名称			
校　对		日期		项目名称	办公楼		
审　核		日期		图纸类别	节点连接施工图-1	比例	1：100
项目负责人		日期					
批　准		日期		结施			

附图 5-12　节点连接施工图1

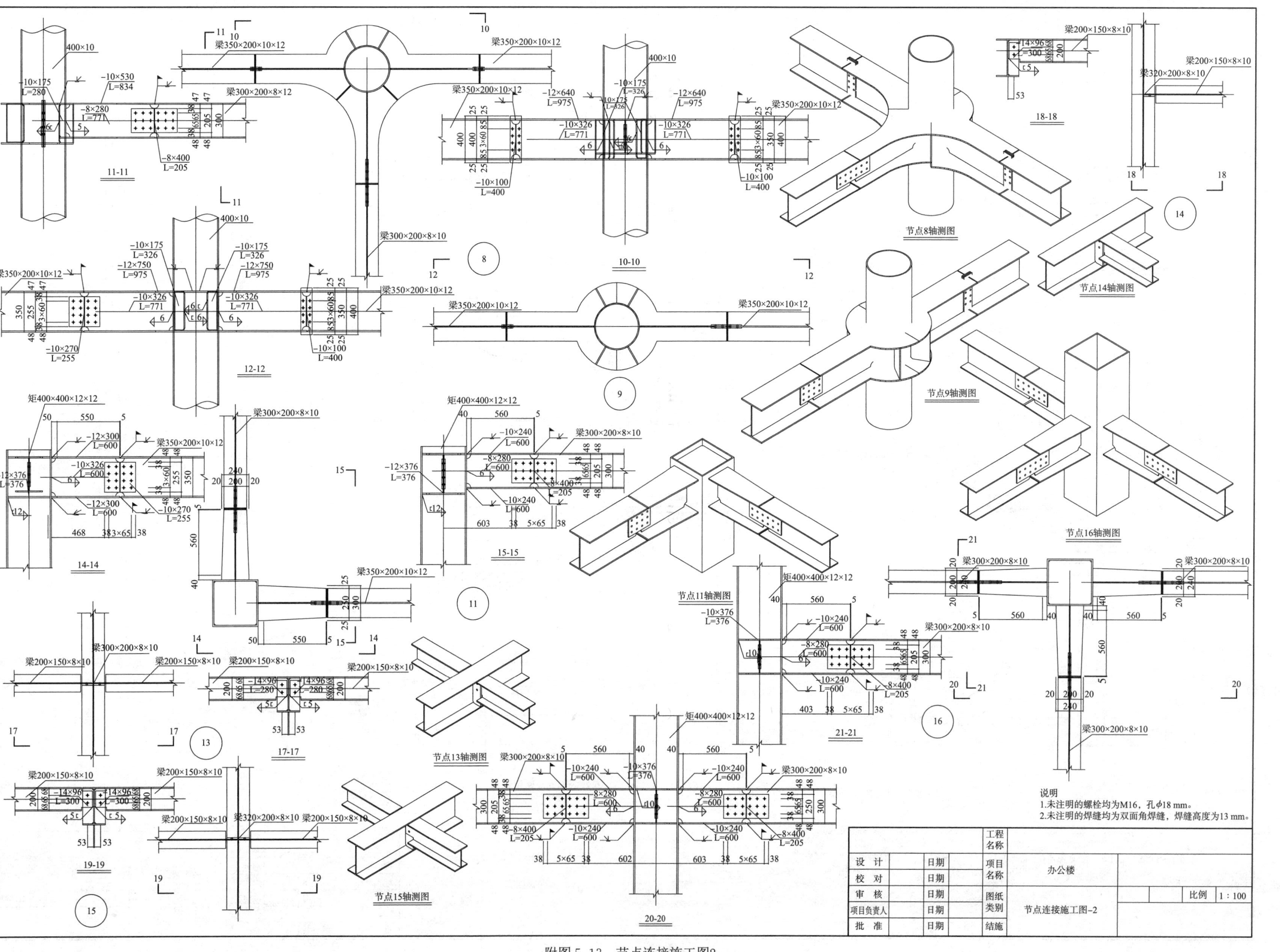

附图 5-13　节点连接施工图2

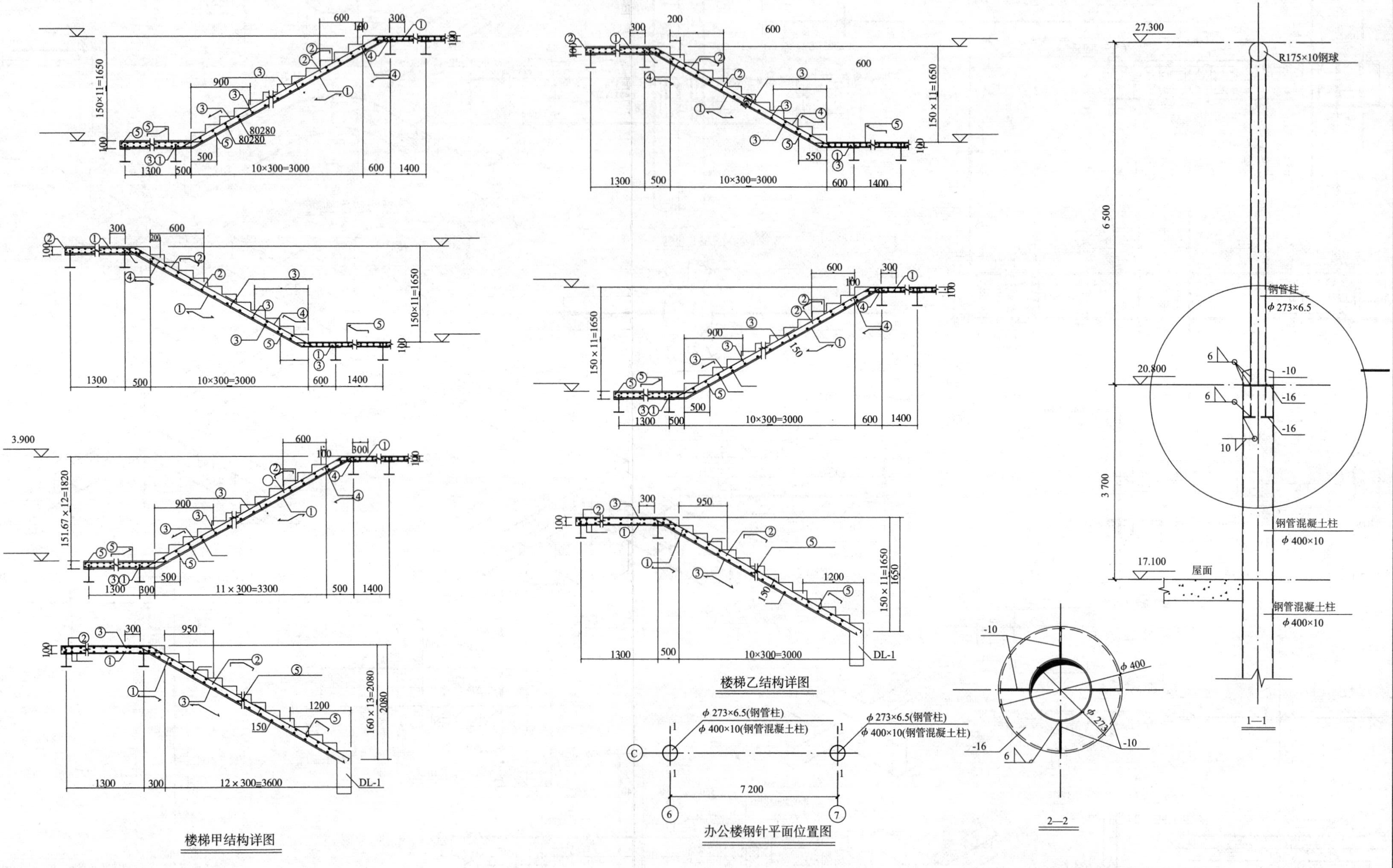

楼梯甲结构详图

楼梯乙结构详图

办公楼钢针平面位置图

2—2

1—1

说明：

楼梯甲±0.000标高以下和楼梯乙0.600标高以下为素土夯实，砖砌楼梯踏步。

				工程名称			
设　计		日期		项目名称	办公楼		
校　对		日期					
审　核		日期		图纸类别	楼梯结构详图 钢针大样详图	比例	1∶100
项目负责人		日期					
批　准		日期		结施			

附图 5-14　楼梯结构详图，钢针大样详图

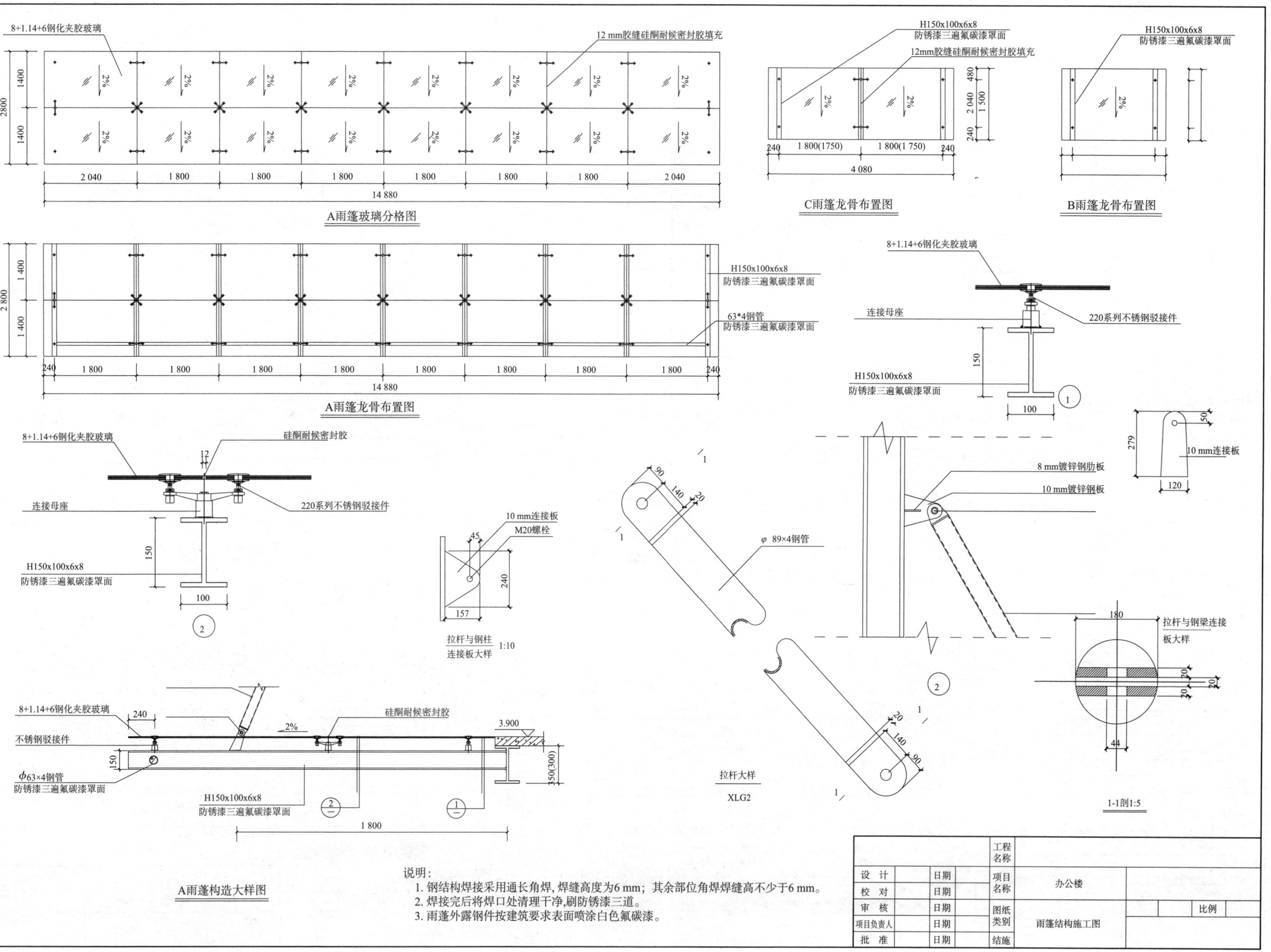

附图 5-15 雨棚结构施工

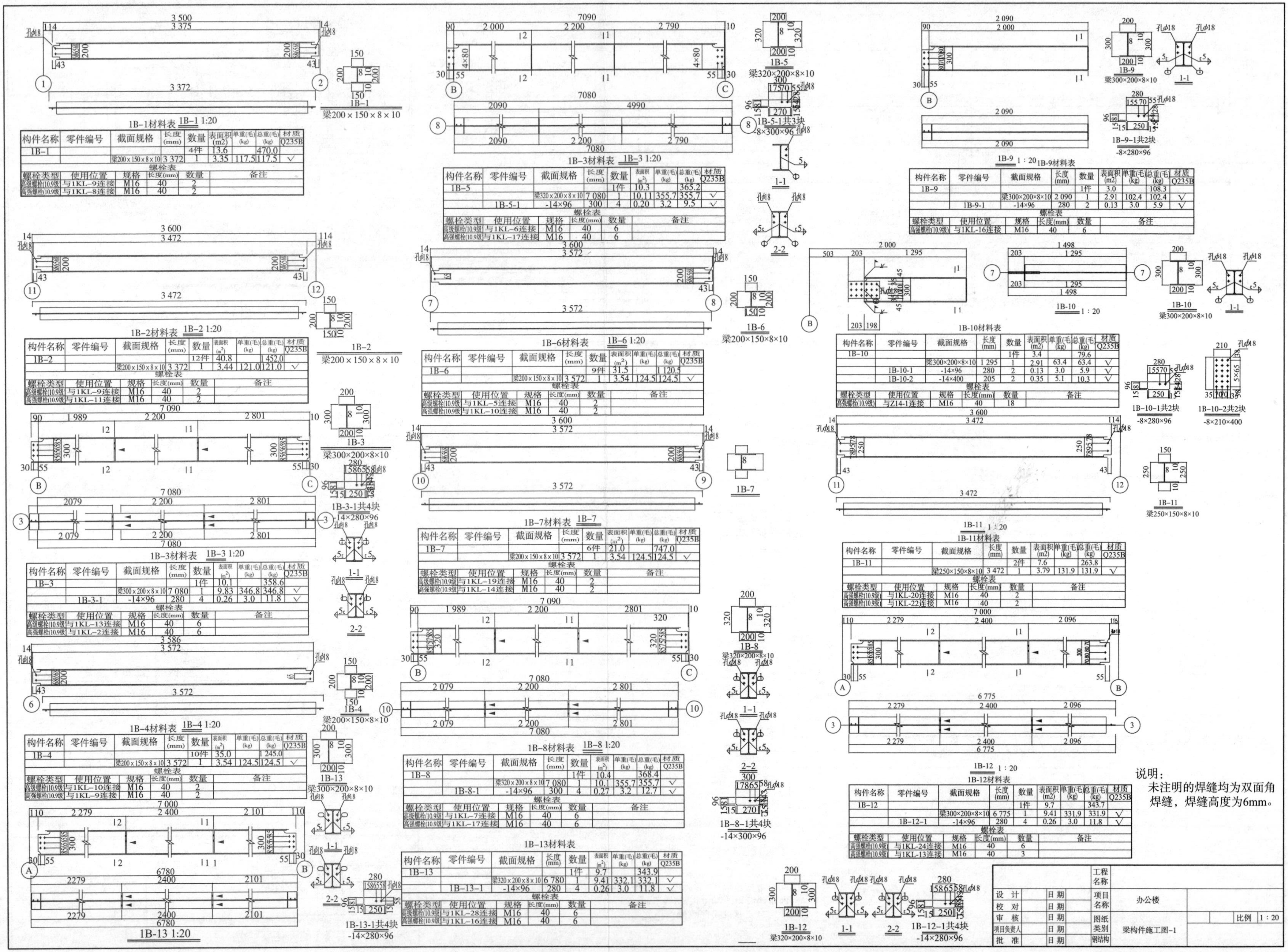

1B-1 梁200×150×8×10

1B-1材料表 1B-1 1:20

构件名称	零件编号	截面规格	长度(mm)	数量	表面积(m2)	单重(毛)(kg)	总重(毛)(kg)	材质
1B-1				4件	13.6		470.0	Q235B
		梁200×150×8×10	3 372	1	3.35	117.5	117.5	√

螺栓表

螺栓类型	使用位置	规格	长度(mm)	数量	备注
高强螺栓(10.9级)	与1KL-9连接	M16	40	2	
高强螺栓(10.9级)	与1KL-8连接	M16	40	2	

1B-2 梁200×150×8×10

1B-2材料表 1B-2 1:20

构件名称	零件编号	截面规格	长度(mm)	数量	表面积(m²)	单重(毛)(kg)	总重(毛)(kg)	材质
1B-2				12件	40.8		1 452.0	Q235B
		梁200×150×8×10	3 372	1	3.44	121.0	121.0	√

螺栓表

螺栓类型	使用位置	规格	长度(mm)	数量	备注
高强螺栓(10.9级)	与1KL-9连接	M16	40	2	
高强螺栓(10.9级)	与1KL-11连接	M16	40	2	

1B-3 梁300×200×8×10

1B-3-1共4块 -14×280×96

1B-3材料表 1B-3 1:20

构件名称	零件编号	截面规格	长度(mm)	数量	表面积(m²)	单重(毛)(kg)	总重(毛)(kg)	材质
1B-3				1件	10.1		358.6	Q235B
		梁300×200×8×10	7 080	1	9.83	346.8	346.8	√
	1B-3-1	-14×96	280	4	0.26	3.0	11.8	√

螺栓表

螺栓类型	使用位置	规格	长度(mm)	数量	备注
高强螺栓(10.9级)	与1KL-13连接	M16	40	6	
高强螺栓(10.9级)	与1KL-2连接	M16	40	6	

1B-4 梁200×150×8×10

1B-4材料表 1B-4 1:20

构件名称	零件编号	截面规格	长度(mm)	数量	表面积(m²)	单重(毛)(kg)	总重(毛)(kg)	材质
1B-4				10件	35.0		1 245.0	Q235B
		梁200×150×8×10	3 572	1	3.54	124.5	124.5	√

螺栓表

螺栓类型	使用位置	规格	长度(mm)	数量	备注
高强螺栓(10.9级)	与1KL-10连接	M16	40	2	
高强螺栓(10.9级)	与1KL-9连接	M16	40	2	

1B-13 梁300×200×8×10

1B-13-1共4块 -14×280×96

1B-13 1:20

1B-5 梁320×200×8×10

1B-5-1共3块 -8×300×96

1B-3材料表 1B-3 1:20

构件名称	零件编号	截面规格	长度(mm)	数量	表面积(m²)	单重(毛)(kg)	总重(毛)(kg)	材质
1B-5				1件	10.3		365.2	Q235B
		梁320×200×8×10	7 080	1	10.11	355.7	355.7	√
	1B-5-1	-14×96	300	4	0.20	3.2	9.5	√

螺栓表

螺栓类型	使用位置	规格	长度(mm)	数量	备注
高强螺栓(10.9级)	与1KL-6连接	M16	40	6	
高强螺栓(10.9级)	与1KL-17连接	M16	40	6	

1B-6 梁200×150×8×10

1B-6材料表 1B-6 1:20

构件名称	零件编号	截面规格	长度(mm)	数量	表面积(m²)	单重(毛)(kg)	总重(毛)(kg)	材质
1B-6				9件	31.5		1 120.5	Q235B
		梁200×150×8×10	3 572	1	3.54	124.5	124.5	√

螺栓表

螺栓类型	使用位置	规格	长度(mm)	数量	备注
高强螺栓(10.9级)	与1KL-5连接	M16	40	2	
高强螺栓(10.9级)	与1KL-10连接	M16	40	2	

1B-7

1B-7材料表 1B-7

构件名称	零件编号	截面规格	长度(mm)	数量	表面积(m²)	单重(毛)(kg)	总重(毛)(kg)	材质
1B-7				6件	21.0		747.0	Q235B
		梁200×150×8×10	3 572	1	3.54	124.5	124.5	√

螺栓表

螺栓类型	使用位置	规格	长度(mm)	数量	备注
高强螺栓(10.9级)	与1KL-19连接	M16	40	2	
高强螺栓(10.9级)	与1KL-14连接	M16	40	2	

1B-8 梁320×200×8×10

1B-8-1共4块 -14×300×96

1B-8材料表 1B-8 1:20

构件名称	零件编号	截面规格	长度(mm)	数量	表面积(m²)	单重(毛)(kg)	总重(毛)(kg)	材质
1B-8				1件	10.4		368.4	Q235B
		梁320×200×8×10	7 080	1	10.1	355.7	355.7	√
	1B-8-1	-14×96	300	4	0.27	3.2	12.7	√

螺栓表

螺栓类型	使用位置	规格	长度(mm)	数量	备注
高强螺栓(10.9级)	与1KL-7连接	M16	40	6	
高强螺栓(10.9级)	与1KL-17连接	M16	40	6	

1B-13材料表

构件名称	零件编号	截面规格	长度(mm)	数量	表面积(m²)	单重(毛)(kg)	总重(毛)(kg)	材质
1B-13				1件	9.7		343.9	Q235B
		梁320×200×8×10	6 780	1	9.41	332.1	332.1	√
	1B-13-1	-14×96	280	4	0.26	3.0	11.8	√

螺栓表

螺栓类型	使用位置	规格	长度(mm)	数量	备注
高强螺栓(10.9级)	与1KL-28连接	M16	40	6	
高强螺栓(10.9级)	与1KL-16连接	M16	40	6	

1B-9 梁300×200×8×10

1B-9-1共2块 -8×280×96

1B-9 1:20 1B-9材料表

构件名称	零件编号	截面规格	长度(mm)	数量	表面积(m2)	单重(毛)(kg)	总重(毛)(kg)	材质
1B-9				1件	3.0		108.3	Q235B
		梁300×200×8×10	2 090	1	2.91	102.4	102.4	√
	1B-9-1	-14×96	280	2	0.13	3.0	5.9	√

螺栓表

螺栓类型	使用位置	规格	长度(mm)	数量	备注
高强螺栓(10.9级)	与1KL-16连接	M16	40	6	

1B-10 1:20

1B-10 梁300×200×8×10

1B-10材料表

构件名称	零件编号	截面规格	长度(mm)	数量	表面积(m2)	单重(毛)(kg)	总重(毛)(kg)	材质
1B-10				1件	3.4		79.6	Q235B
		梁300×200×8×10	1 295	1	2.91	63.4	63.4	√
	1B-10-1	-14×96	280	2	0.13	3.0	5.9	√
	1B-10-2	-14×400	205	2	0.35	5.1	10.3	√

螺栓表

螺栓类型	使用位置	规格	长度(mm)	数量	备注
高强螺栓(10.9级)	与Z14-1连接	M16	40	18	

1B-10-1共2块 -8×280×96

1B-10-2共2块 -8×210×400

1B-11 梁250×150×8×10

1B-11 1:20

1B-11材料表

构件名称	零件编号	截面规格	长度(mm)	数量	表面积(m2)	单重(毛)(kg)	总重(毛)(kg)	材质
1B-11				2件	7.6		263.8	Q235B
		梁250×150×8×10	3 472	1	3.79	131.9	131.9	√

螺栓表

螺栓类型	使用位置	规格	长度(mm)	数量	备注
高强螺栓(10.9级)	与1KL-20连接	M16	40	2	
高强螺栓(10.9级)	与1KL-22连接	M16	40	2	

1B-12 1:20

1B-12材料表

构件名称	零件编号	截面规格	长度(mm)	数量	表面积(m2)	单重(毛)(kg)	总重(毛)(kg)	材质
1B-12				1件	9.7		343.7	Q235B
		梁300×200×8×10	6 775	1	9.41	331.9	331.9	√
	1B-12-1	-14×96	280	4	0.26	3.0	11.8	√

螺栓表

螺栓类型	使用位置	规格	长度(mm)	数量	备注
高强螺栓(10.9级)	与1KL-24连接	M16	40	6	
高强螺栓(10.9级)	与1KL-13连接	M16	40	3	

1B-12 梁320×200×8×10

1B-12-1共4块 -14×280×96

说明：
未注明的焊缝均为双面角焊缝，焊缝高度为6mm。

设计		日期		工程名称			
校对		日期		项目名称	办公楼		
审核		日期		图纸类别		比例	1:20
项目负责人		日期			梁构件施工图-1		
批准		日期		钢结构			

附图5-16 梁构件施工图1

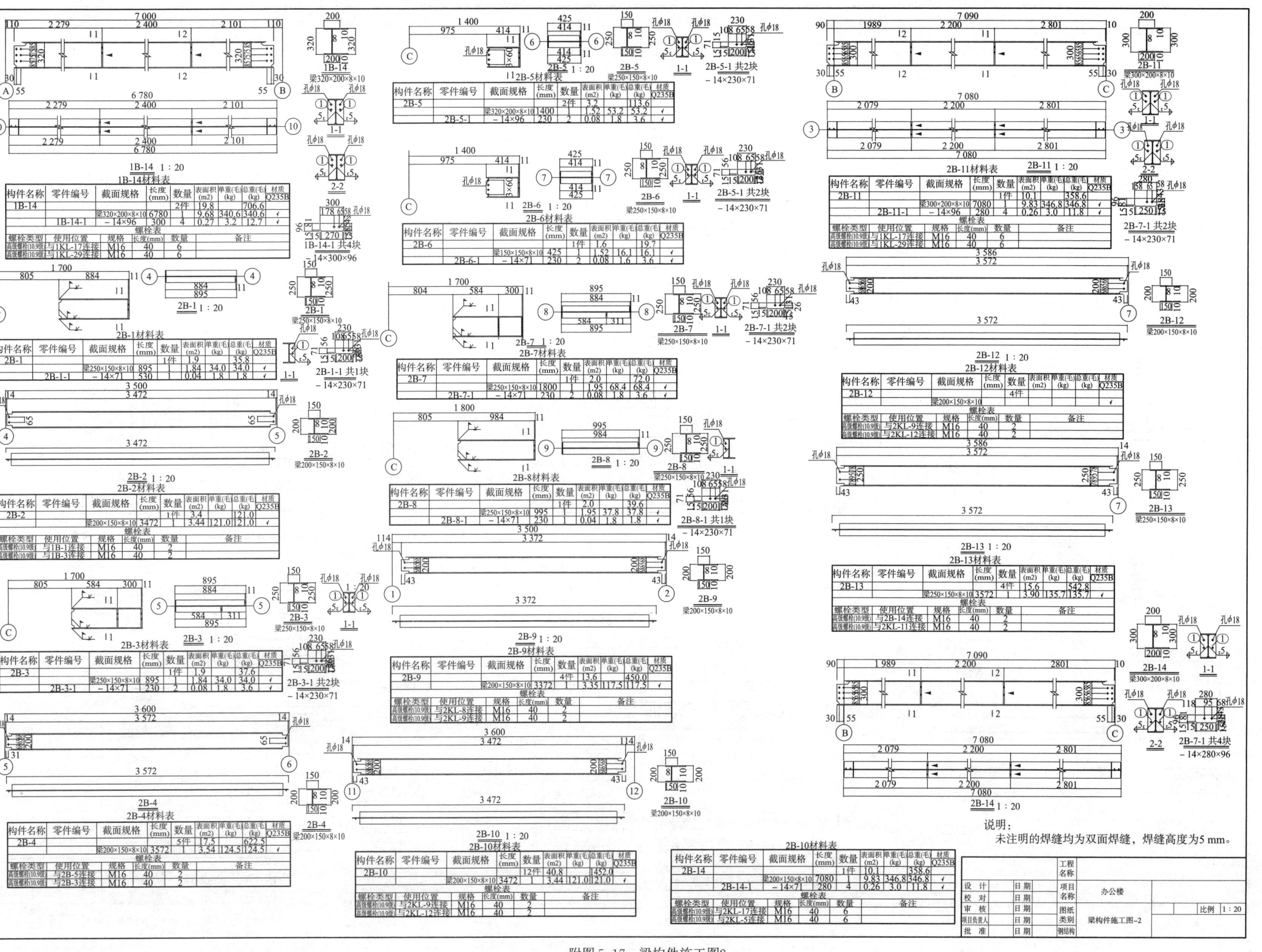

附图 5-17 梁构件施工图2

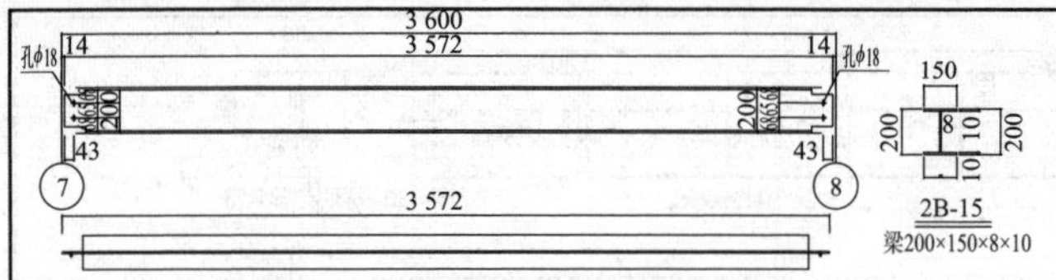

2B-15 1:20

2B-15材料表

构件名称	零件编号	截面规格	长度(mm)	数量	表面积(m2)	单重(毛)(kg)	总重(毛)(kg)	材质
2B-15				1件	35.0		245.0	Q235B
		梁200×150×8×10	3572	1	3.54	124.5	124.5	✓

螺栓表

螺栓类型	使用位置	规格	长度(mm)	数量	备注
高强螺栓(10.9级)	与1B-16连接	M16	40	2	
高强螺栓(10.9级)	与2KL-11连接	M16	40	2	

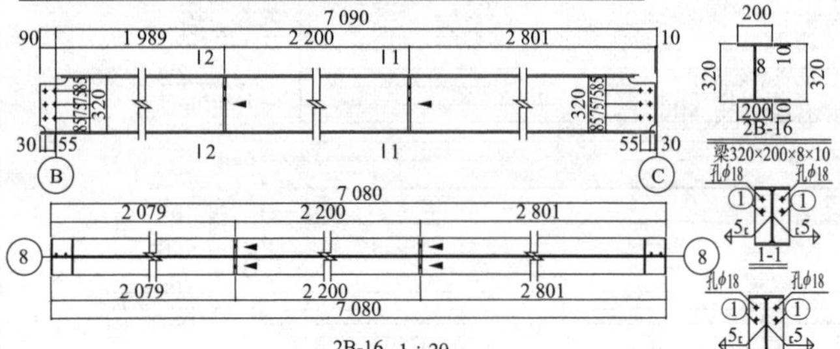

2B-16 1:20

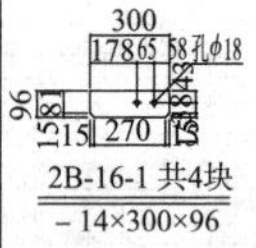

2B-16材料表

构件名称	零件编号	截面规格	长度(mm)	数量	表面积(m2)	单重(毛)(kg)	总重(毛)(kg)	材质
2B-16				2件	20.8		736.8	Q235B
		梁320×200×8×10	7080	1	10.11	355.7	355.7	✓
	2B-16-1	－14×96	300	4	0.27	3.2	12.7	✓

螺栓表

螺栓类型	使用位置	规格	长度(mm)	数量	备注
高强螺栓(10.9级)	与1KL-6连接	M16	40	6	
高强螺栓(10.9级)	与2KL-18连接	M16	40	6	

2B-16-1 共4块 －14×300×96

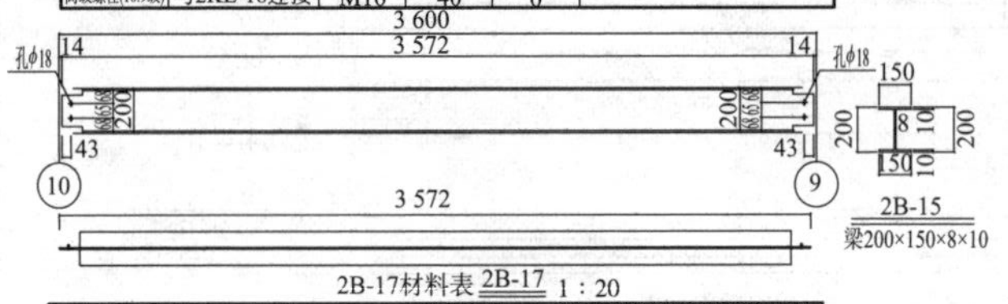

2B-17材料表 2B-17 1:20

构件名称	零件编号	截面规格	长度(mm)	数量	表面积(m2)	单重(毛)(kg)	总重(毛)(kg)	材质
2B-17				6件	21.0		747.0	Q235B
		梁200×150×8×10	3572	1	3.54	124.5	124.5	✓

螺栓表

螺栓类型	使用位置	规格	长度(mm)	数量	备注
高强螺栓(10.9级)	与1KL-20连接	M16	40	2	
高强螺栓(10.9级)	与2B-20连接	M16	40	2	

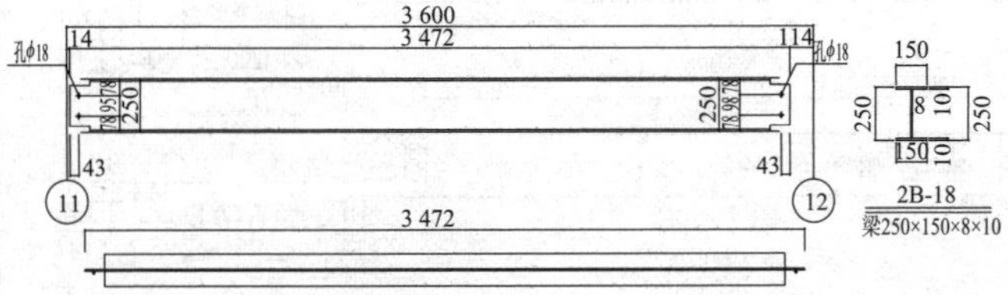

2B-18 1:20

2B-18材料表

构件名称	零件编号	截面规格	长度(mm)	数量	表面积(m2)	单重(毛)(kg)	总重(毛)(kg)	材质
2B-18				1件	7.6		236.8	Q235B
		梁250×150×8×10	3472	1	3.79	131.9	131.9	✓

螺栓表

螺栓类型	使用位置	规格	长度(mm)	数量	备注
高强螺栓(10.9级)	与1KL-21连接	M16	40	2	
高强螺栓(10.9级)	与2KL-23连接	M16	40	2	

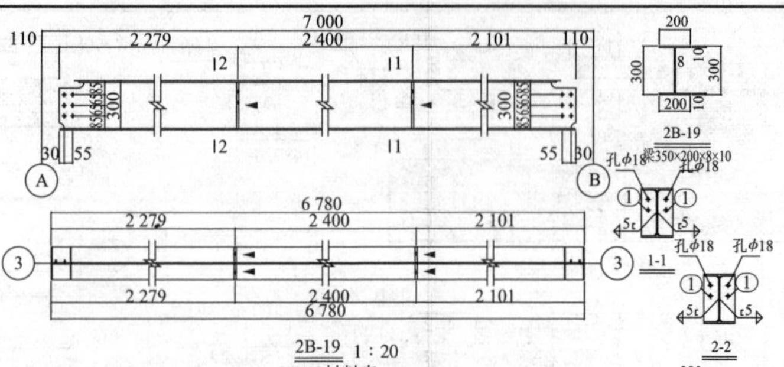

2B-19 1:20

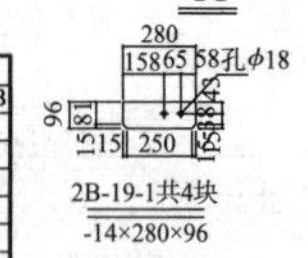

2B-19材料表

构件名称	零件编号	截面规格	长度(mm)	数量	表面积(m2)	单重(毛)(kg)	总重(毛)(kg)	材质
2B-19				2件	19.4		687.8	Q235B
		梁300×200×8×10	6780	1	9.41	332.1	332.1	✓
	2B-19-1	－14×96	280	4	0.26	3.0	11.8	✓

螺栓表

螺栓类型	使用位置	规格	长度(mm)	数量	备注
高强螺栓(10.9级)	与1KL-26连接	M16	40	6	
高强螺栓(10.9级)	与2KL-14连接	M16	40	6	

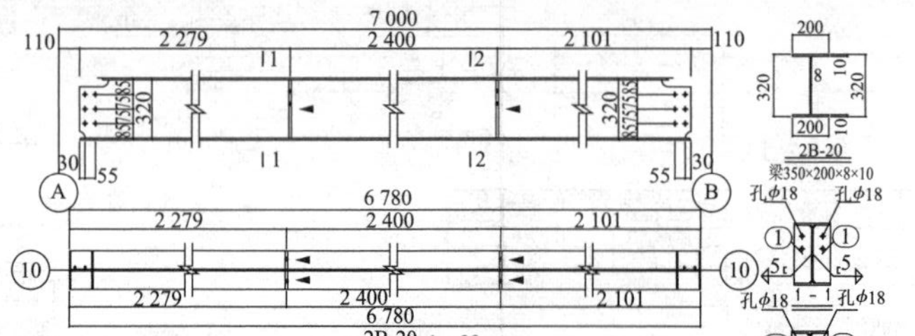

2B-19-1共4块 -14×280×96

2B-20 1:20

2B-20材料表

构件名称	零件编号	截面规格	长度(mm)	数量	表面积(m2)	单重(毛)(kg)	总重(毛)(kg)	材质
2B-20				2件	19.8		706.6	Q235B
		梁320×200×8×10	6780	1	9.68	340.6	360.6	✓
	2B-20-1	－14×96	300	4	0.27	3.2	12.7	✓

螺栓表

螺栓类型	使用位置	规格	长度(mm)	数量	备注
高强螺栓(10.9级)	与1KL-6连接	M16	40	6	
高强螺栓(10.9级)	与2KL-18连接	M16	40	6	

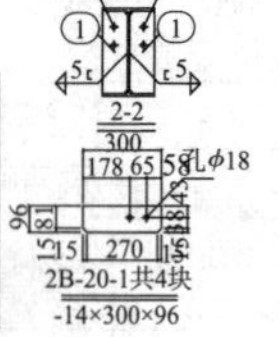

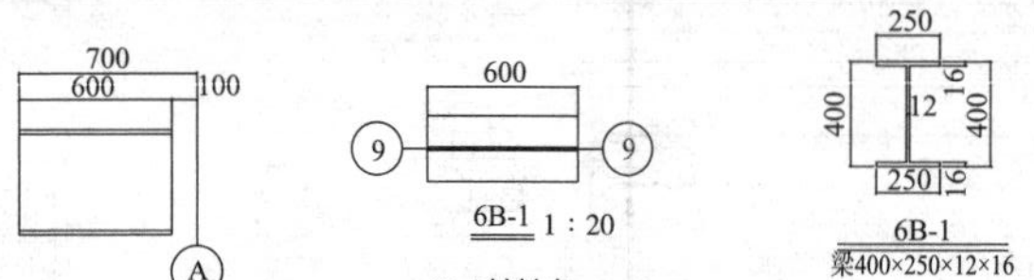

2B-20-1共4块 -14×300×96

6B-1 1:20

6B-1材料表

构件名称	零件编号	截面规格	长度(mm)	数量	表面积(m2)	单重(毛)(kg)	总重(毛)(kg)	材质
2B-17				6件	8.8		468.0	Q235B
		梁400×250×12×16	600	1	1.07	58.5	58.5	✓

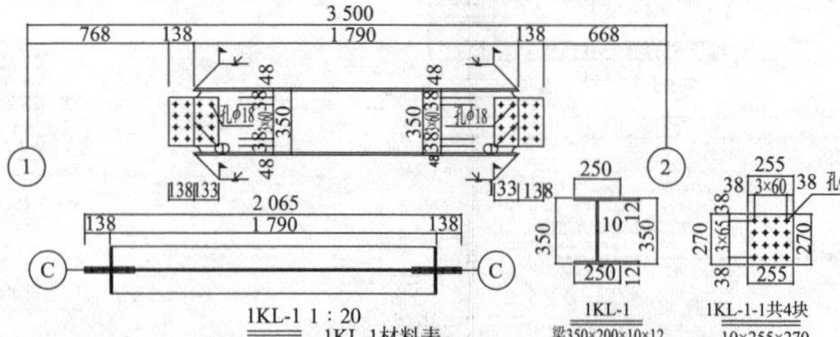

1KL-1 1:20

1KL-1材料表

构件名称	零件编号	截面规格	长度(mm)	数量	表面积(m2)	单重(毛)(kg)	总重(毛)(kg)	材质
2B-17				2件	12.6		303.4	Q235B
		梁350×200×10×12	1790	1	5.71	130.1	130.1	✓
	1KL-1-1	－10×270	255	4	0.59	5.4	21.6	✓

螺栓表

螺栓类型	使用位置	规格	长度(mm)	数量	备注
高强螺栓(10.9级)	与Z1-1连接	M16	50	16	
高强螺栓(10.9级)	与Z2-1连接	M16	50	16	

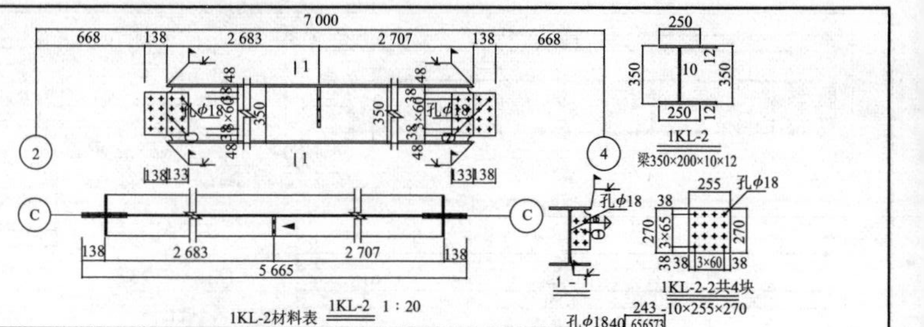

1KL-1-1共4块 －10×255×270

1KL-2 1:20

1KL-2材料表

构件名称	零件编号	截面规格	长度(mm)	数量	表面积(m2)	单重(毛)(kg)	总重(毛)(kg)	材质
1KL-2				1件	12.4		417.1	Q235B
		梁350×200×10×12	5390	1	11.76	391.8	391.8	✓
	1KL-2-1	－16×120	243	1	0.07	3.7	3.7	✓
	1KL-2-2	－10×270	255	4	0.59	5.4	21.6	✓

螺栓表

螺栓类型	使用位置	规格	长度(mm)	数量	备注
高强螺栓(10.9级)	与Z2-1连接	M16	50	16	
高强螺栓(10.9级)	与Z3-1连接	M16	50	16	

1KL-2-1共1块 -16×243×120

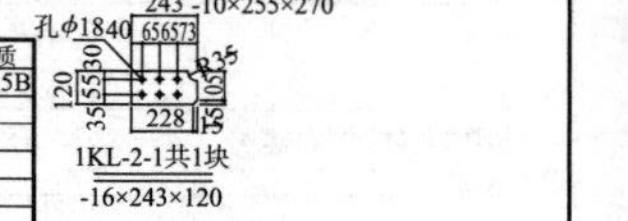

1KL-2-2共4块 -10×255×270

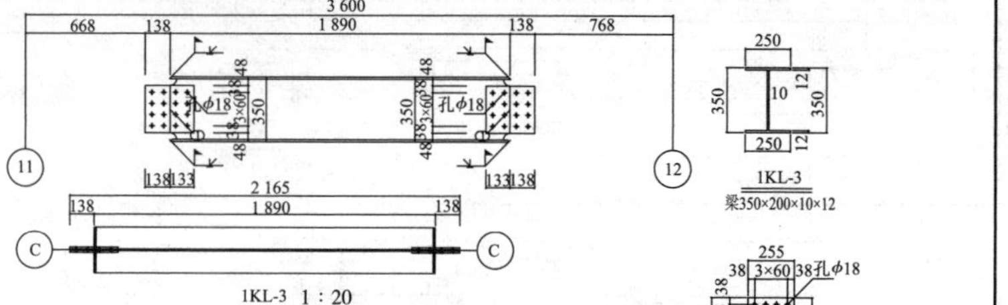

1KL-3 1:20

1KL-3材料表

构件名称	零件编号	截面规格	长度(mm)	数量	表面积(m2)	单重(毛)(kg)	总重(毛)(kg)	材质
1KL-3				4件	26.0		636.0	Q235B
		梁350×200×10×12	1890	1	5.88	137.4	137.4	✓
	1KL-3-1	－10×270	255	4	0.59	5.4	21.6	✓

螺栓表

螺栓类型	使用位置	规格	长度(mm)	数量	备注
高强螺栓(10.9级)	与Z8-1连接	M16	50	16	
高强螺栓(10.9级)	与Z9-1连接	M16	50	16	

1KL-3-1共4块 -10×255×270

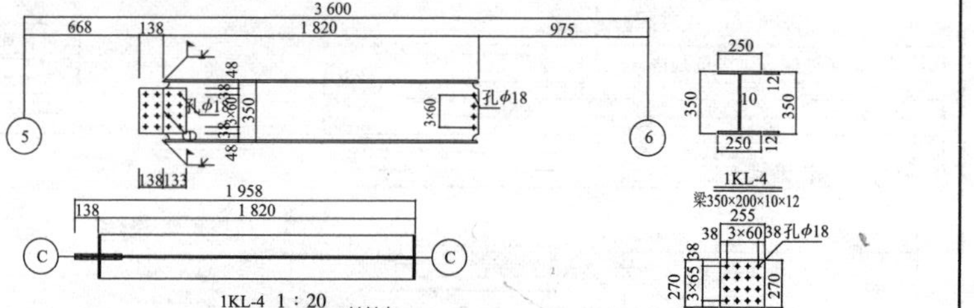

1KL-4 1:20

1KL-4材料表

构件名称	零件编号	截面规格	长度(mm)	数量	表面积(m2)	单重(毛)(kg)	总重(毛)(kg)	材质
1KL-4				1件	6.3		143.1	Q235B
		梁350×200×10×12	1820	1	6.05	132.3	132.3	✓
	1KL-4-1	－10×270	255	2	0.30	5.4	10.8	✓

螺栓表

螺栓类型	使用位置	规格	长度(mm)	数量	备注
高强螺栓(10.9级)	与Z4-1连接	M16	50	16	

1KL-4-1共2块 -10×255×270

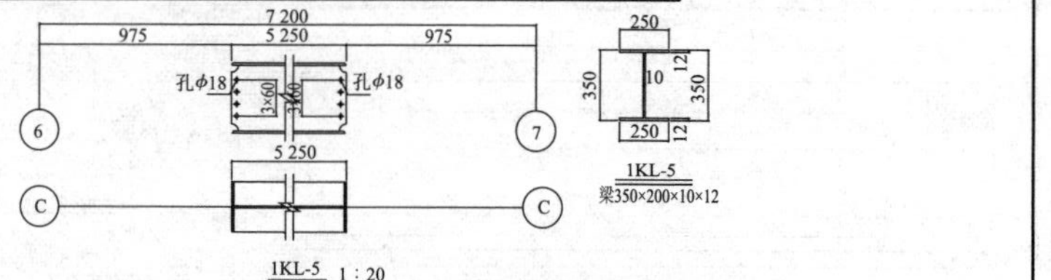

1KL-5 1:20

1KL-5材料表

构件名称	零件编号	截面规格	长度(mm)	数量	表面积(m2)	单重(毛)(kg)	总重(毛)(kg)	材质
1KL-5				1件	12.1		381.6	Q235B
		梁350×200×10×12	5250	1	12.10	381.6	381.6	✓

说明:

未注明的焊缝均为双面角焊缝，焊缝高度为6 mm。

设计	日期	工程名称	
校对	日期	项目名称	办公楼
审核	日期	图纸类别	梁构件施工图-3
项目负责人	日期		
批准	日期	结施	

比例 1:20

附图5-18 梁构件施工图3

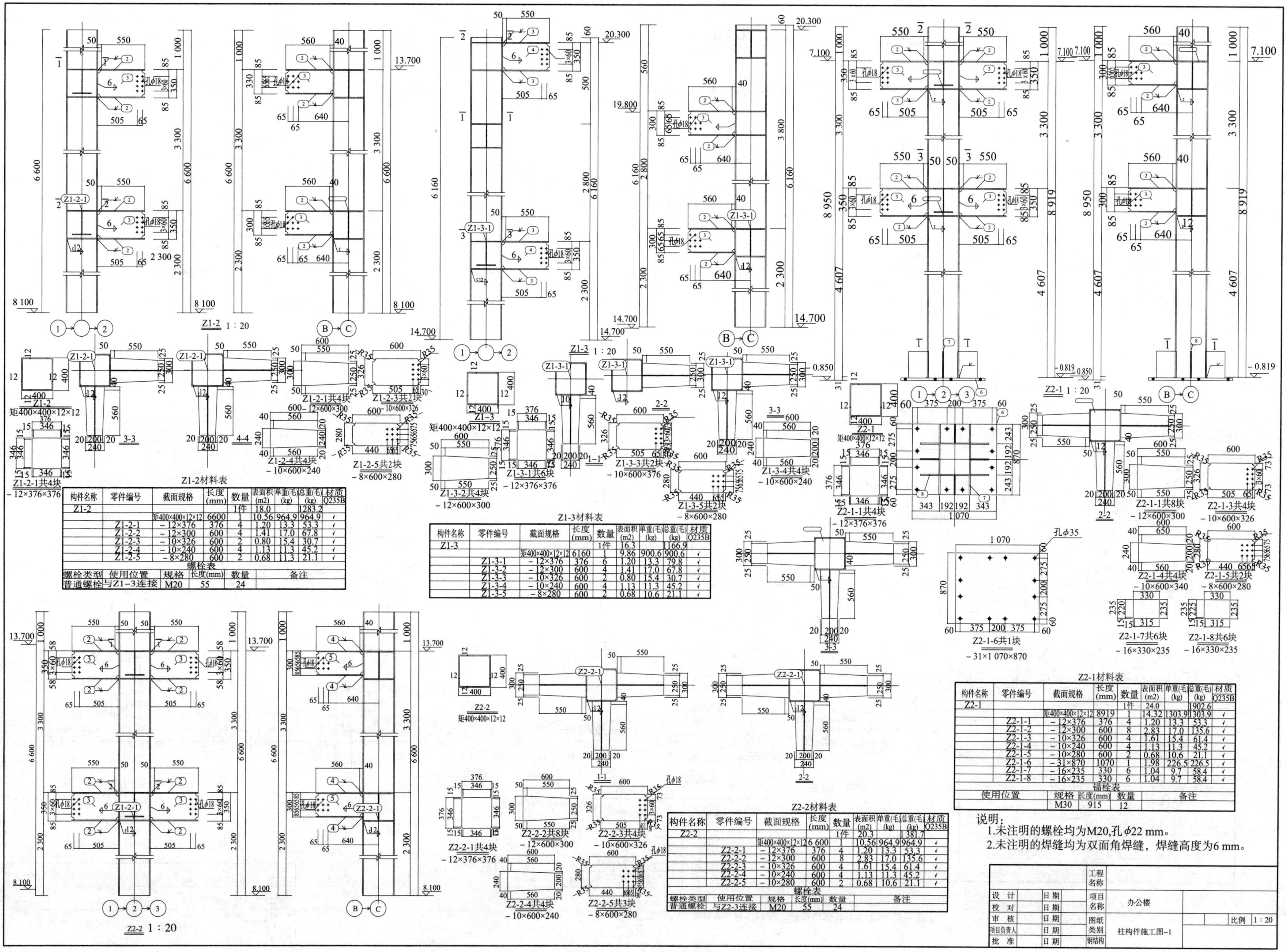

Z1-2 1 : 20

Z1-2材料表

构件名称	零件编号	截面规格	长度(mm)	数量	表面积(m2)	单重(毛)(kg)	总重(毛)(kg)	材质 Q235B
Z1-2				1件	18.0		1283.2	
		矩400×400×12×12	6600	1	10.56	964.9	964.9	√
	Z1-2-1	–12×376	376	4	1.20	13.3	53.3	√
	Z1-2-2	–12×300	600	4	1.41	17.0	67.8	√
	Z1-2-3	–10×326	600	2	0.80	15.4	30.7	√
	Z1-2-4	–10×240	600	4	1.13	11.3	45.2	√
	Z1-2-5	–8×280	600	2	0.68	11.3	21.1	√

螺栓表

螺栓类型	使用位置	规格	长度(mm)	数量	备注
普通螺栓	与Z1–3连接	M20	55	24	

Z1-3 1 : 20

Z1-3材料表

构件名称	零件编号	截面规格	长度(mm)	数量	表面积(m2)	单重(毛)(kg)	总重(毛)(kg)	材质 Q235B
Z1-3				1件	16.3		1166.9	
		矩400×400×12×12	6160	1	9.86	900.6	900.6	√
	Z1-3-1	–12×376	376	6	1.20	13.3	79.8	√
	Z1-3-2	–12×300	600	4	1.41	17.0	67.8	√
	Z1-3-3	–10×326	600	2	0.80	15.4	30.7	√
	Z1-3-4	–10×240	600	4	1.13	11.3	45.2	√
	Z1-3-5	–8×280	600	2	0.68	10.6	21.1	√

Z2-1 1 : 20

Z2-1材料表

构件名称	零件编号	截面规格	长度(mm)	数量	表面积(m2)	单重(毛)(kg)	总重(毛)(kg)	材质 Q235B
Z2-1				1件	24.0		1902.6	
		矩400×400×12×12	8919	1	14.32	1303.9	1303.9	√
	Z2-1-1	–12×376	376	4	1.20	13.3	53.3	√
	Z2-1-2	–12×300	600	8	2.83	17.0	135.6	√
	Z2-1-3	–10×326	600	4	1.61	15.4	61.4	√
	Z2-1-4	–10×240	600	4	1.13	11.3	45.2	√
	Z2-1-5	–10×280	600	2	0.68	10.6	21.1	√
	Z2-1-6	–31×870	1070	1	1.98	226.5	226.5	√
	Z2-1-7	–16×235	330	6	1.04	9.7	58.4	√
	Z2-1-8	–16×235	330	6	1.04	9.7	58.4	√

锚栓表

使用位置	规格	长度(mm)	数量	备注
	M30	915	12	

Z2-2 1 : 20

Z2-2材料表

构件名称	零件编号	截面规格	长度(mm)	数量	表面积(m2)	单重(毛)(kg)	总重(毛)(kg)	材质 Q235B
Z2-2				1件	20.3		1 381.7	
		矩400×400×12×12	6 600	1	10.56	964.9	964.9	√
	Z2-2-1	–12×376	376	4	1.20	13.3	53.3	√
	Z2-2-2	–12×300	600	8	2.83	17.0	135.6	√
	Z2-2-3	–10×326	600	4	1.61	15.4	61.4	√
	Z2-2-4	–10×240	600	4	1.13	11.3	45.2	√
	Z2-2-5	–10×280	600	2	0.68	10.6	21.1	√

螺栓表

螺栓类型	使用位置	规格	长度(mm)	数量	备注
普通螺栓	与Z2-3连接	M20	55	24	

说明：

1.未注明的螺栓均为M20,孔ϕ22 mm。

2.未注明的焊缝均为双面角焊缝，焊缝高度为6 mm。

设计		日期		工程名称			
校对		日期		项目名称	办公楼		
审核		日期		图纸类别		比例	1 : 20
项目负责人		日期		钢结构	柱构件施工图-1		
批准		日期					

附图 5-19 柱构件施工图1

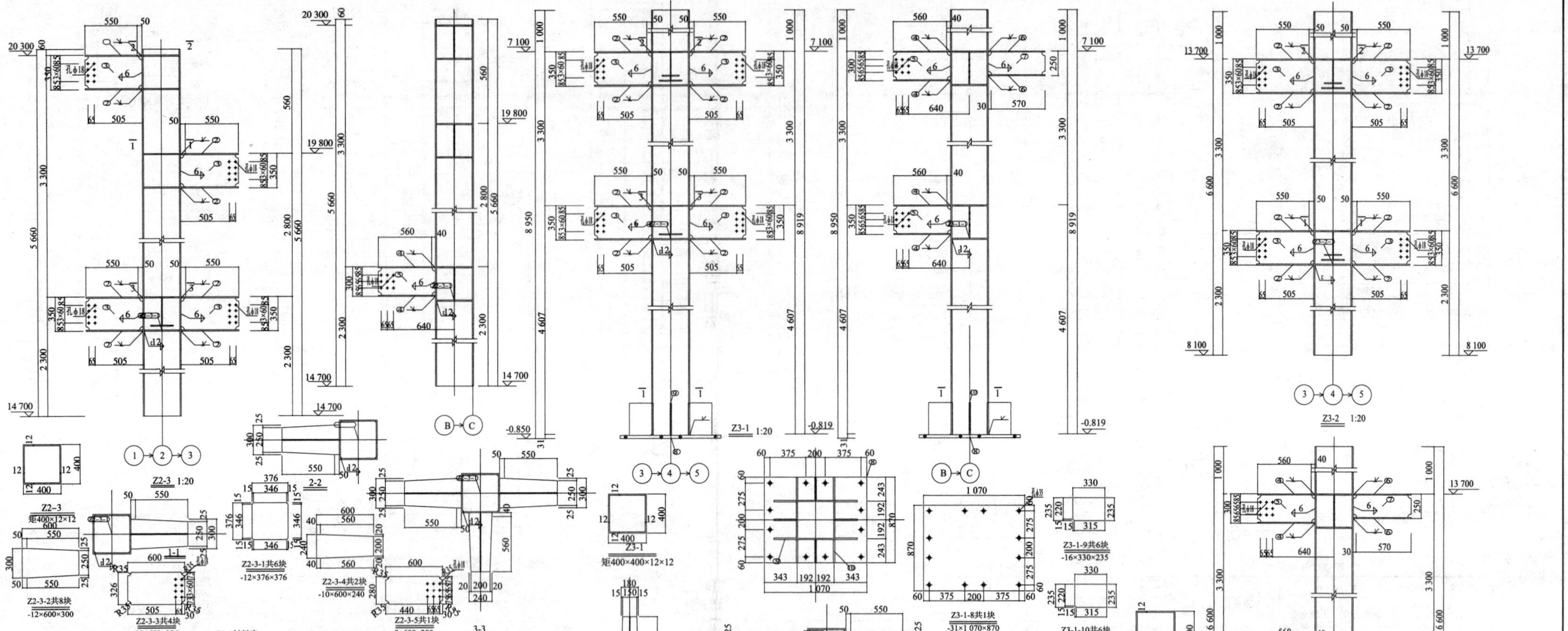

Z2-3 1:20

Z2-3 矩400×12×12

Z2-3-1共6块 -12×376×376

Z2-3-2共8块 -12×600×300

Z2-3-3共4块 -10×600×326

Z2-3-4共2块 -10×600×240

Z2-3-5共1块 -8×600×280

Z2-3材料表

构件名称	零件编号	截面规格	长度 (mm)	数量	表面积 (m2)	单重(毛) (kg)	总重(毛) (kg)	材质 Q235B
Z2-3				1件	17.6		1 236.7	
		矩400×400×12×12	6 160	1	9.86	900.6	900.6	✓
	Z2-3-1	-12×376	376	6	1.80	13.3	79.9	✓
	Z2-3-2	-12×300	600	8	2.83	17.0	135.6	✓
	Z2-3-3	-10×326	600	4	1.61	15.4	61.4	✓
	Z2-3-4	-10×240	600	2	0.56	11.3	22.6	✓
	Z2-3-5	-8×280	600	1	0.34	10.6	10.6	✓

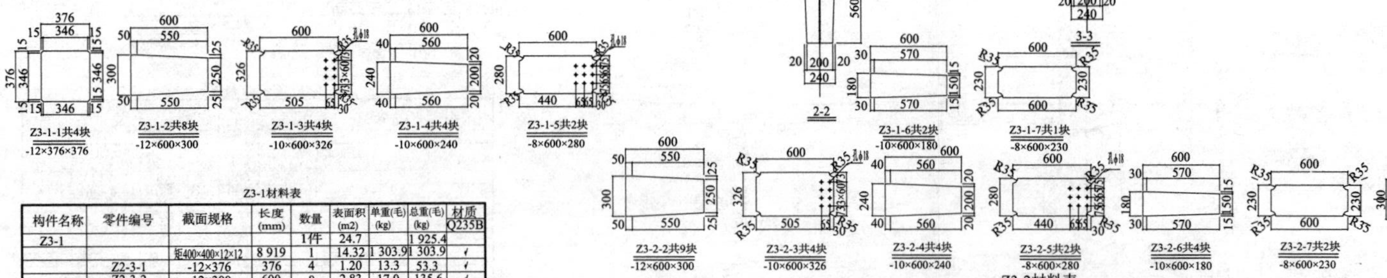

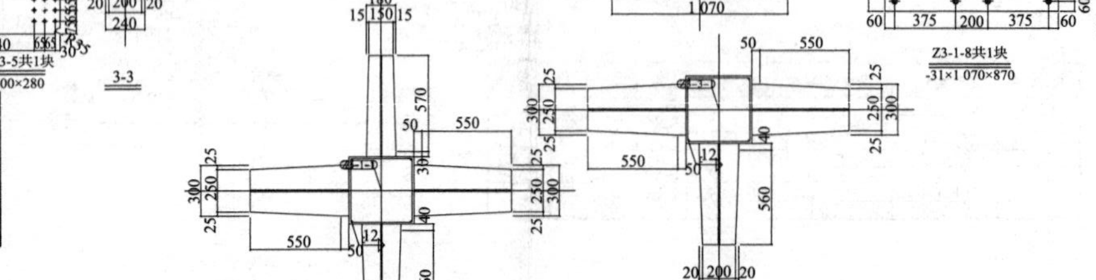

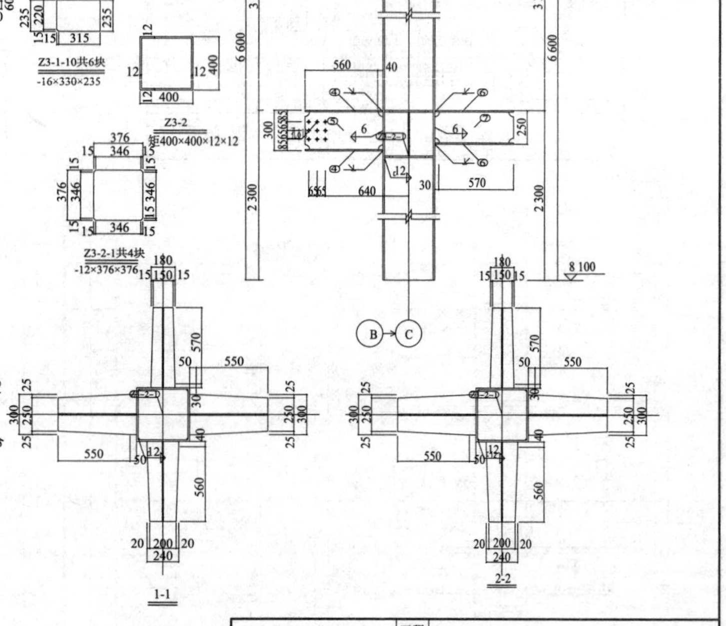

Z3-1 1:20

Z3-1 矩400×400×12×12

Z3-1-1共4块 -12×376×376

Z3-1-2共8块 -12×600×300

Z3-1-3共4块 -10×600×326

Z3-1-4共4块 -10×600×240

Z3-1-5共2块 -8×600×280

Z3-1-6共2块 -10×600×180

Z3-1-7共1块 -8×600×230

Z3-1-8共1块 -31×1 070×870

Z3-1-9共6块 -16×330×235

Z3-1-10共6块 -16×330×235

Z3-1材料表

构件名称	零件编号	截面规格	长度 (mm)	数量	表面积 (m2)	单重(毛) (kg)	总重(毛) (kg)	材质 Q235B
Z3-1				1件	24.7		1 925.4	
		矩400×400×12×12	8 919	1	14.32	1 303.9	1 303.9	✓
	Z2-3-1	-12×376	376	4	1.20	13.3	53.3	✓
	Z2-3-2	-12×300	600	8	2.83	17.0	135.6	✓
	Z2-3-3	-10×326	600	4	1.61	15.4	61.4	✓
	Z2-3-4	-10×240	600	4	1.13	11.3	45.2	✓
	Z2-3-5	-8×280	600	2	0.68	10.6	21.1	✓
	Z3-1-6	-10×180	600	2	0.43	8.5	17.0	✓
	Z3-1-7	-8×230	600	1	0.28	8.7	8.7	✓
	Z3-1-8	-31×870	1 070	1	1.98	226.5	226.5	✓
	Z3-1-9	-16×235	330	6	1.04	9.7	58.4	✓
	Z3-1-10	-16×235	330	6	1.04	9.7	58.4	✓

锚栓表

使用位置	规格	长度(mm)	数量	备注
	M30	915	12	

Z3-2 1:20

Z3-2 矩400×400×12×12

Z3-2-1共4块 -12×376×376

Z3-2-2共9块 -12×600×300

Z3-2-3共4块 -10×600×326

Z3-2-4共4块 -10×600×240

Z3-2-5共2块 -8×600×280

Z3-2-6共4块 -10×600×180

Z3-2-7共2块 -8×600×230

Z3-2材料表

构件名称	零件编号	截面规格	长度 (mm)	数量	表面积 (m2)	单重(毛) (kg)	总重(毛) (kg)	材质 Q235B
Z3-2				1件	21.7		1 432.9	
		矩400×400×12×12	6 600	1	10.56	964.9	964.9	✓
	Z3-2-1	－12×376	376	4	1.20	13.3	53.3	✓
	Z3-2-2	－12×300	600	8	2.83	17.0	135.6	✓
	Z3-2-3	－10×326	600	4	1.61	15.4	61.4	✓
	Z3-2-4	－10×240	600	4	1.13	11.3	45.2	✓
	Z3-2-5	－10×280	600	2	0.68	10.6	21.1	✓
	Z3-2-6	－10×180	600	4	0.86	8.5	33.9	✓
	Z3-2-7	－8×230	600	2	0.56	8.7	17.3	✓

说明：

未注明的焊缝均为双面角焊缝，焊缝高度为6 mm。

设 计		日 期		工程名称			
校 对		日 期		项目名称	办公楼		
审 核		日 期		图纸类别	柱构件施工图-2	比例	1：20
项目负责人		日 期		钢结构			
批 准		日 期					

附图 5-20　柱构件施工图2

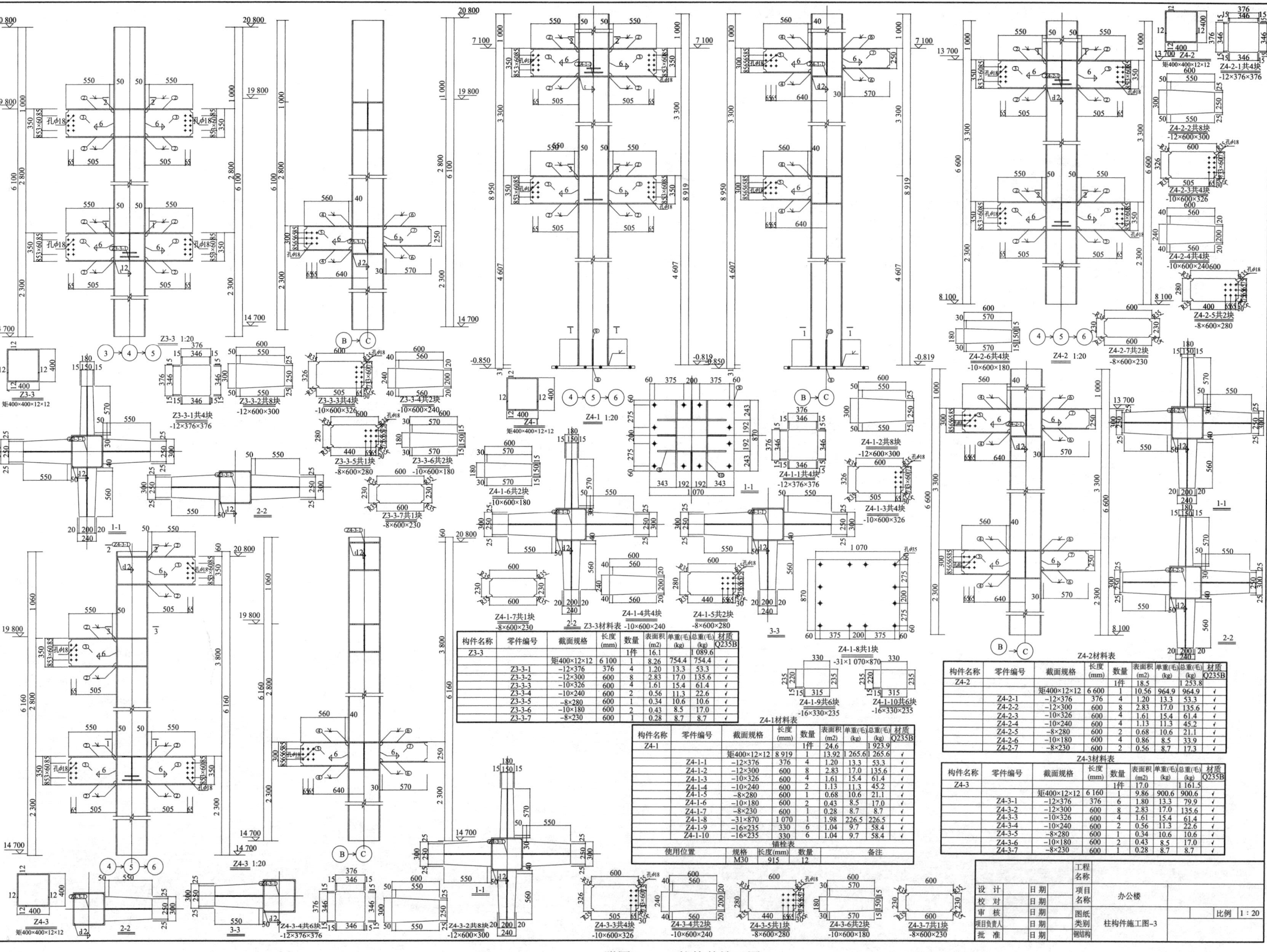

Z3-3材料表

构件名称	零件编号	截面规格	长度(mm)	数量	表面积(m2)	单重(毛)(kg)	总重(毛)(kg)	材质 Q235B
Z3-3				1件	16.1		1 089.6	
		矩400×12×12	6 100	1	8.26	754.4	754.4	√
	Z3-3-1	-12×376	376	4	1.20	13.3	53.3	√
	Z3-3-2	-12×300	600	8	2.83	17.0	135.6	√
	Z3-3-3	-10×326	600	4	1.61	15.4	61.4	√
	Z3-3-4	-10×240	600	2	0.56	11.3	22.6	√
	Z3-3-5	-8×280	600	1	0.34	10.6	10.6	√
	Z3-3-6	-10×180	600	2	0.43	8.5	17.0	√
	Z3-3-7	-8×230	600	1	0.28	8.7	8.7	√

Z4-1材料表

构件名称	零件编号	截面规格	长度(mm)	数量	表面积(m2)	单重(毛)(kg)	总重(毛)(kg)	材质 Q235B
Z4-1				1件	24.6		1 923.9	
		矩400×12×12	8 919	1	13.92	1 265.6	1 265.6	√
	Z4-1-1	-12×376	376	4	1.20	13.3	53.3	√
	Z4-1-2	-12×300	600	8	2.83	17.0	135.6	√
	Z4-1-3	-10×326	600	4	1.61	15.4	61.4	√
	Z4-1-4	-10×240	600	2	1.13	11.3	45.2	√
	Z4-1-5	-8×280	600	1	0.68	10.6	21.1	√
	Z4-1-6	-10×180	600	2	0.43	8.5	17.0	√
	Z4-1-7	-8×230	600	1	0.28	8.7	8.7	√
	Z4-1-8	-31×870	1 070	1	1.98	226.5	226.5	√
	Z4-1-9	-16×235	330	6	1.04	9.7	58.4	√
	Z4-1-10	-16×235	330	6	1.04	9.7	58.4	√
锚栓表								
使用位置		规格	长度(mm)	数量		备注		
		M30	915	12				

Z4-2材料表

构件名称	零件编号	截面规格	长度(mm)	数量	表面积(m2)	单重(毛)(kg)	总重(毛)(kg)	材质 Q235B
Z4-2				1件	18.5		1 253.8	
		矩400×12×12	6 600	1	10.56	964.9	964.9	√
	Z4-2-1	-12×376	376	4	1.20	13.3	53.3	√
	Z4-2-2	-12×300	600	8	2.83	17.0	135.6	√
	Z4-2-3	-10×326	600	4	1.61	15.4	61.4	√
	Z4-2-4	-10×240	600	4	1.13	11.3	45.2	√
	Z4-2-5	-8×280	600	2	0.68	10.6	21.1	√
	Z4-2-6	-10×180	600	4	0.86	8.5	33.9	√
	Z4-2-7	-8×230	600	2	0.56	8.7	17.3	√

Z4-3材料表

构件名称	零件编号	截面规格	长度(mm)	数量	表面积(m2)	单重(毛)(kg)	总重(毛)(kg)	材质 Q235B
Z4-3				1件	17.0		1 161.5	
		矩400×12×12	6 160	1	9.86	900.6	900.6	√
	Z4-3-1	-12×376	376	6	1.80	13.3	79.9	√
	Z4-3-2	-12×300	600	8	2.83	17.0	135.6	√
	Z4-3-3	-10×326	600	4	1.61	15.4	61.4	√
	Z4-3-4	-10×240	600	2	0.56	11.3	22.6	√
	Z4-3-5	-8×280	600	1	0.34	10.6	10.6	√
	Z4-3-6	-10×180	600	2	0.43	8.5	17.0	√
	Z4-3-7	-8×230	600	1	0.28	8.7	8.7	√

附图 5-21　柱构件施工图3